U0721084

水源型河流工业区排水风险控制技术研究与工程示范

Industrial Region Discharge Risk Control for Drinking Water Source Rivers

谌建宇　刘　钢　黄荣新　著

中南大学出版社
www.csupress.com.cn

·长沙·

序

　　水是生存之本、文明之源、生态之基。水资源是基础性自然资源、战略性经济资源，是生态与环境的重要控制性因素。水资源短缺与水环境污染是当今国际社会广泛关注并迫切需要研究和解决的重大问题。我国人均水资源约是世界平均水平的四分之一，水资源相对缺乏是国家可持续发展的瓶颈性制约因素之一。自改革开放以来，我国社会经济持续快速发展。与此同时，伴随工业化、城镇化进程的加快，水污染防治压力与日俱增。发达国家工业化城镇化遇到的生态环境问题，不同程度地在我国凸显，而且不少是区域性、全局性问题，给我国环境管理和治理体系带来了巨大的挑战。经过多年努力，尤其是通过近年来"污染防治攻坚战"等行动的实施，水生态环境恶化趋势得到缓解，局部区域持续改善，但水污染的防治问题仍任重道远。

　　针对水环境保护新方法新技术的迫切需要，《国家中长期科学和技术发展规划纲要（2006—2020 年）》设立了"水体污染控制与治理重大专项"（简称水专项）。水专项设立了"东江流域水污染控制与水生态系统恢复技术与综合示范"项目。依照水专项总体部署，该项目着眼于探索解决我国在发展中遇到的前瞻性水环境问题，侧重于在流域尺度突破痕量毒害污染物控制与水生态维护等关键技术，控制密集工业区排水对汇入饮用水源型河流的风险，实现在维护流域优质水源前提下区域经济社会与环境的协调发展。

　　项目在"十一五""十二五"期间聚焦东江流域优质水源型河流的保护，在水污染控制技术、水生态修复、水环境风险控制等方面开展了大量的研究。其中，生态环境部华南环境科学研究所谌建宇研究员主持了"东江高速都市化支流区水污染系统控制技术集成研究与工程示范"课题（2008ZX07211－004）、"工业区排水对水源型河流风险控制技术集成与综合示范"课题(2012ZX07206 - 002)，重点研究东江高速都市化支流区(淡水河流域)水污染系统控制策略、流域水质风险评估与管理技术、工业区典型行业排水脱毒减害技术、集中式污水处理厂尾水深度净化技术、雨源型河道水质净化技术等，形成"控源减排、脱毒减害"的成套技术，并结合地方治污行动计划和工程项目进行成果的推广与应用。

《水源型河流工业区排水风险控制技术研究与工程示范》一书是"十二五"课题研究工作的总结。该书针对水源型河流工业区排水风险控制要求，根据流域水污染系统控制理论，以"控源减排、改善水质、削毒减害、控制风险"为核心，探索我国典型发达地区高速工业化、都市化背景下高功能河流水环境问题形成机制及控污减排生态修复技术；率先在国内开展基于风险控制的水源型河流水质工程技术方面的探索，提出工业区排水风险定量评估技术、特征污染物减排模式及风险管理总体策略；研发了表面处理行业和电子行业废水稳定达标及特征污染物去除技术、基于地表水Ⅳ类的"垂直流人工湿地 - 生态净化带"尾水深度处理技术、高效悬挂链曝气生物接触氧化 - 潜流人工湿地技术、工业区雨水净化调蓄与河道水质保障技术等关键技术，最终形成了水源型河流工业区排水风险控制技术体系，支撑流域工业区排水受纳支流水质持续改善，保障优质水源的安全，为东江流域和粤港澳大湾区的可持续发展提供水环境管理和治理技术支撑。

该书抓住区域经济快速发展与水源保护这对核心矛盾，创新研究思路，以保障水源安全和引导区域可持续发展为目标导向，围绕流域水质改善和环境风险控制，在工业区排水风险控制策略、区域典型产业行业排水脱毒减害、污水厂尾水敏感排水深度净化、面源污染控制等方面取得了一系列重要成果。该书面向国家和地方可持续发展战略需求，立足为"保护水源、绿色发展"提供技术解决方案，是一部具有前瞻性学术意义和实用价值的著作。

陈铣成
2020 年 4 月于广州

前　言

　　东江是珠江流域三大水系之一，是广东省广州、深圳、河源、惠州、东莞等地区近4000万人的主要饮用水源，同时担负着为中国香港供水的重要任务，是国内最典型的"高发展速度、高经济密度、高功能水质要求、高强度控污"流域之一。随着东江流域经济社会的快速发展和工业产业的密集布局，流域水资源短缺、水生态损害、水环境污染、饮用水安全等问题相继显现。因此，如何系统地做好东江水的风险防控和生态保护修复工作，对于保障流域社会经济的可持续发展具有重要的意义。

　　根据国家层面对水生态环境保护新技术新方法的迫切需要，《国家中长期科学和技术发展规划纲要（2006—2020年）》设立了国家科技重大专项"水体污染控制与治理"（简称水专项），并按三个五年计划开展攻关研究。"十一五""十二五"期间，水专项在东江实施了"东江流域水污染控制与水生态系统恢复技术与综合示范"项目，设置了"工业区排水对水源型河流风险控制技术集成与综合示范"等多项专题研究课题。在流域水环境风险评估管控、特征污染物脱毒减害、风险控制工程技术等方面开展深入研究，建立了区域河流水质风险控制工程技术体系。本书是对"十二五"课题研究工作的进一步总结和凝练。

　　针对流域内高密集工业区高强度排水风险控制难题，本书建立了基于水质/水生态风险商值法的工业区排水风险定量评估技术，构建了敏感排水特征污染物风险控制和减排模式，提出了示范区流域水污染系统控制及风险管理总体策略；研发了区域典型行业排水脱毒减害、集中排水尾水深度净化、重污染支流水质净化与生态修复、雨水净化调蓄等关键技术；集成创新了水源型河流工业区排水风险控制技术体系。选择流域支流的典型工业聚集区——深圳龙岗区、坪山区及惠州市惠阳区（淡水河流域），开展综合研究示范，为深、惠淡水河区域水环境综合整治提供系统技术支撑，全面推动区域水环境质量改善，确保水源型河流水质安全。相关成果亦为全国类似河流水环境风险控制提供了有力的帮助与支持。

全书共10章，第1章介绍了本书的研究背景、研究目标与主要研究内容、研究技术路线。第2章分析了国内外流域环境风险评估与控制技术的研究进展。第3章介绍了研究区域淡水河流域的现状、存在的问题，并对水质风险进行了评估。第4章针对淡水河流域特征水质风险，提出了毒害性污染物减排与风险控制方案。第5章介绍了电子行业废水处理技术——"蒙脱土负载零价铁/微生物联合还原-氧化-絮凝组合工艺"及其工程示范情况。第6章介绍了先进制造业富磷废水全因子稳定达标及深度处理技术——"两段式高级氧化次/亚磷酸盐去除技术""膜浓液特征有机物高级氧化处理技术"及其工程示范情况。第7章介绍了工业区集中式大型污水处理厂尾水风险控制及持续深度生态净化技术以及大型示范工程应用情况。第8章介绍了工业区初雨面源污染的调蓄、净化与水质保障技术以及相关工程案例。第9章介绍了针对受污染河道开发的"高效悬挂链曝气生物接触氧化-潜流人工湿地"河湾型水质净化系统以及相关工程案例。第10章系统总结了有关研究结论，分析了存在的不足，并提出了进一步的研究方向。

本书写作分工如下：第1章由谌建宇（生态环境部华南环境科学研究所）完成；第2章由黄荣新、刘钢（生态环境部华南环境科学研究所）完成；第3章由黄荣新、刘钢完成；第4章由周秀秀、刘钢完成；第5章由彭星星、贾晓珊（中山大学）完成；第6章由王宏杰、董文艺[哈尔滨工业大学（深圳）]完成；第7章由成功、林高松（深圳市环境科学研究院）完成；第8章由庞志华、黎京士（生态环境部华南环境科学研究所）完成；第9章由虢清伟、易皓（生态环境部华南环境科学研究所）完成；第10章由谌建宇完成。

本书相关研究工作得到了国家水专项办公室、河流主题组和东江项目组的系统指导，得到了广东省生态环境厅的大力支持，也得到了各示范工程依托单位和企业的多方协助。在此谨表示衷心的感谢！

此外，参与本书课题研究的主要人员有：生态环境部华南环境科学研究所的谌建宇、黄荣新、刘钢、庞志华、虢清伟、黎京士、易皓、周秀秀、王振兴、骆其金、罗隽、何晨晖、王艺霖、张政科、赖后伟、刘立；哈尔滨工业大学（深圳）的王宏杰、董文艺、韩琦、李继、刘彤宙、邵明非、孙飞云；中山大学的彭星星、贾晓珊、张再利；深圳市环境科学研究院的成功、林高松、林静、莫凤鸾、谢林伸、韩龙。在此对所有课题组成员多年的辛勤劳动表示衷心的感谢！

由于作者水平有限，书中难免存在疏漏，敬请同行和广大读者批评指正。

谌建宇
2019 年 7 月 30 日

目　录

第 1 章
绪论

1.1　研究背景与意义

东江是我国珠江水系的三大干流之一，总长度为 562 km，流域总面积达 35340 km²。东江是珠江三角洲及中国香港的重要饮用水源地，总供水人数达 4 千万人以上。早在 2008 年，东江水资源的开发利用率就超过了 30%，逼近国际公认的警戒线，是广东开发利用强度最大的江河。10 年来，东江流域地区 GDP 从 2008 年的约 1.6 万亿元增加到 2017 年的 4.3 万亿元，增长了约 168.7%，东江流域以全省 18% 的水资源总量，支撑着 28% 人口的用水和 48% 的生产总值。10 年来，由东江水支撑的 GDP（含中国香港，下同）由 3.1 万亿元增加至 6.5 万亿元，增长了约 110%，而单位 GDP 用水量却下降 50% 以上。可见，东江流域具有典型的"高发展速度、高经济密度、高功能水质要求、高强度控污"流域特征，流域内高密集工业区的高强度排水风险控制是目前急需解决的难题。

淡水河是西枝江一级支流，是东江重要的二级支流，干流全长 95 km，流域面积 1308 km²，流经深圳市龙岗区、坪山区和惠州市惠阳区，包括龙岗河和坪山河两条支流。自改革开放以来，该区域社会经济发展迅猛，工业产业布局密集，但水环境问题一直没有得到根本性的解决。因此，淡水河流域治污成效是影响东江水质的主要因素之一。

2008 年 3 月，原广东省环境保护局印发了《关于加强淡水河流域污染整治工作的意见》（粤环〔2008〕32 号）。该意见要求，龙岗河、坪山河流域水环境综合整治工作按照四个阶段目标逐步推进：一年初见成效，三年有所突破，八年明显改善，远期达标交接。到 2015 年底，使流域水体水质进一步改善，龙岗河、坪山河深惠交界断面水质基本达到Ⅳ类（氨氮浓度控制在Ⅴ类标准以内）。深圳市和惠州市政府一直高度重视淡水河污染整治工作,近年来在淡水河流域新扩建污水处理设施 15 座,新增日处理能力 106 万吨,主要监控断面污染指数显著下降。

经过各级政府的长期努力,区域水质改善效果明显,常规污染物含量逐年下降,"十二五"初期 COD_{Cr} 指标已接近地表水 IV 类水标准。但是从全因子达标和水源地优控污染物控制角度来看,水质改善任务仍然艰巨。一方面是营养盐指标(氨氮、总磷)一直不理想,2018 年淡水河水质仍然属于劣 V 类;另一方面,特征污染物壬基酚、双酚 A、多溴联苯醚、三氯生等频繁检出,工业区排水潜在的水生态风险依然值得关注。因此,如何进一步强化淡水河流域常规污染物和毒害性污染物的减排、改善淡水河水质、控制工业区排水风险,是该区域可持续发展急需解决的问题。

1.2   研究目标与研究内容

本书选择淡水河作为研究示范区域,探索我国典型发达地区高速都市化背景下高功能河流水环境问题形成机制;针对流域内典型高密集工业区排水的水质风险问题,根据流域水污染系统控制理论,以"控源减排、改善水质、脱毒减害、控制风险"为目标,从跨界流域的区域产业布局、规划、发展入手,通过探索高强度开发背景下基于总量控制和风险控制的工业区排水风险监管技术,提出示范区流域水污染系统控制及风险管理总体策略;研究工业区排水的控污、治污关键技术,重点突破典型行业排水脱毒减害、大宗集中排水尾水深度净化、雨水净化利用等关键技术,在工程规模上实现关键技术综合集成与示范,控制行业排水生态风险,建立支撑我国未来可持续发展的高功能河流水环境工程技术体系,为解决我国类似河流水污染问题提供关键技术支撑。

主要研究内容如下:

1. 工业排水区水质风险控制总体策略与环境监管模式研究

在"十一五"相关研究成果基础上,通过研究惠州淡水河、深圳市龙岗河及坪山河流域的社会经济发展特点,以"控源减排、改善水质、控制风险"为目标,分析流域在不同情景下,面源及主要点源的污染特性,确定污染物持续削减方案,探索我国水源型河流工业区排水的风险控制机理,研究集中排水、典型行业排水的控污治污关键技术,建立基于脱毒减害、生物毒性控制的水质风险管理方法,提出支撑区域未来社会经济与环境协调发展的水环境保护总体策略;建立区域高效环境监管模式,为跨界水质断面达标、控制水质风险提供技术支持,支撑建立基于生态健康的水源型河流水质保障及风险控制技术体系,为解决我国类似河流水污染问题提供关键技术支撑。

2. 典型行业排水特征污染物脱除成套技术研究与示范

选取区域典型行业(电子行业和先进制造业),通过开展特征污染物的排放初端源解析和脱除关键技术研究、中端深度处理及回用关键技术研究,建立行业特征污染物控制减排关键技术体系,为流域水污染防治(特征污染物减排)提供技术支撑,逐步实现典型行业排水双标准监管;控制行业排水生态风险,确保无风险地回用生态用水和产业用水;在流域尺度上为饮用水源类型河流保护提供工程技术及管理技术支撑。

3. 工业排水区尾水深度生态净化技术集成研究与示范

有针对性地研发尾水深度处理综合集成技术并进行工程示范,结合深圳市污水处理厂尾水深度净化回用规划和龙岗河、坪山河河道生态建设规划的要求,重点研究两河流域中下游尾水深度处理湿地公园建设方案,优化工艺运行参数,提高系统处理效率和综合功能,评估生态治污系统在毒性减排及水质风险控制中的作用,为全面提升工业排水区尾水水质、加快淡水河深惠交接断面的水质达标提供科技支撑。

4. 工业区河道雨洪调蓄净化与河道水质保障技术研究及工程示范

针对淡水河流域工业区初期雨水和散排污水对饮用水源型河流带来的高风险问题,重点突破基于水质风险控制目标的工业区雨洪调蓄净化技术、河道生态流量调控补给技术和沿河入河污染削减与持续净化技术等技术的研究,在工程规模上实现研究技术的系统集成,并在淡水河流域进行示范和应用推广,为解决东江流域跨界支流水质高风险问题、区域水资源利用和河道水质保障等问题提供切合实际的管理与工程技术支撑。

5. 工业区下游河道水质保障技术集成研究与工程示范

针对淡水河惠阳区段上游及沿程工业区排水入江的风险,以淡水河惠阳区段水质达标、减少东江干流水质风险为目标,研发河湾型湿地水质净化成套技术与生态修复成套技术,对工业区下游河道特征水环境问题进行识别并形成工程控制方案;实现河水中 NH_3-N、SS 的削减及 DO 的提升,确保 POPs、EDCs 和重金属等特征痕量污染物风险可控,使主要常规水质指标达到 III 类,并逐步恢复河流生态功能;通过技术集成形成工程示范,指导地方政府在区域内推广应用,为解决工业区下游河道水质风险,提升河道水质及恢复生态提供工程与管理技术支撑。

1.3　技术路线

本书研究的技术路线如图 1-1 所示。

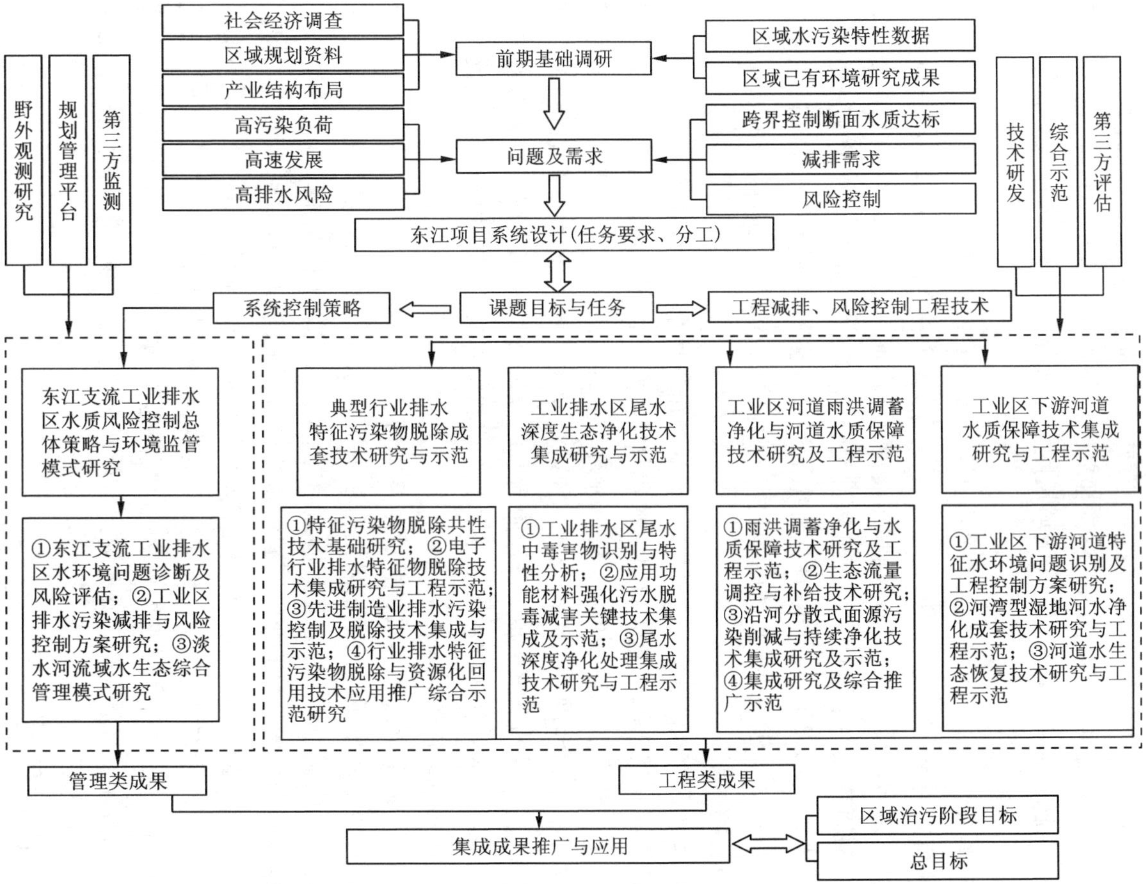
社会经济调查
区域规划资料
产业结构布局
高污染负荷
高速发展
高排水风险
前期基础调研
问题及需求
区域水污染特性数据
区域已有环境研究成果
跨界控制断面水质达标
减排需求
风险控制
野外观测研究
规划管理平台
第三方监测
技术研发
综合示范
第三方评估
东江项目系统设计(任务要求、分工)
系统控制策略
课题目标与任务
工程减排、风险控制工程技术
东江支流工业排水区水质风险控制总体策略与环境监管模式研究
①东江支流工业排水区水环境问题诊断及风险评估；②工业区排水污染减排与风险控制方案研究；③淡水河流域水生态综合管理模式研究
典型行业排水特征污染物脱除成套技术研究与示范
①特征污染物脱除共性技术基础研究；②电子行业排水特征物脱除技术集成研究与工程示范；③先进制造业排水污染控制及脱除技术集成与示范；④行业排水特征污染物脱除与资源化回用技术应用推广综合示范研究
工业排水区尾水深度生态净化技术集成研究与示范
①工业排水区尾水中毒害物识别与特性分析；②应用功能材料强化污水脱毒减害关键技术集成及示范；③尾水深度净化处理集成技术研究与工程示范
工业区河道雨洪调蓄净化与河道水质保障技术研究及工程示范
①雨洪调蓄净化与水质保障技术研究及工程示范；②生态流量调控与补给技术研究；③沿河分散式面源污染削减与持续净化技术集成研究及示范；④集成研究及综合推广示范
工业区下游河道水质保障技术集成研究与工程示范
①工业区下游河道特征水环境问题识别及工程控制方案研究；②河湾型湿地河水净化成套技术研究与工程示范；③河道水生态恢复技术研究与工程示范
管理类成果
工程类成果
集成成果推广与应用
区域治污阶段目标
总目标

图1-1 技术路线

第 2 章
流域环境风险评估与控制技术研究进展

改革开放四十多年来，随着我国经济社会的快速发展，工业化和城镇化水平迅速提高，环境污染问题日趋严重，这不仅给环境保护工作提出了越来越高的要求，还促使环境管理体制和方针政策不断地转型升级：在治理思路上，从以污染物总量减排为核心调整为以环境质量改善为核心；在治理对象上，从工业点源、城镇生活源扩展到农业农村面源、初期雨水面源等各类非点源污染；在治理理念上，从单纯注重水污染治理转变为统筹水资源利用、水环境治理和水生态保护，将流域作为一个整体，或将生态系统作为一个整体。近年来，随着环境污染事件的频发和新兴毒害性污染物在水体中的频繁检出，流域环境风险管理成为了研究的热点，也成为流域环境管理的重要内容之一。

2.1　国内外水环境管理体制机制的发展演变

2.1.1　国外水环境管理体制机制的发展演变

国外河流污染的治理已有一百多年的历史。发达国家水环境治理的成功实践和探索，多以流域为单位来统筹水资源和水环境。各国逐渐形成了一系列科学合理的治理、监督、管理模式和上下游协调机制，不仅解决了本国行政区的水环境问题，也实现了跨国的水污染控制。国外在 20 世纪六七十年代就已经提出并实施相应的总量控制、污染物排放许可证制度等政策来进行控制管理。自 20 世纪初以来，治理方法经历了从点源治理、面源治理到河流生态修复，再到利用产业生态学原理的水循环经济综合治理等过程。国外流域水环境综合治理方面以美国的集中治理模式、欧盟水质框架协调管理模式、日本的分散治理模式和澳大利亚的"集中—分散"模式为代表,各国在流域治理方面形成了完备的法律体系。

2.1.1.1 美国

美国的流域治理模式属于集中治理模式,简单来说,就是由国家设置或指定专门机构进行整体流域治理。根据美国宪法,水环境管理的总体政策与标准由联邦政府负责制定,由各州负责实施。美国环保署(EPA)是负责水资源管理的主要联邦政府机构,其职责主要有发放排污许可证、制定出台各种水质标准、分配各州资金以投入生态补偿等。EPA 与州协作进行水环境管理,各州根据 EPA 的规定制定具体实施方案、水质标准,经 EPA 审批后生效。EPA 在全国设有十几个办事处,每个办事处负责管辖几个州和横跨若干个州的流域,EPA 对各州的排污情况有监督和检查的权力,可越过州政府直接检查,这种方式可以提高管理效率,避免地方政府的过多干扰。

1933 年,美国国会通过了《田纳西流域管理法》,法案旨在通过建立一个独立的政府机构来管理整个流域的水资源,成立了世界上最早的流域整体化治理机构——田纳西管理局(TVA)。TVA 是联邦政府的派出机构,全权代理联邦政府负责整个流域的开发和治理,以实现洪水控制、航运、发电、经济发展与环境保护等的综合管理。管理局由经总统任命、国会批准的 3 人董事会领导,在董事会中设有流域内 7 个沿岸州的代表。田纳西河的流域管理作为依法保证流域水资源开发和保护的成功典范,被各国争相效仿(范仓海,2018)。

1948 年通过的《联邦水污染控制法》,授权联邦政府向州和地方政府提供财政资助以解决水污染问题,贷款给各个地方政府以建设污水处理厂,鼓励地方政府清洁当地的水资源。

1965 年,颁布了《美国水资源规划法案》,要求从流域整体利益出发,协调水土资源规划,优化国家自然资源。随后成立了水资源理事会及各流域委员会,负责流域水资源的综合开发利用。

1972 年,美国国会制定了《1972 年清洁水法》(Clean Water Act of 1972),这是美国水环境保护历史上的里程碑。1972 年以后至今的历次该法修正案(其中最重要的是 1977 年《清洁水法》和 1987 年的《水质法》),都是在 1972 年法的基础上制定的。该法案明确,水环境保护的最终目标是"恢复和保持国家水体化学、物理和生物的完整性",即保障人体健康和水生态安全。其他内容包括:限制有关污水及污染物排放,制定水质标准;在全国范围内实行水污染物排放许可证制度,推行区域总量控制。《清洁水法》提出了基于水质标准的管理方法,即当受纳水体水质达标时,采取反退化措施,防止水质优良的水体出现退化风险,即水质只能越来越好,不能变差;当不达标时,对受污染的水体要采取一些措施,如制定水质管理计划、实行总量控制、采取措施以分配或削减污染物产生量等。如果在实施以上两种方法后，受纳水体水质仍不达标，联邦政府会要求州政府根据水体受污染程度确定优先权，并对其实施日最大负荷管理(total maximum daily load，TMDL)计划。2000 年，EPA 制定并公布了《最大日负荷量法规》，对各州实施TMDL 计划提出了最基本的要求。在水污染排放许可证的核发过程中考虑流域水质标准和多种污染源的影响，建立了基于排放标准和水质标准双重约束的排污许可证核发制度，以保证水体水质达标(李涛，2018)。

1974 年，颁布《安全饮用水法》，于 1986 年和 1996 年进行了修正，且授权各州建立水源地保护计划，增加了美国环保署在保护国家饮用水方面的责任，强化了环保署在处理突发水环境事件方面的执法权力。要求实施饮用水水源评价和保护项目，具体实施过程中要求各州根据水源地的实际水文和地理条件划定水源保护区。1997 年美国环保署颁布的《州水源评价和保护项目指南》中，要求各州设立技术咨询委员会和公众咨询委员会，为包括流域机构、健康组织、企业、土地所有者和弱势群体等在内的各方，提供足够的参与水源评价和保护的机会。

1986 年，颁布《濒危物种法》，要求各州为其所在地的流域确定流量最低标准，以保护流域内的水环境。

从 20 世纪 90 年代起，美国环保署逐渐将流域管理方法运用到水环境管理的各项政策中，并制定了《流域保护方法框架》。在排污许可证发放管理、水源地保护和财政资金优先资助项目筛选等方面充分考虑流域的水质改善和保护情况，促使各项管理制度在实施过程中可以将有限的资源用于最急需解决的水环境问题上，有效提高管理效能。美国在流域管理和流域共治方面的经验对提高我国水环境管理的系统化水平有重要借鉴意义(李瑞娟，2016)。

2.1.1.2　欧盟

(1)充分发挥流域管理委员会的作用

为实现全流域的统一管理，欧洲国际性流域内有关(或全部)国家往往通过签署国际协定来推动跨界合作。流域管理委员会则通常基于某协定而成立，主要负责协调流域内各主权国家的水管理工作。莱茵河保护协定是欧洲最早的跨界流域管理协定，现已成为修复重污染跨界河流的典范。莱茵河是欧洲第三大河，流经瑞士、意大利、德国、法国、卢森堡、比利时、荷兰等数十个国家，全长 1320 km。由于莱茵河具有跨界性，故其在统一管理、综合治理上存在着很多问题。因此，1963 年沿岸各国商讨成立了"保护莱茵河国际委员会"(ICPR)，为制定相关决策、开展治理工作提供一个公共的平台。其中瑞士、法国、德国、卢森堡和荷兰是ICPR 成员，而其他沿岸国家则是观察员。欧盟也于 1976 年成为该委员会签约方。ICPR 每年定期召开部长会议，由各国轮流主持，会议的主要内容有：参加各国依次汇报本年进行的相关治理工作，并对下一年的治理目标进行承诺；形成下一年合作治理的重要决策。决策不具备法律效力,治理工作也完全由各国自主进行,但在各国的相互监督、自觉行动下,却成功运行至今,并对莱茵河的治理工作发挥了重要作用(荆春燕,2011)。

(2)欧盟水框架指令(WFD)的实施为跨界流域管理提供法律保障

2000年12月22日,欧盟水框架指令(water framework directive,WFD)(2000/60/EC)正式颁布,它是欧盟在水资源领域最重要的文件之一,它的出台为跨流域管理提供了法律保障,标志着欧盟水管理政策进入全方位、多国家合作管理新阶段。该指令的主要特点有:①把流域作为整体。WFD要求欧盟各成员国将其辖区划分为不同的流域区域,把由一个或多个相邻的流域和与之相关的地下水体和近岸海域构成的流域区域作为整体,统筹考虑地表水、地下水、湿地与近岸海域等水体。②以流域为单元设立管理机构,落实各项法律法规及规划,统筹协调跨界流域区域的水环境管理工作,建立起高效的跨界流域管理协作机制。③为流域区域制定统一的管理计划,包括实施方案及预期效果;以6年为一个周期,进行规划编制、实施、审查等工作,不断推进流域管理工作。④水管理的最终目标就是实现良好的水生态状况,统筹考虑水量、水质、水生态系统等的保护。⑤将水域的保护与污染控制措施紧密结合(荆春燕,2011;高鸣,2016)。

(3)建立较为完善的跨界流域管理机制

在欧洲委员会的统一协调下,欧洲环保局、联合研究中心及各成员国在流域综合管理措施、水生态评价方法、数据上报及传输格式、社会经济评价等方面开展联合研究,并制定有关规范及标准,避免了跨界流域在管理目标上的差异及对策措施上的矛盾。此外,欧洲委员会深入研究并充分利用现有协作机制,如欧盟水行动(EU water initiative)、邻国政策(EU neighboring policy)及保护和利用跨界水道及湖泊的赫尔辛基协定(UN/ECE convention of the protection and use of transboundary watercourses and international lakes)等来提高协作效率,通过与国际性流域内非欧盟国家共同举办研讨会等形式推动跨界流域管理工作及WFD的实施。

2.1.1.3 日本

第二次世界大战后,日本专注于经济恢复而忽视环境,造成严重的环境公害事件,一度成为污染最为严重的国家之一。在公害事件引起广泛关注后,日本政府开始重视环境管理工作。其环境管理战略不断转型,共经历了四个阶段(陈治国,2013)。

(1)末端治理的公害防止模式。1964年,日本政府建立了一整套关于控制污染的环保法律体系,包括《河川法》,规范并引导企业进行环保型的生产经营活动。1967年,日本颁布了以污染防止为基调的《公害对策基本法》,并发布了相关实施细则。这一时期的环境保护法律、政策与计划以解决公害为重点,包含各方的排放计划、标准、环境责任以及公害赔偿问题等内容;专注于末端治理,其治理公害事件的前提是保证经济发展不受影响。

(2)以国民健康为核心的模式。1970 年,日本把保护自然环境作为政府的首要责任,根据修订后的《公害对策基本法》,其环境立法的原则是关注国民健康,发展重点已经从经济优先转向环境优先。1971 年颁布了《水质污染防治法》,1972 年颁布了《自然环境保护法》及《环境污染控制基本法细则》。1973 年颁布《水源地域对策特别措施法》,为水库周边地区居民进行利益补偿提供法律依据。1974 年正式引入了总量控制的概念,实行地区排放总量和大型点源排放总量控制。1978 年修改的《水质污染防止法》明确了水质总量控制制度的地位。在这一阶段,日本的环境管理已从狭隘、消极、被动的公害治理转向宏观、积极、主动的环境保护,有效地缓解了环境恶化的趋势。

(3)面向生产全过程的污染预防管理模式。20 世纪 80 年代,日本环境管理战略进一步调整,具体表现为:把建立可持续的社会经济系统作为战略方向;开始强调在生产、消费环节的污染控制;通过制定环境政策来对产业结构进行调整,使资本技术密集型产业开始代替资源密集型产业向循环经济过渡。

(4)实现经济可持续发展的循环型社会管理模式。20 世纪 90 年代,日本环境管理战略的重点是经济与环境协调发展。1993 年,日本将原来的《公害对策基本法》修订后改为《日本环境基本法》,“环境立国”正式上升为国家战略,这是日本环境管理战略转型的重要里程碑。与《推进循环型社会形成基本法》《环境基本计划》等法律法规一起,把环境管理的中心从以防控为主转向了构建可持续发展的经济社会。管理重点从被动地治理转向了主动地防控,关注经济活动的环境影响评价,可持续发展的理念得到了确立。

在流域治理模式方面,日本采用的是典型的分散治理模式。中央政府中涉及流域治理工作的机构较多,其中,涉及流域综合治理的机构主要是国土交通省、环境省和农林水产省。国土交通省的具体职责包括:①制定综合性的流域水政策;②流域设施的维护与管理;③流域水体的利用与保护;④污水设施的建设和管理;⑤监督涉及流域水体开发、设施建设运营、维护和管理的涉水机构。环境省的具体职责包括:①制定有关流域水环境保护的指导原则、政策和规划;②流域污染检测;③制定流域水环境质量标准。农林水产省的具体职责包括:保护流域周边的水源涵养林(范兆轶,2013)。

2.1.1.4　澳大利亚

澳大利亚的流域治理采用“集中—分散”相结合的模式。所谓的“集中”是指由负责流域治理的部门协调涉及流域治理开发利用的各机构与各地区;“分散”是指涉及流域治理开发利用的各机构与各地区自主制定流域相关的政策、法规和标准等,按不同的分工职责完成对流域环境的治理(曾维华,2003)。

澳大利亚涉及流域治理方面的联邦部门是联邦政府水利委员会，负责统筹全国的涉水研究和发展规划，提供水体信息及治理相关的政策导向，并通过流域部门对流域内各州的治理情况进行协调。流域部长理事会负责流域治理中的政策导向和指导方针。流域委员会受流域部长理事会的指导，为各州的流域治理提供保障，负责向各州分配水权，与流域部长理事会交换流域水环境的咨询意见，执行治理方针政策，提供资金支持。社区咨询委员会负责流域的调研，收集流域治理过程中的意见和建议，咨询流域治理决策产生的问题，发布调研结果。各州对州内的流域治理有很大的自主权，且拥有自己的流域机构，可以适时开展或取消对流域治理进行的各种活动以保持水土平衡、调整资金投入的分配比例、控制流域污染物的排放以及公布财务报告和水价以提高公众参与程度等。

澳大利亚的州政府有权制定本州适用的流域治理法律，并予以具体实施，而联邦政府只负责统一制定统领性质的流域法律文件。在联邦性质的流域治理法律方面，《关于国家水资源行动计划的政府间协议》颁布于2004年6月25日，主要内容是形成一个以全国统一、市场、监管和规划为基础的地表与地下水管理制度。《水资源安全国家规划》颁布于2007年1月25日，对墨累—达令流域的各项管理项目做出了规定。《2007年水法》于2008年开始实施，是实施《水资源安全国家规划》的关键，主要针对墨累—达令流域管理做出规定。昆士兰州、维多利亚州、首都地区和南澳大利亚地区均制定了相关法律(范兆轶，2013)。

2.1.1.5 小结

国外水环境治理已实现从水环境综合防治与生态恢复到可持续发展、从河流本身到流域系统、从单独水环境到所有环境资源的综合管理转变，治理过程中强调生态系统整体功能与社会经济的和谐发展。

(1)以流域为管理和治理单元。按照水文地理条件科学划定流域管理范围；用流域管理方法完善水环境管理的各项制度和规划，包括排污许可制度、总量控制制度及流域保护规划；水环境治理以流域为单位，统筹上下游、左右岸、干支流的不同因素间复杂的层次结构和整体目标，结合河道本身特点，科学合理地采取一些工程措施，以保证远近结合、多措同施、重点突出。

(2)制定并实施流域综合管理规划。结合社会经济发展规划及区域功能定位，明确跨界断面保护目标；统筹考虑流域内(包括近岸海域)不同区域的资源禀赋、环境容量、生态状况，明确跨界断面的水量、水质、污染物通量及水生态保护等目标，作为流域综合保护及管理的基础。

(3)以水质目标为核心，兼顾水资源的系统配置和水生态系统的构建。以水环境质量改善为核心，综合考量水资源、水安全、水环境、水生态和社会经济效益，通过控源截污、水质净化、补水增净、内源消减等措施链进行污染物通量控制，推进相应水环境/水污染治理工作。统筹流域水资源的综合管理和调度，从而保证生态基流，实现水资源量的时空平衡。结合调控和预警系统，实现水安全。

（4）多方参与，共同治理。加强流域保护各利益相关者的协调，建立完善的多方参与和部门协调机制，保证上下游的各相关部门和利益相关者均能参与到流域水环境保护中。在水环境管理中，建立从中央到地方的流域共治管理思路。通过识别具体流域的最突出水环境问题，集中流域内相关力量，实现多方共治。

2.1.2　我国水环境管理体制机制发展历程

总体上，我国水环境质量状况经历了从中华人民共和国成立初期基本清洁、20 世纪 80 年代局部恶化、20 世纪 90 年代全面恶化的变化过程，"有河皆污，有水皆脏"是 20 世纪 90 年代初期我国水环境状况的真实写照。改革开放初期，虽然我国政府已经意识到在工业化过程中应避免"先污染后治理"的过程，且环境保护工作在经济社会发展中的地位逐渐受到重视，但还缺乏正确处理经济建设和环境保护关系的经验（徐敏，2019）。

我国水环境保护与治理起步于 20 世纪 70 年代。1973 年 8 月国务院召开第一次全国环境保护工作会议，水环境保护与治理工作开始受到重点关注。1983 年，环境保护被确立为我国的基本国策。为了强化环保部门对污染防治工作的统一监督管理职能，城乡建设环境保护部、水利电力部联合下发了《关于对流域水资源保护机构实施双重领导的决定》（〔83〕城环字第 279 号）。此阶段，政府将重点放在工业污染控制上，同时通过调整不合理的工业布局、产品、产业结构等政策和措施的实施，对水污染进行综合防治。

1984 年施行的《中华人民共和国水污染防治法》及期间针对水污染制定的大量专门性法律和行政法规构成了我国水环境管理的法律体系。先后确定了环境影响评价"三同时"、排污收费、限期治理、城市环境综合定量考核、环保目标责任制、排污核定制、污染集中控制、落后工艺和设备限期淘汰、污染物总量控制等一系列有效的环境管理制度。

1996 年 5 月修订《中华人民共和国水污染防治法》，明确了重点流域水污染防治规划制度，淮河、海河、辽河（简称"三河"）、太湖、巢湖、滇池（简称"三湖"）在《国民经济和社会发展"九五"计划和 2010 年远景目标纲要》中被确定为国家的重点流域，也就是当时的"33211"重点防治工程，自此大规模的流域治污工作全面展开。同时，提出了环境质量管理目标责任制和推进了"一控双达标"，即污染物排放总量控制、工业污染源达标排放、空气和地表水环境质量按功能区达标。从此开始将水污染防治工作与水环境质量的改善紧密联系在一起，使水污染防治工作迈上了一个新的台阶（徐敏，2019）。

1988 年 1 月，《中华人民共和国水法》开始施行，并于 2002 年、2009 年、2016 年进行了修订，确定了流域管理和行政区域相结合的流域管理制度以及区域规划服从流域规划、专业规划应当服从综合规划的原则。

2008 年，国家环境保护总局升格为环境保护部，各级环保部门行使统一环境监督管理职责，并协调水利、住建、农业等其他部门参与水环境管理，水环境管理形成了以环保部门牵头，多部门参与的管理格局。

2012 年全国污染防治工作会议提出了"由粗放型向精细化管理模式转变、由总量控制为主向全面改善环境质量转变"的思路。该思路推进了《重点流域水污染防治规划(2011—2015 年)》(环发〔2012〕58 号)在精细化管理方面的突破，采用水污染物总量控制和环境质量改善双约束的规划目标指标体系，对 8 个重点流域建立了"流域—控制区—控制单元"的三级分区体系，把控制单元作为"总量—质量—项目—投资"四位一体治理方案"落地"的基本单元，先分优先、一般两类控制单元，优先单元再分水质改善、生态保护和污染控制三种类型以实施控制单元的分级、分类管理。

2015 年 4 月，国务院印发《水污染防治行动计划》(国发〔2015〕17 号)，简称"水十条"，全面打响水污染防治攻坚战，使水污染治理实现了历史性和转折性变化。"水十条"以质量改善为核心，污染总量减排与增加水量、生态扩容并重。其最大亮点是系统推进水污染防治、水生态保护和水资源管理，即"三水"统筹的水环境管理体系。水十条"设置了 10 条 35 款 76 段，每项工作都明确了责任单位和部门。每年分流域、分区域、分海域对行动计划实施情况进行考核，且将考核结果向社会公布，以此作为对领导班子和领导干部综合考核评价的重要依据。

2015 年 8 月，中共中央办公厅、国务院办公厅联合出台了《党政领导干部生态环境损害责任追究办法(试行)》，对"党政同责、一岗双责、失职追责"予以规范化、制度化和程序化。聚焦党政领导干部这个"关键少数"，明确了追责对象、追责情形、追责办法，划定了领导干部在生态环境领域的责任红线。

2017 年 6 月，再次对《中华人民共和国水污染防治法》进行修订，明确"地方各级人民政府对本行政区域的水环境质量负责，应当及时采取措施防治水污染。"写入了河长制和生态补偿机制等内容，要求"省、市、县、乡建立河长制，分级分段组织领导本行政区域内江河、湖泊的水资源保护、水域岸线管理、水污染防治、水环境治理等工作。""国家通过财政转移支付等方式，建立健全对位于饮用水水源保护区区域和江河、湖泊、水库上游地区的水环境生态保护补偿机制。"

2018 年 3 月 17 日，全国人民代表大会表决通过了国务院机构改革方案，将环保部的全部职责和其他部门相关职责整合以组建新的生态环境部，在水生态环境保护领域实现了地上和地下、岸上和水里、陆地和海洋、城市和农村"四个打通"，破解了"九龙治水"的局面，完善了水生态环境管理体制机制，为打好碧水保卫战提供了重要机遇。

实施大规模治水后，1995—2017 年全国地表水 Ⅰ ~ Ⅲ 类断面比例从 27.4% 上升到 67.9%；劣 V 类断面比例从 36.5% 下降到 8.3%。然而，当前我国水环境治理仍然面临巨大的挑战，主要体现在三个方面：

（1）水生态环境压力仍然处于高位。经济和人口增长、快速的城市化给有限的水资源带来巨大压力，水生态环境保护形势依然严峻。

（2）历史欠账问题的整治进入攻坚期。工业源与农业源污染未得到有效控制，城镇污水收集和处理设施短板明显，以国控断面劣 V 类水体、城市黑臭水体、水源地等为代表的突出环境问题的整治面临严峻挑战。

（3）水安全风险不断累积。石油、化工、制药、冶炼等行业对水环境安全造成的风险仍长期存在。部分流域已出现一些新型污染物（如持久性有机污染物、抗生素、微塑料、内分泌干扰物等），这些污染物在环境中难以降解，具有累积性，缺乏有效的管控措施，存在潜在健康风险（徐敏，2019）。

2.1.3　我国河长制的建立与发展

2007 年，江苏省无锡市在处理蓝藻事件时首创了"河长制"。太湖蓝藻事件暴发后，无锡市委市政府自加压力，针对无锡市水污染严重、河道长时间没有清淤整治、企业非法排污、农业生产的面源污染、两岸居民乱倒垃圾等河流污染的沉疴顽疾，创新性地提出了"河长制"。2007 年 8 月 23 日，无锡市委办公室和无锡市人民政府办公室印发了《无锡市河（湖、库、荡、汊）断面水质控制目标及考核办法（试行）》。这份文件的出台被认为是无锡推行"河长制"的起源。该文件对"河长制"管理工作做出了明确规范，从组织架构、责任目标、措施手段、责任追究等层面提出了系统、全面、详尽的要求，明确规定了"河长制"的运作设置。无锡市"河长制"实施后，全市 79 个考核断面的达标率从"河长制"实施之初的 53.2%，到 2008 年 7 月达到 76.62%，饮用水源地水质全部达标，4 项主要监测指标浓度下降了六成以上。2008 年，江苏省政府决定在太湖流域借鉴和推广无锡首创的"河长制"。

2016 年底，中共中央办公厅、国务院办公厅印发《关于全面推行河长制的意见》，明确提出在 2018 年底全面建立河长制。意见指出，要坚持节水优先、空间均衡、系统治理、两手发力，以保护水资源、防治水污染、改善水环境、修复水生态为主要任务，在全国江河湖泊全面推行河长制，构建责任明确、协调有序、监管严格、保护有力的河湖管理保护机制，为维护河湖健康生命、实现河湖功能永续利用提供制度保障。2018 年 1 月 4 日，中共中央办公厅、国务院办公厅印发了《关于在湖泊实施湖长制的指导意见》，将河长制的经验进一步推广到湖泊治理中，并发出通知，要求各地区各部门结合实际认真贯彻落实。

河长制实施经验有以下几个方面：

第一，实施一河一策。在各个交界河道断面建立水质监控体系，定性定量搞清污染情况，分清治污责任。"河长"们上任后，立即着手对负责的河流进行会诊，分析污染症状，采取"一河一策"的方法，多管齐下、标本兼治，制定出水环境综合整治方案等一系列措施，把真功夫花在促进水质达标上。

第二，党政一把手负责。长期以来，对环境质量的指责或肯定很大程度上是针对环保部门的。"河长制"的出现，把地方党政领导推到了第一责任人的位置，最大程度整合了各级党委政府的执行力，弥补了早先"多头治水"的不足。"河长制"要求全面建立省、市、县、乡四级河长体系，各级河长由党委或政府主要负责同志担任。多头管水的"部门负责"，将向"首长负责、部门共治"迈进。

第三，实施严格的考核奖惩制度。考核问责是压实责任的关键一招。制定差异化考核办法，明确考核主体，量化考核指标，规范考核方式，强化考核结果应用，将考核结果作为地方领导干部综合考核评价和自然资源资产离任审计的重要依据。建立健全河湖管理保护监督考核和责任追究制度，强化考核问责，实行生态环境损害责任终身追究制，对造成生态环境损害的，严格按照有关规定追究责任。对于责任单位和责任人履职不力，存在不作为、慢作为、乱作为的，要发现一起、查处一起，严肃问责。

第四，引导公众参与，倡导共同保护。满足人民群众对美丽河湖的期盼是全面推行河长制工作的出发点和落脚点。要将河湖面貌改善、人民群众满意作为检验工作实效的唯一标准。拓展公众参与渠道，营造全社会共同关心和保护河湖的良好氛围。建立河湖管理保护信息发布平台，通过主要媒体向社会公告河长名单，在河湖岸边显著位置竖立河长公示牌，主动接受社会监督。持续做好新闻宣传和舆论引导工作，让河湖管理保护意识深入人心，营造全社会关爱河湖、珍惜河湖、保护河湖的浓厚氛围。鼓励各地民众担任"民间河长""企业河长""百姓河长"。

2.2 流域环境风险评估与管理技术研究进展

2.2.1 环境风险的概念和类型

广义的环境风险管理是指，通过对环境风险的分析和评估，考虑到环境的种种不确定性，提出供决策的方案，力求以较少的环境成本获得较多的安全保障；这一定义包括了风险评估和风险控制。狭义的环境风险管理是指根据环境风险评价结果，进行削减风险的费用和效益分析，综合考虑社会、经济和政治等因素，决定风险控制措施并付诸实施的过程。从传统的环境标准管理体系向环境风险管理体系过渡，标志着环境保护的一次重要战略转折，使环境管理的目的性更加明确，由先污染后治理转变为污染前的预测和有效管理。我国"十二五"环境保护的总体思路是"削减总量、改善质量、防范风险"。可见，环境风险的防控已经引起国家的高度重视。

环境风险的类型根据风险来源可以分为突发性事故的环境风险和长期低浓度排放累计效应的风险；根据风险影响的对象可以分为对人体健康的风险和对生态系统的风险。本书主要讨论的是由长期低浓度排放累计效应造成的风险，特别是工业区毒害性污染物排放对水源型流域造成的风险。

2.2.2　国内外环境风险研究的发展历程

2.2.2.1　国外环境风险研究的发展

国外关于环境风险的研究最早起源于 20 世纪 30 年代人们对自然灾难的认识、评价及防治。经过几十年的发展，研究重点逐渐转向以人类活动为主要诱因的环境风险事故研究。这一过程可大致划分为三个阶段。

（1）20 世纪 30—70 年代初为萌芽期。随着欧美发达国家工业化和城市建设的快速推进，建筑、石油、化工等行业繁荣发展，由此导致的环境和健康问题开始受到关注。其中，有毒有害物质对人体的毒害尤其值得重视。萌芽期的环境风险研究侧重于描述人类暴露于环境危害因素之后出现的不良健康效应。人体健康风险评估在研究方法上经历了由定性转向定量的过程：20 世纪 40—50 年代主要采用毒物鉴定方法对健康影响进行分析，整个评价过程以定性为主；到 20 世纪 60 年代后期，环境毒理学、生态毒理学、环境化学等学科领域开发了一些定量研究的方法，用于对暴露于不同浓度条件下的人体健康进行研究。这一阶段并未明确环境风险的内涵、受体暴露和风险表征，环境风险评估的研究处于萌芽阶段。

（2）20 世纪 70—80 年代为高峰期。20 世纪 70 年代以来，健康风险评估研究逐渐规范化和标准化，最著名的是美国提出的风险评价"四步法"，即危害鉴别、剂量－效应关系评价、暴露评价和风险表征，这套研究方法后来被法国、荷兰、日本等国家和一些国际组织所采用，成为风险评价研究的指导性方法。与此同时，随着重大污染事故的增多和危害的加重，针对电厂、化工业、矿业、交通运输业等行业事故的环境风险防控成为环境风险评价的重点内容。这一阶段的环境风险评估主要集中在重化工、水库等建设项目或园区的风险分析及其对人体健康和生态环境的潜在影响。环境风险评估以定性方法为主，同时概率风险评价法、破坏范围评价法和危险指数评价法等数学模型也得到了一定程度的运用。

（3）20 世纪 90 年代之后为完善期。20 世纪 90 年代初，美国科学家 Joshua Lipton 等提出，环境风险的最终受体不仅局限于人类，还包括生态系统要素。城市环境风险研究在内容、方法上开始向综合性方向发展。主要特点有：第一，风险源由最初关注化学污染等单一风险源过渡到关注多元化的风险源(噪声、固废、突发事故等)。第二,风险受体由人体健康扩展到经济发展、城市安全、流域景观乃至整个生态系统的大范围。第三,形成了更加完善的综合评价方法,如 Glenn和 Suter 在生态风险评估三步法(问题阐述、分析阶段和风险表征)的基础上,将人类健康风险和生态风险研究相结合,提出了一套更加适用的综合性环境风险评价框架。环境风险研究也逐渐受到政府部门和学术界的重视。20 世纪 90 年代中期,加拿大、英国、澳大利亚等国相继展开了环境风险研究工作,形成了完整的环境风险评价过程,推动了风险评价在建设项目、产业园区、区域开发以及流域、区域等中宏观尺度范围内的广泛运用(甄茂成,2016)。

2.2.2.2　我国环境风险研究的发展

我国环境风险研究起步于 20 世纪 80 年代,主要是在国外已有成果基础上,进行理论引介和实践应用。在政府部门的重视下,成立了专门的研究机构和部门,并出台了相关法律法规和管理制度规范,使得环境风险评价制度在我国迅速建立并发展起来。至今,我国环境风险评价研究工作大致经历了三个阶段。

第一阶段:20 世纪 80 年代中后期至 20 世纪 90 年代初,环境风险评价研究起步阶段。1989 年,原国家环境保护局成立了有毒化学品管理办公室,负责有毒化学品的风险评价组织工作,并且指出“既是国家环保局的职能部门,又是负责有毒化学品登记的技术部门”,标志着我国正式将开展环境风险评价和管理提到议事日程。我国环境风险评价的研究是以核电厂的事故应急评价系统为开端的,主要成果是(秦山)核电厂事故应急实时剂量评价系统。

第二阶段:20 世纪 90 年代初至 20 世纪 90 年代末,环境风险评价广泛开展阶段。1990 年原国家环境保护局下发了第 057 号文件,要求“对重大环境污染事故隐患进行环境风险评价”。1993 年中国环境科学学会举办了环境风险评价学术研讨会,第一次探讨了如何在中国开展风险评价。同年,原国家环境保护局颁布的《环境影响评价技术导则　总则》规定:在有必要也有条件时,应进行建设项目的环境风险评价或环境风险分析。1997 年 10 月原国家环境保护局与农业部及化工部联合下发了《关于进一步加强对农药生产单位废水排放监督管理的通知》,要求新建、扩建、改建生产农药的建设项目必须针对生产过程中可能产生的水污染物,特别是对原料、中间体及产品等可能进入废水中的特征污染物进行环境影响评价,在环境影响评价中必须对特征污染物进行风险评价。

第三阶段:21 世纪以后,环境风险评价逐步完善阶段。经过前两个阶段的发展,我国的环境风险评价技术逐渐成熟。2002 年原国家环保总局颁布了《环境影响评价法》,要求对规划和建设项目可能造成的环境影响进行风险分析、预测和评估,提出预防或减轻不良影响的对策和措施。2004 年原国家环境保护总局发布了《建设项目环境风险评估技术导则》,对环境风险评估工作的目的、基本原则、程序、方法和内容做出了相关规定。2009 年，国家发布的《化工企业定量风险评价导则征求意见稿》，确定了定量风险评价的程序和方法。2012 年，原环境保护部颁布《关于进一步加强环境影响评价管理防范环境风险的通知》，对化工园区、石化化工等建设项目的环境风险管理提出具体要求。至此，我国形成了一系列环境风险评价办法和规范，推动了环境风险研究由国外理论和实践介绍向理论研究、技术改进和实证应用的综合性方向发展（王俭，2018）。

在评价方法方面，借鉴国内外的理论研究成果，提出了由风险源分析、受体评价、暴露评价、危害评价和风险综合评定五项内容构成的研究框架。在评估对象方面，重点对水环境生态风险和土壤环境生态风险的基础理论和技术方法进行研究。同时借助 RS 和 GIS 等分析工具，开展建设项目、产业园区、区域开发等城市经济活动热点地区以及辽河三角洲湿地、洞庭湖流域和塔里木河下游等区域的综合性的环境风险评价实践工作。21 世纪以后，环境风险研究的对象更加广泛，石油化工、海岸带、工业园区、农田土壤、城市地下水、区域规划等领域均涉及环境风险分析和防控工作。

我国环境风险研究起步虽晚，但发展迅速。总体来看，目前环境风险研究还不够成熟，主要体现在几个方面：首先，环境风险的评估主要还是局限于化学污染物带来的人体健康风险，欠缺人口、经济、环境相结合的综合性环境风险研究。其次，在研究尺度方面，微观层面上的建设项目风险评价和宏观层面的流域或区域环境风险研究较为集中，而着眼于城市及其内部地区的环境风险评估研究较为薄弱。

2.2.3　环境风险评价

2.2.3.1　环境风险评价概述

1976 年，美国环保署（EPA）颁布的《致癌风险评价准则》中首次提出了风险评价的概念。我国学者胡二邦对环境风险评价的定义是："环境风险评价是对由自发的自然原因或人类活动引发的，通过环境介质传播的，能对人类社会及环境产生破坏、损害等严重不良后果事件的危害程度的评价"（胡二邦，2009）。

陆雍森分别从广义和狭义两方面给出了环境风险评价的定义："环境风险评价广义上是指人类的各种开发行为所引发的或面临的危害（包括自然灾害）对人体健康、社会经济发展、生态系统等所造成的风险可能带来的损失进行评估，并据此进行管理和决策的过程；狭义上是指对有毒化学物质危害人体健康的影响程度进行概率估计，并提出减小环境风险的方案和对策"（陆雍森，2009）。

通过环境风险评价的定义可以看出，环境风险评价包括人体健康风险评价和生态风险评价两个方面。

2.2.3.2 环境健康风险评价

健康风险评价是以风险度作为评价指标,把环境污染与人体健康联系起来,定量描述污染物对人体健康产生危害的风险大小的一种评价方法。这种方法兴起于 20 世纪 50 年代,1983 年由美国国家科学院编制的《联邦政府风险评价:管理进程》被认为是健康风险评价发展的里程碑。其中提出的风险评价四段法被许多国家采用,也是我国目前健康风险评价的主流方法。它的四大步骤为:危害鉴定、剂量-效应评估、暴露评价和风险表征。首先是危害鉴定,确定其是否对人体健康有害,进而进行剂量-效应评估和暴露评价;风险表征则是利用前三个阶段所得数据,估算不同剂量化学品在不同暴露条件下,可能产生的健康危害的强度或概率。

(1)危害鉴定。主要是明确化学品可能产生的健康危害,任务是收集化学品相关信息,鉴别潜在化学品。这种危害包括短期内暴露在某一种化学品下发生的急性或亚急性毒性危害以及长期暴露造成的慢性毒性危害。对已有的化学品,主要是依据其现有的毒理学和流行病学资料,判断其对人体健康或生态环境造成不利影响的程度。对新申报的化学品,需要搜集完整、可靠的资料,以便为剂量-效应评估结果提供支撑。

(2)剂量-效应评估。这是进行风险评价的定量依据,主要手段是流行病学调查和敏感动植物实验,通过数学模型进行经验外推,确定适合于人体健康的剂量-效应曲线,由此计算化学品对危险人群健康的影响。目前,在从动植物实验向人外推时,主要采用体重外推法、体表面积外推法或安全系数法。从高剂量向低剂量外推时,大多采用威布尔模型、一次打击模型、多次打击模型、生物药代动力学模型等。估算模型的选择、建立、优化和可信度评价是当下健康风险评价领域面临的重要问题(阳文锐,2007)。

(3)暴露评价。这是对人群暴露于化学品中的强度、频率和时间进行评价及预测,也是进行风险评价的定量依据,这个过程需要分析化学品放至环境的暴露途径、识别暴露受体及受体接触化学品的暴露途径。一般,化学品与人体接触主要通过口(饮食)、鼻(呼吸)和皮肤等途径。

(4)风险表征。这是对前三个阶段结果进行综合分析的基础上,估算化学品可能产生的健康危害的强度或产生某种健康危害的发生概率,并对其可信度和不确定性加以评估与阐释,最终形成报告书,为环境风险管理人员的管理决策提供依据。一般情况下,化学品的致癌风险表征是通过人体长期日摄入量(chronic daily intake, CDI)与致癌斜率因子(slope factor, SF)的乘积计算得出,以风险值 Risk 表示,即 $Risk = CDI \times SF$。非致癌风险表征是通过暴露评价中人体长期日摄入量 CDI 除以慢性参考剂量(reference dose, RfD)计算得出,以风险值 HQ 表示,即 $HQ = CDI/RfD$。

2.2.3.3　生态风险评价

生态风险评价是定性或定量预测各种化学品污染物对生态系统产生不利影响的可能性以及评价该不利影响可接受程度的方法体系。生态风险评价与健康风险评价的主要区别是评价受体和表征的不同，生态风险侧重关注人类活动导致的生态系统功能损失的可能性。1992 年和 1998 年，美国 EPA 先后制定并修改了生态风险评价框架，使得生态风险评价工作的开展更加规范。

生态风险评价过程包括危害识别、暴露评价和影响评价（USEPA，1998）。危害识别即分析潜在污染物对生物的不利影响。暴露评价是预测和测定污染物的暴露浓度。影响评价是污染物的剂量 – 效应关系的评价。生态风险评价的主要工作体现在暴露评价和影响评价相结合的风险表征过程。

风险源（污染物）、受体及表征是其三个重要组成部分。

（1）风险源。风险源主要是对生态系统产生不利影响的化学品，包括无机污染物（铅、镉、汞、砷等）、有机污染物（甲醛、苯、甲苯等）、持久性污染物（有机氯杀虫剂、多氯联苯、六氯苯、二噁英等）、多溴联苯醚等。

（2）受体。受体主要是指受到不利影响的对象。个体、种群、群落、生态系统（森林生态系统、草地生态系统、荒漠生态系统、湿地生态系统、湖泊生态系统、海洋生态系统、农田生态系统、城市生态系统等）、景观或区域（城市景观、森林景观、流域等）水平都可以作为生态风险评价的对象。

（3）表征。表征则是指化学品对评价对象造成的不利影响，在影响范围上可分为生理影响、生态影响与区域影响。风险表征的方法根据影响范围的不同有所区别。对于生理影响，主要是通过生物模拟实验，探究化学品对生物生理指标的影响。对于生态影响，除定性描述是否超过风险标准外，主要是通过商值法、概率法、多层次风险评价法、暴露 – 效应法等定量方法确定风险大小、指数或风险等级。对于区域影响，则需要与经济、社会、文化相结合，建立区域风险评价指标体系和标准，确定风险等级，并降低评价结果的不确定性，充分发挥风险评价对管理者的辅助决策功能。

2.2.3.4　区域风险评价

区域风险评价是生态风险评价的一个重要分支，它是在区域、流域或景观等中大尺度上描述和评价风险源对生态系统结构和功能等产生不利影响的可能性和危害程度。国内一些学者建立了以区域、流域、景观尺度为背景的生态风险评价框架，但这些框架均侧重于景观格局、自然灾害和生态系统造成的风险，而对化学品，特别是其中持久性有毒化学品造成的区域风险考虑不足（邓飞，2011；许妍，2012；付在毅，2001；王雪梅，2010）。

区域环境风险评价需要关注 3 个关键的科学问题：风险污染物筛选及优先排序、暴露分析、效应分析（黄圣彪，2007）。未来区域生态风险评价研究需要关注

5 个重要方面：观测与数据采集加工、指标体系的统一与整合、风险评价方法论、空间分布特征与反馈及管理机制(陈春丽，2010)。化学品的区域风险评价应在生态风险评价的基础上，结合化学品可能带给区域的生态风险和社会风险综合评价区域风险等级，运用遥感(remote sensing，RS)、全球定位系统(global positioning system，GPS)和地理信息系统(geographical information system，GIS)"3S"空间分析技术进行风险表征，并据此构建了区域风险评价的技术流程(王铁宇，2016)。

区域风险评价过程分为 5 个关键步骤：

(1)界定评价区域。根据环境资料、地理资料、野外实地调查资料等自然环境资料和经济统计资料、人口统计资料、历史文化资料等社会经济资料，结合"3S"技术对研究区进行划分，降低区域内部的空间异质性。

(2)识别受体、风险源和筛选社会经济指标。在划分的区域中识别风险源及受体，需将生态风险评价过程选择的单一风险源、单一受体、局地水平扩展为多风险源、多受体、区域或景观水平。同时，需要根据社会经济资料筛选出用于划分社会风险等级的指标。

(3)划分区域风险等级。对识别得到的风险源及受体进行生态风险评价，划分风险等级。同样地，根据得到的风险源和社会经济指标，评价社会风险等级。

(4)分析不确定性。选择合适的不确定分析方法，对等级划分结果进行不确定性分析。

(5)表征区域风险。结合"3S"等技术进行区域风险表征，绘制区域综合风险评价空间分区。

2.2.4 流域环境风险管理

2.2.4.1 环境风险管理概述

环境风险管理是基于环境风险评价的结果，通过各种法律或者行政手段控制或消除进入环境的危害，将这些有害因素导致的人体健康(或生态)风险减小到目前公认的可接受水平。环境风险管理的具体目标是做出相应的管理决策，而在此过程中需要集中利用风险表征、控制方法来选择非危害因素分析等方面的资料和研究结果。在对管理方案的选择中要同时对风险的可接受性和控制费用的合理性进行效益－代价分析，平衡效益和危害，得到尽可能大的效益，将危害降低到最小(王俭，2018)。

已有研究从环境风险预警体系、城市产业布局、土地利用类型兼容性、新技术应用等方面提出了许多种风险防控对策。

(1)城市环境风险预警和检测系统建设。流域水环境监控预警技术是分析和评价某一特定水域或断面的特定状态，以得出相应级别的警戒信息，并对水环境发生的影响变化进行分析，以期实现对水环境的未来情况的预测，并对流域水环境存在的问题加以控制或提出对应的解决办法。完整的系统构建包括警源分析、警兆辨识、警情动态监测、警度预报、控制决策五个部分。现阶段，水环境监控预警技术研究主要集中在利用遥感和地理信息系统、水环境预警模型模拟和单指标预警三个方面。单一的水环境信息化平台的构建难以满足水环境综合管理的需要，因此，利用先进技术建立有针对性的水环境管理综合性平台及技术体系就成为新的趋势(吴丹，2017)。

(2)风险源企业的空间布局调整。通过加强化工、制药、建材等重污染行业的污染排放管理，调整和优化现有产业布局，可使水环境风险显著降低。

(3)土地开发利用的管理。可能产生有毒有害物质的特殊工业生产空间与居住空间和生态空间之间，需要以其他用地类型进行适当隔离，从而降低环境风险。

(4)环境风险分析模拟和大数据等技术手段的应用。通过监测分析和 GIS 技术，模拟污染扩散范围及浓度变化，预测其可能产生的风险，为进一步实现环境风险事故发生的空间格局分析和管理提供有力的信息支撑。积极利用大数据提供的技术条件，为环境风险的综合研判、风险管控预案的制定、环境风险的实时分析和预警等工作提供参考。建立安全有效的大数据决策支持系统，特别是通过与业务系统的整合，构建大数据平台，运用智能化、网络化的分析和交互手段，对各种环境数据和其他社会、经济、自然、人文数据进行汇总、挖掘、分析和模拟，可以使环境风险评价方法在空间表征和模型综合方面得到进一步强化，揭示出更多传统技术方式难以展现的关联性，更加真实、全面地描述当前城市环境风险状态和内在机制。未来，应该积极地推动以大数据为基础的多学科方法交叉的综合研究，为环境风险评估提供精确的方法和先进的工具。

2.2.4.2　饮用水源流域环境风险管理对策

通过水专项东江项目的研究，许振成等提出了"控制风险、维护生态、保水甘甜、发展持续"的水源流域管理创新总体策略(许振成，2017)。

(1)控制风险。指系统识别流域经济社会发展演变构成的水质风险，以主动有效保护流域水源为目标，从发展布局防险、产业结构避险、工程控源减险、排水再净化消险、综合管理化险五个方面构建流域水环境风险控制总体策略，研发相应各环节控制风险的成套技术并逐步示范、实施、推广。

(2)维护生态。指遵循健康的河流生态系统，既能全面地反映水质的异常变化，又有助于恢复水体自然状况的规律，构建以生物指标为核心的生态健康监测评估体系，对东江进行长效生态监测与评估，全面实施"上游保护、中游恢复、下游修复"的生态维护工程整体措施，建立东江流域水生态长效维护管理制度，以实现"维护生态健康，保护水源"的治本之策。

(3)保水甘甜。指以保障流域水源处于自然甘甜状况为目标，全面控制流域排水综合毒性风险以确保水源无毒性，控制排水中所有痕量污染物以确保水源无损害风险，实时监控流域水质波动以确保水源无时不达标，以甘甜的水源从根本上保障人类健康。

（4）发展持续。指根据区域发展定位和流域水源保护要求，将东江流域划分为源头区、上游水库区、干流水质敏感区、高速都市化支流区、快速发展支流区和下游优化发展都市区等区域；按"一区一策"的思路，合理划分各区维护自然、限制干扰、集约开发的区划比例，引导和调整主导产业结构，编制东江流域全过程实时数字化综合管理调控方案，提出典型产业脱毒减害工程方案，实施排水再净化减害、受纳排水河道持续净化、生态功能维护等组合措施。

集成创建了流域水环境风险控制技术体系，包括流域水环境风险监测、预测、决策支持系统，风险规避与防范控制技术体系和风险事件损害控制技术体系三个部分（图2.2－1）。

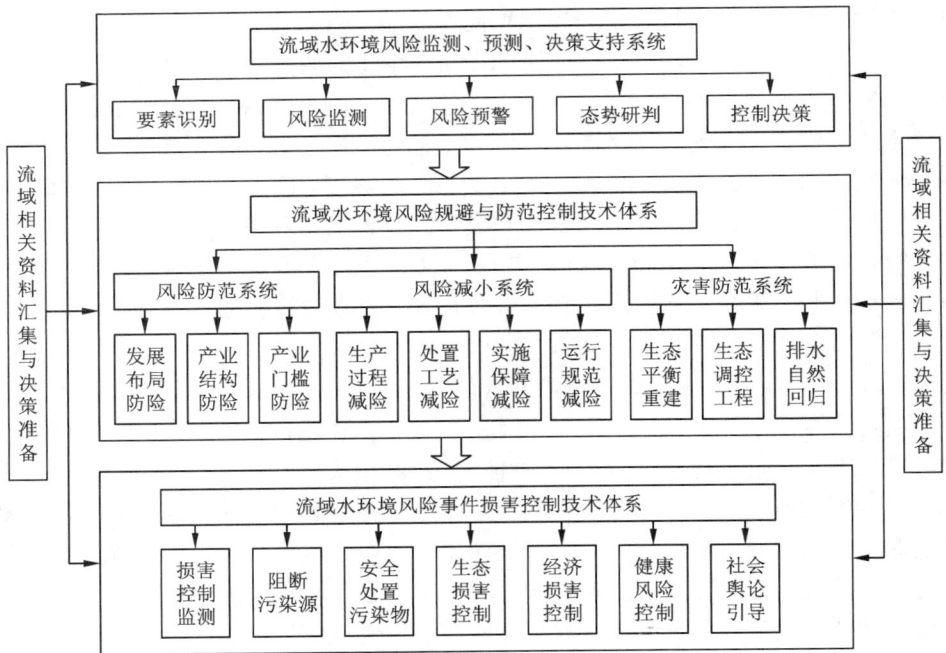

图2.2－1 流域水环境风险控制技术体系框架

（1）流域水环境风险监测、预测、决策支持系统。以自然、经济、社会等行为活动为基础，综合判别流域水质、水量、水生态潜在的风险要素及风险耦合机理，建立基于生物毒性、痕量污染物、水生生态及污染物通量的综合性水环境风险识别与监测体系，以及基于流域生物毒性和典型优控污染物的水质 – 水量 – 水生态实时监控预警预报系统，实现水环境风险态势研判和控制决策。

（2）流域水环境风险规避与防范控制技术体系。该体系由三大系统构成：流域水环境风险防范系统从发展布局优化升级、产业结构集约调整和产业门槛规范提高等角度防范风险；风险减小系统从生产过程优化、废水处理工艺、实施保障和运行规范监督等方面减小风险；灾害防范系统采用生态平衡重建、生态维护工程和排水自然回归等生态工程措施来防范流域水环境风险。

（3）流域水环境风险事件损害控制技术体系。由流域水环境风险事件损害监控、污染源阻断、污染物安全处置、生态经济健康综合风险控制及社会舆论引导等多个子系统组成。

流域水环境风险控制技术体系为实现我国水源型河流由污染治理向水环境风险控制转型提供了全面系统的技术支撑。

2.2.4.3　研究展望

针对全国饮用水源型河流的水质与水生态系统，今后应继续开展各典型行业及规模化农业排水控源减排与脱毒减害工程技术研究，重点解决排水生物毒性和优控污染物风险控制与管理技术、水生态风险评估和水生态功能恢复技术等；全面集成适用于全国的水源型河流水环境风险控制与流域经济社会协同发展的工程与管理技术体系，构建全国各流域水环境风险实时数字化管理决策支持系统，为水源型河流的水质安全与风险控制提供全面系统的技术支持。

2.2.5　新兴污染物环境风险评价与管理

2.2.5.1　新兴污染物概述

新兴污染物是指在环境中新发现的，或者虽然早前已经认识但是新近引起关注，且对人体健康及生态环境具有风险的污染物，包括持久性有机污染物（POPs）、环境内分泌干扰物（EDCs）、药品和个人护理品（PPCPs）等，大多数新兴污染物未受法规规范。因环境中痕量新兴污染物往往会造成较高的危害和风险，故日益引起广泛关注。

《斯德哥尔摩公约》：为避免环境和人类健康受到持久性有机污染物危害，国际社会于 2001 年 5 月共同通过了《关于持久性有机污染物的斯德哥尔摩公约》（简称《斯德哥尔摩公约》或"公约"），2004 年 5 月 17 日生效，同年 11 月 11 日对我国生效，至今已有 181 个缔约方。首批受控化学品包括 12 种持久性有机污染物。2017 年 4 月 24 日至 5 月 5 日，《斯德哥尔摩公约》第八次缔约方大会通过决议，将十溴二苯醚、短链氯化石蜡增列入公约附件 A。至此，自条约全球生效以来，已累计新增列 16 种持久性有机污染物，公约受控化学品家族扩大至 28 种/类。

2007年4月14日，国务院批准了《中华人民共和国履行〈关于持久性有机污染物的斯德哥尔摩公约〉的国家实施计划》（简称《国家实施计划》），确定了我国的履约目标、措施和具体行动。自公约签署以来，我国政府一直把履约工作作为维护人民身体健康，推动国家可持续发展，实现全球环境安全的重要举措，专门成立了由环境保护部牵头、14个相关部委组成的国家履行斯德哥尔摩公约工作协调组，并在环境保护部设立履约工作协调组办公室，负责履约日常性、事务性和技术性支撑工作。

2.2.5.2 新兴污染物环境风险评价

应对新兴污染物环境问题，首先要了解其环境风险，然后进行风险控制和防范。在风险评估之前，需要先开展污染物清单研究、污染物优先性筛选、分析检测等工作。

（1）新兴污染物清单研究

清单调查是从宏观层次了解新兴污染物现状和潜在暴露风险的手段，涉及新兴污染物的生产、使用和排放的调查。新兴污染物的清单调查有助于优先新兴污染物的筛选，新兴污染物生态风险评价中暴露模型估算，以及环境管理和控制措施的制定和实施。

（2）新兴污染物优先性筛选

新兴污染物种类繁多，面对众多新兴污染物，无论是科学研究还是控制管理，都要有所侧重，因此需要筛选优先研究和控制的新兴污染物。优先性筛选涉及新兴污染物性质、毒性和环境暴露状况。在清单调查和实验研究数据基础上，建立数据库，开发可靠的特性、毒性估算方法和暴露估算模型，借助计算机辅助工具软件，建立可靠的方法来筛选优先研究、控制和管理的新兴污染物。

（3）新兴污染物环境分析

环境分析是新兴污染物暴露风险研究的直接手段。与传统污染物相比，新兴污染物浓度一般较低，分析难度大，分析技术往往是新兴污染物研究的瓶颈，只有解决了环境分析方法，才能开展进一步的研究工作。

（4）POPs环境风险评价

王斌等首次提出并建立了三个等级的区域生态风险评价综合模式，通过各子模型的耦合集成建立一套基于多介质环境模型和食物网累积模型的多营养级生物组成的生态系统的概率风险评价模式。在模式中，建立了基于食物网模型的生态系统中多个营养级生物体内暴露估算方法，并发展了基于食物网模型的生态风险评价方法，揭示各营养层生物富集和生物放大对生态风险的贡献；并且以淮河、海河、渤海湾等重点水体环境为例，进行了应用评价（王斌，2013）。

（5）PPCPs环境风险评价

目前我国PPCPs环境风险研究尚处于起步阶段，迫切需要建立适合我国国情的 PPCPs 环境风险评价模式，从而对我国 PPCPs 环境风险现状进行评估。PPCPs 环境风险评价多采用雌二醇当量、风险商等方法。如应光国团队运用简单的风险商法对我国珠江河流中 PPCPs 进行了风险评价(Zhao 等，2010)。余刚团队运用风险商法对我国黄河、海河和辽河中 PPCPs 进行了风险评价(Wang 等，2010)。这些筛选级的评价表明了在我国部分水体中，一些 PPCPs 造成了相对较高的环境风险，如双氯芬酸、三氯生、布洛芬等。

但是目前 PPCPs 研究中欠缺基于人体健康和生态环境安全的公认评价基准，不同研究可能采取不同的风险评价基准，导致风险评价结果的不确定性。生态风险评价结果依赖预测无效应浓度(PNEC)的计算方法、采用的物种毒性数据测试所包括的物种类别以及是否包括敏感物种和本土相关物种毒性数据等因素。因此，在开展 PPCPs 毒理学实验研究的同时，综合运用多种模型手段，如定量结构活性相关(QSAR)、种间相关估算(ICE)等毒性外推方法，可获得更多代表性物种的毒性数据，从而建立稳健的物种敏感性分布模型，获取可靠的 PNEC。在进行 PPCPs 环境监测分析的同时，应发展或运用可靠的模型(如 PhATE 模型、EUSES 模型等)进行环境暴露预测和评价，加强 PPCPs 人体暴露和生物累积的研究，建立基于人体健康和生态环境安全的 PPCPs 风险评价基准。PPCPs 环境风险一般是由长期低浓度暴露造成的，长期暴露过程中，无论是物质还是暴露浓度都存在很大变异性和不确定性。因此需要进行长期连续的环境监测，且采用非稳态模型进行暴露模拟，以进行风险的不确定性分析(王斌，2013)。

应在清单调查和优先性筛选的基础上，结合我国 PPCPs 生产和使用特点，开展城市污水和自然水体中典型 PPCPs 的分布调查和迁移转化规律研究；加强 PPCPs 生态毒性效应分析，特别是对本土物种的危害效应，评估典型 PPCPs 的风险状况；识别高风险 PPCPs 母体或其降解产物，判断其引起环境风险的主要环节和途径，进而指导开发新型的控制技术。

2.2.5.3　新兴污染物环境风险管理

对于不同的新兴污染物，需要通过不同的途径来进行风险管理和控制，如全面禁止和淘汰、替代品开发、处理处置以及风险防范。目前我国在 POPs 风险控制方面取得了较大进展，但是 PPCPs 风险控制还基本停留在实验室技术研究阶段，故迫切需要开展工程技术应用研究，以控制其风险。

(1)履行公约，淘汰有机氯农药

《斯德哥尔摩公约》中的受控 POPs 大多数是有机氯农药。作为农业大国，我国曾经是有机氯农药的主要生产国和消费国。2009 年 4 月，环境保护部等国家部委联合发布《关于禁止生产、流通、使用和进出口滴滴涕、氯丹、灭蚁灵及六氯苯的公告》，自 2009 年 5 月 17 日起，禁止在我国境内生产、流通、使用和进出口滴滴涕、氯丹、灭蚁灵和六氯苯。至此，我国已经全面淘汰了首批 9 种杀虫剂类

POPs。但是目前新列入 POPs 名单的硫丹仍然在我国大量生产和使用。

（2）替代品开发

我国明确提出将引进和开发 POPs 替代品或替代技术、推进产业化作为我国履行《斯德哥尔摩公约》的优先性选择和行动目标之一。近年来，我国重点开展了杀虫剂类、溴代阻燃剂和全氟化合物替代品研究，已初步具备杀虫剂类 POPs 替代品的生产能力，但目前替代品成本较高且产品性能尚不能满足替代要求，需要加强自主开发能力，集中力量研发高效低毒、环境友好、经济合理的替代品和替代技术。为履行公约，淘汰 PBDEs，我国正在加紧研制新型阻燃剂。对环境危害性特别高的 PPCPs，可以开展替代药物研究。

（3）加强化学品生产、存储、运输、销售、使用与处置的全过程风险管理

生产环节。需积极推行清洁生产，包括清洁的原料、工艺和产品，从源头减少污染物的产生；完善企业风险管理制度体系，开展厂界内化学品风险评估、生产环节化学品风险排查、化学品废弃物风险申报；制定化学品事故应急预案制度、化学品风险应急人员培训与物资管理制度等，进一步增强企业自身的风险防控能力。

储存与运输环节。需完善储存与运输特许资格证管理制度，定期对运输及储存设备进行查修，对运输员与储存管理员进行考核，对不合格的单位或个人取消资格证。同时，需制定运输与储存事故多级应急预案，第一时间反应，降低事故危害，减少人员伤亡及对生态环境的破坏。

销售与使用环节。销售者和使用者都需按照化学品标签说明的方法来保存与使用化学品，对未用尽的高风险化学品要定点放置以便回收与处理。

处理处置环节。需加强对化学品废弃物集中收集处置中心的建设，严格实行化学品废弃物的分类与处置，实现达标排放（王铁宇，2016）。

（4）处理处置和减排

现有技术主要是来自发达国家的实践，一方面这些技术系统较为复杂，投资和运行费用普遍较高；另一方面这些技术是否适合我国国情还缺乏深入分析和实证研究。目前，迫切需要推广一批符合国情、经济性较高、接近国际先进水平的技术，以支撑 UP-POPs 减排。

目前我国 PPCPs 的控制技术基本处于实验室阶段，缺乏实际应用。PPCPs 控制方法主要包括高级氧化法、活性炭吸附法以及膜法等，但目前的处理工艺不能有效去除 PPCPs，还需要弄清 PPCPs 在处理过程中的转化机理，改进污水处理技术和工艺，在提高 PPCPs 降解率的同时，避免在污水处理过程中生成危害性更高的降解产物。积极开展宣传工作，改善民众习惯，开展垃圾分类，对过期、过剩和变质 PPCPs 进行集中收集处理，可降低 PPCPs 进入环境的可能性。

（5）制定相关法律法规，建立完善管理体制

尽管我国近年发布的《化学品环境风险防控"十二五"规划》等政策文件中多次强调"加强化学品环境管理""防控环境风险""健全化学品风险防控体系"，但是仍缺乏法律从根本上规范化学品风险管理，无法做到有法可依，因此需尽快制定化学品管理法律法规。我国管理化学品的部门众多，如《危险化学品目录》（2015 版）是由十部委联合发布的，其管理对象多有重合。在共同管理对象出现问题时，主管部门又相互推诿责任。因此，有必要成立化学品风险管理协调委员会，协调部门间管理化学品风险的关系，以保障相关法律法规的高效执行。

2.2.5.4 小结

目前常规污染物的环境管理与防治技术日趋成熟，而新兴污染物的问题日益显现。我国新兴污染物的风险评价和控制研究刚刚起步，任重道远，迫切需要加强研究，建立完善的化学品环境风险评价技术，评估新兴污染物的潜在环境风险；加强基于人体健康、生态环境安全的新兴污染物环境基准研究；加强风险控制和管理技术研究，为新兴污染物环境安全保障提供支持，为国家履约提供决策支持。

2.3 流域环境风险控制工程技术研究进展

在自然条件下，水按照自然规律进行循环流动，如蒸发、降水、渗入土壤、形成地表径流、汇聚成河、流入大海，循环往复，生生不息，滋养万物。由于受到外界的影响较小，水体自身具有一定的自净能力，因此可以保持良好的水质。随着人类社会的发展，人类对自然的干扰越来越多，可通过多种途径对水环境造成影响，包括经过处理的工业废水和生活污水的排放、城镇区域受污染的雨水面源以及农业农村的面源等；此外，废气污染物的沉降、固体废物露天随意堆放等，都会对水环境造成影响。环境水体如果受到污染，不仅影响生态系统的健康，还会通过饮用水、动植物等途径来最终危害人类健康。因此，为了保护我们赖以生存的水环境，需要查明水体中各种污染物的来源，提出针对性的治理措施；从水循环的全过程考虑，综合采取环境风险管理和工程控制措施，确保流域环境风险得到有效防控，确保生态系统和人类的健康。

2.3.1 工业行业排水毒害物减排技术

工业行业类别众多，本书主要关注东江流域两个典型行业——电子行业和先进制造业。双酚 A（bisphenol-A，BPA）和四溴双酚 A（tetrabromobisphenol-A，TBBPA）等是电子行业和先进制造业典型的特征污染物。虽然这些特征污染物含量低，但其对环境及人体造成的危害不容忽视。其中 BPA 是典型的内分泌干扰物质，是一种环境雌性激素，由于其是生产聚碳酸酯、聚砜树脂、环氧树脂等高

分子材料的重要原料,故被广泛应用于化工产品生产和医药领域(毛矛,2005);TBBPA是一种持久性有机污染物,是溴代阻燃剂的典型代表,因其优良的阻燃性能和低廉的价格而被广泛应用于工业生产中。近年来,包括BPA为代表的内分泌干扰物质和TBBPA为代表的溴代阻燃剂对环境和人类健康造成的影响和危害日益受到人们的重视(Pullen S,2006)。其中,BPA被列为迫切需要治理的"第三代环境污染物";TBBPA已被列入《斯德哥尔摩公约》中优先监控名单。因此,尽快研发针对这些污染物的有效治理技术显得尤为迫切和重要。

目前针对这些污染物的处理技术主要包括微生物降解、物理吸附、化学降解等方法。

2.3.1.1 微生物降解技术

微生物降解BPA利用了微生物良好的驯化能力,生长繁殖快和遗传变异性强的特点。早在1992年,Lobos等从含BPA污水的塑料制造厂的污水处理设备中,分离出了可降解BPA的革兰氏阴性菌(Lobos J H,1992)。2002年日本学者分离出了两株双酚A高效降解菌,双酚A降解率可达90%(Kang J H,2002)。Hayato的研究发现,芦苇根系分离出的细菌结合芦苇的自身作用能加快菌株降解效率,在此基础上,新鞘氨醇杆菌在活性炭存在条件下,可以提高BPA降解效率,并可以检测出降解产物(Hayato,2008)。Tomas等研究发现木府真菌的8种不同菌株对BPA有降解作用,在培养7天后,大多数菌株可以将BPA降解80%以上,少数菌株在3天内就能将BPA降解到检测限以下(Tomas,2009)。

微生物降解是TBBPA在环境中的重要降解途径,其主要降解机理包括厌氧脱溴和好氧降解,具有成本低、作用范围广和持续时间长等特点。但生物降解TBBPA的效能受环境因素限制,作用缓慢,其生物半衰期与沉积物中TBBPA的浓度、微生物群体、有氧或无氧环境等密切相关,一般在几十天以上。Chang等研究显示在河流沉积物中TBBPA的半衰期为13.1 d(Chang et al,2012),Liu等利用^{14}C标记法研究发现TBBPA在厌氧环境中的半衰期为36 d(Liu et al,2013)。Ronen等采用厌氧–好氧方式降解TBBPA,研究表明,TBBPA在厌氧沉积物中完全还原脱溴需45 d培养周期;其最终产物BPA在厌氧条件下无法进一步被降解,只能在好氧条件下被氧化(Ronen,2000)。分离、提纯、驯化优势菌种可大大提高生物降解效率。范真真等采用选择富集法从活性污泥中分离出假单胞菌株,该菌株可通过好氧共代谢方式实现TBBPA的降解,6 d后的降解率高达95.6%(范真真,2014)。Peng等从厌氧活性污泥中分离培养出丛毛单胞菌属,当pH为7.0、温度为30℃时,经过10 d培养,86%的TBBPA(0.5 mg/L)可被降解,产物中除了BPA,还有酸类和酮类等(Peng et al,2013)。

由于生物降解技术所用微生物主要是从自然界筛选得到或人工改造而成,故其优势菌种的筛选是关键;然而优势菌种的筛选困难、复杂且工作量大,同时

TBBPA 对一般微生物具有一定的毒性,从而限制了生物降解技术的应用。

2.3.1.2　物化处理技术

物理吸附处理 BPA 是利用了分子之间的范德华力,其吸附反应过程比较简单,吸附条件的操作较为方便。已有研究表明,β – 环糊精壳聚糖聚合物对 BPA 有一定的吸附效果,膜生物反应器系统具有生物吸附和降解 BPA 的作用,BPA 去除率在93%以上(Nishiki M,2000)。Tsai W T 等的研究表明,活性炭 F20 在一定温度及 pH 条件下,对 BPA 有较高吸附量(Tsai W T 等,2006)。赵俊明等研究灭菌后的污泥对 BPA 的吸附行为,发现厌氧污泥对 BPA 的吸附效果较为明显,较短时间内吸附率可达89.1%(赵俊明,2008)。康琴琴等以核桃为原料,通过微波法制得活性炭,且其对 BPA 产生的吸附符合吸附等温线模型(康琴琴等,2011)。但吸附作用并不能从根本上去除 BPA,当吸附量达到饱和之后,吸附能力下降,而且由于吸附过程是可逆的,被吸附的 BPA 可能在一定条件下被重新释放到环境中。

TBBPA 为疏水性物质,其辛醇 – 水分配系数 $\lg K_{ow}$ 为5.2,TBBPA 的亲酯性决定了其易于被物理吸附。目前用于去除 TBBPA 的吸附材料包括土壤、污泥、石墨、有机蒙脱石及钠米铁负载材料等。Sun 等研究发现壤质黏土和粉砂壤土可快速吸附水中的 TBBPA,土壤有机质(SOM)发挥90%的吸附作用,其吸附呈非线性吸附等温线(Sun,2008)。Hwang 等研究发现不同种类的污泥对 TBBPA 均有一定的吸附效果,污泥特性、氧化物含量及金属离子等因素会影响污泥的吸附效果(Hwang et al,2012)。Zhang 等利用制备的石墨氧化物吸附去除溶液中的 TBBPA,研究表明,TBBPA 在 10 h 达到吸附平衡,最大吸附量达到 115.77 mg/g(Zhang et al,2013)。目前常用的吸附剂是蒙脱石,蒙脱石具有较大的表面能,促使四溴双酚 A 在即使未满足所有饱和点的情况下,也能迅速完成吸附。与其他吸附剂相比,其对四溴双酚 A 的吸附速率相对较快,12 h 即可达到吸附平衡(李翔,2012)。TBBPA 吸附的相关文献表明,在 48 h 吸附基本达到平衡,其过程可分为两个阶段:在 0 ~ 24 h 为快速吸附阶段;在 24 ~ 48 h 为慢速吸附阶段,其中前一阶段在吸附过程中起主要作用。由于黏土矿物吸附的缺点就是吸附量有限,而且容易将四溴双酚 A 解吸出来,因此只有对吸附剂进行改性,才能提高四溴双酚 A 的吸附效率(Ling W,2005;Gao Y,2007)。闫梦玥等利用改性蒙脱石负载纳米零价铁(NZVI – CMT)材料去除水中 TBBPA。研究表明,在 25℃ 条件下,NZVI – CMT 对 TBBPA 的去除以吸附为主,去除率(97.5%)明显高于两种单一材料(NZVI 18.3%、CMT 67.3%)以及两者之和(85.6%)(闫梦玥等,2013)。

纳米零价铁是颗粒的粒径在 1 ~ 100 nm 范围的零价铁材料,因具有卓越的性能和巨大的应用潜力而备受瞩目,广泛用于环境催化、环境修复与废水处理中,已成为当今国际上环境研究领域的热点和重点。然而由于它存在颗粒小等问题,故也有可能造成团聚，从而降低其对目标污染物的降解效率。蒙脱石是吸附 BPA 和 TBBPA 常用的吸附剂，通过改性后，可以显著提高蒙脱石吸附 BPA 和 TBBPA 的效率。蒙脱石有良好的阳离子交换能力，这种阳离子交换的能力是蒙脱石进行改性的基础。同时能够有效避免纳米零价铁的团聚，增加有效接触面积及提高吸附能力，从而增强该材料的降解效果。

2.3.1.3 化学降解技术

化学降解是目前科研工作者研究 BPA 和 TBBPA 降解方法中的一个重要方向。常见的降解方法和技术包括：二氧化钛光催化降解，紫外光降解，电化学降解，臭氧降解，芬顿试剂和各种联用方法和技术等。Satashi 等通过实验发现，二氧化钛作为光催化反应的催化剂，可有效地将 BPA 降解转化为无机物和离子，降解终产物为二氧化碳，BPA 被完全矿化（Satashi et al, 2004）。Juergen 等采用高级氧化技术，用芬顿试剂降解 BPA，由于产生的羟基自由基能与亚铁离子发生链式反应，故降解取得了一定的效果（Juergen et al, 2010）。

光降解技术是处理 TBBPA 常用的方法之一，包括紫外光解、可见光解以及光催化氧化。Johan E 等利用紫外光降解 TBBPA，研究发现，在 pH 为 8.0 的溶液中，其降解速率是 pH 为 6.0 条件下的 7 倍（Johan E, 2004）。张洁等的研究表明，紫外光解可有效改善 TBBPA 工业废水的可生化性（张洁等, 2011）。传统光催化氧化催化剂为 TiO_2，近年来，通过对 TiO_2 进行改性或制备其他新型材料代替 TiO_2 已经成为光催化降解处理污染物的研究热点。Xu 等分别利用 BiOBr 介孔材料和 P25 TiO_2 作为光催化材料，研究发现，前者具有更加明显的催化作用，反应 15 min 即可完成对 TBBPA 的彻底光解（Xu et al, 2011）。Guo 等制备出的 Ag/$Bi_5Nb_3O_{15}$ 材料具有活跃的光灵敏性，且其层状结构表面积较大，因此在日光下和紫外光下均具有较高的催化活性，经 2 h 日光照射，TBBPA 去除率高达 95%（Guo et al, 2012）。光降解技术反应快、除污效率高，具有很好的应用前景，但目前主要处于实验室研究阶段。这主要受光催化剂制备及改性复杂、催化剂使用寿命较短、实际废水中的光利用率较低等因素制约；同时，在反应过程中产生的 ·OH 为非选择氧化剂，可能生成毒性更强或更难进行生物降解的中间产物或副产物，使得光催化降解技术在成本、技术等方面均存在一定的应用难度（Manilal V, 1992）。尽管一些学者将光降解技术与其他技术进行联用，如光－芬顿氧化技术等（Zhong Y, 2012），但这些改进工艺对 TBBPA 的处理效果受溶液 pH、催化剂和 H_2O_2 投量等因素的影响仍较大，且催化剂的制备复杂、使用寿命有待进一步研究。

臭氧作为消毒剂和氧化剂，能高效除臭、脱色、杀菌和去除有机污染物，对于不同浓度水平的污染物均表现出良好的处理效能，已广泛应用于饮用水、市政污水、工业废水等各类水处理中（Gunten U V, 2007）。由于臭氧在水中不稳定，能分解产生具有更强氧化作用的 ·OH，故臭氧氧化工艺对污染物的降解途径可分为直接臭氧分子氧化途径和间接·OH 氧化途径，两者的协同效应使得臭氧氧化工艺更有效地实现对污染物的降解（Gunten U V，2003）。近年来，臭氧氧化工艺越来越广泛地应用于脱除水中的难降解有机污染物，如个人护理品、EDCs、抗生素等（Umar F R M，2013；Zimmermann S G，2012）。臭氧氧化工艺对 TBBPA 也表现出良好的处理效果，Zhang J 等采用臭氧工艺处理工业废水中高浓度 TBBPA（50 mg/L），结果表明，当 pH 为 9.0、臭氧投加量为 52.3 mg/h、反应 25 min 后，TBBPA 降解率高达 99.3%（Zhang J，2009）。与其他 TBBPA 降解技术相比，臭氧氧化工艺已被广泛应用于处理难降解有机污染物，该工艺除污效果显著、工程便于实施、推广应用更方便。

目前，针对臭氧氧化工艺处理水中 TBBPA 的研究仅采用单一的臭氧氧化处理手段，主要集中在对影响因子的研究方面，且多以目标污染物去除率或者某些总体指标（如 TOC、COD 等）的削减率作为处理效果评价指标。针对目标污染物的降解机制理论的分析还相对较少；同时，在臭氧氧化处理有机污染物时，可能产生比目标污染物生物毒性更高的中间产物，反应过程中的生物毒性变化情况也缺乏研究。单独臭氧氧化工艺虽然能快速、有效地脱除水中的 TBBPA，但由于 TBBPA 是一种多溴代有机物（含溴率达 58%），在臭氧氧化处理过程中可能产生急、慢性毒性更高的含溴有机中间产物，如三溴双酚 A、二溴双酚 A、一溴双酚 A、一溴苯酚、二溴苯酚等（Zhang H Q，2008）。另外，脱溴过程产生的游离溴离子还可能被进一步氧化生成具有遗传毒性和致癌特性的无机溴酸盐（Kurokawa Y，1983）。张丹丹等利用臭氧降解 50 mg/L 的 TBBPA，反应 100 min 后，BrO_3^- 的生成量高达 2.61 mg/L，且 Br^- 及 BrO_3^- 的生成量随着 TBBPA 初始浓度的增加而增加，生成速率随臭氧投加量增加而提高（张丹丹等，2012）。若后续有生物处理单元，这些高毒性中间产物可能对微生物造成严重影响；一旦进入环境中，也将对水生生物、动物甚至人类健康构成严重威胁。因此，如仅以四溴双酚 A 的去除率衡量臭氧氧化处理的效能，而忽视其中间产物的产生情况和生物毒性变化情况，将无法保证应用臭氧氧化技术的安全性。

综上所述，单独的臭氧氧化工艺降解 TBBPA 缺乏系统性研究，特别是中间产物、降解机理、生物毒性变化等方面；另外，单独的臭氧氧化工艺不能同时解决高效降解 TBBPA 并控制有机或无机有毒中间产物生成的问题，需要引入新的 TBBPA 降解技术或开展臭氧联用工艺。

2.3.2 大宗排水再生处理与风险控制技术

2.3.2.1 大宗排水的再生利用

大宗排水，即集中式大型城镇污水厂处理厂的出水。随着我国城镇化进程的加快，城镇人口迅速增加，城镇用水量和污水排放量也逐年增加。据统计，截至

2017 年，我国城市污水年排放量 492.4 亿吨，城市污水厂共 2209 座，日平均污水处理能力约 1.57 亿 m^3/d，污水处理率 94.54%。但我国现行污水厂排放标准的一级 A 标准相当于地表水劣 V 类标准，若将城镇污水处理厂尾水排至自净能力有限或已受到污染的水体，会使水体污染进一步加剧。此外，城镇污水厂的污水来源多种多样，其污染物类型也非常复杂，不仅含有 SS、COD、氮、磷等常规污染物，而且含有重金属、毒害性有机物、细菌等多种有毒有害物质和成分。

因此，面对水资源的短缺和水环境恶化的形势，污水的深度处理和再生利用成为必然的选择。《"十三五"全国城镇污水处理及再生利用设施建设规划》提出，到 2020 年底，实现城镇污水处理设施全覆盖，城市污水处理率达到 95%，其中地级及以上城市建成区基本实现全收集、全处理；到 2020 年底，城市和县城再生水利用率进一步提高，京津冀地区不低于 30%，缺水城市再生水利用率不低于 20%，其他城市和县城力争达到 15%。再生水不仅可用于市政用水和居民住宅的杂用水以及农业用水等，还可以用于高品质工业用水、地表水的补充以及地下水回灌等。目前，再生水在我国北京、天津等地已得到广泛应用，在南方地区也常用于景观水体、河涌补给等方面。

污水再生后的用途不同，对其的质量要求也不同。一般来说，对水质要求越高，其处理成本也越高。对于城市污水的再生利用，我国已制定了一系列标准，包括《城市污水再生利用的分类》（GB/T 18919—2002）、《城市杂用水水质》（GB/T 18920—2002）、《景观环境用水水质》（GB/T 18921—2002）、《工业用水水质》（GB/T 19923—2005）、《农田灌溉用水水质》（GB 20922—2007）等。在确保出水达到相关排放标准的基础上，还需要对其含有的毒害性污染物进行控制，从而降低大宗排水的环境风险。

不同的再生水用途及其主要约束条件见表 2.3 – 1。

表 2.3 – 1　再生水用途及主要约束条件（郭瑾，2007）

序号	用途	说明	约束条件
1	农业灌溉	农田灌溉，造林育苗	盐与重金属对土壤与作物的影响；残留在作物表面的病菌；管理不善对地表水、地下水造成污染；公众接受程度对作物销售情况的影响
2	景观和环境用水	娱乐性景观环境用水，观赏性景观环境用水，湿地环境用水	美学问题和 N、P 引起的富营养化；人体直接接触感染致病菌和气溶胶传播致病菌；管理不善对地表水、地下水造成污染；公众接受程度

续表 2.3 − 1

序号	用途	说明	约束条件
3	工业用水	冷却用水、锅炉用水、洗涤用水、工艺用水、产品用水	产生结垢、腐蚀、生物繁殖与污垢；冷却水中有机物与致病菌的气溶胶传播，以及各种工艺用水的致病菌传播等公众健康问题；工艺对水质的特殊要求
4	城市杂用	城市绿化、冲厕、道路清扫、建筑施工、车辆冲洗、消防	气溶胶传播致病菌；产生结垢、腐蚀、生物繁殖与污垢；可能同上水管交叉；公众接受程度
5	补充水源	补充地表水，补充地下水	痕量有机物及其毒性效应；总溶解固体、金属盐与致病菌；处理、操作不善，原水体将受到污染
6	饮用水回用	渗入自来水，直接饮用	痕量有机物及其毒性对公共健康的潜在危害；美学问题与公众接受程度；关注由致病菌引起的公共健康问题

2.3.2.2　同级排入技术

同级排入，就是将城镇污水处理厂尾水经过进一步深度处理，使出水中的污染物质得以更好的去除，使其水质指标达到收纳水体地表水要求的Ⅲ类（或Ⅳ类、准Ⅳ类）标准后排入水体。同级排入技术也是一种水生态修复或防止退化技术，当污水再生处理后，达到地表水相关质量标准，排入自然水体，不会对水体造成污染，其污水处理技术也称为同级排入技术。城镇污水处理厂尾水实现同级排入，增大了水体生态流量，削减了水体污染负荷，有效缓解天然水体自净的压力，改善了水环境质量，降低了人类行为对环境的影响。

同级排入对缓解水资源紧缺和改善水环境都有重要的意义，但现阶段，同级排入只能在排水敏感特殊区域或工程项目中以试点方式进行，其推广应用主要受四个方面的制约：

（1）单一处理单元难以实现处理要求。城镇污水处理厂尾水中污染物浓度较低，且多为难降解有机物，可生化性差，依靠单一处理单元难以达到处理要求（仇付国，2005）。

（2）工艺的稳定运行。城镇污水处理厂的尾水属于高水力负荷，为使出水水质达标，需要选择可在高水力负荷下稳定运行的工艺，同时，由于处理水量较大，在场地受限的情况下，不宜选择水力停留时间过长的处理工艺。

（3）处理成本。目前的常规污水回用技术存在设施复杂、运行成本高的问题。北京市多数污水处理厂采用 MBR 和膜法处理城市污水处理厂的尾水，其深度处理成本接近 2.5 元/吨(张子潇, 2014),其价格是一般污水厂难以承受的。

(4)安全排放。目前针对深度处理的水质指标以常规污染物为主,且仅对少数有机物制定了排放标准。研究表明,再生水中的痕量有毒有机物和消毒副产物存在长期健康风险,其中部分污染物已证明具有内分泌干扰作用。同级排入需控制环境风险,做到安全排入。

2.3.2.3 污水再生工艺研究进展

1)常规工艺:混凝—沉淀—过滤

混凝—沉淀—过滤作为一种常规深度处理工艺,它在进一步去除有机物、悬浮物、色度、微生物的同时,还具有突出的化学除磷效果,在辅以化学预氧化的条件下,对水中的铁、锰也有良好的去除作用。我国的第一座再生水厂——大连春柳河污水处理厂采用的就是这个流程。由于各单元净化构筑物运行经验成熟,其出水水质稳定,BOD_5、SS、TP 等都达到了工业冷却水、城市杂用水、绿化用水的水质要求,但是氮去除有限,使得再生水的应用受到一定的限制。

仇付国等的研究表明,常规工艺对浑浊度的去除率达 90% 以上,对色度的去除率约是 50%,对 COD_{Cr} 的去除率为 30%~40%,对 NH_3-N 的去除率仅为 20%~40%,对 TP 的去除率可达 50%~80%;对砷的去除率为 40%~70%,对铅的去除率为 30%~60%,对镉的去除率为 30%~50%,对镍的去除率为 40%~60%,对锌的去除率为 50%~70%,对铬的去除率仅为 30% 左右,对大肠杆菌的去除率为 99.00%~99.99%,去除效果与超滤接近(仇付国, 2005)。可见,虽然常规工艺对多种污染物有去除效果,但还难以满足地表水环境质量的标准,这对于环境容量较小或者较为敏感的流域并不适用。

2)污水再生全流程系统

郭晓等把污水处理和深度净化结合起来,提出了污水再生全流程的概念和系统优化的污水再生流程;经过工艺比选,提出了厌氧—好氧活性污泥法/生物膜过滤工艺,该工艺不仅出水水质好,而且基建及运行费用低(郭晓, 2005)。王俊安等基于生物除磷脱氮的新工艺新技术,组成了若干高效低耗的污水再生全流程系统,包括:A/O 生物除磷—厌氧氨氧化生物脱氮,A/O 除磷—短程硝化/反硝化脱氮,反硝化除磷—好气滤池等污水再生流程(王俊安, 2009)。

3)膜生物反应器(MBR)

针对再生水市政回用和景观环境回用的水质保障需求,陈荣等研发了城市污水直接再生的 A^2/O—MBR 处理技术,建成了西安思源学院污水处理与再生利用示范工程,总处理规模为 5500 m^3/d,其中新建污水处理设施采用 A^2/O—MBR 处理工艺,规模为 4000 m^3/d;现有污水处理设施升级改造规模 1500 m^3/d,采用 A/O—混凝沉淀过滤工艺。再生水分别稳定达到《城市污水再生利用城市杂用水水质》(GB/T 18920—2002)、《城市污水再生利用景观环境用水水质》(GB/T

18921—2002)标准。污水直接优质再生处理综合成本为 2.0 元/m^3,比同规模污水回用处理(二级处理 + 深度处理)的平均成本低 15.8%。2012 年获得国际水协全球项目创新奖(陈荣等,2013)。也有研究表明,MBR 工艺的运行成本为 1.0 元/m^3 左右(金鹏康,2011;蔡文,2010)。

北京市北小河再生水厂是在原北小河污水处理厂基础上改扩建而成的,采用 UCT—MBR 工艺,处理规模为 6 万 m^3/d。工程于 2008 年 4 月试运行,7 月正式运行,出水满足《城市污水再生利用城市杂用水水质》(GB/T 18920—2002)中"车辆冲洗"水质标准。其中,$5 \times 10\ m^3$/d 的出水经紫外线消毒作为市政杂用、工业用水等,$1 \times 10^3\ m$/d 的出水再经过 RO 深度处理后作为高品质再生水直接供给奥运公园(杨岸明,2011)。

4)双膜工艺

目前满足同级排入的主流工艺是以膜分离为主体的组合工艺,其中同级排入补充饮用水源工程项目大都选择了微滤/超滤—反渗透工艺(俗称双膜工艺)和高级氧化/消毒的组合工艺。反渗透(RO)工艺对无机物和有机物都有良好的分离去除效果,无机离子的去除效果随价数的升高而增加;对于有机物,相对分子质量超过 200 的物质能够基本去除,相对分子质量在 100~200 的物质能够部分去除。同时采用超滤或微滤作为反渗透的前处理单元,能够稳定 RO 进水水质、降低运行成本、延长反渗透系统的使用寿命。双膜工艺对溶解性有机物、溶解盐类、金属离子、病原微生物、胶体物质等均有很强的去除能力,后续采用的高级氧化工艺能够降解出水中剩余的中性小分子有机污染物,可达到饮用水水源标准的要求,确保再生水补充饮用水水源的安全性(杨扬,2012)。新加坡 NE Water 再生水工程于 2000 年正式启用,Bedock 等 4 座再生水厂产水量约为 20 万 m^3/d,通过微滤—反渗透工艺产生的出水与水库水混合后,可为 50 多家高技术产业和半导体工业提供纯净水。

除了 RO,纳滤(NF)也可用于构建深度处理组合工艺。张翠平等采用混凝—沉淀—粗砂滤—精滤—纳滤工艺对污水厂出水中浊度和 SS 的去除率均可达到 80% 以上,对溶解性的无机盐类(TDS)的去除率达 88% 左右,对 TP 的去除率为 98%,对 NH_3-N 的去除效果不理想,去除率为 27.3%;对水中 COD_{Cr} 和 BOD_5 的去除率可达 85.5% 和 78.3%;对铁的去除率可达 90% 以上,对总硬度的去除率为 87.4%。出水可满足《再生水水质标准》(SL 368—2006)要求,可用于景观用水、工业回用水等(张翠平,2013)。

膜分离技术作为污水回用处理单元时,需要解决的主要问题就是如何防止膜污染,这就要求污水在进入膜分离处理单元前必须经过预处理,在预处理工艺中将污水中微细颗粒和胶体物质去除,并将大分子有机物转化为固相。双膜法目前较多采用微滤、超滤作为反渗透的前处理工序来替代常规深度处理中的沉淀、过滤、吸附和除菌等预处理工序，以 RO 进行水的软化和脱盐处理（Kramer F C，2015）。双膜法运行稳定，出水质量高，对各种污染物都有良好的分离去除效果，但也存在如处理成本高、处理水量小等缺点。此外，反渗透浓水排放的问题也是今后需要进一步研究的方向。

5）臭氧组合工艺

（1）臭氧氧化

二级出水的有机污染物属难降解有机物，具有环状构造而造成水中色度、异臭味偏大，采用常规处理工艺形成的絮凝体细小、难以沉淀、固液分离比较困难，而且在色度、异臭味等感官指标上也难以满足使用要求。臭氧与生物处理联用可提高对难降解有机物的去除效果。其过程为：首先通过臭氧预氧化提高有机物的生化性，然后通过后续生物处理工艺去除难降解有机物。杨岸明等对北京 3 个典型地区的城市污水处理厂的二级出水进行臭氧预氧化处理，结果表明，BOD₅/COD、BDOC 与 BDOC/DOC 分别提高30%、360%与360%以上。这说明适当的臭氧投加量可提高二级出水难降解有机物的可生化性（杨岸明等，2011）。

臭氧不仅可改善污水厂出水的可生化性，而且可以有效去除其中的毒害性污染物，同时可减少消毒副产物的产生。郑晓英等的研究表明，臭氧投加量达到 6 mg/L 时，对污水厂二级出水中环境激素类痕量有机物邻苯二甲酸二丁酯（DBP）和邻苯二甲酸二（2 – 乙基己基）酯（DEHP）的去除率分别为37.29%和14.6%，三维荧光光谱荧光峰的各区域有机物质的平均去除率在80%以上，DBP 出水浓度为 2.64 μg/L，DEHP 出水浓度为 1.4 μg/L，满足《城市污水再生利用地下水回灌水质》（GB/T 19772—2005）的标准。6 mg/L 臭氧与 5 mg/L 有效氯组合消毒出水的粪大肠菌群含量下降至 3 CFU/L，满足《城市污水再生利用景观环境用水水质》（GB/T 18921—2002）的标准。同时，由于三卤甲烷（THMs）的生成量随着有效氯投加量的增加而增加，臭氧与氯组合消毒过程与氯单独消毒过程相比，THMs 生成量减少了 78.08%（郑晓英等，2014）。曹楠等分别利用酵母双杂交和 umu 试验对 5 个城市 9 个污水处理厂进行了调查，结果表明城市污水中存在不同程度的生物遗传毒性和视黄酸受体（RAR）结合活性，通过生物处理可以大幅削减污水中的 RAR 结合活性和生物遗传毒性，但污水厂出水中仍然普遍具有遗传毒性，部分残留 RAR 结合活性。5 ~ 10 mg/L 的臭氧可以有效削减二级出水中残留的 RAR 结合活性和遗传毒性，是一种有效的提高水质安全性的污水深度处理技术（曹楠等，2009）。

（2）臭氧氧化—BAF 工艺

王树涛等研究了臭氧预氧化—BAF 工艺对生活污水二级出水的处理特性，结果表明，当臭氧投量为 10 mg/L、接触时间为 4 min 时，臭氧预氧化—BAF 联合工艺对 COD、NH₃ – N 的去除率分别达到58%和90%，使 TOC、UV254 和色度分别降低了25%、75%和90%（王树涛等，2006）。李魁晓等采用臭氧—曝气生物滤池（biological aerated filter，BAF）组合工艺对城市污水处理厂二级生化处理出水进行深度处理。结果表明，组合工艺能有效去除造成水中色度的主要物质——腐殖酸、富里酸类有机物和嗅味物质中的二甲基三硫和二甲基异莰醇（MIB）。臭氧氧化能够显著提高后续 BAF 单元对 COD_{Mn} 的去除率，出水 $c(COD_{Mn}) < 5$ mg/L、色度小于 5 度、浊度小于 1 NTU，出水水质可满足生产工艺对回用水的水质要求（李魁晓等，2012）。在北京高碑店污水处理厂的升级改造和再生利用工程中，经过工艺比选，可采用砂滤 - O_3 - BAF 为主体的"新三段"工艺，对二级出水进行深度处理（王洪臣，2008）。

（3）臭氧—BAC 组合工艺

袁志容等采用臭氧 - 生物活性炭（O_3 - BAC）工艺处理西安市北石桥污水处理厂的二级处理水。结果表明，O_3 - BAC 工艺能有效去除水中色、臭、味。色度去除率为 92%，出水无异臭味，表现出良好的感官效果。工艺对反映水中有机物总量的 TOC、UV254 的去除率分别为 25.8% 和 57.9%（袁志容，2005）。李来胜等用 TiO_2 光催化臭氧氧化 - 生物活性炭（TiO_2/UV/O_3 - BAC）新型组合工艺来处理城市污水。在优化工艺参数下，该工艺对 TOC 和 UV254 的平均去除率分别为 47.4% 和 76.9%，比 UV/O_3 - BAC 和 O_3 - BAC 工艺对 TOC 的平均去除率分别提高 10.2% 和 40.2%（李来胜等，2007）。此外，臭氧 - 活性炭组合工艺对城市污水厂二级出水中溶解性有机氮（DON）的去除率最大可达 83.3%（刘冰，2014）。

6）人工湿地工艺

河源市城南污水处理厂利用垂直流人工湿地对该厂 A^2 - O 工艺处理的尾水进行深度处理，其工艺流程为：二级出水—生态氧化池—人工湿地—液氯消毒—景观池—排放到河流。人工湿地占地面积为 3 万 m^2，其中由细到粗设有 3 层，每层包括粗砂石、砾石和石灰石，层与层之间由无纺布隔开，以增强阻隔固体物质的能力；最下面有压实的地基层，防止出水渗漏。上层种植美人蕉、纸莎草、再力花、香根草、花叶芦荻、风车草 6 种水生植物。结果表明，垂直流人工湿地处理系统对尾水中 TN、NH_4^+ - N、TP、COD 和 BOD_5 的平均去除率分别达到 97.4%、97.8%、95.06%、91.87% 和 95.87% 以上，其出水水质基本达到地表水 Ⅲ 类标准，但处理效果并不稳定，存在较大范围的波动（周遗品，2012）。薛祥山等设计的水平潜流型人工湿地方案及其中试结果表明，湿地系统对污水厂尾水中 TN、TP、NH_4^+ - N、COD 和叶绿素 a 的去除率分别为 50%、60%、75%、33% 和 96%，TN、TP、NH_4^+ - N、COD 和叶绿素 a 浓度分别降至 7.5 mg/L、0.2 mg/L、0.3 mg/L、17.8 mg/L 和 0.1 μg/L。污水处理厂尾水经由人工湿地处理后再补充景观水系（薛祥山等，2013）。

7）工艺对比与工程应用

大宗排水高效处理工艺对比情况见表 2.3 - 2。

表 2.3 - 2　大宗排水高效处理工艺对比

工艺类型	活性炭吸附（李倩，2012；du Pisani P L，2006）	人工湿地（杨立君，2009）	曝气生物滤池（焦阳，2010）	膜生物反应器（朱宁伟，2010）
去除对象	多数的有机物和某些无机物、痕量金属	BOD$_5$、COD、氨氮和总磷	对有机物、BOD$_5$、COD 和氨氮等有显著效果	COD、BOD$_5$、氨氮、悬浮物
优点	可耐强酸强碱，具有良好吸附性能	处理效率高、投资和运行成本低	投资低，占地面积小，抗冲击力强，滤速快	结构简单、占地面积小、活性污泥浓度高
缺点	价格昂贵，再生比较困难	占地面积大，受气候、温度影响大，易堵塞	对进水 SS 浓度要求高，除磷效率低，反冲洗污泥稳定性差	需降低进水的 SS，对氮、磷的去除率并不高，膜的成本高、寿命短、易受污染
工程应用	①以城市污水生产饮用水的水厂使用活性炭，是水质把关的最主要工序之一。②用生物活性炭法处理一级 A 出水，主要指标达到Ⅳ类水水质以上	深圳龙华污水处理厂采用强化型前处理/垂直流人工湿地工艺，处理规模为 20000 m³/d 的一级 A 水体，达到同级排入	采用 BAF 深度处理污水厂二沉池出水，达到同级排入	采用 A²O - MBR 组合工艺处理城市污水有良好效果，出水水质可稳定达一级 A 标准
部分污染物去除率	COD 去除率可达 35.5%；氨氮去除率 92.2%；SS 取决于反冲洗频率，去除率可达 100%	COD、BOD$_5$、NH$_4^+$ - N 和 TP 的平均去除率分别为 70.3%、69.0%、91.9% 和 83.1%	进水 COD 的平均去除率在 30% 以上，出水氨氮浓度基本保持在 0.3 mg/L 以下	MBR 池对 NH$_4^+$ - N、TN 和 TP 的强化去除量分别占总去除量的 12.14%、9.21% 和 12.23%
工艺进展	与生物滤池相结合的 GAC 滤池和活性炭粉系统（PAC）较常用。生物活性炭（BAC）可以利用活性炭吸附与生物降解的协同作用处理废水	目前多数采用复合人工湿地的处理工艺，常用的人工湿地处理工艺组合为：混凝沉淀/过滤—复合型人工湿地	目前普遍采用的工艺为：二级出水—曝气生物滤池—消毒。O₃/BAF 技术可提高其可生化性，取得良好的处理效果	组合形式的 MBR 工艺目前应用得比较普遍，具有很好的发展前景

　　欧美发达国家在同级排入方面，主要以排入饮用水源地或回灌地下水为主，执行的排入标准也更为严格。但美国加州要求保证从接收回灌水的含水层抽取的水符合饮用水标准，德国一般要求回灌水应优于当地地下水水质（塞兴超，2003）。国内同级排入工艺主要用于高端工业用水。详见表 2.3 - 3（郭瑾，2007；刘祥举，2012）。

表 2.3 − 3　国内外达到同级排入的典型工程实例

工程	基本信息	运行时间	处理水量 /(m³·d⁻¹)	处理水用途	处理工艺	备注
美国	德克萨斯州 Big Spring 水厂	2012 年始	1×10^4	地表水扩充	微滤 + 反渗透 + 高级氧化	直接与饮用水源混合，再生水将占 15%，为城市供水
	Upper Occoquan 再生水厂	1978 年始	1.2×10^5	地表水扩充	初级处理 + 带硝化的二级处理 + 石灰再碳酸化处理 + 过滤 + 粒状活性炭吸附 + 消毒	排放到 Upper Occoquan 水库（为北弗吉尼亚的 120 万人提供饮用水）
	Scottsdale water campus 系统	1980 年始	3.7×10^4	地下水回灌	微滤 + 反渗透	water campus 系统包括一个地下水回灌和再循环系统
	加州橘子县 ①21 世纪水厂 ②过渡期 ③地下水回灌	①1976—2004 年 ②2004 年至今 ③2007 年始	①$5.3 \times 10^4$ ②$9.7 \times 10^3$ ③$2.4 \times 10^5$	地下水回灌	①石灰澄清 + 脱氨 + 再碳酸化过滤，粒状活性炭 + 氯（1977 年引入反渗透，2001 年引入 UV/H_2O_2 去除 ND − MA） ②③双膜 + 紫外线消毒	回灌前将再生水与深层蓄水层的井水以 2:1 的比例混合。从含水层提取的水经处理后可为 200 万人提供饮用水
	Floridan 东北再生水厂	2016 年竣工	1.14×10^4	地下水回灌	超滤 + 反渗透 + 紫外线和 H_2O_2 消毒	技术上稳定，达到饮用水标准
新加坡	NE water	2003 年始	1.36×10^4	地表水扩充	微滤 + 反渗透（双膜） + 紫外线消毒	将回用水与水库水进行混合供给饮用水
南非	德班再生水项目	2002 年始	4.7×10^4	工业应用	斜板沉淀池 + 双膜	出水达到或优于一级饮用水的 96% 指标，满足该市饮用水的 7% 需水
纳米比亚	首府温得和克 ①初建 ②扩建	①1968—2002 年 ②2002 年至今	①$4.8 \times 10^3$ ②$2.1 \times 10^4$	世界上第一座饮用水再生水厂，有时可直接饮用	①气浮除藻 + 泡沫分离 + 化学澄清 + 砂滤 + 颗粒活性炭 + 氯化消毒 ②臭氧预氧化 + 气浮 + 砂滤 + 臭氧氧化 + 活性炭吸附 + 超滤 + 氯化消毒	回用水在配水前同 Goreangab 水处理厂处理的饮用水混合，再同其他市饮用水的水混合

续表 2.3-3

工程	基本信息	运行时间	处理水量 /(m³·d⁻¹)	处理水用途	处理工艺	备注
澳大利亚	悉尼圣玛丽再生水厂	2010年始	4.9×10^4	地表水扩充	超滤+反渗透+再碳酸化和氯消毒	高质量再生水取代瓦拉甘巴大坝(水源地,水量不足)补充河流下游
比利时	Torreele 水厂	2001年始	5400	地下水扩充	超滤+反渗透+紫外线消毒	重点监测 RO 和 UF 的运行情况,利用再生水生产可饮用水
中国	天津经济技术开发区"双膜法"再生水工程	2002年始	连续流微滤 $2.7 \sim 2.9 \times 10^4$,反渗透 1.0×10^4	微滤出水供一般工业用水;反渗透出水供高端用户	连续流微滤(CMF)+反渗透	出水可满足电子工业、锅炉补给、生活杂用、绿化等高端到低端的各类用户的用水要求
中国	天津纪庄子再生水厂 ①初建 ②扩建	①2002—2010年 ②2011年	①$5 \times 10^4$ ②$7 \times 10^4$	—	①混凝沉淀/微滤/臭氧/部分RO ②混凝沉淀/微滤/部分反渗透/臭氧/氯消毒工艺	城市杂用,热电厂冷却水,其他工业用水
中国	北京经济技术开发区再生水厂	2008年始	2.1×10^4	高品质工业用再生水	微滤+反渗透	主要向开发区内工业企业,特别是高科技微电子类工业提供生产用水
中国	北京清河再生水厂	2006年始	5.5×10^5	补充河道、景观用水	微滤+臭氧脱色+加氯消毒	—

2.3.2.4　大宗排水再生利用环境风险控制

1）再生水的健康和生态风险

污水中存在种类繁多、性质及危害性各异的污染物，除常规的无机盐和有机物污染外，还存在对人体健康和生态系统危害性大的污染物，如病原微生物、氮磷等植物营养物质、有毒有害污染物（如重金属、微量有毒有害有机污染物）等。病原微生物具有健康风险，有毒有害污染物具有健康和生态风险。氮、磷等植物营养物质本身并没有直接的健康风险，但是在再生水景观利用过程中，会引发水华爆发，从而带来潜在的生态风险和健康风险。通过再生水风险评价，可评价再生水因病原微生物和微量有毒有害化学物质而引发的健康风险，识别再生水不同利用途径的水质关键风险因子，明确其控制水平，揭示其在污水再生处理过程以及再生水输配储存过程中的转化机制及高效控制原理。掌握再生水利用过程中的健康与生态风险产生机制及其控制原理等是污水再生利用需要解决的关键科学问题（胡洪营，2010）。

2）再生水的安全管理与风险管理体系

为保护公共卫生，自 20 世纪 60 年代以来，许多国家已经建立了再生水安全使用的基本条件和法规。根据污水回用的目的和回用水域的功能，指标体系也有一定差异。2003 年起，加利福尼亚州健康服务部（DHS）规定在再生水工程启用的第一年，必须检测的项目包括：未受管理的化学品、有毒消毒副产物的前体物、达到国家法律规定浓度的化学物质以及其他化学物质。魏东斌等从再生水不同的用途和使用方式出发，详细分析了再生水中的化学污染物和病原微生物危害人体健康和生态系统的可能途径，以及由此引发的后果，在此基础上提出了包括综合生物毒性指标、生物学综合指标、特异性指标等在内的再生水水质安全指标体系，并对关键性指标进行了可行性分析（魏东斌等，2004）。郝二成等提出，再生水安全性评价体系总体可以分为三大部分——感观与物理化学评价指标、致病微生物与病原体评价指标、毒理学评价指标（郝二成，2008）。

胡洪营等提出，污水再生利用安全保障与风险控制应坚持"源头控制与过程控制相结合、单元优化与系统优化相结合、化学污染物与病原微生物协调控制"的基本原则，并构建了六大体系：①再生水水质标准体系；②水源水质保障与生物毒性控制体系；③再生处理系统；④再生水输送与储存安全保障系统；⑤再生水利用途径优化与暴露控制体系；⑥再生水水质监控体系（胡洪营，2010）。

3）再生水生物毒性评价

城市污水中往往富集了来自城市生产和生活活动的大量有毒有害物质，这些物质在污水再生处理的过程中不可能被彻底去除，且具有单体剂量低、综合毒性强的特点，难以逐一检测、评价与控制，因此生态毒性评价对于再生水以及水环境的生态安全保障极其重要。生态毒性评价通常以水生生物为受试对象，通过生物毒性试验进行水中污染物对水生生物的综合毒性效应评价。根据受试对象，水生生物毒性试验包括细菌类、藻类、蚤类、鱼类、原生动物类以及群落级毒性试验。在细菌类生物毒性测试中，利用淡水发光细菌青海弧菌（简称 Q67）进行急性毒性检测具有快速、简便、灵敏的特点，能为水环境生态安全性评价提供有力的依据（王晓昌，2014）。郝二成等研究发现，各种深度处理工艺出水对斑马鱼与大型水蚤没有急性毒性（郝二成，2008）。

4）再生水生态和健康风险评价

再生水通常用于非饮用目的，但即使在城市绿化、景观水体补水等环境的利用过程中，也存在与人体接触的可能性，因此再生水中所含致病物质对人体健康的影响问题一直受到广泛关注。这些致病物质主要包括化学污染物和病原微生物两大类。在化学污染物中，对人体具有潜在致癌、致畸变作用的有机化合物、环境内分泌干扰物在再生水中的残留特性及健康风险是关注的重点。而对于病原微生物，由于其对人体的急性致病性、介水传播性及广泛危害性，在污水再生利用领域一直是研究的热点（王晓昌，2014）。

（1）病原微生物。研究表明，常规深度处理工艺（混凝 + 沉淀 + 常规过滤）对大肠菌群去除率集中在 99.9% 和 99.99% 之间（仇付国，2004）。经深度处理后的出水，受试物对鼠伤寒沙门氏菌无论是直接作用或是代谢活化后作用，均未呈现致突变性（郝二成，2008）。赵欣等基于再生水回用的微生物健康风险定量评价方法，根据微生物的剂量 - 反应关系、暴露剂量计算方法和浓度分布等模型，确定了再生水生物学标准制定方法；以再生水回用于城市绿地灌溉为例，给出了再生水中典型病原微生物隐孢子虫和贾第鞭毛虫浓度限值的确定方法（赵欣等，2010）。絮凝、澄清、过滤等污水深度处理工艺能有效地控制隐孢子虫和贾第鞭毛虫污染（张彤，2007）。紫外线消毒后投加氯消毒，可有效提高再生水消毒效果，控制消毒副产物生成量（庞宇辰，2014）。

（2）重金属。对再生水的风险评价结果显示，混凝沉淀去除 Cu、Fe、Mn、Pb 效果较好，对 Ni、As、Cd 的去除效果较差；常规处理再生水的健康风险主要来自致癌物质（As、Cd），终生致癌风险在 10^{-5} 数量级，而非致癌物（Cr、Mn、Ni，Pb，Zn，NH_3）健康危害风险在 10^{-9} 数量级（仇付国，2004）。

（3）内分泌干扰物。内分泌干扰物引起的长期生态风险备受关注。孙艳等对再生水中 8 种雌激素活性物质浓度分布情况进行了研究。结果表明，3 类雌激素活性物质的雌激素活性和生态风险顺序均为类固醇物质 > 酚类物质 > 酞酸酯类物质；城市污水再生处理厂应优先控制乙炔基雌二醇（EE2）、雌酮（E1）和雌三醇（E3）3 种雌激素活性物质（孙艳，2010）。吴乾元等针对再生水经河流补给湖库型水源地的典型场景，研究了再生水中雌激素在水体中的变化规律，评价了雌激素的健康风险。结果表明，再生水（二级出水）中雌激素类物质的质量浓度多分布在

0.1 ~ 100 ng/L 水平；双酚 A 和壬基酚的浓度较高，可达到 1 ~ 10 μg/L 水平。再生水间接补充饮用水过程中，雌激素的浓度受到上游来水稀释、河道湖库自然降解和饮用水处理工艺去除等作用的影响。雌酮、雌二醇、双酚 A、壬基酚和辛基酚的非致癌风险较小，都低于规定值 1。当停留时间小于 10 d 且再生水占饮用水比例达 50% 以上时，16% ~ 47% 样品的 17α - 乙炔基雌二醇的非致癌风险值大于 1，其健康风险需优先关注(吴乾元等，2014)。

邻苯二甲酸酯(PAEs)是一种内分泌干扰物，具有致癌、致畸、致突变作用，主要用作塑料增塑剂。郑晓英等调查了北京两座再生水厂再生水中邻苯二甲酸酯(PAEs)的情况，结果显示两座再生水厂出水中邻苯二甲酸二丁酯(DBP)浓度最高可达 3.62 μg/L 和 5.36 μg/L，均低于景观环境用水水质标准中的 DBP 浓度限值(100 μg/L)，但均高于地下水回灌水质标准中的 DBP 浓度限值(3 μg/L)；出水中邻苯二甲酸二(2 - 乙基己基)酯(DEHP)浓度最高为 5.87 μg/L 和 0.66 μg/L，均低于地下水回灌水质标准中的 DEHP 浓度限值(8 μg/L)；两座再生水厂出水受纳水体再生水排放口处的 DBP 和 DEHP 浓度均低于排放口上游和下游，表明再生水厂出水景观回用时，对受纳水体中的 DBP 和 DEHP 含量无影响(郑晓英，2013)。

2.3.2.5　小结与展望

城市污水再生利用通过在传统的社会水循环的基础上构筑强化环节，可有效加速并改善水循环过程，使有限的水资源发挥出更大的生产力，达到控制污染和稳定水源的"双赢"效果。污水再生利用潜力的发挥，在很大程度上受到政府政策的影响。建立有效的污水再生利用政策体系是推动其快速、健康发展的必然要求(褚俊英，2007)。

污水再生利用的关键是再生水水质安全保障，但是，目前我国的再生水管理机制和体制还远远不能满足保障再生水利用安全的需要，同时在污水再生处理技术方面也面临着许多挑战。建立和健全污水再生利用安全保障体系，不断发展污水再生处理先进技术和水质监控技术，是我国污水再生利用面临的主要问题和任务。以有毒有害物质去除和生物毒性削减为目标的处理技术、深度脱氮除磷工艺、以高风险病原微生物和消毒副产物"协同控制"为目标的安全消毒技术等是污水再生处理的主要技术需求。再生水在管网输配以及储存和利用过程中的水质劣化规律及控制技术是再生水利用安全保障的重要研究方向。

2.3.3　雨水面源净化与风险控制技术

随着城市化的快速发展，城市水资源紧缺现象日益加剧。雨水作为一种潜在的水资源，具有污染小、水量充沛的特点，若妥善处理利用，可以缓解城市水危机。雨水回用在发达国家中有着成熟的利用技术和完善的法律支撑体系(丁跃元，2002)。但我国对雨水回用的认识比较晚，没有相应的法规约束，回用技术也不成熟,2006 年中华人民共和国住房和城乡建设部颁布的《建筑与小区雨水利用工程技术规范》(GB 50400—2006)是我国首部较完整的雨水回收利用技术规范。在雨水回用技术中,初期雨水的收集净化是一个关键点,影响着整个雨水回用系统的性能。

　　初期雨水是指在降雨初始阶段产生的径流雨水。初降雨时所形成的雨水径流会挟带地面和屋面上的各种污染物。这类污染是雨水污染最严重的部分,应加以控制。受大气环境、区域功能、地形地质、水文水力等条件的影响,不同区域环境下的地表径流表现出不同的污染特性。Kim 等在连续两年的降雨事件中分别对工业区、城市中心区、农村三个不同功能区的地表径流进行监测研究,结果表明,工业区的地表径流相对其他两个区域表现出更显著的初次冲刷效应(Kim et al,2014)。工业区的地表径流可能比其他功能区的单位污染负荷量要小,但由于工厂性质的不同,其污染物种类更多、成分更复杂,某些污染物浓度比城市雨水更高,如油类、重金属等,若将它们排入市政污水管网,则会大大增加污水的处理难度,故工业厂区初期雨水的收集处理尤为重要。

2.3.3.1　工业区雨水径流污染来源及特点

　　城市雨水随着季节、降雨特征、下垫面污染情况等条件不同,会导致径流水质产生很大的差别。德国根据汇水面污染程度的不同将径流水质划分为轻度、中度、重度污染三种,如表 2.3 - 4 所示。其中,轻度污染径流不会对环境造成损害,可不经过预处理便进行下渗;中度污染径流需经单独的预处理或下渗设施处理后才允许渗透到地下;重度污染的径流则必须排放到管网系统再做进一步处理或经完善的预处理设施后才可渗透到地下。

表 2.3 - 4　工商业区不同汇水面的径流水质分类

汇水面类型	径流水质	
	无预处理	有预处理
绿化屋面、绿地;混合区(对比于居住区,如办公区)的屋面和露台;步行路面	轻度污染	
不带金属覆盖层的屋面;使用频率较低的轿车停车场(如职工用停车场);一般货物(不影响水质)的中转运输停车场;有金属覆盖层的屋面	中度污染	轻度污染
高使用率的轿车停车场(如大型停车场);高负荷的机动车进出路口;火车停车场;无顶棚的一般货物(不影响水质)堆放或转运地;由不透水地面组成的站台	重度污染	中度污染
露天生产场地、大型牲畜集散地;无顶棚的有害货物(影响水质)堆放地或转运地;特别物品集散地(如工业废料或副产品集散地)		重度污染

目前城市雨水利用方式主要有三种：屋面雨水收集利用；城市路面雨水收集利用；城市绿地雨水集蓄。而工业区的雨水污染主要集中在园区内的屋面径流污染和路面径流污染。在工业生产中排放的废气、粉尘等使得工业区的大气污染要比城市中心严重，由于降雨过程中雨水对大气的淋洗作用，导致工业区屋面径流的污染要比城市小区屋面的径流污染更加复杂。另外，在采油炼油及石油化工企业中，生产运输过程中会出现不同程度的"跑、冒、滴、漏"现象，经雨水冲刷会形成含有油、苯、芳烃、有机氯、酸碱等不同污染物的地表污染径流。

工业区雨水污染与企业的生产活动密切相关。在我国，根据产品的经济用途、使用原材料和工艺性质的不同，可将整个工业分成 11 个大类和 177 个细分类。不同工业企业由于原材料、生产工艺、管理水平等条件的不同，其产生的污染物种类、数量也不同，因此造成的雨水径流污染也不同。Chong 等对中国台湾中部某工业园区的雨水水质进行考察，结果表明园区内不同区域的雨水水质差别较大（表 2.3 - 5），应根据不同水质采取不同的控制措施（Chong et al，2012）。

表 2.3 - 5   工业园区中单位地表雨水径流中溶解性污染物含量   单位：kg/hm²

地表	污染物			
	COD	TKN	Pb	Cu
道路（沥青）（8）[a]	15.10（0.48）[b]	0.59（0.20）[b]	0.004（0.001）[b]	0.0006（0.0001）[b]
裸露混凝土路面（2）[a]	1.41	0.11	0.0003	—
一般制造业混凝土路面（3）[a]	4.89	0.19	0.003	0.001
食品加工混凝土路面（2）[a]	13.81	1.08	0.003	0.0005
居住区混凝土路面（2）[a]	6.91	0.54	0.002	0.0003
屋顶（2）[a]	1.80	0.21	0.021	—
墙壁（2）[a]	2.50	0.06	0.018	—

注 a，（ ）内的数字表示监测点个数；污染物浓度为所有监测点所得的平均值；

　　b，（ ）内的数字为平均值的标准偏差。

对于特定的工业区，对其雨水径流污染物进行监测分析后才能确定其污染特性，进而实施控制措施。Fabio Kaczalad 等对瑞典东南部的一个工业贮木场进行了研究，在 8 个降雨事件中发现，水文气象条件的变化会使得初期冲刷效应出现明显的差异，另外该地区的 TSS 与重金属污染物存在相关性，控制 TSS 可在一定程度上降低重金属污染（Kaczalad et al，2012）。田永静等对苏州市枫桥工业区雨水地表径流的研究结果显示，该工业区的污染负荷是国外工业用地的 2 ~ 7 倍，SS

污染负荷特别高，且与其他污染物指标具有相关性，因此控制 SS 污染可同时削减其他污染物负荷(田永静等，2009)。

2.3.3.2 工业园区初期雨水收集调蓄技术

针对工业区内主要的屋面径流污染和路面径流污染问题，结合城市雨水收集系统的截污弃流技术，参考不同工业区初期雨水收集案例，归纳总结出工业区可采取的初期雨水收集技术。

(1)初期雨水弃流量的确定

初期雨水的弃流量在初期雨水处理中是一个关键问题。当初期弃流量不足时，控制径流污染的效果不明显；当弃流量过大时，则会增大控制措施的规模和投资。在国内外的相关研究中，Martinson 等研究表明：每弃流 1 mm 的降雨量，则径流污染物含量负荷会减少50%(Martinson et al, 2014)。对于城市大汇水面或较大的管渠系统，有研究提出"半英寸"理论，认为初期径流弃流量达到约 12 mm时，可去除90%以上的径流污染物；也有学者认为只有弃流量达到32 mm 以上时，才有可能控制90%的径流污染。车伍等对北京城区不同汇水面的雨水径流污染物冲刷规律的研究表明，初期弃流量应控制在一定范围：屋面为 1 ~ 3 mm，小区路面或小区的管道系统为 4 ~ 5 mm，市区路面为 6 ~ 8 mm，市政管道系统还需加大。Chang 等以中国台湾 Guan-Tian 和 Yong-Kong 两个工业区作为研究对象，结果表明，初期径流弃流量为 6 ~ 8 mm 时可去除60%以上的非点源污染负荷；当径流污染物负荷削减 80% 时，两个工业区对应的弃流量分别为 7 mm 和 12 mm(Chang et al, 2008)。是否采用初期弃流，采用何种弃流控制措施以及如何合理确定初期弃流量应该根据现场条件、水文特征、管道系统大小、污染情况、控制目的等综合条件分析而定。初期雨水弃流量的合理确定关系到雨水收集利用系统的经济性和安全性。

(2)常见初期雨水弃流方式

初期雨水弃流装置可收集大部分初期雨水，截留住径流中的大部分污染物，包括细小的溶解性污染物。目前国内关于初期雨水弃流的产品比较少，主要有弃流池、雨落管弃流装置、小管弃流井等。

图 2.3 - 1 所示为容积法弃流装置，初期雨水首先进入弃流池，当弃流池充满后，雨水从高水位出水管进入后续的处理系统，待雨停后排空弃流池，该装置的弃流量相对比较小，适用于小汇水面的初期径流雨水的收集。图 2.3 - 2 为屋面雨落管的弃流装置图。初期雨水首先被滞留在雨落管下部的初期弃流空间，当弃流空间灌满后，雨水从出水管排出进入收集利用系统，雨停后再排空弃流空间的雨水。

小管弃流是在雨水输送途中(管道、暗渠、明沟等)设置小管径的管道来弃流初期污染严重的小流量径流。在雨水流量足够大时，雨水越过弃流管向下游输送，如图 2.3 - 3 所示。在管道系统中可通过检查井设置小管弃流，该弃流方式容易实施、节约土建费，但最大的缺陷是整个降雨过程中弃流管一直处在弃流状态，弃流量难以控制，影响雨水利用系统的收集量。

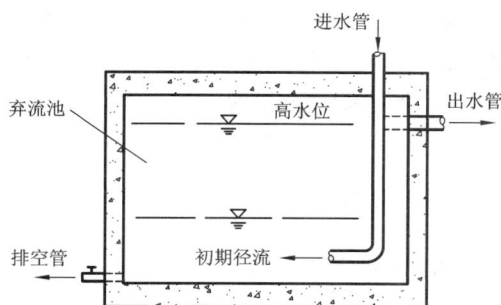

图 2.3 – 1   容积法弃流装置

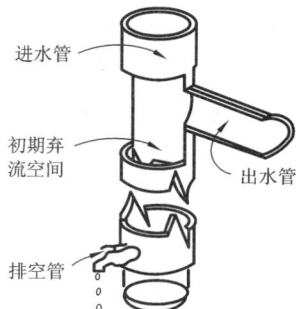

图 2.3 – 2   雨落管弃流装置

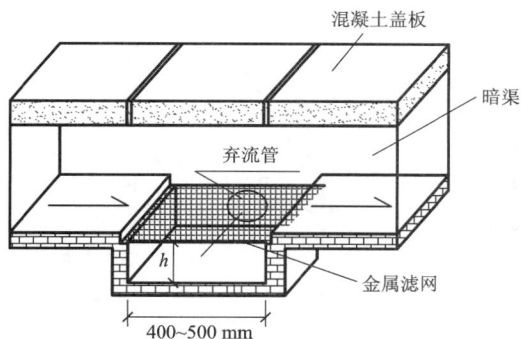

图 2.3 – 3   小管弃流装置

（3）工业企业初期雨水收集方式

将初期雨水收集处理、中后期雨水排入市政雨水管的方式，在控制上存在一定的困难。时间控制和人工控制都存在各自的缺陷，多数工业企业采用其他控制方式。崔海云以广东茂名的乙烯工程苯乙烯装置为工程实例，提出利用液位标高及水池实现初期污染雨水和后期清净雨水自然分流的方法。陆荣海在某机械加工开发区初期雨水收集的设计方案中同样采用液位控制方式（陆荣海，2008）。雨水储存池兼沉淀池，收集调蓄初期雨水，在雨水储存池内设液位控制器，当水位达到高水位时，开启雨水管电动阀，关闭雨水储存池进水阀，使雨水直接进入厂区雨水管，同时自动启动雨水提升泵，将池内初期雨水提升至隔油池处理。金亚飚提出了一种工业雨水收集装置的设计方案，该装置以雨水的电导率为控制指标，适时择地地选择优质雨水，并可根据所收集的雨水水质送相应的水处理设施（金亚飚，2011）。

2.3.3.3　工业园区初期雨水处理技术

在雨水处理和调蓄利用技术上，美国许多州和地方政府都出台了当地的暴雨管理和设计手册，目前已经形成了比较成熟的城市雨水径流最佳管理措施（best management practices，BMPs），即以预沉池、渗透设施、过滤池、调蓄池及管道等控制削减悬浮颗粒含量，以洼地、氧化塘、人工湿地等削减氮磷营养元素、有机物、重金属等物质。常见的初期雨水截留处置措施包括截污装置、雨水塘、雨水湿地、渗透/生物滞蓄设施、过滤设施、植被设施等。雨水处理净化工程措施对污染物去除率的情况如表2.3-6所示。

表2.3-6　最佳管理措施比较

BMP 雨水设施	子分类	雨水收集面积/hm²	污染物去除率/%		
			TSS	TN	TP
滞留塘	湿式滞留塘	>10	79	32	49
	湿式延时滞留塘	>10	80	35	55
	多单元滞留塘	>10	91	—	76
湿地	浅湿地	>10	83	26	43
	延时滞留湿地	>10	69	56	39
	滞留池/湿地	>10	71	19	56
渗透设施	渗透沟	<2	100	42	42
	渗透洼地	<4	90	50	65
过滤设施	表面砂滤	<4	87	32	57
	地下式砂滤	<0.8	80	35	50
	周边型砂滤	<0.8	79	47	41
	有机滤池	<4	86	41	61
	袖珍砂滤	<0.8	80	35	40
	生物滞留塘	<0.8	—	49	65
植被草沟	干草沟	<2	93	92	83
	湿草沟	<2	74	40	28

工业区初期雨水的水质比较复杂，不同区域污染特征有所不同。在办公区等非生产区域的初期雨水污染相对会比较轻，可参考城市初期雨水进行处理净化；而在生产作业区及主要运输干道区，污染严重时甚至可视为工业废水，其处理工

艺要结合污染物种类、负荷、回用目的等因素综合考虑。城市初期雨水常用的处理手段，例如预沉池、调蓄池等，可作为工业初雨的前处理单元；根据水质特征设置污染物去除单元，而人工湿地、渗透池、砂滤等措施，可作为工业初期雨水深度处理的单元。以下结合国内几个工业初期雨水处理案例进行分析。

曲靖冶炼厂初期雨水的主要污染物包括镉、锌、铅、SS 等，由于各分厂车间粉尘对雨水污染的轻重不同且回用水的要求也不同，因此分区收集的雨水采取了不同的处理工艺（朱凤荣，2009）。东区初期雨水主要是作为锌系统的回用水补入生产，对重金属成分无要求。因此其工艺处理只针对悬浮物，初期雨水经过格栅后进入高效斜板沉淀池，上清液进入雨水收集池，根据生产工艺补充水回用。而南区的初期雨水的处理则采用新型螯合沉淀法 + 过滤的工艺，重金属离子与捕集剂反应生成不溶于水的螯合盐，再利用絮凝剂使其形成絮状沉淀分离，从而达到捕集去除重金属离子的目的，然后经过多介质过滤器对处理水进行深度过滤处理，最终使出水水质达到回用要求。

广州某码头机械保养场采用液位控制法对初期雨水进行收集处理，其主要污染物为油类和悬浮颗粒物，污染程度较轻（汪齐，2013）。采用的处理工艺包括沉砂隔油、混凝气浮沉淀、石英砂过滤和消毒，最终达到回用水标准，用于港区集装箱的冲洗、绿化、洗护和道路洒水等。王铁风等对含油初期雨水进行简单分类并提出相应的处理方案（王铁风，2008）。针对受原油、重油类污染的初期雨水，在调节池静置一段时间后污水中含油物均浮在水面，因此可设置撇油设施，除油后再将其排入污水管网；对于受轻油类污染的初期雨水可采用设置斜板（管）隔油池的方式进行隔油回收，或在调节池中分格，待暴雨过后再将调节池内含油雨水交叉进行平流隔油处理，经过处理后的雨水一般可直接就近排入污水管网；对于一些大型炼油、化工企业，其排放要求较高，由于雨水量大，且又是间歇性的，因此需要对污染的初期雨水进行单独预处理，此时可采用生物曝气、氧化塘、A^2O 等处理方法。

2.3.3.4　小结

由于工业区的地表收集面复杂，径流初期冲刷效应也比城市更为明显，因此对工业区的初期雨水进行收集处理显得尤为重要。工业区初期径流污染较为复杂，是周边环境、气候水文条件等共同作用的结果，需分析所在地区径流污染特性，才能有效控制初期径流污染。对于初期雨水的收集，多采用容积法，或利用标高进行水量控制。而初期雨水的处理技术应结合回用目的进行选择，在面积较大的厂区应分类收集、分类处理。对于污染严重的初期雨水，可视为工业废水进行处理；而轻度污染的初期雨水可参考城市初期雨水的处理技术进行净化。雨水径流污染实际上是一个连环污染问题，只有从源头上严格控制大气污染和地表污染，及时治理废水、废气、废渣，径流污染才能从根本上得到控制。

2.3.4 河道水质净化与风险控制技术

河道水质净化技术是河流水体生态恢复与保护的难题，根据受污染河水的处理系统与河道的相对空间关系，目前国内外采用的治理技术可分为三类：第一类是将河道水引入附近的污水处理厂进行处理的异地处理法，其中截污工程是异地处理法的关键；第二类是在河道内建设处理系统，沿程进行河水净化的原位处理法，如河道内的曝气法、投菌法、生物膜法和化学法等；第三类是在河岸带上建设处理系统，将河水分流其中进行处理的旁路处理法，如建于河岸上的人工湿地处理系统、氧化塘以及多种形式的生物床或生物反应器等，旁路处理法起着人工强化河岸带的作用。

2.3.4.1 异地处理法

异地处理主要采用截污治污的方法。截污治污即将原本直接排入城市河道水体的污水收集到污水厂处理后再排放。目的是削减排入受纳水体的污染物总量，为进一步净化水质创造条件。印度在 1984 年开展 Ganga 河治理行动时，其重点之一就是将进入河流的高强度有机污染负荷通过截污工程而削减。武汉东湖的水果湖水域，在污水截流后，湖水中 BOD、TP、TN、SS 逐年上升的趋势得到遏制，污染物总量逐年下降，水中溶解氧上升，湖区水环境得到明显改善。

2.3.4.2 原位处理法

（1）河道曝气技术

当河水受到严重有机污染时，在适当的位置向河水进行人工复氧，可避免出现缺氧或厌氧河段，使整个河道的自净系统处于好氧状态。此法综合了曝气氧化塘和氧化渠的原理，结合了推流式和完全混合式的特点，有利于提高水体的自净能力，同时也有利于液体混合和污泥絮凝。某些山区河流分段筑坝，利用坝后跌水向河水充氧。当河水较深且曝气河段有航运功能要求时，一般宜采用鼓风曝气或纯氧曝气的形式，即在河岸设置一个固定的鼓风机房或液氧站，通过管道将空气或氧气引入设置在河道底部的气体扩散系统，在德国的 Fulda 河、Teltow 河和 Emscher 河的治理中，均采用此种曝气形式；当河道较浅且没有景观要求时，一般可采用机械曝气的形式；曝气船是报道得较多的移动式充氧平台，它可根据水质改善的程度，机动、灵活地调整曝气船的运行工况。河道曝气技术在我国也有应用实例，如北京清河的曝气船试验结果表明，充氧后 BOD 去除率为 74.7% ~ 88.2%、SS 去除率为 76.7% ~ 81.9%、$NH_4^+ - N$ 去除率为 15.8% ~ 45%，曝气区的 DO 从 0 上升到 5 ~ 7 mg/L，曝气区邻近区域的 DO 上升到 4 ~ 5 mg/L。鉴于我国许多河流有机污染严重，因此河道曝气法的应用前景较为广阔。

（2）投加菌种法

微生物在自然界中大量而广泛的存在，是生态系统的重要组成之一，它们能将自然界中的动、植物的尸体及残骸分解，将一些有害的污染物质加以吸收和转化，成为无毒害或毒害较小的物质。在城市河道水质恶化的时候，投加适量的微生物(各类菌种)，可加速水中污染物的分解，起到水质净化的作用。最常投放的微生物有光合细菌(PSB)和高效微生物群(EM)。光合细菌能将富营养化水体中的磷吸收转化、氮分解释放、有机物迅速转化为可被水生物吸收的营养物。EM菌是采用独特的发酵工艺把经过仔细筛选出的好氧和兼氧微生物加以混合后培养出的微生物群落。其主要代表性微生物有光合细菌、乳酸菌、酵母菌和放线菌 4类。实验证明，在单菌与活性污泥处理时，光合细菌 – 活性污泥系统混合处理效果最佳，去除效果非常明显，当废水初始 COD 值为 590 mg/L 和水力停留时间为14 h 时，单菌与活性污泥混合处理后，COD 值可降为 16.13 mg/L，去除率达到97.29%。但由于微生物的繁殖速度惊人，呈几何级增长，每一次繁殖都或多或少地产生一些变异品种，导致微生物处理水质能力下降，而且很难控制其数量，其生长又受环境的影响很大，例如温度、气压等。同时微生物的分解物，会造成藻类的大量繁殖，再次导致水质变坏，因此用微生物处理水质时，必须定期进行微生物的筛选、培育、保存、复壮等一系列专业处理过程。这种方式不能保证水质长期处于良好的状态之中。

（3）化学方法

a. 投加杀菌灭藻剂

城市河道水中大量藻类的繁殖，不仅影响了水体的美观，而且挡住了阳光，致使许多水下植物无法进行光合作用，最终导致水质恶化，发黑发臭。投加化学灭藻剂，可以杀死藻类。但经常投加杀菌灭藻剂，不仅会使水中出现耐药的藻类，灭藻剂的效能逐渐下降，而且会使投药的间隔越来越短，投加的量越来越多，灭藻剂的品种也要频繁地更换，对环境的污染也不断地增加。因此用这种方式处理水质，虽然效果是立竿见影的，但从可持续的角度来看，其风险甚至危害也是不容忽视的。

b. 投加沉磷剂

常用的沉磷化学药剂有三氯化铁、硝酸钙、明矾等。投加的这些药剂，与水中的磷结合，絮凝沉淀进入底泥。当水底缺氧时，底泥中有机物被厌氧分解，产生的酸环境会使沉淀的磷重新溶解进入水中，若加入适量的石灰，则可以增加磷酸钙的稳定度。如果加入足量的硫酸铝，则底泥表层还会覆盖一层厚 3~6 cm 富含 $Al(OH)_3$ 的污泥层，钝化底泥中的磷。

2.3.4.3　旁路处理法

（1）人工湿地

人工湿地处理系统在净化河水方面的研究与应用较多，主要有自由水面人工湿地系统和潜流式人工湿地系统。在巴西东北部 Paraiba 州，某河流经过一片位于河床上的天然湿地系统，再进入河床旁一个水平潜流式人工湿地系统中处理，其运行结果表明，这样的两级湿地系统对受污染河水有很好的净化效果。在中国台湾污染最重的河流之一——二仁溪，在其河岸上开展了净化河水的二级湿地处理系统（自由水面人工湿地系统和潜流式人工湿地系统）的中试试验，发现处理效率与季节和河水水质有关，在每年4—10月期间处理效果最佳，COD去除率为13%～51%，氨氮去除率为78%～100%，正磷酸盐去除率为52%～85%。

我国从"六五"期间开始进行人工湿地系统的研究，并兴建了大量人工湿地系统工程，在受污染河水的治理方面，对江苏新沂河开展的竖流式和潜流式人工湿地系统的中试研究，以及对山东孝妇河开展的潜流式人工湿地系统的中试研究，都取得了较好的效果。

为了适应河道两岸的土地利用现状，充分发挥有利的地形条件，人工湿地处理系统可建成人工地面廊道的形式。在荷兰Meijie河旁建有一个全长3600 m、宽约9 m的处理廊道系统，廊道内长有各种水生植物，1990年全年监测数据表明该系统对水体中TN、TP等水质指标有很好的去除效果。在江苏新沂河开展了水生植物廊道处理的试验研究，通过在廊道各段选种不同的水生植物，可取得较好的净化效果。

人工湿地处理系统虽然具有低投资、低能耗、运行维护简单、净化效果好、景观和谐等优点，但是一般来说，它的占地面积较大，长期运行还存在填充土质或材料堵塞的问题。为此，需要在人工湿地系统的填料和水生植物的选配上，结合当地情况进行细致的比较研究。

（2）氧化塘

氧化塘，又称生物塘或稳定塘，是一种利用天然池塘或经过一定人工修整的池塘，形成细菌、藻类、微型动物（原生动物与后生动物）、水生植物以及其他水生动物的稳定生态系统，从而对污水进行净化的技术。净化作用主要包括稀释作用、沉淀和絮凝作用、好氧及厌氧微生物的代谢作用、浮游生物的作用以及水生维管束植物的吸收作用等。

处理河道污水一般采用曝气塘（内置各种填料）和前置预沉塘、水生动植物塘等相结合的形式配套使用。在广东古廖涌河道，利用周边废鱼塘改建了串联的3个氧化塘，分别为2个氧化曝气塘和1个生态系统塘，对上游水体进行处理和生物修复，不仅消除了水体黑臭现象，而且增加了水体生物多样性。塘内水生植物还可构建为人工浮岛以强化植物的吸收作用，选择的水生植物宜尽量考虑使用当地土著植物，不要盲目引进，以免引起外来物种入侵。

2.3.5 小结与展望

近年来，虽然我国城镇污水处理率逐步提高，COD、氮磷等常规污染物得到有效控制，地表水监控断面的达标率也稳步提升，但是痕量毒害性污染物和新兴污染物在污水厂尾水、各大流域水体中被普遍检出，其危害引起研究者和公众的持续关注，风险控制也逐步成为政府部门水环境管理的重点。

在环境风险管理工作中，首先开展环境风险评价，包括生态风险评价和健康风险评价，确定单个污染物的风险水平和多种污染物的综合风险水平，筛选出环境水体中存在的重点关注污染物；通过污染溯源，确定污染物主要来源；在环境风险评价的基础上，制定相关毒害物排放标准和质量标准，包括生物毒性的标准，为环境风险管理提供基本依据。

对于风险评价筛选出的毒害性污染物，要从源头进行控制，完善相关政策法规，认真履行公约，淘汰列入公约清单的有机氯农药和多溴联苯醚，开发环境友好的替代产品；在制定区域或者流域产业规划时，充分考虑各产业带来的环境风险，制定产业准入清单，对引进的产业进行合理规划布局；引导企业进行清洁生产改造，将对环境的影响降到最低；配套完善的污染治理设施，从企业、园区到污水厂进行分级分类深度处理，并提高污水再生回用率，减少污废水排放量，尽量避免对环境水体造成影响。

毒害性污染物的处理处置属于末端治理手段，也是防控流域环境风险的最后一道防线。目前已实现工程应用的技术大多基于现有排放标准进行设计，主要关注 COD、氮磷、重金属、大肠杆菌等常规污染物，对 POPs、PPCPs、EDCs 等痕量毒害性污染物去除效果有限。虽然国内外学者对新兴污染物的去除技术开展了大量研究，但大多还处于实验室研究阶段，其技术可行性、经济可行性还需要长时间的研究和验证。下一步应继续深入开展环境风险评估，完善相关法规和政策，把源头控制作为重点，减少毒害性污染物产生量和排放量；在末端治理中，应在现有处理技术基础上进行升级和改造，实现常规污染物和毒害性污染物的同步去除，通过提高工业废水回用率、城镇污水再生回用率，实现环境效益、经济效益、社会效益的统一。

第3章
工业排水区水环境问题诊断及风险评估

3.1 淡水河流域概况

3.1.1 水系分布

淡水河发源于深圳市梧桐山，流经深圳市部分县区，经惠州市惠阳区的秋长、淡水、永湖后在惠城区马安汇入西枝江，干流全长95 km，流域面积1308 km²，是西枝江一级支流，东江的二级支流。平均坡降为0.566‰。淡水河多年平均水位为13.13 m，50年一遇洪水位21.38 m，设计流量($P = 2\%$时)为1526 m³/s(淡水水位站)。用水文比拟法算出淡水河近50年来90%保证率最枯月流量为3.86 m³/s。淡水河流域在惠州市惠阳区土湖断面上游由龙岗河以及坪山河两个一级支流组成，而位于惠阳境内的丁山河为龙岗河的主要支流之一(表3.1−1)。

表3.1−1 径流特征表

流域 (出口断面)	集雨 面积 /km²	年径 流深 /mm	平均径 流量 /亿 m³	平均 流量 /(m³·s⁻¹)	各种保证率年径流总量 /亿 m³				
					10%	50%	75%	90%	97%
淡水河(紫溪)	1172	900	10.55	33.45	15.76	10.07	7.72	5.96	4.34

(1)龙岗河水系概况

龙岗河发源于梧桐山北麓，流经深圳市龙岗区所辖的横岗、龙岗、坪地、坑梓四街办，在坑梓街办吓陂村附近进入惠州市境内，河流进入惠州市蜿蜒曲折6.5 km后，从坑梓镇沙田村的北面开始，成为深圳市与惠州市的界河，界河长度为2.87 km，接纳田坑水与田脚水后，完全流出深圳进入惠州。龙岗河流域位于深圳龙岗区的集雨面积为 290.2 km²，主河长约 34.45 km；位于惠州惠阳区境内的集雨面积约为 70 km²，主要是丁山河、黄沙河的上游段。龙岗河流域的主要支流有十多条，其中横岗境内的梧桐山河与大康河在西北边汇合并入龙岗河干流；龙岗境内有爱联河、黄龙河、回龙河、南约河四条河，分别在西部和北部汇入龙岗河；在坪地境内有丁山河、同乐河、黄沙河、田坑水四条河，在北部汇入干流；坑梓境内田坑水、田脚水及惠阳的部分支流汇入龙岗河，出龙岗区后汇入淡水河。龙岗河水系及其河道特征值见表 3.1-2 和表 3.1-3。

表 3.1-2　龙岗河水系及其河道特征统计表

| 名称 | 河流级别 | 发源地 | | 河口位置 | 流域面积/km² | 河长/km | 平均比降/‰ |
		位置	高程/m				
龙岗河	干流	梧桐山北麓	900.0	吓陂	360.2	36.30	2.8
梧桐山河	一级支流	梧桐山北麓	900.0	蒲芦陂	31.87	14.98	12.20
大康河	一级支流	梧桐山嶂顶	550.0	蒲芦陂	25.62	10.24	13.10
爱联河	一级支流	望海岭	100.0	三家村	20.85	10.60	3.50
回龙河	一级支流	大窝岭	200.0	松元角	14.40	7.10	7.10
黄龙河	一级支流	大窝岭	200.0	沙梨园	33.58	17.32	3.00
南约河	一级支流	禾嶂	50.0	沙背沥	48.00	13.02	3.40
同乐河	一级支流	清风岭	200.0	沙背沥	27.81	8.81	4.90
丁山河	一级支流	美山顶	150.0	求水岭下	79.16	21.00	4.70
黄沙河	一级支流	老鹰兜	100.0	牛眠岭下	40.88	16.16	6.4
田坑水	一级支流	寨顶山	100.0	风地岭下	18.10	9.24	3.1
田脚水	一级支流	鸡笼山	100.0	围角村	13.4	6.80	2.8

注：部分数据摘自《龙岗河流域水污染控制方案——环境效益分析与达标对策》。

表 3.1-3　龙岗河年径流、年降水量统计分析表

| 流域 | 集雨面积/km² | 多年平均降雨量/mm | 年径流深/mm | 多年平均降水量/亿m³ | 多年平均径流量/亿m³ | 多年平均径流量/(m³·s⁻¹) | 90%最枯月平均径流量/(m³·s⁻¹) | 各种保证率年径流总量/亿m³ | | | | |
								10%	50%	75%	90%	97%
龙岗河	360.2	1870	1025	5.43	2.97	9.43	1.11	4.48	2.82	2.17	1.63	1.25

（2）坪山河水系概况

坪山河位于深圳市东北部龙岗区的坪山街道和深圳市大工业区境内，是淡水河一级支流，发源于三洲田梅沙尖，流经坪山街办，在兔岗岭下游流入惠州市境内，于下土湖注入淡水河；流域总面积 181 km²，河长 33.61 km，其中深圳市境内流域面积 129.72 km²。

坪山河流域有 7 条主要支流，分别为三洲田水、碧岭水、汤坑水、大山陂水、赤坳水、墩子河、石溪河，均发源于坪山河干流的右岸；右岸丘陵山地从盐田境内的梅沙尖（海拔 752.4 m）呈带状分布至红花岭（海拔 311.9 m），高丘、低丘面积约 80 km²，且生态环境保持较好，是坪山河上游支流能形成一定基流且保持较好水质的基础条件；左岸大体上是略有起伏的平原和浅丘，缺乏河流发育的地形条件，无天然河流分布。坪山河水系及其河道特征见表 3.1-4。

表 3.1-4　坪山河水系及其河道特征统计表

名称	河流级别	发源地		河口位置	流域面积/km²	河长/km	平均比降/‰
		位置	高程/m				
坪山河	干流	汤坑采石场	450.0	兔岗岭	181.0①	16.21	2.76
三洲田水	一级支流	打鼓嶂	526.9	汤坑采石场	5.686②	6.290	27.08
碧岭水	一级支流	观音座遴	492.3	汤坑采石场	16.59③	6.584	29.23
汤坑水	一级支流	牛胖洋顶	490.9	洋母账	12.03	9.649	18.38
大山陂水	一级支流	园岭仔	85.1	坪山公园上	0.914④	2.247	1.04
赤坳水	一级支流	头顶栋	444.8	潭仙庙下	38.98	8.921	10.40
墩子河	一级支流	田头山	458.5	新大屋	6.890	5.308	21.65
石溪河	一级支流	笔架山	717.5	兔岗岭	20.15	12.328	11.70

注：①深圳市境内流域面积 129.72 km²；②未含三洲田水库集雨面积；③包括三洲田水库集雨面积 8.32 km²；④未包括矿山、大山陂水库集雨面积 6.6 km²。

坪山河水系呈梳状，左、右岸集水面积相差悬殊，左岸 32.2 km²，右岸 112.1 km²（包括石溪河口以下惠州市境内面积 14.42 km²），这主要是由左、右岸地貌的不同造成的：右岸为低山和高丘陵地貌，坡度多大于 20°，支流众多；左岸则属台地和低丘陵地貌，坡度较小（6°~20°）。

（3）惠州淡水河水系概况

淡水河惠州市境内长度 56.5 km，流域面积约 745 km²。主要支流有淡澳河、横岭水、沙田水、周田水、麻溪水、大沥河等。

淡澳河是人工开挖的淡水河分洪工程，属于西枝江中下游蓄洪排涝的一个重点基建工程，进口（河口）接淡水河右岸（淡水桥背），经惠阳区东华、司前、罗屋等地进入大亚湾开发区澳头镇流入白寿湾。干流河道全长 14.389 km，其中在大亚湾经济开发区内长度为 10.519 km，集雨面积 92.5 km²，平均坡降 1.17‰。设计洪水标准为 30 年一遇，设计分洪流量为 600 m³/s。横岭水是淡水河的一条支流，由黄巢山脉的山水汇集而成，流经惠阳区新圩镇和秋长镇，全长约 16 km，流量为 0.24～0.72 m³/s，流速为 0.2 m/s，水深为 0.4～0.6 m，河宽为 3～6 m，属于典型的狭长河段。现主要功能为排洪、纳污，无饮用功能。维布河是横岭水的一级支流，平均河宽约 5 m，流量约 1 m³/s，主要功能为纳污和排洪，无饮用功能，已受到工业废水和生活污水的明显污染，水质逐年下降，目前多项水质因子已严重超标（表 3.1-5）。

表 3.1-5　淡水河流域水污染控制单元划分

序号	单元名称	单元面积/km²	纳污镇（街）
1	坪山河惠州段	58.1	淡水街道、秋长街道、西区街道
2	丁山河惠州段	66.4	新圩镇
3	黄沙河惠州段	32.8	新圩镇
4	惠州插花地	18.5	秋长街道
5	石头河惠州段	16.9	西区街道
6	淡澳分洪渠	20.6	淡水街道、西区街道
7	横岭水	125.0	新圩镇、秋长街道、镇隆镇
8	维布河	56.6	淡水街道、秋长街道
9	古屋水	32.4	淡水街道、沙田镇
10	洋纳水	22.5	淡水街道、沙田镇
11	黄沙田水	11.4	淡水街道、沙田镇
12	沙田水	103.0	沙田镇、惠阳经济开发区、永湖镇
13	周田水	38.9	秋长街道、惠阳经济开发区
14	石门潭水	16.2	惠阳经济开发区
15	白路仔水	12.0	惠阳经济开发区、秋长街道、永湖镇
16	麻溪水	92.0	秋长街道、永湖镇、三栋镇
17	木沥河	39.0	三栋镇
18	大坑水	29.6	永湖镇
19	大沥河	96.2	永湖镇、良井镇

惠州市淡水河流域有中型水库3座，都在惠阳区境内，分别是沙田水库、鸡心石水库和大坑水库。主要的小（一）型水库有10座，详见表3.1-6。

表3.1-6　惠州市淡水河流域主要水库一览表

县（区）	水库名称	集雨面积/km²	总库容/万 m³	规模
惠阳区	沙田水库	26.8	2246	中型
	鸡心石水库	22.2	1347	中型
	大坑水库	12.8	1076	中型
	黄洞水库	6.4	661	小（一）型
	坳背水库	5.4	512	小（一）型
	正径水库	6.2	483	小（一）型
	龙衣窝水库	—	344	小（一）型
	水流坑水库	—	330	小（一）型
	径子头水库	4.6	169	小（一）型
	石门潭水库	—	137	小（一）型
	花山水库	2.7	120	小（一）型
惠城区	鸡笼坑水库	—	106	小（一）型
大亚湾区	石头河水库	11.6	789	小（一）型

3.1.2　地形地貌特征

龙岗河流域内的地势为西南高、东北低，水系分布在低山丘陵地带和台地地区，蒲卢陂以上为低山丘陵区，中下游属台地，地形相对平缓；干流河谷地貌以宽窄相间的串珠状为特色，宽处形成盆地，窄处形成隘口。

坪山河流域地貌也是以丘陵、台地为主，地形西南高、东北低。北部东西走向为宽谷冲积平地，占总面积的40.5%；南部为绵延的丘陵山地，属砂页岩和花岗岩赤红壤，占总面积的59.5%；河谷地貌发育特征明显，右岸为低山丘陵，坡度多大于20°，左岸则属于台地和低山丘陵，坡度较小（6°~20°）。坪山河上游段及右岸的支流，因受海岸山脉构造隆起的影响，河床纵向比降大，达5‰以上。

3.1.3　气象气候

根据广东省水文图集，龙岗河流域、坪山河流域多年平均降水量分别为1733.8 mm和1900 mm。

3.1.4　废水排放情况

（1）龙岗河、坪山河流域

根据深圳市水资源公报，2011 年，龙岗河流域城镇污水排放量为 19923 万 m³/a（54.6 万 m³/d），坪山河流域城镇污水排放量为 2053.2 万 m³/a（5.6 万 m³/d），合计 21976.2 万 m³/a（60.2 万 m³/d）。2011 年龙岗河流域的工业废水产生量约为 13061 万 m³/a，坪山河流域的工业废水产生量约为 3383 万 m³/a，合计 16444 万 m³/a（45.1 万 m³/d）。

2017 年，龙岗河流域城镇污水排放量为 20246.23 万 m³/a（55.5 万 m³/d），坪山河流域城镇污水排放量为 2338.8 万 m³/a（6.4 万 m³/d），合计 22585.03 万 m³/a（61.9 万 m³/d），比 2011 年增长了约 2.8%。2017 年龙岗河流域的工业废水产生量约为 10150 万 m³/a，坪山河流域的工业废水产生量约为 2743 万 m³/a，合计 12893 万 m³/a（35.3 万 m³/d），比 2011 年减少了约 21.6%。

（2）惠州淡水河流域

根据惠州市水资源公报，2011 年，惠州市淡水河流域城镇污水排放量 2906 万 m³/a（8.0 万 m³/d），工业废水排放量 5775.3 万 m³/a（15.8 万 m³/d），合计 8681.3 万 m³/a（23.8 万 m³/d）。

2017 年，惠州市淡水河流域城镇污水排放量 2686 万 m³/a（7.4 万 m³/d），工业废水排放量 4845 万 m³/a（13.3 万 m³/d），合计 7531 万 m³/a（20.7 万 m³/d）。

3.1.5　废水处理设施情况

截至 2011 年，淡水河流域共有污水厂 15 家，其中深圳 7 家，惠州 8 家。总设计处理规模 124 万 m³/d，其中深圳 108 万 m³/d，惠州 16 万 m³/d（表 3.1 - 7）。

表 3.1 - 7　淡水河流域污水厂处理规模

所属区域	名称	建成时间	设计处理能力 /（万 m³·d⁻¹）	实际处理量 /（万 m³·d⁻¹）
龙岗区	横岗污水处理厂一期	2003.11.28	10	9.58
	横岗污水处理厂二期	2011.04.22	10	10.00
	横岭污水处理厂一期	2007.04.01	20	19.69
	横岭污水处理厂二期	2010.12.23	40	37.60
	龙田污水处理厂	2001.09.01	8	3.08
	沙田污水处理厂	2001.07.01	0.5	0.5

续表 3.1 - 7

所属区域	名称	建成时间	设计处理能力 /(万 m³·d⁻¹)	实际处理量 /(万 m³·d⁻¹)
坪山新区	上洋污水处理厂二期	2011.01.01	20	14.89
惠阳区	惠阳城区污水处理厂	2005.10	7	7.2
	大亚湾中心区污水处理厂一期	2007.12	1.5	1.37
	惠阳经济开发区污水处理厂	2009	2	0.9
	新圩长布污水处理厂	2009	1	1.0
	城区第二污水处理厂	2010	2	2.4
	良井镇生活污水处理厂	2010	1	0.3
	沙田镇生活污水处理厂	2010	1	0.6
	永湖镇生活污水处理厂	2010	0.5	0
合计		—	124.5	109.11

3.1.6 淡水河流域水环境问题诊断

淡水河流域的水环境问题包括：

(1)经济快速发展，污染排放强度大，污径比高。流域所在区域属于深圳市龙岗区、坪山区和惠州市惠阳区，近年来开发强度大，处于快速工业化城镇化阶段，污水排放量剧增；同时地表径流量小，枯水期污径比高达 10 倍，年平均污径比高达 6 倍，导致地表水监测断面达标难度大，氨氮、总磷等指标与目标要求仍然有很大的差距。

(2)工业废水排放监管存在盲区。流域内污染物排放类型较复杂，有些企业自行处理污水后排入污水管网，有些自行处理后排入河道，行业污水处理情况及去向复杂，加之监测体系不健全，难以对偷排漏排企业实施有效监督管理。

(3)污水管网建设不完善。龙岗河流域污水干管建设基本建成，但配套污水支管网建设不完善，存在错接漏接、雨污分流不彻底等问题，导致流域范围内污水处理厂管网收集率偏低，大部分污水厂处理量或处理浓度偏低，存在抽取河水/箱涵水进行处理的现象。

(4)污水处理厂设计出水标准较低。采用一级 B 标准的污水厂占比较高。横岗污水处理厂一期、横岭污水处理厂一期设计出水标准为一级 B，设计处理规模分别为 10 万 t/d 和 20 万 t/d。流域内按照一级 B 标准排放的废水占比高达 33%。

(5)流域内特征毒害性污染物问题突出。流域内电子电路、金属表面处理及热处理加工、金属制品和设备制造、汽车制造、生物医药等产业发达，同时流域地表水体中壬基酚、双酚 A、多溴联苯醚、三氯生等特征污染物频繁检出，典型毒害污染物与产业分布明显关联。

（6）面源污染问题严重。区域开发强度大，工业区、居住区和农业区混杂，基础设施不完善，旱季污染物在地面、管道、沟渠中大量积累，每年 3—4 月雨季到来时大量面源污染物经过地表径流进入河道，导致河道严重污染。因此，对城市面源的控制逐渐成为保证河流水质的关键。

（7）跨界污染治理、监管难度大。虽然淡水河流域面积不大，但涉及深圳和惠州两市，其中龙岗河部分支流由惠州市惠阳区进入深圳市龙岗区，汇入龙岗河后又进入惠州境内；坪山河上游位于深圳市坪山区，下游也汇入惠州境内；虽然经过多年治理，但是交界断面水质仍然不能稳定达标，跨界污染治理仍然是河流水污染治理需要解决的关键问题之一。

3.2　淡水河流域水质变化趋势

3.2.1　淡水河流域省控断面水质状况

收集淡水河流域内 2008—2015 年常规监测断面的水质监测资料，进行统计分析（表 3.2－1）。其中，2008—2013 年数据源于官方公布数据，2014—2015 年数据为课题组监测。选取化学需氧量、氨氮、总磷 3 项主要污染因子进行水质变化趋势分析，结果见图 3.2－1～图 3.2－3。枯水期为 1—2 月和 12 月，平水期为3—5 月和 10—11 月，丰水期为 6—9 月。

表 3.2－1　淡水河流域紫溪口断面常规指标浓度变化

年份	COD 浓度/(mg·L^{-1})			氨氮浓度/(mg·L^{-1})			总磷浓度/(mg·L^{-1})		
	丰水期	平水期	枯水期	丰水期	平水期	枯水期	丰水期	平水期	枯水期
2008	28.75	42.50	—	5.68	11.75	—	—	—	—
2009	20.00	24.17	26.50	7.43	9.51	3.74	—	—	—
2010	16.00	24.83	39.00	7.61	9.32	7.39	—	—	—
2011	16.00	20.83	17.50	4.90	8.23	10.20	0.37	0.43	0.5
2012	23.42	19.20	14.50	4.35	5.41	5.35	0.32	0.26	0.36
2013	13.13	19.00	16.75	3.05	4.23	3.66	0.17	0.35	0.27
2014	—	16.52	—	—	2.81	—	—	0.45	—
2015	—	—	12.54	—	—	2.92	—	—	0.53

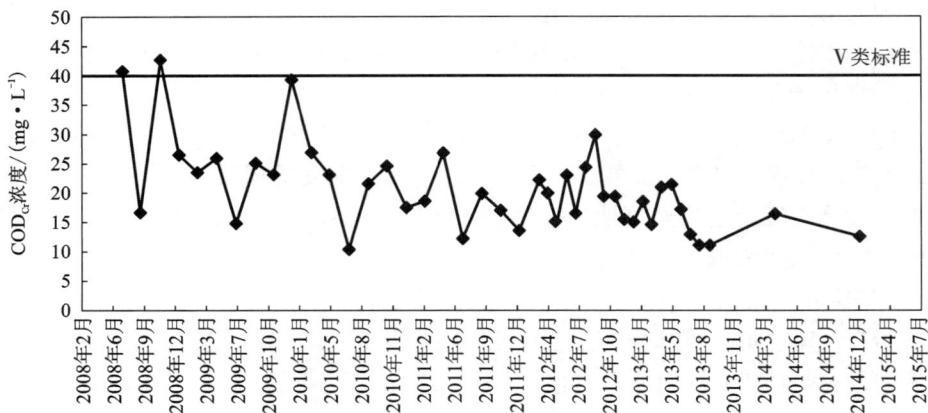

图 3.2 - 1　淡水河流域紫溪口断面 COD$_{Cr}$浓度变化

由图 3.2 - 1 可见,紫溪口断面 COD$_{Cr}$浓度在 2008—2015 年间总体呈下降趋势。浓度最大值出现在 2008 年 11 月,达 42.5 mg/L,为劣 V 类水质。最小值出现在 2010 年 7 月,浓度为 10.5 mg/L;其次为 2013 年 8—9 月,浓度为 11.0 mg/L,满足 I 类标准。

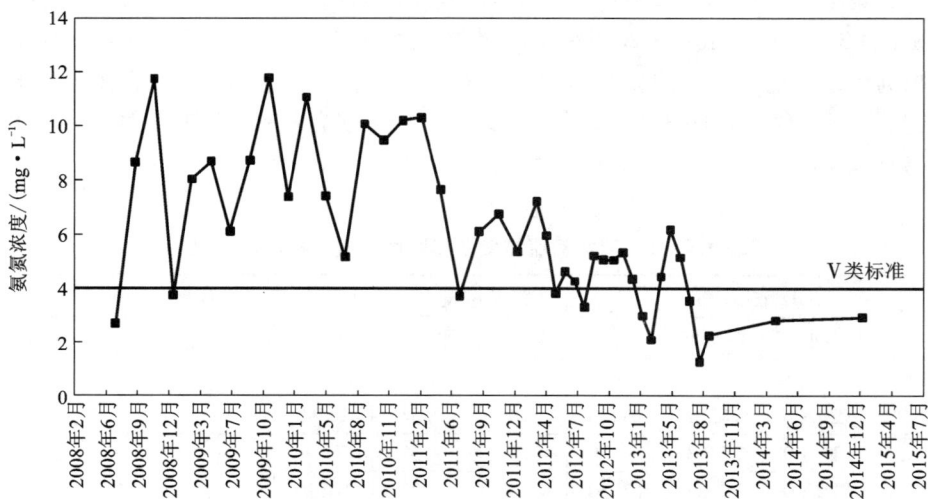

图 3.2 - 2　淡水河流域紫溪口断面氨氮浓度变化

由图 3.2 - 2 见,紫溪口断面 NH$_3$ - N 浓度在 2008—2015 年间总体呈下降趋势。丰水期较低,平水期和枯水期较高;浓度最大值出现在 2009 年 11 月,浓度达

11.78 mg/L，为劣Ⅴ类水质；浓度最小值出现在 2013 年 8 月，浓度仅为 1.27 mg/L，为Ⅳ类水质。2014 年后有所升高，在 2 mg/L 和 3 mg/L 之间，为劣Ⅴ类水质。

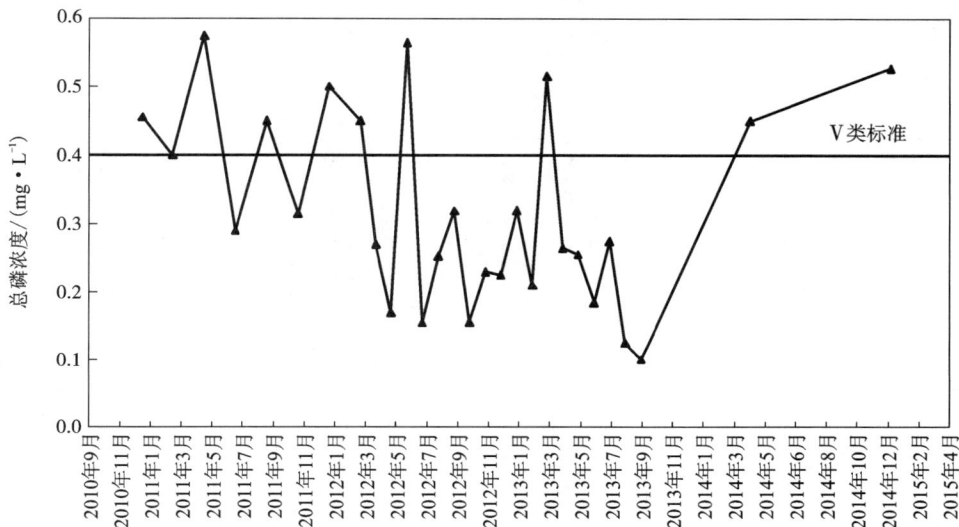

图 3.2-3　淡水河流域紫溪口断面总磷(TP)浓度变化

由图 3.2-3 可见，紫溪口断面 TP 浓度在 2010—2013 年间总体呈下降趋势，但 2014 年后有所升高。浓度最大值出现在 2011 年 5 月，浓度达 0.6 mg/L，为劣Ⅴ类水质。浓度最小值出现在 2013 年 9 月，浓度仅为 0.1 mg/L，满足Ⅱ类标准。2014 年后，总磷浓度出现升高趋势，属于劣Ⅴ类水质，但 2014—2015 年由课题组监测，监测频率较低，代表性不足。

3.2.2　淡水河流域水质调查

3.2.2.1　监测方案

1. 监测目的

测定淡水河流域常规及痕量污染物浓度，确定主要污染因子、特征污染物种类，分析区域河段的水环境污染特征。

2. 监测点位分布

- 龙岗河：4 个监测断面，分别为西坑大围、低山村、吓陂、西湖村；
- 坪山河：3 个监测断面，分别为碧岭、红花潭和上洋；
- 淡水河：3 个监测断面，分别为三太子水厂、永湖镇和紫溪口。

表 3.2-2 所示为三河流域河流断面水质监测采样点位情况。

表 3.2-2   三河流域河流断面水质监测采样点位

编号	断面名称	所在河流	经度	纬度
1	西坑大围	梧桐山河	E114°13.261′	N22°37.238′
2	低山村	龙岗河	E114°16.894′	N22°44.408′
3	吓陂	龙岗河	E114°20′56.66″	N22°46′4.44″
4	西湖村	龙岗河	E114°25.066′	N22°46.835′
5	碧岭	碧岭水	E114°17′11.06″	N22°40′15.63″
6	红花潭	坪山河	E114°20.797′	N22°41.740′
7	上洋	坪山河	E114°24.285′	N22°42.689′
8	三太子水厂	淡水河	E114°26′37.25″	N22°47′44.83″
9	永湖镇	淡水河	E114°29′50.33″	N22°56′27.15″
10	紫溪口	淡水河	E114°28′33.69″	N23°0′47.61″

3. 监测指标

现场记录指标：pH、DO、水温。

常规指标：COD_{Mn}、COD_{Cr}、BOD_5、$NH_3\text{-}N$、TP、粪大肠菌群、铜和锰。

一般痕量有机污染物指标：壬基酚、双酚 A、三氯生。

其他痕量有机污染物指标：多溴联苯醚、邻苯二甲酸酯类。

4. 监测频次与时间

2012—2015 年共采样 4 次，采样时间分别为 2012 年 12 月、2013 年 3 月、2014 年 4 月、2015 年 1 月。

5. 水质评价方法

采用单指标评价方法，最差的项目赋全权，确定水质类别。以国家《地表水环境质量标准》(GB 3838—2002)的 V 类标准限值作为水体是否超标的判定值。

3.2.2.2   常规污染物监测结果分析

1. COD 和 BOD

2012—2015 年淡水河流域各监测点 COD_{Mn}、COD_{Cr}、BOD_5 浓度如图 3.2-4~图 3.2-6 所示。由此可见，2012 年处于坪山河上游的碧岭断面的污染最为严重，该断面 COD_{Mn}、COD_{Cr}、BOD_5 三项指标均为劣 V 类；其他断面水质较好，基本为 Ⅲ~Ⅳ 类。2013 年各个断面污染物浓度普遍升高，碧岭断面的污染尤为严重，另外有 6 个断面的 COD_{Cr} 浓度属于劣 V 类。2014 年位于龙岗河上游的西坑大围的有机污染最为严重，COD_{Mn} 为 V 类，COD_{Cr}、BOD_5 均为劣 V 类；其次为坪山河上游的碧岭断面，BOD_5 达到劣 V 类，但 COD_{Mn} 和 COD_{Cr} 仅为 Ⅳ 类；其他断面 BOD_5 污染也较为严重，基本在 Ⅳ~V 类，COD_{Mn} 和 COD_{Cr} 在 Ⅲ~Ⅳ 类。2015 年常规污染物

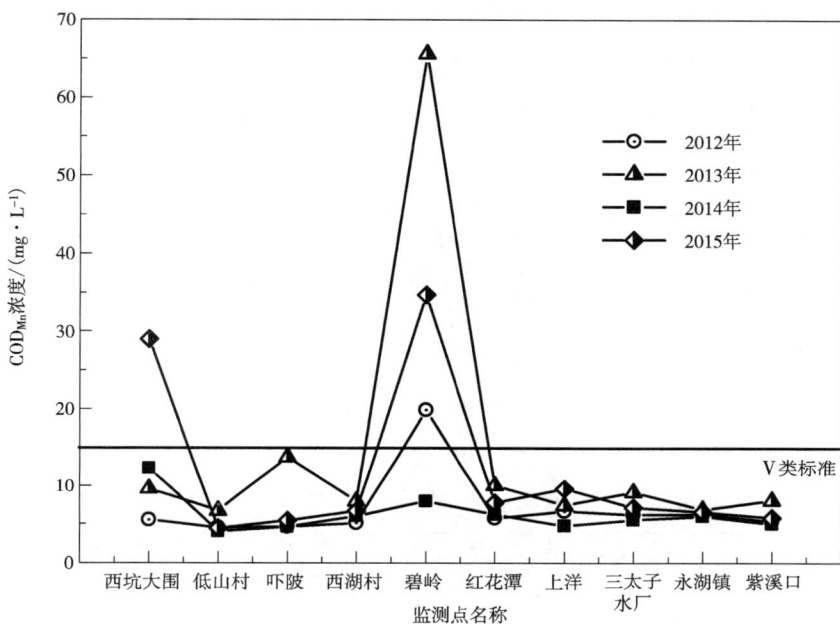

图 3.2-4 2012—2015 年淡水河流域各监测断面 CODₘₙ浓度

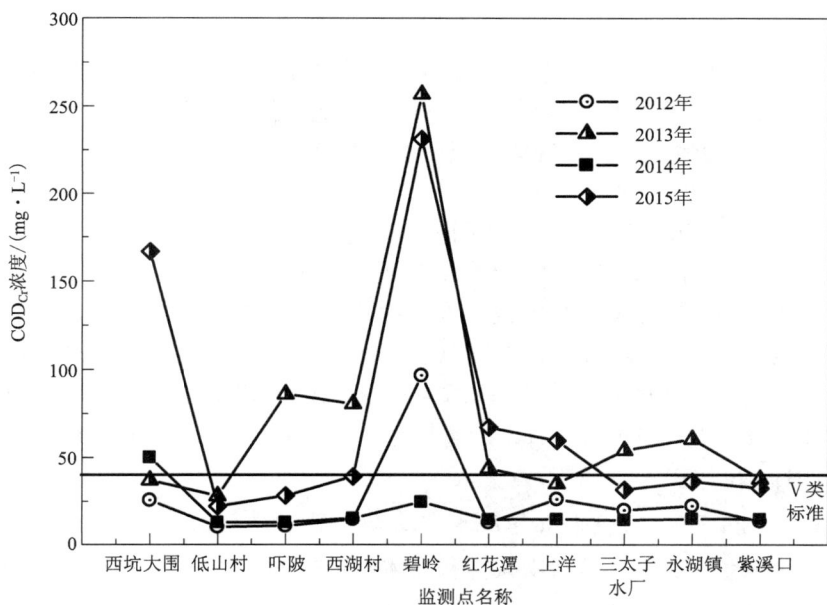

图 3.2-5 2012—2015 年淡水河流域 CODCr浓度变化

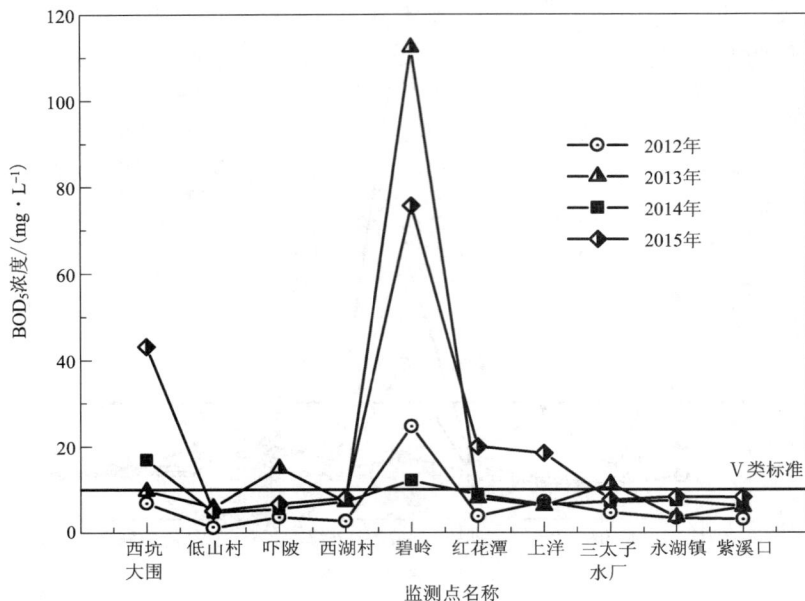

图 3.2 – 6 2012—2015 年淡水河流域 BOD₅ 浓度变化

浓度与 2013 年测定的结果接近，高于 2012 年和 2014 年水平。其中碧岭和西坑大围水质最差，其次是红花潭和上洋。碧岭、西坑大围、红花潭和上洋 4 个点位 COD_{Cr} 和 BOD_5 为劣 V 类，说明均受到严重有机污染。碧岭和西坑大围的 COD_{Mn} 也是劣 V 类，且超标严重。

比较 2012—2015 年的测定结果可知，总体上 2013 年污染物浓度最高，2015 年次之，2014 年与 2012 年的测定结果接近，其中 2014 年的 COD_{Mn} 和 COD_{Cr} 比 2012 年略低，BOD_5 比 2012 年略高。在前两年的测定结果中碧岭断面的多项指标都是最高的，而 2014 年浓度最高的是西坑大围断面。这两个断面分别位于坪山河和龙岗河的上游，水量较小，旱季时河水主要来自周围居民区和工厂排放的污水，污染比较严重；进入雨季后，随着大量雨水汇入，水质会有所改善。

2. NH_3 – N、TP

NH_3 – N 和 TP 一直以来都是淡水河流域主要的超标因子，是影响监测断面达标的主要限值因素，也是污染减排和水体修复的重点。2012—2015 年淡水河流域各监测点 NH_3 – N 和 TP 浓度如图 3.2 – 7 ~ 图 3.2 – 8 所示。

2012 年，除低山村以外的 9 个断面的氨氮浓度均为劣 V 类，其中碧岭断面的浓度最高，达到 23.30 mg/L；其他断面的 NH_3 – N 浓度为 5 ~ 10 mg/L，超过 V 类标准 2 ~ 4 倍。2012 年碧岭断面的 TP 浓度也高达 4.13 mg/L，其他断面浓度为 0.37 ~ 1.04 mg/L，吓陂和紫溪口可达到 V 类标准，其他断面均为劣 V 类。

2013 年碧岭断面 $NH_3 - N$ 浓度有所降低，但其他断面的浓度普遍升高，西坑大围的浓度达到 13.4 mg/L，另外有 6 个断面的浓度也在 10 mg/L 左右，低山村、吓陂和上洋 3 个断面的 $NH_3 - N$ 浓度较低。在 TP 方面，龙岗河的 4 个断面普遍浓度较低，而坪山河的 3 个断面浓度较高，其中碧岭和红花潭的浓度最高，上洋断面的浓度明显下降。2013 年，淡水河流域 $NH_3 - N$ 和 TP 浓度出现总体升高的趋势，所有断面的 $NH_3 - N$ 和 TP 浓度均属于劣 V 类水平。

2014 年大部分断面 $NH_3 - N$ 和 TP 都处于劣 V 类，但超标倍数不大，与 V 类标准的浓度比较接近。$NH_3 - N$ 浓度由高到低的断面依次是西坑大围、红花潭和碧岭，低山村和上洋的水质较好，两个点的 $NH_3 - N$ 浓度均达到 III 类；TP 浓度由高到低依次是红花潭、永湖镇和西坑大围，上洋的 TP 浓度较低，达到了 IV 类。与 2012 年和 2013 年相比，2014 年氨氮浓度有所降低，有 2 个点达到 III 类，淡水河的三太子水厂、永湖镇和紫溪口 3 个点氨氮浓度逐步降低，且与 V 类标准比较接近。2014 年的 TP 浓度比 2013 年有所降低，与 2012 年水平基本接近(碧岭断面除外)。

2015 年，除吓陂外，其他 9 个点的氨氮为劣 V 类。吓陂和低山村 TP 为 III 类，紫溪口 TP 为 V 类，其他 7 个点为劣 V 类。

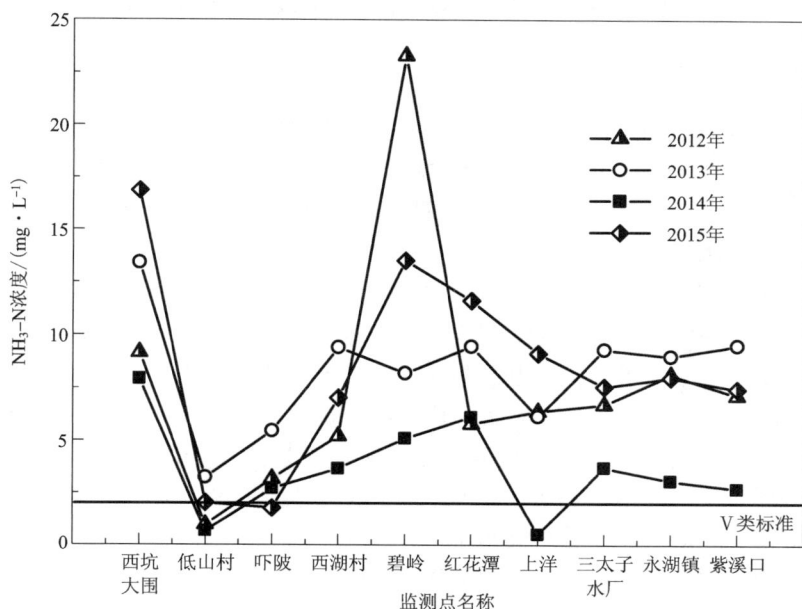

图 3.2 - 7　2012—2015 年淡水河流域 $NH_3 - N$ 浓度变化

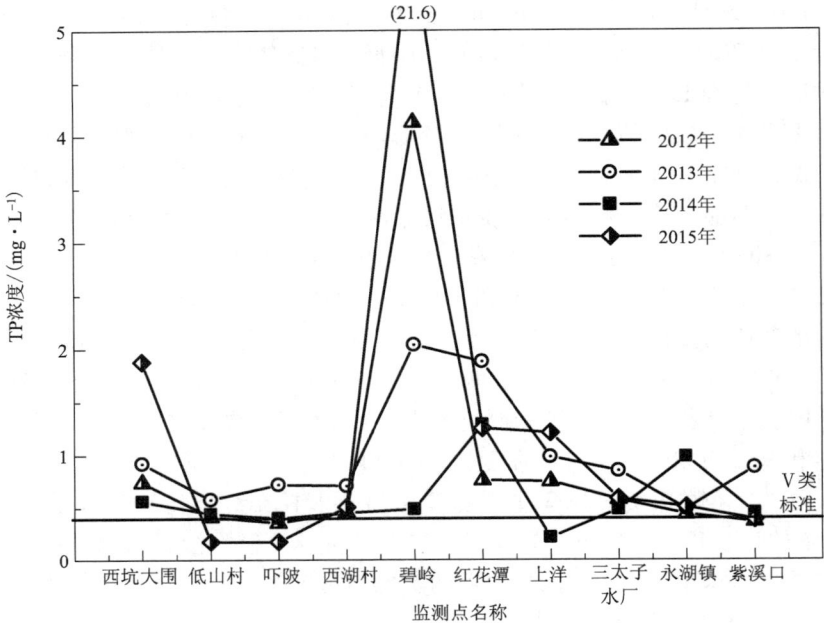

图 3.2－8　2012—2015 年淡水河流域 TP 浓度变化

3. 重金属

重金属方面检测了铜和锰两项指标。多次监测表明，淡水河流域重金属污染程度较低，一般属于Ⅰ～Ⅲ类，只有碧岭等个别断面出现了重金属超标现象。

2012 年碧岭断面 Cu 浓度达到 2.93 mg/L，属于劣Ⅴ类；其他断面重金属浓度均处于较低水平，基本保持在Ⅰ～Ⅱ类。

2013 年，碧岭断面的重金属浓度较高，Cu、Zn、六价铬和 Pb 属于劣Ⅴ类；其他断面的重金属浓度总体较低，只有 Hg 的污染状况为Ⅳ类，其他重金属指标的污染水平基本在Ⅰ和Ⅱ之间。碧岭断面重金属经常超标表明，周边可能有工业废水排入，由于河水流量小、流速低，很容易造成污染。

2014 年采样分析结果中，重金属污染水平普遍较低，全部属于Ⅰ～Ⅲ类，其中大部分属于Ⅰ～Ⅱ类。另外，碧岭的 Cu 浓度达到 0.202 mg/L，在所有监测点中浓度最高，但仍然处于低污染水平。

2015 年，铜未见超标，碧岭浓度最高，其值为 0.59 mg/L，其他断面浓度均在 0.1 mg/L 以下，与前几次监测结果一致。锰浓度普遍较高，其中西坑大围最高，达到 1.04 mg/L，其他各点浓度为 0.2～0.5 mg/L。

4. 粪大肠菌群

从 2014 年的检测结果看出，粪大肠杆菌的污染也较为严重，西坑大围、西湖村、红花潭和三太子水厂四个断面的平均水平达到劣 V 类，其中西坑大围甚至超过了 2.4×10^6 个/L；碧岭的粪大肠杆菌数量最低，达到Ⅲ类；其他各点基本为Ⅳ～V 类。以上结果表明，西坑大围的有机污染非常严重，可能有大量生活污水排入。其他各点也存在不同程度的污染。碧岭的粪大肠菌群指标较低，可能是由于该地区的工业污染较为严重，不利于微生物生长（表 3.2 - 3）。

表 3.2 - 3　2014 年粪大肠菌群监测结果

序号	监测点名称	粪大肠菌群/(个·L⁻¹)		
		4 月 9 日采样结果	4 月 10 日采样结果	平均值
1	西坑大围	$\geq 2.4 \times 10^6$	$\geq 2.4 \times 10^6$	$\geq 2.4 \times 10^6$
2	低山村	1.7×10^4	1.4×10^4	1.55×10^4
3	吓陂	2.2×10^4	1.7×10^4	1.95×10^4
4	西湖村	9.4×10^4	5.4×10^4	7.4×10^4
5	碧岭	4.0×10^3	1.7×10^3	2.85×10^3
6	红花潭	2.8×10^5	1.8×10^5	2.3×10^5
7	上洋	1.7×10^4	2.1×10^3	1.9×10^3
8	三太子水厂	6.3×10^4	2.2×10^4	4.25×10^4
9	永湖镇	1.7×10^4	8.0×10^3	4.85×10^3
10	紫溪口	1.7×10^4	1.7×10^4	1.7×10^4

5. 小结

对 2012—2015 年淡水河流域多个监测点的常规水质指标进行了分析，主要研究结论如下：

（1）总体上，"十二五"期间淡水河流域的水质已经比"十一五"阶段有显著改善，龙岗河、坪山河的黑臭现象基本消除；但大部分断面水质仍然属于劣 V 类，主要超标因子为 $NH_3 - N$ 和 TP。

（2）西湖村、上洋和紫溪口三个省控断面的污染程度在所有断面中处于较低水平，COD_{Cr}、BOD_5 和 COD_{Mn} 为Ⅲ～Ⅳ类，$NH_3 - N$ 和 TP 浓度已达到或逐步接近V类水平。

（3）比较近三年的测定结果可知，总体上 2013 年污染物浓度最高，2014 年与 2012 年测定结果接近；2014 年 $NH_3 - N$ 和 TP 浓度低于 2012 年。这一方面是由于流域污染综合整治工作取得成效，入河污染物减少；另一方面也与采样时间、降雨量、污水厂排水水质等因素有关。

3.2.2.3 特征有机物监测结果分析

1. 壬基酚(NP)

如图 3.2-9 所示，2012 年红花潭的壬基酚平均浓度最高，其次为碧岭断面。2013 年壬基酚浓度进一步升高，龙岗河和坪山河监测点的浓度普遍升高，而上洋断面和淡水河下游的 3 个断面浓度降低。与 2013 年相比，2014 年特征污染物浓度总体有所降低，尤其是壬基酚的浓度降低了 1~2 个数量级。与 2014 年相比，2015 年壬基酚浓度略有升高。

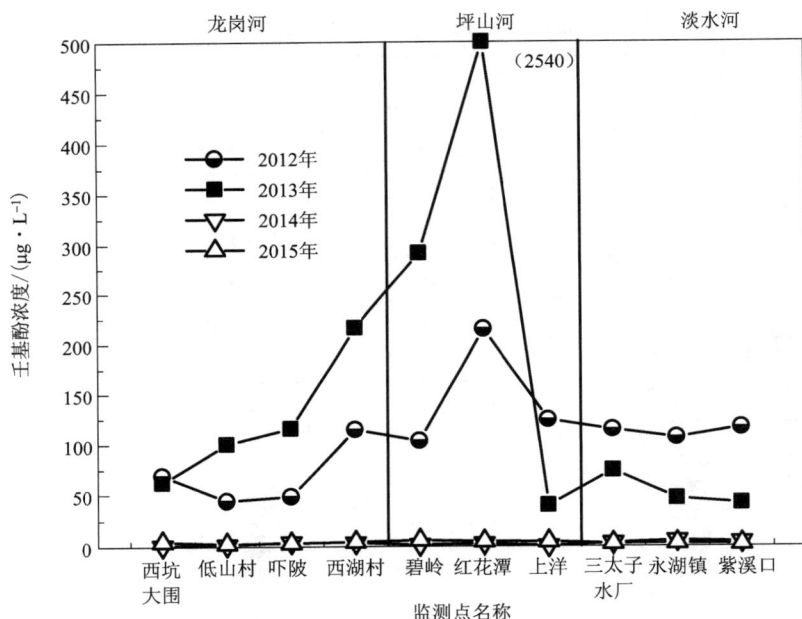

图 3.2-9 淡水河流域各监测断面壬基酚浓度

西湖村、上洋和紫溪口三个断面壬基酚浓度变化如图 3.2-10 所示。其中，西湖村断面壬基酚浓度在 2013 年时最高，2014 年显著下降，2015 年略有上升。上洋和紫溪口断面的壬基酚浓度在 2012 年最高，此后总体呈逐年下降趋势。总体上 2014—2015 年的污染物浓度比前两年显著降低，处于近年来较低水平。

2. 双酚 A(BPA)

如图 3.2-11 所示，在双酚 A 方面，2012—2013 年，碧岭断面的双酚 A 浓度最高。2014 年西坑大围的双酚 A 浓度明显升高，吓陂、永湖镇和紫溪口等几个点也比 2013 年略高，其他各点均有下降，2014 年双酚 A 平均浓度低于 2013 年，但高于 2012 年。2015 年双酚 A 浓度呈现继续降低的趋势，浓度最高的监测点仍为西坑大围。

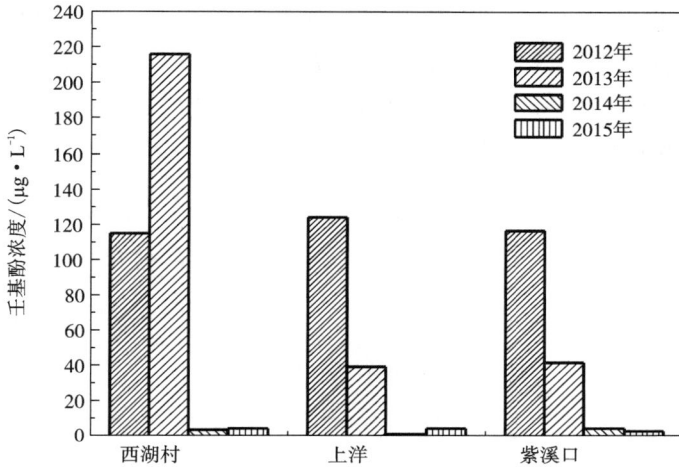

图 3.2 - 10　主要监测断面壬基酚浓度

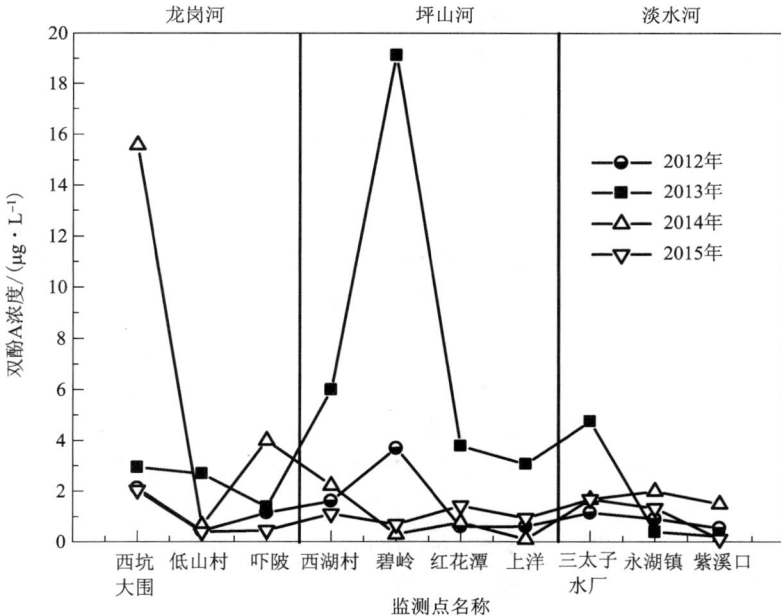

图 3.2 - 11　淡水河流域各监测断面双酚 A 浓度

如图 3.2 - 12 所示，从 2012—2015 年，西湖村、上洋和紫溪口三个断面的双酚 A 浓度总体呈现先升高再降低趋势，但每个断面的情况各有不同。其中，西湖村和上洋断面的双酚 A 浓度在 2013 年达到最高值,此后西湖村断面的浓度逐步下降,而上洋断面在 2014 年显著下降后又略有升高;总体上紫溪口断面的浓度较低,2014 年测定的浓度最高,2015 年又降至 0.11 μg/L。可见,近两年淡水河流域的双酚 A 污染有所减轻,其中 2015 年 3 个断面的的平均浓度为近年来的最低值,说明近几年流域水质得到改善。

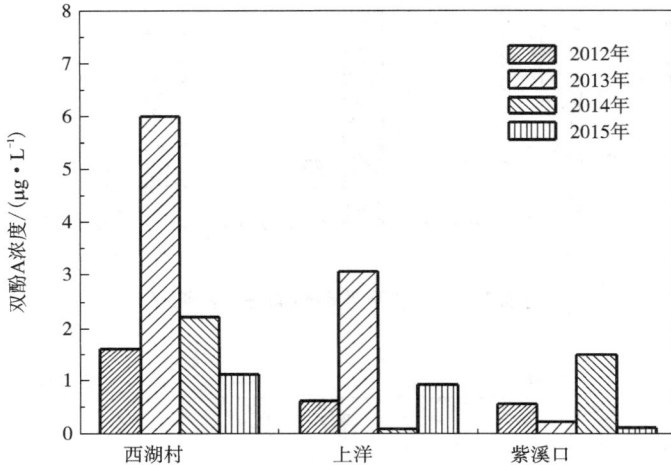

图 3.2 – 12　主要监测断面双酚 A 浓度

3. 三氯生

如图 3.2 – 13 所示,2013 年,碧岭的三氯生平均浓度达到(352.29 ±312.77)ng/L,其中某日浓度高达 573.45 ng/L,其他断面三氯生浓度在 100 ng/L 以下,所有断面平均浓度为 78.60 ng/L。2014 年,大部分监测点的三氯生浓度呈现下降趋势,其中碧岭断面三氯生浓度降至 30.35 ng/L,但红花潭断面的浓度有所升高,达 87.45 ng/L,所有断面平均浓度降至 38.88 ng/L。2015 年,碧岭断面的三氯生浓度又升至 144.50 ng/L,所有断面平均浓度为 65.07 ng/L,比 2014 年明显升高,但是略低于 2013 年。

从西湖村、上洋和紫溪口 3 个主要断面的三氯生浓度来看(图 3.2 – 14),西湖村和上洋呈现先降低后升高的趋势,紫溪口呈现逐年升高趋势。3 个断面的共同特点是 2015 年的浓度达到近年来最高值,分别为 80.45 ng/L、65.40 ng/L 和 37.30 ng/L。以上结果表明,淡水河流域近年来工业污染得到有效控制,来源于工业污染源的特征污染物大幅降低;同时,来自生活源的污染物有增加的趋势,导致三氯生等 PPCPs 类物质的含量增加,应当引起重视。

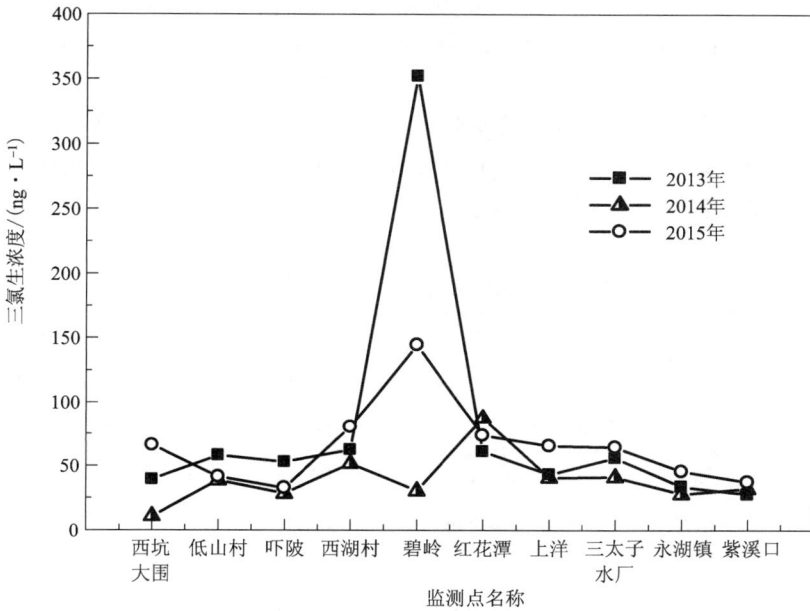

图 3.2 – 13　淡水河流域各监测断面三氯生浓度

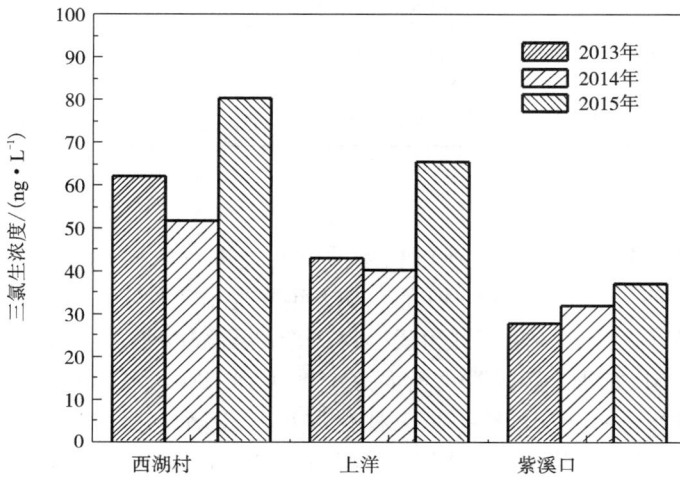

图 3.2 – 14　淡水河流域主要监测断面三氯生浓度

4. 邻苯二甲酸酯

邻苯二甲酸酯类化合物(PAEs)又称酞酸酯,主要用作聚合物材料的增塑剂,广泛用于塑料制品、食品包装材料、医疗器具、玩具等。但因其与塑料基质间没有形成化学共价键,呈游离态,彼此仍保留着各自相对独立的化学性质,所以 PAEs 容易释放到空气、水和土壤环境中;因 PAEs 的 $\lg K_{ow}$ 值一般为 3.24~8.1,所以容易在沉积物和生物体脂肪组织积聚。因 PAEs 也具有内分泌干扰活性,可干扰人体和生物体正常的内分泌系统,故近年来其环境安全性备受关注(表 3.2 – 4 和表 3.2 – 5)。

表 3.2 – 4　检测的目标邻苯二甲酸酯类物质种类

中文名	英文名	英文简写	CAS No.	相对分子质量
邻苯二甲酸二甲酯	Dimethyl	DMP	131 – 11 – 3	194.19
邻苯二甲酸二乙酯	phthalate	DEP	84 – 66 – 2	222.24
邻苯二甲酸二丁酯	Dibutyl phthalate	DBP	84 – 74 – 2	278.35
邻苯二甲酸二正辛酯	Dioctyl phthalate	DOP	117 – 84 – 0	390.30

表 3.2 – 5　PAEs 测定结果(2013 年)　　　　　单位: ng/L

	上洋	西湖村	紫溪口
DMP	529.7	1162.3	466.1
DEP	205.5	2568.9	198.0
DBP	754.0	964.4	3552.2
DOP	2825.7	1511.3	15414.4

5. 多溴联苯醚

2012—2013 年对上洋、西湖村和紫溪口断面进行取样,测定了多溴联苯醚(PBDEs)的浓度。如图 3.2 – 15 所示,2012 年共检出 7 种不同物质,其浓度之和在 100 pg/L 左右,上洋、西湖村和紫溪口 3 个断面浓度差别不大,西湖村略高,总浓度为 127.61 pg/L,其他两个断面总浓度不到 100 pg/L。在不同 PBDEs 中,BDE – 183、BDE – 47 和 BDE – 99 三种物质浓度较高,三个断面的平均浓度在 20 pg/L 以上。其中,西湖村的 BDE – 183 浓度最高,达到 41.57 pg/L。初步推断,以上物质为十溴联苯醚等溴代阻燃剂的分解代谢产物(表 3.2 – 6)。

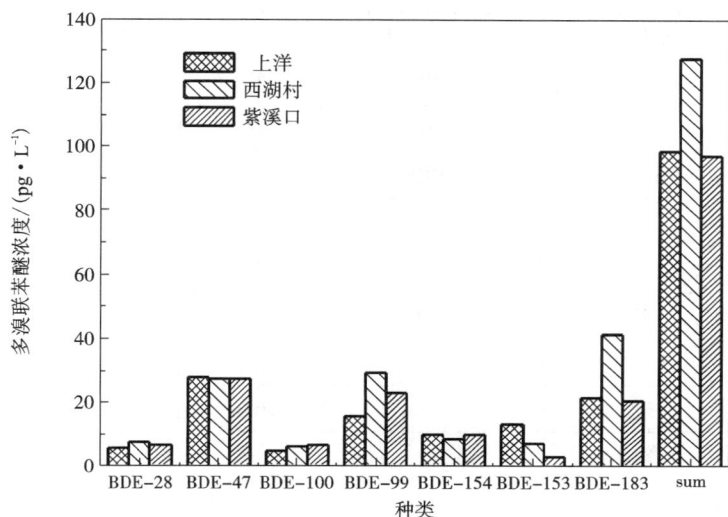

图 3.2 - 15　淡水河流域各监测断面多溴联苯醚浓度（2012 年）

表 3.2 - 6　多溴联苯醚分析结果（2012 年）　　　　　　单位：pg/L

名称	简称	上洋	西湖村	紫溪口	平均值
2, 4, 4′ - 三溴联苯醚	BDE - 28	5.62	7.51	6.75	6.63
2, 2′, 4, 4′ - 四溴联苯醚	BDE - 47	27.76	27.59	27.34	27.56
2, 2′, 4, 4′, 6 - 五溴联苯醚	BDE - 100	4.68	6.01	6.52	5.74
2, 2′, 4, 4′, 5 - 五溴联苯醚	BDE - 99	15.72	29.28	23.05	22.68
2, 2′, 4, 4′, 5′, 6 - 六溴联苯醚	BDE - 154	10.01	8.68	10.09	9.59
2, 2′, 4, 4′, 5, 5′ - 六溴联苯醚	BDE - 153	13.28	6.97	2.66	7.64
2, 2′, 3, 4, 4′, 5′, 6 - 七溴联苯醚	BDE - 183	21.45	41.57	20.81	27.94
浓度之和（sum）		98.52	127.61	97.22	107.78

2013 年检出的 PBDEs 种类和 2012 年相同，但是其浓度发生了明显变化。其中，上洋断面的 BDE - 28 浓度达到 2503 pg/L，比其他结果高出一个数量级，上洋断面的其他 PBDE 浓度均在 60 pg/L 以下。西湖村断面的 PBDEs 总浓度与 2012 年接近，以三溴、四溴和五溴取代的 PBDEs 为主。紫溪口断面的浓度比西湖村略高，总浓度达到 385 pg/L，以四溴和五溴取代的 PBDEs 为主（表 3.2 - 7）。

表 3.2 – 7　多溴联苯醚分析结果（2013 年）　　　　单位：pg/L

名称	简称	上洋	西湖村	紫溪口
2，4，4′–三溴联苯醚	BDE – 28	2503	39	32
2，2′，4，4′–四溴联苯醚	BDE – 47	11	38	123
2，2′，4，4′，6–五溴联苯醚	BDE – 100	5	ND	27
2，2′，4，4′，5–五溴联苯醚	BDE – 99	29	31	107
2，2′，4，4′，5′，6–六溴联苯醚	BDE – 154	39	1	23
2，2′，4，4′，5，5′–六溴联苯醚	BDE – 153	9	ND	27
2，2′，3，4，4′，5′，6–七溴联苯醚	BDE – 183	20	24	46
浓度之和（sum）		2616	133	385

注：ND 表示低于检测限。

3.3　工业排水区生态风险综合评估

3.3.1　风险评价方法

3.3.1.1　生态风险评价一般原则

人类的生产活动和消费需求导致人工合成化学品的种类和数量逐渐增多，一部分化学品在生产、运输和使用过程中直接或间接进入大气、土壤和水体等自然环境。据估计全球已合成化学品超过千万种，而进入水环境的化学品数量达到数十万种（王雪梅等，2010）。毒害污染物进入水环境后，对水生和底栖生物表现出各种生态毒理效应。其效应终点有非专一性的致死性、生长抑制、繁殖能力异常等，和相对专一性的遗传毒性、芳香烃受体效应、内分泌干扰效应等。生态毒理效应测试有活体和离体生物测试方法。污染物的致死性、生长抑制和繁殖能力异常等效应采用活体生物测试方法测定，而污染物的遗传毒性、芳香烃受体效应、雌激素活性可采用离体生物测试方法。由于生物物种之间敏感度的差异，不同营养级的生物对同一毒害污染物表现出的毒性大小往往不同。另外，对于不同的毒性效应终点，所得到的毒性数据也往往差别很大。因此通过毒害污染物的生态风险评价，确定受影响的生物，能够为制定相应的水质标准以及保护水生生物和生态系统的健康提供依据。

生态风险评价过程包括危害识别、暴露评价和影响评价（USEPA，1998）。危害识别即分析潜在污染物对生物的不利影响。暴露评价是预测和测定污染物的暴露浓度。影响评价是污染物的剂量-效应关系的评价。生态风险评价的主要工作体现在暴露评价和影响评价相结合的风险表征过程。水体和沉积物中毒害污染物的生态风险评价方法一般按照图3.3-1所示流程进行，首先确定水体和沉积物中污染物的暴露水平，然后根据文献资料中报道的污染物生态毒性数据，得到预测无影响浓度（predicted no effect concentrations, PNECs），通过将环境中监测的或预测的污染物暴露

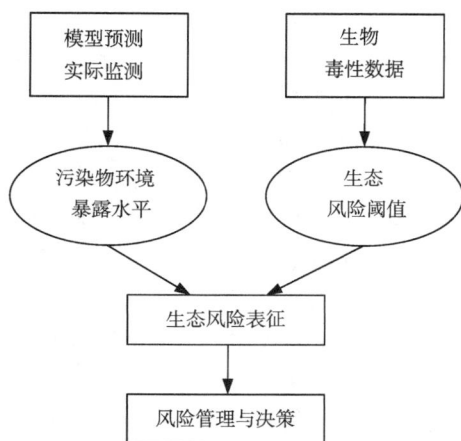

图3.3-1 毒害污染物的生态风险评价流程

水平与PNECs比较，根据风险等级划分标准表征风险高低，确定受影响的生物。取得风险表征结果后，对污染物进行风险管理。风险管理一般包括风险分类[不可接受的风险（≥PNEC）、需要降低的风险（1% PNEC～PNEC）和可忽略的风险（<1% PNEC）]、风险效益分析、风险降低措施和环境监测审查。由于风险评价过程有许多不确定性，因此需要不断地更新数据，进行验证再评价。

3.3.1.2 生态风险评价方法体系

（1）污染物环境暴露评价

毒害污染物的暴露评价一般有两种途径：一种是根据使用量推算环境浓度的方法，此浓度一般以预测环境浓度（predicted environmental concentration, PEC）表示；另一种是采用定点采样，仪器分析测定浓度的方法，此浓度一般以测定环境浓度（measured environmental concentration, MEC）表示。

①PEC

欧盟在风险评价技术指南（EC, 2003）中对污染物在水体和沉积物中PEC的推导过程进行了详细描述。对于化学品带来的点源污染，可通过化学品的年使用量，根据排放因子估算排放到污水处理厂的浓度，然后根据污染物的去除率推算出水浓度，最后根据污水排放稀释因子、吸附平衡常数、生物降解作用、沉淀悬浮作用预测其在水体和沉积物中的浓度。

②MEC

在我国，虽然目前建立了较完善的化学品登记制度，但是化学品登记数量仍然有限，普遍缺乏流域尺度化学品的使用量资料，各地污水处理厂的污水处理能力等数据资料也非常匮乏。因而，在预测本地毒害污染物的PEC时往往参考国外的数据和模型，导致结果与实际偏差较大。在这种情况下，采用MEC进行污染物

风险评价是比较可行的。近十年来，国内研究人员对我国各个流域进行了大量的毒害污染物监测工作，包括多环芳烃、多氯联苯、有机氯农药等持久性有机污染物（摆亚军等，2007；Sun et al.，2009；Zhang et al.，2009；王泰等，2007）、内分泌干扰物（Wang et al.，2011；Zhao et al.，2011；雷炳莉等，2008）、药物与个人护理品（Zhao et al.，2010ab；Yang et al.，2010；Wang et al.，2010；Luo et al.，2011）等，这些研究已经为我国开展流域风险评价提供了大量基础数据。

（2）生态毒理效应评价

① 生态毒性数据的搜集和整理

在评估毒害污染物的生态毒理效应之前，首先需要进行毒性数据的搜集和整理。毒性数据的查找一般来自如下几个方面：文献报道、各类污染物报告和数据库，其中美国环保署建立的 ECOTOX Database（USEPA，2011）、国际农药行动联盟建立的 PAN Pesticide Database（PAN，2011）等为较常用的数据库，然而从这些数据库中查找的毒性数据需进行原始文献溯源，并需逐个验证后才能使用。

Klimisch 等（1997）将生态毒性数据按可靠性（reliability）、相关性（relevance）和适当性（adequacy）分为四个等级：第一级（Code 1）为完全可靠的数据，是指文献或报告中的研究数据完全按照或基本按照有效准则或国际上广泛接受的测试准则得到的，特别是按照 GLP（良好实验室规范）得到的数据；第二级（Code 2）为限制性可靠数据，是指实验方法没有完全按照标准的测试准则进行，但是测试方法和体系具有科学性，能够被接受；第三级（Code 3）是指所使用的测试方法与标准方法或人们普遍认可的方法相违背，如测试底物相互干扰、测试物种使用不恰当，记录不充分、测试结果不能令人信服；第四级（Code 4）为完全不可靠数据，是指文献不能提供详细的实验细节，实验结果仅仅在摘要或二次文献（书、综述等）中描述。标准方法通常是指国际组织或团体如 OECD（国际经合组织）、ISO（国际标准组织）推荐使用的方法以及美国环保署或欧盟等国家或地区的标准方法，并按照 GLP 进行。通常情况下，选择 Code 1 和 Code 2 级别的数据进行生态风险评价。

对于搜集和整理的生态毒性数据，应按照污染物种类建立毒害污染物数据库，每一条数据应包括：测试物种（test species）、测试终点（test endpoint）、测试时间（duration）、测试效应（test effect）[L（E）C50、NOEC（最大观测无效应浓度）、LOEC 等]、参考文献以及 Klimisch code（Caldwell et al.，2008）。而数据中给出的受试生物应该尽可能为本地水体中存在的生物物种。

毒害污染物的生态毒理数据多数集中于水体生物（浮游生物）的影响上，有关沉积物中污染物的毒性数据相对较少。沉积物中存在的污染物可影响底栖生物，美国环保署提供了一套水体沉积物生物毒性测试方法，如常用底栖生物（端足类 hyalella azteca 和摇蚊 chironomus tentans）的 10 天至 28 天的毒性测试（USEPA，

1996）。澳大利亚联邦科学与工业研究组织（CSIRO）开发了一整套水体沉积物毒性测试方法体系，受试生物包括发光菌、藻类、端足类、双壳类和多毛纲（Simpson et al.，2005）。近年还有利用固定微藻和斑马鱼胚胎测试方法研究水体与沉积物毒性的（Moreno G et al.，2007；Bartzke et al.，2010）。在考虑沉积物理化性质的基础上，相平衡分配模型常被用来计算污染物的暴露浓度。然而沉积物是高度非均质的环境介质，野外暴露与生物有效性可能与实验室结果有较大差异，因此评价沉积物中污染物的生物毒性要谨慎。

②PNECs 的推导

毒害污染物毒性数据的多寡决定了 PNEC 的推导方法，也是影响 PNEC 准确性的最重要因素。欧盟风险评价技术指南（EC，2003）采用评价因子（assessment factor，AF）法来推导 PNEC，表 3.3 - 1 给出了评价因子的选取原则。对于第一种情况（表 3.3 - 1 中序号 1），PNEC 为最小 L(E)C50 与对应 AF 的比值。对于第二种至第四种情况（表 3.3 - 1 中序号 2 ~ 4），PNEC 为最小 NOEC 与对应 AF 的比值。

表 3.3 - 1 推导 PNEC 所用的评价因子（AF）的取值要求[a]

序号	现有毒性数据情况	评价因子（AF）
1	三个营养级（鱼、溞和藻）中至少一种生物的急性 L(E)C50 数据	1000
2	一种生物（鱼或溞）的慢性 NOEC 数据	100
3	代表两个营养级的两种生物（一般为鱼、蚤和藻任意两种）的慢性 NOEC 数据	50
4	至少代表三个营养级的三种生物（一般为鱼、蚤和藻）的慢性 NOEC 数据	10
5	三门八科的慢性 NOEC 数据，采用物种敏感度分布曲线（SSD）法	1 ~ 5
6	野外毒性数据或生态系统模拟	视情况而定

[a] EC, 2003

若慢性毒性量数据数量满足三门八科的要求，且大于 10 个 NOEC 数据，则可采用物种敏感度分布曲线（SSD）法进行生态风险评价。使用 SSD 方法时，要求的最小物种数如下：

- 一种鱼（如鲑鱼，鲦鱼、蓝鳃太阳鱼、鲶鱼、斑马鱼）；
- 脊索动物门另一科的物种（如鱼、两栖动物）；
- 一种甲壳纲动物（如枝角类、桡足类、介形类等脚类或端足目动物以及虾）；
- 一种昆虫（如蜉蝣、蜻蜓、蚊子和蠓的幼虫）；
- 节肢动物门或脊索动物门以外的另一科（如轮虫、环节动物、软体动物等）；

- 其他未使用过的任一目昆虫或任一其他门的生物；
- 藻；
- 高等植物(主要为水生植物，如浮萍)。

对于 SSD 数据的选择，事先应该根据所评估区域水体的参数，选取适合本地区的生物测试物种所得到的毒性数据(硬度、pH、温度、有机质含量等)，并评估数据的准确性。对于同一物种，应选择最灵敏的测试终点，对于来自不同文献的同一物种同一测试终点的数据，则应该注意检查数据的差别及其产生差别的原因，去掉不合理数据，然后取剩余数据的几何平均数作为计算用数据。

以污染物慢性毒性数据为横坐标，以效应累积概率为纵坐标，得到 SSD 曲线。通常采用 log-normal 或 log-logistic 模型(Aldenberg 和 Slob，1993；Aldenberg 和 Jaworska，2000)进行 SSD 曲线拟合，然后以 K－S 检验(Kolmogorov-Smirnov test)或采用 A－D 拟合优度检验(Anderson-Darling goodness of fit test)判断其合理性。最终采用 SSD 曲线 5% 概率所对应的浓度(HC5 值)除以 AF 来推导 PNEC，并取与该浓度相关联的 50% 置信区间(c. i.)，如公式(3.3－1)所示。那么该 PNEC 值意味着污染物浓度低于此浓度时，有 50% 的可能性可以保护 95% 以上的生物免受毒害污染物的不利效应影响。

$$P(PNEC) = \frac{5\% \, SSD(50\% \, c. i.)}{AF} \tag{3.3－1}$$

式中：PNEC 为预测无影响浓度；5% SSD 为 SSD 曲线 5% 概率对应的浓度；50% c. i. 为 50% 置信区间；AF 为评价因子。

(3)生态风险表征

①水体中毒害污染物的生态风险表征方法

风险表征是基于污染物环境暴露评价与生态毒理效应评价进行的。可用污染物暴露浓度概率分布累积曲线与毒性分布累积曲线进行风险概率分析，计算高风险概率(Solomon et al. ，2000)。作为第一级生态风险评价，风险商(RQ)法是表征生态风险程度的最常用方法之一，RQ 为 PEC 或 MEC 与 PNEC(预测无效应浓度)的比值。PNEC 是表征污染物对环境中的生物无影响的浓度阈值，若 $RQ \geqslant 1$ 则表明污染物对水环境中的生物存在高风险，若 $RQ < 1$ 则表明污染物的生态风险低(EC，2003)。

②沉积物中毒害污染物的风险表征方法

沉积物中污染物的风险评价方法与水体风险评价类似，通过毒害污染物在沉积物中的生态毒性数据，依照评价因子方法推导沉积物中的 PNEC，然后求出 RQ 以表征毒害污染物的风险高低。然而对于大部分有机毒害污染物来说，目前在沉积物中的毒性数据还比较匮乏，不同地区沉积物的性质(如有机碳含量)差异很大，导致沉积物中风险评价具有一定的困难。环境样品有机污染物往往采用有机溶解萃取、化学分析手段分析等方法来得到污染物的浓度,没有考虑到污染物在沉积物中的生物有效性,而溶解萃取的有机物并不一定能够完全被生物利用。因环境中有机污染物在沉积物与水相之间存在平衡作用,因而可通过平衡分配系数将沉积物中污染物的浓度转化为孔隙水中的浓度,那么污染物在孔隙水中的浓度即可采用水体的 PNEC 值进行生态风险评价。

3.3.1.3　水体和沉积物中毒害污染物的生态风险评价体系

在我国,现阶段有关化学品的管理制度还不完善,河流流域基础数据仍很匮乏。在这种情况下,通过监测环境浓度 MEC 与生态风险阈值 PNEC 计算风险商,再根据风险商表征毒害污染物的生态风险高低,是进行毒害污染物第一级风险评价最为可行的方法。通过风险商划分流域水体和沉积物中毒害污染物的高风险区域,再结合毒害污染物的暴露水平、检出频率等指标,可作为流域水环境中优控毒害污染物筛选的依据,并作为环境决策者进行风险管控的基础。据此,提出我国水体和沉积物中毒害污染物生态风险评价体系的标准流程,如图 3.3 - 2 所示。

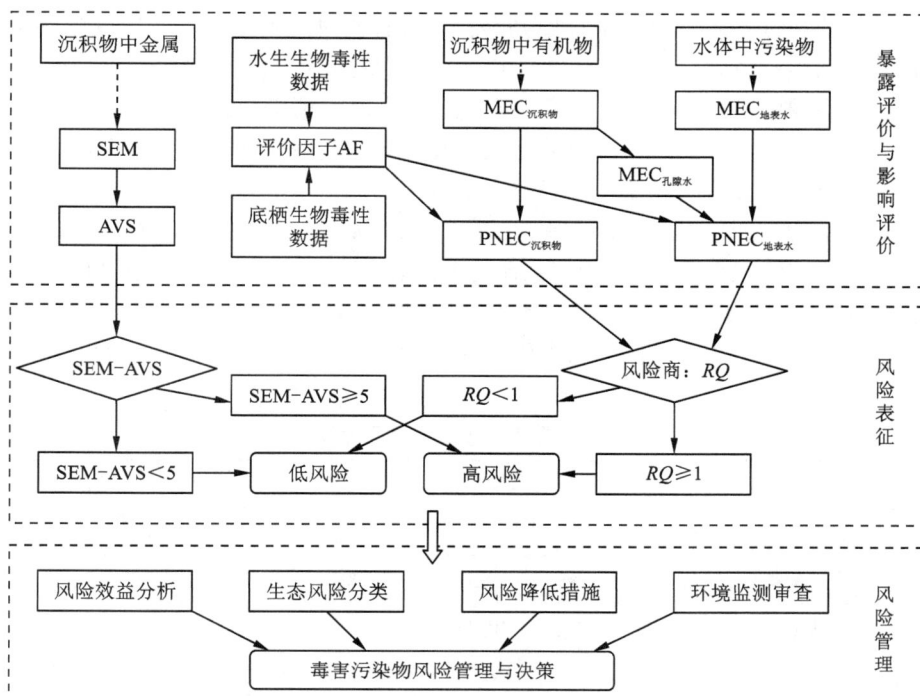

图 3.3 - 2　水体和沉积物中毒害污染物的风险评价体系

3.3.2 毒害污染物的 PNEC 值

将生态毒性数据按照风险评估方法体系的要求进行判断，若慢性毒性数据满足三门八科的要求，则采用 SSD 方法进行推导，并选则评价因子的值为 1~5。对于不能满足三门八科要求的化合物，则可根据毒性数据的数量选择合适的评价因子 AF，从而推导出 PNEC 值。

根据"十一五"水专项课题成果，壬基酚(4 - NP)的 PNEC 为 1.12 μg/L，双酚 A(BPA)的 PNEC 为 1.5 μg/L，采用此数据作为本书中壬基酚和双酚 A 的风险阈值。

3.3.3 淡水河流域主要毒害性污染物筛选

行业废水的特征毒害污染物是相对常规污染物而言的，指的是能够显示此行业的污染特征的污染物。通过对重点行业排水毒害污染物进行定量和定性筛查，可以筛选出一批重点行业的特征毒害污染物。

行业特征毒害污染物的筛选原则是：①具有相对高的浓度；②排放到环境中具有潜在的生态风险；③与行业特征相关联；④废水处理工段难以完全去除。

对印染漂染、电子电镀、制药、城市污水处理和精细化工等重点行业排水毒害污染物进行了初步筛选，得到了流域中几类典型行业点源排水的特征毒害污染物。重点行业特征毒害污染物清单如表 3.3 - 2 所示。

非离子表面活性剂烷基酚聚氧乙烯醚(APEOs，主要包括壬基酚聚氧乙烯醚和辛基酚聚氧乙烯醚)是最为常用的印染助剂之一。壬基酚聚氧乙烯醚和辛基酚聚氧乙烯醚经污水处理工艺处理后，降解为壬基酚(4 - NP)和辛基酚(4 - t - OP)，由于它们比较难于降解，故在排水中仍可检测到大量的 4 - NP 和 4 - t - OP。

表 3.3 - 2　重点行业特征毒害污染物清单

行业	中文名称或类别	英文名称	CAS No.	备注
印染漂染	金属 Cu、Mn、Ni、Zn	Metals	N/A	流域优控污染物
	壬基酚聚氧乙烯醚	NPEOs	9016 - 45 - 9	印染助剂、定性检测
	辛基酚聚氧乙烯醚	OPEOs	9036 - 19 - 5	印染助剂、定性检测
	壬基酚	4 - NP	68152 - 92 - 1	定量、定性检测
	辛基酚	4 - t - OP	85771 - 77 - 3	定量、定性检测
	邻苯二甲酸酯类	PAEs	N/A	定量、定性检测
	苯胺	—	—	定性检测

续表 3.3 - 2

行业	中文名称或类别	英文名称	CAS No.	备注
电子电镀	金属 Cu、Ni、Zn、Cr	Metals	N/A	流域优控污染物
	壬基酚聚氧乙烯醚	NPEOs	9016 - 45 - 9	电镀助剂, 定性检测
	辛基酚聚氧乙烯醚	OPEOs	9036 - 19 - 5	电镀助剂, 定性检测
	壬基酚	4 - NP	68152 - 92 - 1	定量、定性检测
	辛基酚	4 - t - OP	85771 - 77 - 3	定量、定性检测
	聚乙二醇表面活性剂	PEGs	N/A	电镀助剂, 定性检测
	邻苯二甲酸酯类	PAEs	N/A	定量、定性检测
	含苯环酰胺、磺酰胺类	—	—	定性检测
制药	金属 Zn	Metals	N/A	流域优控污染物
	邻苯二甲酸酯	PAEs	N/A	定量、定性检测
城市生活污水处理	金属 Mn、Ni、Cu、Zn	Metals	N/A	流域优控污染物
	邻苯二甲酸酯	PAEs	N/A	定量、定性检测
	药物与个人护理品	PPCPs	N/A	定量检测
	雌激素内分泌干扰物	EDCs	N/A	定量检测
精细化工等其他轻工	金属 Cu、Zn	Metals	N/A	流域优控污染物
	邻苯二甲酸酯	PAEs	N/A	定量、定性检测
	壬基酚聚氧乙烯醚	NPEOs	9016 - 45 - 9	表面活性剂
	壬基酚	4 - NP	68152 - 92 - 1	定量、定性检测
	双酚 A	BPA	80 - 05 - 7	定量、定性检测

3.4　淡水河流域生态风险评估

3.4.1　水生态风险/水质风险评价体系

在我国, 现阶段有关化学品的管理制度还不完善, 河流流域基础数据仍很匮乏。在这种情况下, 通过监测环境浓度 MEC 与生态风险阈值 PNEC 计算风险商, 再根据风险商表征毒害污染物的生态风险高低, 是进行毒害污染物第一级风险评价最为可行的方法之一。通过风险商划分流域水体和沉积物中毒害污染物的高风险区域,再结合毒害污染物的暴露水平、检出频率等指标,可作为流域水环境中优控毒害污染物筛选的依据,并作为环境决策者进行风险管控的基础。根据"十一五"水专项课题,初步提出三河流域的水环境生态风险的评估方法体系。

3.4.2 淡水河流域干流及省控断面水生态风险评估

选取龙岗河流域的西坑大围、低山村、吓陂、西湖村4个监测断面,坪山河流域的碧岭、红花潭和上洋3个监测断面以及淡水河流域三太子水厂、永湖镇和紫溪口3个监测断面,总共10个水质断面作为研究对象,开展区域河道有机污染特征分析,并以风险商法对其生态风险进行评估,以期为水环境风险管控提供基础数据支撑。具体结果如图3.4-1所示。

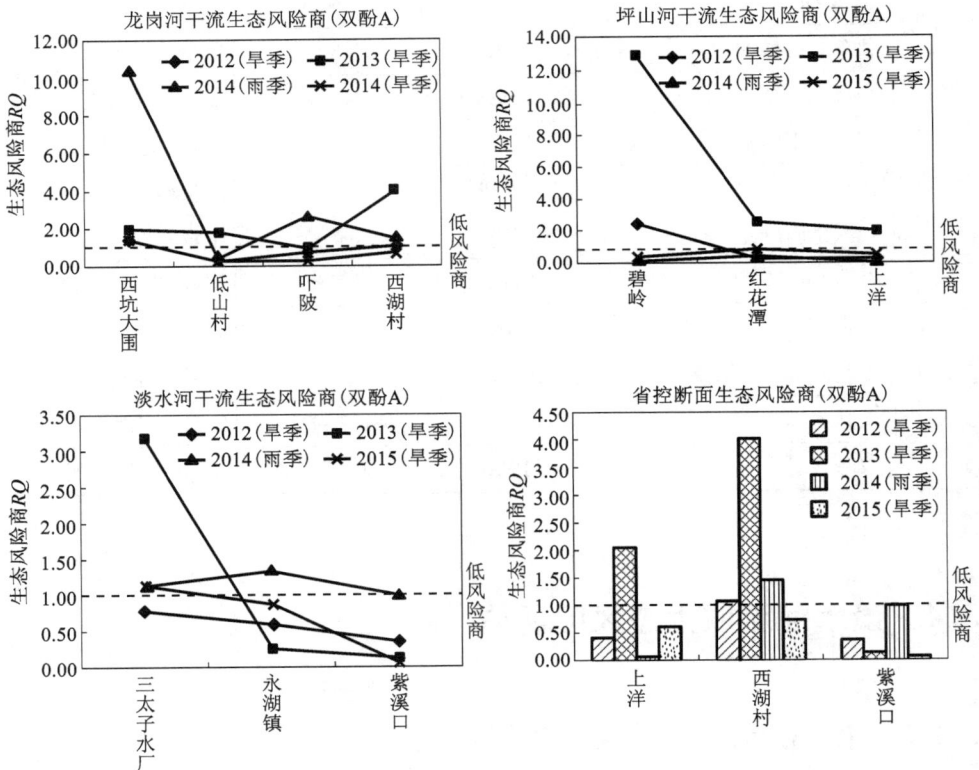

图 3.4-1 "三河"流域干流及省控断面水生态风险评估(双酚A)

总体说来,淡水河流域双酚A的生态风险商值都不高,RQ基本维持在0和4

之间,2015 年三个省控断面的风险商值都小于 1,也就是说省控断面处于低生态风险状态,各流域风险商值呈现从上游到下游逐渐衰减的趋势。龙岗河流域的最高风险值出现在 2014 年西坑大围断面(上游),RQ 高达 10.39,处于高生态风险;2015 年生态风险回落,除上游西坑大围断面外,其他断面均处于低风险状态。坪山河的高生态风险出现在 2013 年碧岭断面(上游),RQ 高达 12.76,上洋省控断面 RQ 也达到 2.04,处于高生态风险;2014 年和 2015 年全部回落到低生态风险水平。淡水河三太子水厂断面 2013—2015 年的 RQ 都大于 1,处于高生态风险状态,不过下游紫溪口断面 RQ 小于 1,处于低风险状态。

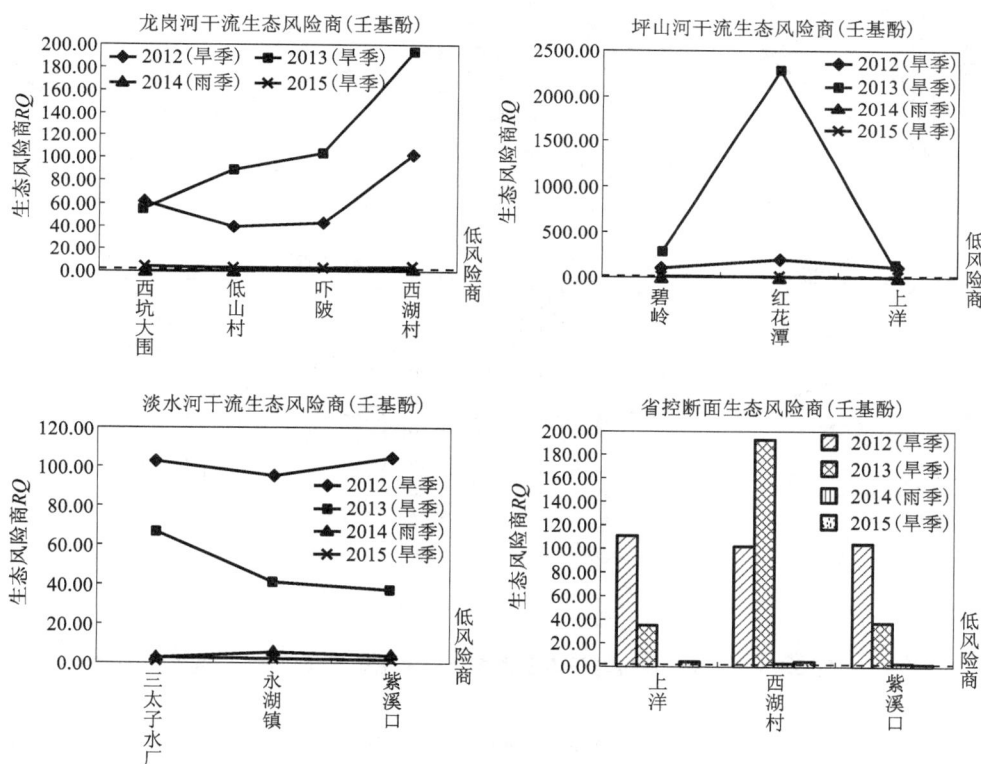

图 3.4 - 2　淡水河流域干流及省控断面水生态风险评估(壬基酚)

如图 3.4 - 2 所示,淡水河流域壬基酚生态风险商值 RQ 都远远高于 1,生态风险处于高水平状态。风险商值呈现从上游到下游上升的趋势。龙岗河流域的最高风险值出现在 2013 年西湖村断面(下游),RQ 高达 193,处于高生态风险状态;2014 年和 2015 年生态风险回落,除 2014 年上游西坑大围断面外,其他断面均处于高风险状态。坪山河的高生态风险出现在 2013 年红花潭断面(上游),RQ 高达

2267，上洋省控断面 RQ 也达到35，处于高生态风险状态；2014年和2015年全部回落，不过依然处于较高生态风险水平。淡水河三个断面2012—2015年的 RQ 都大于1，处于高生态风险状态。因此，壬基酚为淡水河流域的风险控制因子，应该采取相应风险管控措施，并给予足够重视。

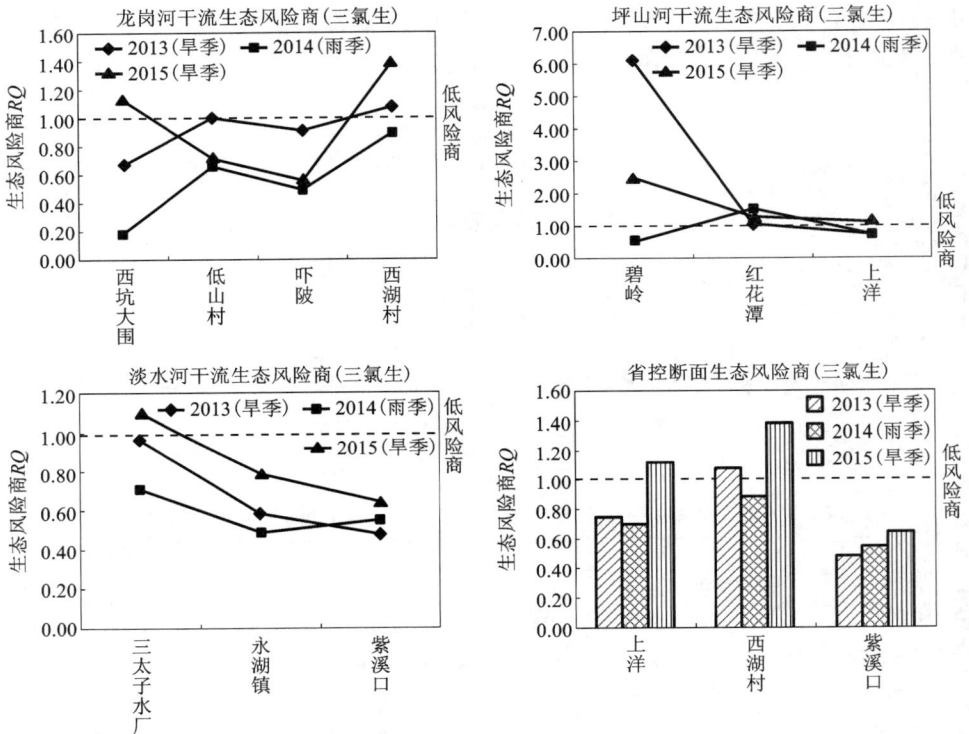

图3.4-3　淡水河流域干流及省控断面水生态风险评估（三氯生）

如图3.4-3所示，淡水河流域三氯生的生态风险商值都不高，RQ 基本维持在0.4和6.07之间。2013—2015年龙岗河流域的西湖村断面 RQ 维持在0.89和1.39之间，处于较高生态风险状态。坪山河的高生态风险出现在2013年碧岭断面（上游），RQ 高达6.07，上洋省控断面 RQ 也维持在0.7和1.13之间，处于较低生态风险状态。淡水河流域三个断面2013—2015年的 RQ 处于0.48和1.39之间，处于低生态风险水平。

3.4.3　大宗排水水生态风险评估

　　选取龙岗河流域的横岗污水处理厂(20 万 m³/d,采用改良 A²O 工艺)和横岭污水处理厂(一期 20 万 m³/d,采用 UCT 工艺;二期 40 万 m³/d,采用 BAF 工艺),坪山河流域的上洋污水处理厂(20 万 m³/d,采用氧化沟工艺)这 3 个沿岸污水处理厂作为研究对象,开展区域不同污水处理工艺的有机污

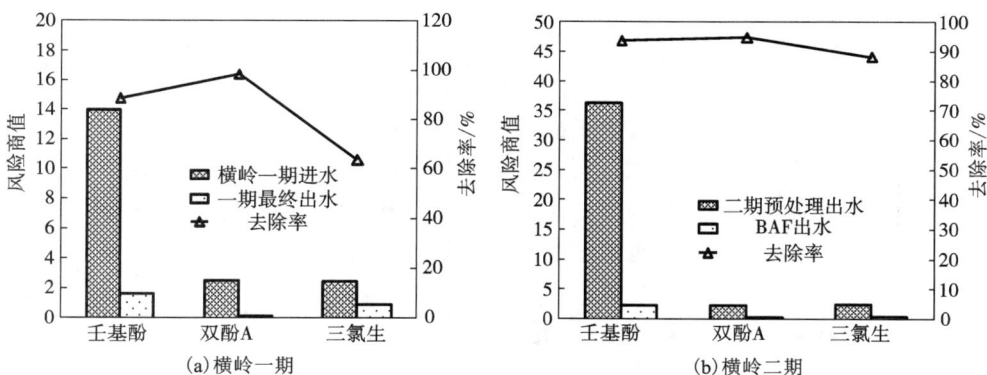

图 3.4－4　横岗污水厂生态风险评估结果

染特征分析,并以风险商值法对其生态风险进行评估,以期为水环境风险管控提供基础数据支撑。具体结果如图 3.4－4 ~ 图 3.4－6 所示。

　　如图 3.4－4 所示,横岗污水处理厂采用改良 A²O 工艺,该工艺对壬基酚、双酚 A 和三氯生的去除率分别为 99.45%、99.53% 和 81.57%,出水壬基酚的生态风险商值 RQ 大于 1(有风险,需要进一步削减控制),双酚 A 和三氯生的 RQ 小于 1(低风险,无须采取措施)。

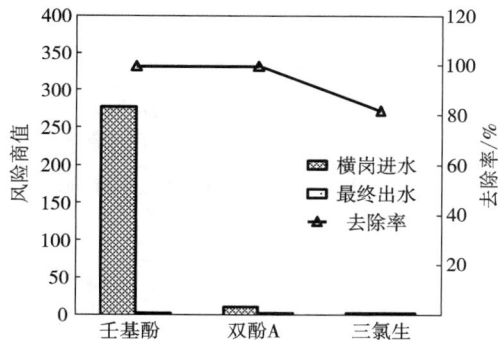

(a)横岭一期　　　　　　　　　　　　　(b)横岭二期

图 3.4－5　横岭污水厂生态风险评估结果

　　如图 3.4－5 所示,横岭污水处理厂一期采用 UCT 工艺,该工艺对壬基酚、双酚 A 和三氯生的去除率分别为 88.33%、98.26% 和 63.36%,出水壬基酚的生态风险商值 RQ 大于 1(有风险,需要进一步削减控制),双酚 A 和三氯生的 RQ 小

于1(低风险,无须采取措施)。横岭污水处理厂二期采用 BAF 工艺,该工艺对壬基酚、双酚 A 和三氯生的去除率分别为 93.74%、94.82% 和 88.16%,出水壬基酚的生态风险商值为 2.27,RQ 大于1(有风险,需要进一步削减控制),双酚 A 和三氯生的 RQ 均小于1(低风险,无须采取措施)。

如图 3.4-6 所示,坪山河上洋污水处理厂采用的工艺为氧化沟工艺,该工艺对壬基酚、双酚 A 和三氯生的去除率分别为 81.81%、94.78% 和 74.04%,出水壬基酚的生态风险商值 RQ 大于1(有风险,需要进一步削减控制),双酚 A 和三氯生的 RQ 小于1(低风险,无须采取措施)。

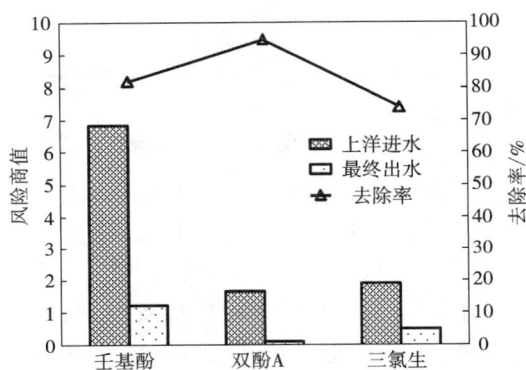

图 3.4-6 上洋污水厂生态风险评估结果

综上,水质水生态风险评价结果:虽然污水厂对河流生态风险的削减效果显著,污水厂的出水都达到排放标准,但是与地表水的三类标准相比,还仍然存有差距,尤其氨氮和总磷水质风险依然存在。出水壬基酚还有风险,建议进一步做深度处理。建议措施是对尾水进行进一步的生态净化,如可采用基于四类水标准的尾水深度持续生态净化等技术,利用有机物和氮磷同步去除功能材料技术、尾水深度净化湿地浮床技术,确保排水无风险汇入收纳水体。

3.4.4 工业点源水生态风险评估

选取流域的典型电子行业和先进制造业 2 家工业点源作为研究对象,对其开展升级改造污水处理工艺的有机污染特征分析,并以风险商值法对其生态风险进行评估,具体结果如图 3.4-7 和图 3.4-8 所示。

生态风险评估表明:先进制造业进水的双酚 A 风险商在 40 和 110 之间,存在较大生态风险,经过升级改造后的两家企业在废水处理后,对壬基酚、双酚 A

的去除率均可以达到 80% 以上，出水壬基酚、双酚 A 的生态风险商值 RQ 小于 1，属于可接受风险水平，无须进一步采取处理措施。

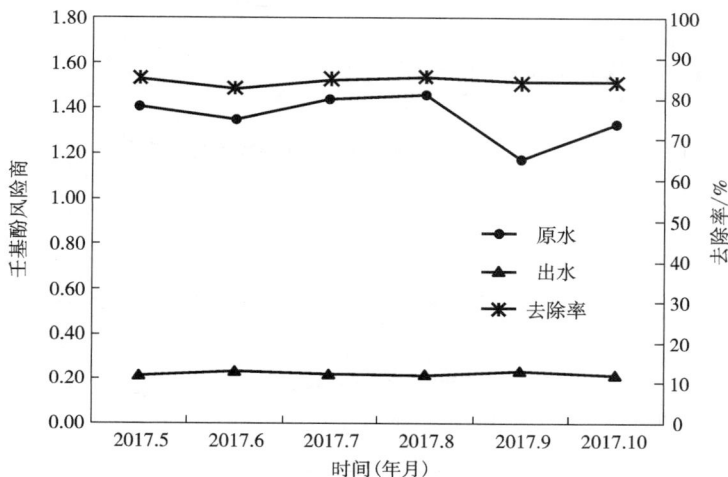

图 3.4 - 7　电子行业废水壬基酚生态风险评估

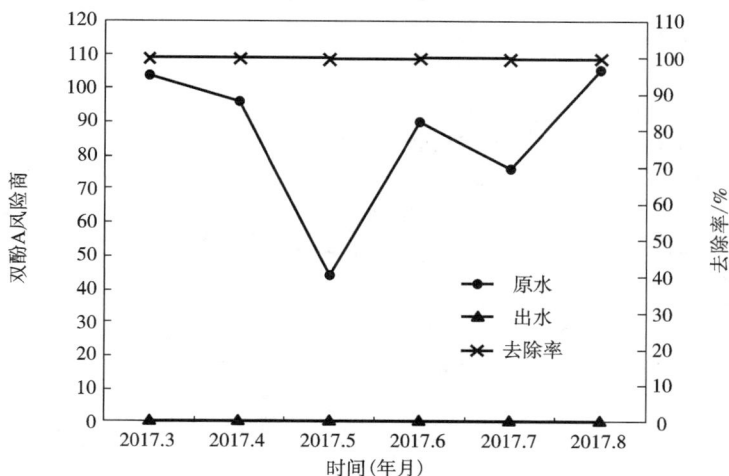

图 3.4 - 8　先进制造业废水双酚 A 生态风险评估

3.4.5　初期雨水水生态风险评估

选取工业排水区典型的城市面源下垫面作为研究对象，对其开展初期雨水处理工艺的有机污染特征分析,并以风险商值法对其生态风险进行评估,具体结果如图 3.4 – 9 所示。

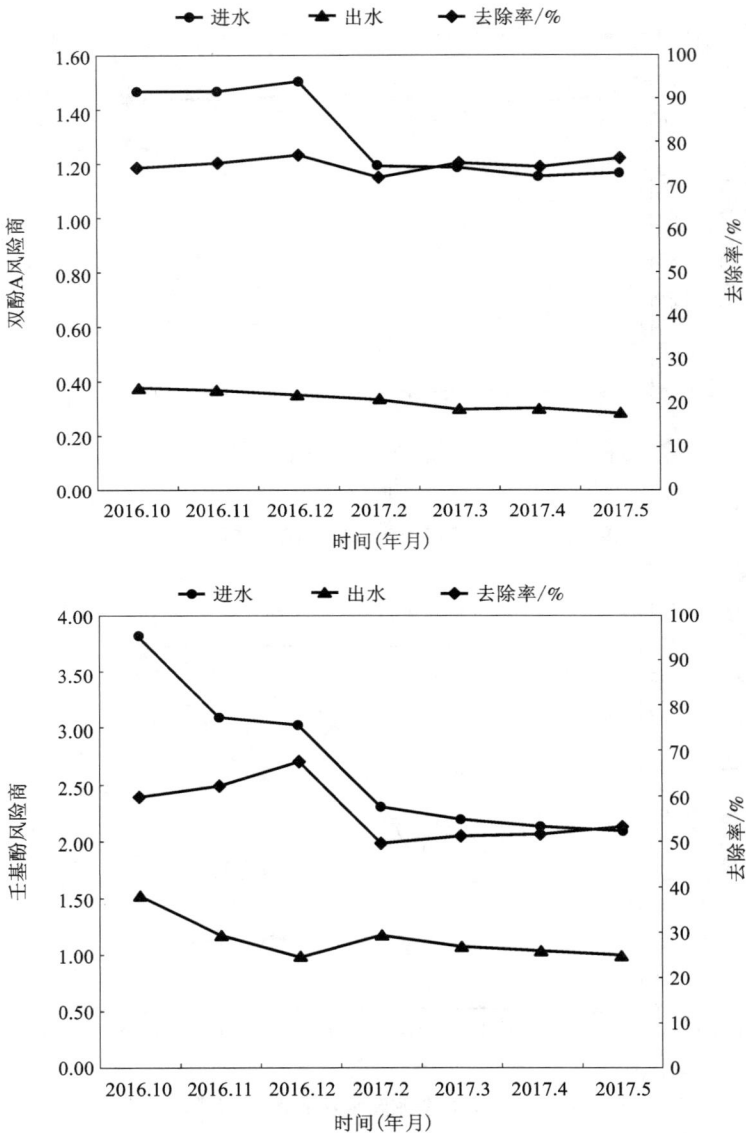

图 3.4 – 9   初期雨水净化工艺双酚 A 和壬基酚生态风险评估

水生态风险评价结果:初期雨水中的壬基酚和双酚 A 对河流生态安全还是有一定风险的,经过课题研发的采用"雨水高效原位截分反应器 + 植物强化稳定塘 +

调蓄贮水塘 + 强化人工湿地"组合工艺,双酚 A 去除率在 72% 以上,风险商均值小于 1,处于低生态风险状态;出水壬基酚去除率均在 50% 以上,风险商均值略高于 1,还有一定的生态风险。

3.4.6　沉积物中重金属、有机物的生态风险评价

以检测到的环境最大浓度与 PNEC 的比值来计算风险商数(RQ)。PNEC 值参考水体污染控制与治理科技重大专项《东江优控污染物动态控制管理技术体系研究与应用示范》(因沉积物中金属的生态毒性数据较少,故只对铜和汞两种重金属作风险评价,铜 PNEC 值为 87 mg/kg、汞 PNEC 值为 0.17 mg/kg;有机物的 PNEC 值:三氯生 0.06 μg/g、壬基酚 1.4 μg/g、双酚 A 0.064 μg/g)。依据欧盟标准,若 $RQ \geq 1$,则表明污染物对水环境中的生物存在高风险,若 $RQ < 1$,则表明污染物的生态风险低。

按照该风险评价方法体系,分别对重金属、有机物在沉积物中的风险(RQ)进行评价,如表 3.4 - 1 所示。可以看出铜、三氯生、壬基酚、双酚 A 均存在高风险区域,其中铜、壬基酚 $RQ \geq 10$ 百分比枯水期达到 12.5%,双酚 A $RQ \geq 10$ 百分比丰水期达到 12.5%。

表 3.4 - 1　淡水河沉积物中重金属、有机物的 RQ 分布特征

化合物	PNEC /(μg·g⁻¹)	监测值 /(μg·g⁻¹)	枯水期			丰水期		
			RQ 最大值	$RQ \geq 1$ 百分比 /%	$RQ \geq 10$ 百分比 /%	RQ 最大值	$RQ \geq 1$ 百分比 /%	$RQ \geq 10$ 百分比 /%
铜	87	23 ~ 902	10.37	100	12.5	7.59	87.5	0.00
汞	0.17	0.041 ~ 0.386	1.99	87.5	0.00	2.27	75.00	0.00
三氯生	0.06	2.1 ~ 182 ng/g	3.03	12.50	0.00	1.28	12.50	0.22
壬基酚	1.4	0.344 ~ 30.6	21.86	25.00	12.50	2.99	50.00	0.00
双酚 A	0.064	0.0155 ~ 1.62	6.94	87.50	0.00	25.31	87.50	12.50

3.5　三河流域主要风险因子识别(源清单)

综合借鉴"十一五"东江项目课题相关研究成果,并考虑区域自行监测数据、省市监控断面的数据以及三河流域生态评估,获得区域的主要水质风险因子(表 3.5 - 1)及其对应的预测无效应浓度(表 3.5 - 2)。

表 3.5 – 1　水质风险因子（源清单）

序号	项目	水质风险（源清单）	对应区域/主导产业
1	常规指标	氨氮	畜禽养殖、面源污染
2		总磷	先进制造业、面源污染
3	特征有机物	多溴联苯醚（BDE – 28、BDE – 47）	通信及电子设备制造
4		壬基酚（NP）	塑料制品、新能源汽车、电子电镀、大宗排水
5		双酚 A（BPA）	塑料制品、新能源汽车、先进制造业、大宗排水
6		三氯生	生物医药、生活排水
7		邻苯二甲酸二辛酯（DEHP）	生物医药、生活排水

表 3.5 – 2　三河流域化学品的预测无效应浓度（PNEC）及实测数据

中文名	类别	PNEC/（$\mu g \cdot L^{-1}$）	实测值/（$\mu g \cdot L^{-1}$）
三氯生	药物与个人护理品	58 ng/L	27 ~ 350 ng/L
壬基酚	环境激素	1.12	20 ~ 300
双酚 A	环境激素	1.5	0.2 ~ 26.0
DMP	环境激素	960	0.370 ~ 1.900
DEP	环境激素	73	0.040 ~ 5.000
DBP	环境激素	7	0.70 ~ 3.60
DEHP	环境激素	0.72	1 ~ 16
BDE – 28	多溴联苯醚	0.02	0.01 ~ 2.866
BDE – 47	多溴联苯醚	0.02	0.007 ~ 0.217
BDE – 99	多溴联苯醚	1	0.004 ~ 0.194
汞	金属	0.05	0.19 ~ 0.46
铜	金属	7.3	0.05 ~ 1.80

3.6　小结

　　淡水河流域是典型高速度发展、高密集开发、高强度控污区域，其工业区排水对东江干支流有一定的水质和水生态风险。为此，选择淡水河作为研究区域，开展特征污染物在不同废水处理工艺单元、河道的迁移转化研究，并以风险商值

法对其生态风险进行评估。研究结果表明，壬基酚、双酚 A 和三氯生均在区域内
点源、城市面源、河道以及污水厂进水中频繁检出，属于淡水河流域特征污染物；
壬基酚在淡水河省控断面的生态风险商值 RQ 远高于 1，处于高风险水平状态，且
风险商值呈现从上游到下游上升的趋势；区域三个污水厂对进水壬基酚、双酚 A
和三氯生的生态风险削减效果显著，但出水壬基酚风险商偏高，风险依然存在，
建议出水增加深度强化净化处理工艺。

第4章
工业区排水毒害性污染物减排与风险控制方案

本章在前一章风险评估的基础上，对淡水河流域的毒害性污染物来源进行了分析，并对不同污染源毒害性污染物的贡献率进行初步核算，提出淡水河流域风险控制的总体目标和技术路线；针对不同来源的毒害性污染物，提出工程减排方案；在风险管理方面，提出了排水毒性监管和毒害性污染物的管理机制，建立了跨界流域水生态综合管理模式；为了便于对本流域进行日常数字化水环境监督管理，研发了淡水河流域水环境风险管理决策支持系统软件，并应用于日常管理工作。

4.1 流域毒害性污染物来源调查

4.1.1 工业源产排污特征

4.1.1.1 工业源废水排放量

（1）龙岗河流域工业废水排放量

根据 2011 年环境统计资料（表4.1-1），龙岗河流域纳入统计的 327 家企业的工业废水排水量为 1223.46 万 m^3/a。按照行业分类，龙岗河流域工业企业废水排放量最大的为电子电路，其次是纺织服装、金属表面处理及热处理加工、金属制品和设备制造。

表4.1-1 龙岗河流域重点污染源行业分类排放统计表

行业分类	企业数量	工业用水量 /(万 $m^3 \cdot a^{-1}$)	工业废水排放量 /(万 $m^3 \cdot a^{-1}$)
电子电路	45	1379.6	426.0
纺织服装	36	202.22	174.96
金属表面处理及热处理加工	59	177.8	162.5

续表 4.1 - 1

行业分类	企业数量	工业用水量 /（万 m³·a⁻¹）	工业废水排放量 /（万 m³·a⁻¹）
金属制品和设备制造	84	219.1	160.3
食品加工	21	178.3	85.5
包装印刷	17	25.1	22.3
化工和制药	17	63.4	52.3
涂料、油墨、颜料	19	9.4	9.2
塑料制品业	11	19.6	18.7
家具建材	18	208.7	111.7
合计	327	2483.22	1223.46

（2）坪山河流域工业废水排放量

根据 2011 年度调查统计结果，坪山河流域工业用水量为 961.26 万 m³/a，废水排放量为 802.28 万 m³/a。按照行业类型对纳管企业工业废水排放量进行统计，结果如表 4.1 - 2 所示。废水排放量最大的是金属加工和设备制造，其次为电子电路、金属表面处理及热处理加工。

表 4.1 - 2　坪山河流域企业工业废水排放量统计表

行业分类	企业数量	工业用水量 /（万 m³·a⁻¹）	工业废水排放量 /（万 m³·a⁻¹）
电子电路	22	228.82	206.30
金属表面处理及热处理加工	24	109.42	102.74
金属加工和设备制造	37	413.99	309.52
纺织服装制造	9	37.39	24.44
食品加工	7	19.20	18.86
包装印刷	5	22.93	20.42
化工	3	43.28	43.28
涂料制造	2	0.96	0.96
塑料制品业	12	56.70	48.01
家具制造业	8	14.56	13.74
其他	2	14.01	14.01
合计	131	961.26	802.28

（3）淡水河流域（深圳段）工业废水排放量

将龙岗河流域和坪山河流域工业源进行汇总，得到淡水河流域（深圳段）工业废水排放情况，如表4.1-3所示。废水排放量最大的为电子电路，其次是金属制品和设备制造、金属表面处理及热处理加工。

表4.1-3　龙岗河坪山河流域企业工业废水排放量汇总

行业分类	企业数量	工业废水排放量/（万 $m^3 \cdot a^{-1}$）
电子电路	67	632.29
金属表面处理及热处理加工	83	265.22
金属制品和设备制造	121	469.82
纺织服装	45	199.39
食品加工	28	104.38
包装印刷	22	42.74
化工和制药	20	95.62
涂料、油墨、颜料	21	10.12
塑料制品业	23	66.69
家具建材	26	125.41
其他	2	14.01
合计	458	2025.69

（4）淡水河流域（惠州段）工业废水排放量

据统计（表4.1-4），2014年惠州市淡水河流域工业废水排放量为4776.79万 m^3/a。废水排放量占前三位的行业依次为电子电路、纺织服装、金属表面处理。

表4.1-4　2014年惠州淡水河流域主要水污染企业排污在各行业的分布情况

行业分类	废水排放量/（万 $m^3 \cdot a^{-1}$）	所占比例
电子电路	2132.16	45%
纺织服装	1694.59	35%
金属表面处理	644.84	13%
其他制造	174.37	4%
食品加工	130.83	3%
合计	4776.79	100%

（5）淡水河流域工业废水排放量

将淡水河流域深圳段和惠州段污染源行业分布汇总后，得到淡水河流域内污染源分布情况，如表 4.1-5 所示。可见，工业废水总排放量为 6802.48 万 m³/a，其中电子电路废水排放量最大，达到 2764.45 万 m³/a，占总废水排放量的 40.6%；其次为纺织服装、金属表面处理及热处理加工，排放量分别为 1893.98 万 m³/a、910.06 万 m³/a。在区域分布方面，深圳段废水排放量为 2025.69 万 m³/a，占 29.8%；惠州段废水排放量为 4776.79 万 m³/a，占 70.2%。可见，惠州段的废水排放量是深圳段的 2 倍以上。

表 4.1-5　淡水河流域工业污染源信息统计

行业	废水排放量/（万 m³ · a⁻¹）		
	深圳	惠州	合计
电子电路	632.29	2132.16	2764.45
金属表面处理及热处理加工	265.22	644.84	910.06
金属制品和设备制造	469.82	—	469.82
纺织服装	199.39	1694.59	1893.98
食品加工	104.38	130.83	235.21
包装印刷	42.74	—	42.74
化工和制药	95.62	—	95.62
涂料、油墨、颜料及类似产品制造	10.12	—	10.12
塑料制品业	66.69	—	66.69
家具建材	125.41	—	125.41
其他	14.01	174.37	188.38
合计	2025.69	4776.79	6802.48

4.1.1.2　工业源废水毒害物含量分析

根据"十一五"水专项研究成果，电子电镀行业排水中 4-NP 的平均浓度达到 10860 ng/L。行业排水中 BPA 的平均浓度基本在 500 ng/L 左右。

4.1.2　流域污水处理厂调查分析

4.1.2.1　城镇生活污水排放量和处理量

（1）城镇生活污水排放量

2011 年，龙岗河流域内人口总数为 190.03 万人，坪山河流域人口总数为 44 万人，合计 234.03 万人。2011 年全市城市人均综合生活用水 326.90 L/（人·d），因此，流域城镇综合用水总量为 27924 万 m^3/a。生活污水产生系数按 0.8 计算，则城镇污水排放量为 22339.2 万 m^3/a。2011 年，惠阳区相关生活污水排放量为 4650.1 万 m^3/a。因此，2011 年整个淡水河流域生活污水排放量为 26989.1 万 m^3/a。

2011 年，龙岗区污水集中处理率达 74%，可见有 26% 的污水未经处理直接排放。由于缺少其他区域的数据，故整个淡水河流域参考这一结果。据此计算，流域内未经处理的生活污水为 7017.17 万 t/a。

（2）城镇污水处理厂建设和运行情况

如表 4.1－6 所示，截至 2011 年，淡水河流域共有污水厂 15 家，其中深圳 7 家、惠州 8 家。总设计处理规模 124.5 万 m^3/d，其中深圳 108.5 万 m^3/d，惠州 16 万 m^3/d。实际处理规模 109.11 万 m^3/d，其中深圳 95.34 万 m^3/d，惠州 13.77 万 m^3/d。

表 4.1－6　淡水河流域污水厂处理规模

序号	所属区域	名称	建成时间	设计处理规模 /（万 $m^3 \cdot d^{-1}$）	实际处理量 /（万 $m^3 \cdot d^{-1}$）
1	龙岗区	横岗污水处理厂一期	2003.11.28	10	9.58
		横岗污水处理厂二期	2011.04.22	10	10.00
2		横岭污水处理厂一期	2007.04.01	20	19.69
		横岭污水处理厂二期	2010.12.23	40	37.60
3		龙田污水处理厂	2001.09.01	8	3.08
4		沙田污水处理厂	2001.07.01	0.5	0.5
5	坪山新区	上洋污水处理厂二期	2011.01.01	20	14.89
6	惠阳区	惠阳城区污水处理厂	2005.10	7	7.2
7		大亚湾中心区污水处理厂一期	2007.12	1.5	1.37
8		惠阳经济开发区污水处理厂	2009	2	0.9
9		新圩长布污水处理厂	2009	1	1.0
10		城区第二污水处理厂	2010	2	2.4
11		良井镇生活污水处理厂	2010	1	0.3
12		沙田镇生活污水处理厂	2010	1	0.6
13		永湖镇生活污水处理厂	2010	0.5	0
合计			—	124.5	109.11

4.1.2.2　污水厂废水毒害物含量分析

2014 年，课题组对流域内几家污水厂进行调研，结果如表 4.1 - 7 ~ 表 4.1 - 9 所示。可见，横岭污水厂的壬基酚、双酚 A 和三氯生的浓度都是最高的，明显高于其他两个污水厂，上洋污水厂浓度最低。

表 4.1 - 7　污水厂壬基酚分析结果表

样品名称	进水/(ng·L⁻¹)	出水/(ng·L⁻¹)	去除率/%
上洋	5140	394	92.33
横岗二期	9330	130	98.61
横岭一期	12500	476	96.19
横岭二期	12500	316	97.47
均值	9867.50	329.00	96.67

表 4.1 - 8　污水厂双酚 A 分析结果表

样品名称	进水/(ng·L⁻¹)	出水/(ng·L⁻¹)	去除率/%
上洋	4410	48.9	98.89
横岗二期	13900	23.6	99.83
横岭一期	17200	44.9	99.74
横岭二期	17200	25.1	99.85
均值	13177.5	35.63	99.73

表 4.1 - 9　污水厂三氯生分析结果表

样品名称	进水/(ng·L⁻¹)	出水/(ng·L⁻¹)	去除率/%
上洋	137	28.9	78.91
横岗二期	158	37.3	76.39
横岭一期	205	56.9	72.24
横岭二期	205	6.5	96.83
均值	176.25	32.40	81.62

4.1.3 雨水面源污染特征分析

4.1.3.1 雨水面源常规污染物污染量分析

（1）计算方法

面污染源主要受降雨径流条件和地表污染物积聚数量的影响。前者取决于降雨量、降雨强度、地表透水性，后者取决于土地使用功能、土地利用类型等人类活动强度和方式。面源污染量通常采用经验公式估算：

$$W = \sum A_i \cdot B_i$$

式中：W 为面源输出总量（t/a）；A_i 为第 i 种土地利用类型的面积（km²）；B_i 为第 i 种土地利用类型污染物输出速率（t·km⁻²·a⁻¹）。

根据《龙岗区水环境改善策略研究报告》和《珠江广东流域水污染综合防治研究》等研究报告，并在研究大量文献资料如《面源污染模型研究进展》《小流域面源污染监测技术体系的构建》《面源污染对河流水质影响的分析与估算》等后给出了不同土地利用类型情况下，地表径流的污染物浓度和面积输出速率的变化范围，各类地表类型输出污染物的速率参数见表 4.1 – 10。

表4.1 – 10　不同土地利用类型污染物面积输出速率　　　单位：t·（km⁻²·a⁻¹）

土地利用类型	COD	氨氮	总磷
农业为主区	20	3	0.2
林业为主区	—	3	0.15
城市生活区	120	6.5	2.5

（2）龙岗河流域面源污染源污染物产生量

根据不同土地利用类型污染物面积输出速率，计算龙岗河流域面源污染源污染物产生量，结果见表4.1 – 11。结果显示，龙岗河流域主要面源污染物化学需氧量、氨氮和总磷产生量分别为 17895.84 t/a、1335.47 t/a 和 378.04 t/a。

表4.1 – 11　龙岗河流域面源污染物产生情况　　　　单位：t/a

所属街道	土地利用	面积/km²	COD	氨氮	总磷
横岗街道	城市建成区	30.81	3697.26	200.27	77.03
	林业为主区	26.82	—	80.47	4.02
	农业为主区	5.97	119.37	17.91	1.19
	小计	63.60	3816.63	298.65	82.24

续表 4.1 - 11

所属街道	土地利用	面积 /km²	COD	氨氮	总磷
龙城街道、龙岗街道	城市建成区	72.76	8730.98	472.93	181.90
	林业为主区	39.69	—	119.06	5.95
	农业为主区	18.45	369.05	55.36	3.69
	小计	130.90	9100.03	647.35	191.54
坪地街道	城市建成区	17.87	2144.40	116.16	44.68
	林业为主区	20.61	—	61.83	3.09
	农业为主区	10.46	209.20	31.38	2.09
	小计	48.94	2353.60	209.37	49.86
坑梓街道	城市建成区	20.71	2484.86	134.60	51.77
	林业为主区	8.13	—	24.39	1.22
	农业为主区	7.04	140.72	21.11	1.41
	小计	35.88	2625.58	180.10	54.40
合计	—	279.32	17895.84	1335.47	378.04

（3）坪山河流域面源污染源污染物产生量

坪山河流域降雨径流污染源污染（面源污染）负荷量如表 4.1 - 12 所示。

表 4.1 - 12　坪山河流域降雨径流污染物产生量　　　　单位：t/a

流域名称	土地利用	面积 /km²	化学需氧量	氨氮	总磷
坪山河流域	农业为主区	3.93	78.60	11.79	0.79
	林业为主区	75.64	—	226.92	11.35
	城市生活区	43.96	5275.20	285.74	109.90
总计		123.53	5353.80	524.45	122.04

4.1.3.2　工业区雨水面源污染物分析

受大气环境、区域功能、地形地质、水文水力等条件影响，不同区域环境下的地表径流表现出不同的污染特性。研究表明，工业区的地表径流相对城市中心区和农村表现出更显著的初次冲刷效应。工业区的地表径流较其他功能区的单位污染负荷量稍小,但由于工业区企业种类繁多,导致其初雨地表径流污染物成分更加复杂,某些污染物浓度比城市雨水更高,如油类、重金属等。

(1)初雨面源布点情况

为反映深圳大工业区下垫面对初雨地面径流的影响,2013 年课题组以坪山河流域工业区及周边区域为研究对象,以 5 个片区为主要监测点,分析初雨中地面径流的常规污染物浓度,并与坪山河河道水质进行对比。每个监测点在下雨初30 min 内进行取样,每 10 min 取一个样,每个点位取 3 个水样,并对监测结果取平均值(表 4.1 – 13)。

表 4.1 – 13　深圳大工业区监测点详细情况

编号	监测点	功能区	备注
1#	坪山文化广场 – 国惠康	商业区	典型商业区域
2#	兰竹路 – 创景路	工业区	先进制造业所在区域(化妆品、药物、电子)
3#	比亚迪路	工业区	先进制造业所在区域(汽车)
4#	金牛路 – 荔景南路	工业区	出口加工区及高科技工业和现代物流业所在区域
5#	田头老围村	居住区	典型的工业区城中村

(2)初雨面源常规污染物调查结果

深圳大工业区 1#~5# 监测点前 30 min 的初期雨水污染情况见表 4.1 – 14。

表 4.1 – 14　深圳大工业区 1#~5# 监测点初期雨水污染情况

样品名称	SS 浓度 /(mg·L^{-1})	COD 浓度 /(mg·L^{-1})	TN 浓度 /(mg·L^{-1})	氨氮浓度 /(mg·L^{-1})	TP 浓度 /(mg·L^{-1})
坪山文化广场 – 国惠康	969	1133.22	6.32	7.95	2.86
比亚迪路	402	711.00	7.78	5.96	1.27
兰竹路 – 创景路	319	711.00	10.05	5.44	1.23
金牛路 – 荔景南路	324	822.10	6.92	4.93	0.91
田头老围村	323	1177.33	21.71	15.95	2.79

从总体数据上看,深圳大工业区各监测点的初期雨水常规污染物指标已经接近典型城市生活污水处理厂进水水质,其中 COD 浓度最高可达 1177.33 mg/L,高于典型生活污水的 COD 浓度,不过略低于台湾中心区工业园区的初期雨水COD。由于下垫面与人口流量不同,大工业区商业区的 SS 质量浓度最高,商业区及居住区的 COD 远高于工业区。居住区的 TN、氨氮、TP 浓度最高,其原因主要是该居住区管理水平低,城中村人口集中,路面堆积物、垃圾较多,污水直排严

重，造成氮、磷污染严重，其 TN、氨氮、TP 最高质量浓度分别达到 21.71 mg/L、15.95 mg/L、2.86 mg/L。以汽车为主的制造业区域与以化妆品、制药、电子等为主的制造业区域初期雨水污染情况相近，出口加工区及高科技工业和现代物流业区域的初期雨水常规污染物浓度略低于其他区域。

通过对深圳大工业区各功能区初期雨水及附近水体水质进行监测分析，得出主要结论如下：

①深圳大工业区初雨污染严重，SS 与 COD 污染物含量高于典型城市生活污水污染物浓度。大工业区居住区和商业区初雨污染最严重，出口加工区初雨污染程度最小。大工业区各区域均检测出微量的汞、铜、锰等重金属。

②深圳大工业区汽车制造区和出口加工区初雨污染物浓度在 30 min 内呈下降的趋势，而商业区、药物制造区与居住区初雨污染物在 30 min 内存在波动。

③深圳大工业区各区域初雨 SS、COD、TN 污染物浓度远高于附近河水的污染物浓度，一定程度上影响了附近河水水质，而初雨中 $NH_4^+ - N$、TP 浓度与河水较接近，对附近河水水质影响较小。

（3）毒害性有机物及重金属调查结果

大工业区初期雨水中除含有常规污染物外，还包含某些毒害性有机物及重金属。课题组对初雨中的壬基酚、双酚 A、三氯生、汞、铜、锰重金属进行监测，监测结果见表 4.1 - 15。可见，深圳大工业区各监测点初雨中均检测出汞、铜、锰三种重金属，各区域汞含量较接近，维持在 0.06 ~ 0.09 μg/L；汽车制造业工业区铜含量最高，达到 0.37 mg/L；出口加工及高科技工业和现代物流业所在工业区锰含量最低，为 0.17 mg/L，其重金属含量相比其他区域为最低。

毒害性有机物分析结果表明：双酚 A 的浓度普遍偏高，初雨中双酚 A 浓度是河水中浓度的 10 倍以上。初雨中壬基酚的浓度一般在几百毫克每升，但低于河水中的壬基酚浓度。

表 4.1 - 15　不同地点毒害物浓度变化

样品名称	壬基酚浓度 /$(ng \cdot L^{-1})$	双酚 A 浓度 /$(ng \cdot L^{-1})$	三氯生浓度 /$(ng \cdot L^{-1})$	汞浓度 /$(μg \cdot L^{-1})$	铜浓度 /$(mg \cdot L^{-1})$	锰浓度 /$(mg \cdot L^{-1})$
坪山文化广场 - 国惠康	568	1.89×10^3	81.4	0.06	0.14	0.87
比亚迪路	657	1.86×10^3	43.8	0.08	0.37	0.62
兰竹路 - 创景路	367	4.89×10^3	347	0.07	0.09	0.68
金牛路 - 荔景南路	618	1.49×10^3	89.7	0.07	0.06	0.17
田头老围村	545	2.02×10^3	48.2	0.06	0.11	0.46
坪山河（上洋段）	640	165	43.5	0.09	0.08	0.92

（4）龙岗河、坪山河流域面源污染源毒害性污染物产生量

假设初雨面源中 COD 浓度与壬基酚、双酚 A、三氯生等毒害性有机物的浓度成比例关系，可根据初雨污染调查结果推算面源中毒害物通量，本次估算仅考虑城市生活区面源中毒害性污染物排放量。

淡水河流域降雨径流毒害性污染物负荷如表 4.1－16 所示，可见壬基酚、双酚 A、三氯生排放量分别为 24.40 kg/a、107.59 kg/a、5.40 kg/a。

表 4.1－16　龙岗河、坪山河流域降雨径流毒害性污染物产生量

流域名称	土地利用	面积 /km²	壬基酚 /(kg·a⁻¹)	双酚 A /(kg·a⁻¹)	三氯生 /(kg·a⁻¹)
龙岗河流域	城市生活区	142.15	10.32	45.50	2.28
坪山河流域	城市生活区	43.96	3.19	14.07	0.71
惠州淡水河	城市生活区	150	10.89	48.02	2.41
总计		336.11	24.40	107.59	5.40

4.1.4　惠阳三河流域毒害污染物分析

4.1.4.1　惠阳三河流量特征

惠阳三河是指龙岗河位于惠州惠阳区境内的三条支流，包括丁山河、屯梓河、黄沙河的上游段。这三条河上游位于惠州市惠阳区，下游位于深圳市龙岗区境内，在龙岗区境内汇入龙岗河，然后龙岗河下游又进入惠阳区，汇入淡水河干流。

根据《惠州市淡水河流域水环境综合整治达标方案研究报告（修编版）》，惠阳三河 2013 年 10 月的水文特征观测结果如表 4.1－17 所示。

表 4.1－17　惠阳三河各观测断面流量统计结果

序号	名称	河宽 /m	断面面积 /m²	平均速率绝对值 /(m·s⁻¹)	平均流量 /(m³·s⁻¹)	年平均流量 /(万 m³·a⁻¹)
1	丁山河	6.88	2.23	0.35	0.75	2365.2
2	黄沙河	3.03	2.08	0.03	0.06	189.22
3	屯梓河	4.86	4.06	0.10	0.35	1103.76

4.1.4.2　惠阳三河毒害性污染物浓度分析

（1）2012 年监测结果

根据 2012 年监测结果（表 4.1 - 18），丁山河壬基酚平均浓度为 1.38×10^5 ng/L，双酚 A 平均浓度为 6.01×10^3 ng/L。

表 4.1 - 18　2012 年丁山河壬基酚分析结果表

监测点位	壬基酚平均浓度/(ng·L^{-1})	双酚 A 平均浓度/(ng·L^{-1})
丁山河	1.38×10^5	6.01×10^3

（2）2013 年监测结果

根据 2013 年监测结果（表 4.1 - 19），丁山河壬基酚平均浓度为 2.45×10^5 ng/L，双酚 A 平均浓度为 3.80×10^3 ng/L。黄沙河壬基酚平均浓度为 3.17×10^5 ng/L，双酚 A 平均浓度为 2.59×10^4 ng/L。可见，黄沙河中毒害性污染物浓度比丁山河高。

表 4.1 - 19　2013 年丁山河黄沙河分析结果表

监测点位	壬基酚平均浓度 /(ng·L^{-1})	双酚 A 平均浓度 /(ng·L^{-1})	三氯生平均浓度 /(ng·L^{-1})
丁山河	2.45×10^5	3.80×10^3	57.49
黄沙河	3.17×10^5	2.59×10^4	60.99

（3）2015 年监测结果

根据 2015 年监测结果（表 4.1 - 20），丁山河壬基酚平均浓度为 6.35×10^4 ng/L，双酚 A 平均浓度为 3.10×10^4 ng/L。黄沙河壬基酚平均浓度为 6.25×10^3 ng/L，双酚 A 平均浓度为 1.62×10^4 ng/L。可见，丁山河的壬基酚和双酚 A 浓度最高，黄沙河的三氯生浓度最高。

表 4.1 - 20　2015 年惠阳三河特征有机物分析结果表

点位名称	壬基酚平均浓度 /(ng·L^{-1})	双酚 A 平均浓度 /(ng·L^{-1})	三氯生平均浓度 /(ng·L^{-1})
丁山河	6.35×10^4	3.10×10^4	29.0
黄沙河	6.25×10^3	1.62×10^4	68.4
屯梓河	2.19×10^3	1.01×10^4	51.3

（4）2017 年监测结果

2017 年 1 月至 2017 年 6 月，对惠阳三河流域进行监测，结果如表4.1－21 所示。在三条河中，丁山河的壬基酚和双酚 A 浓度最高，屯梓河的三氯生浓度最高。其中，丁山河进水双酚 A 浓度高达 6.88×10^5ng/L，即 0.688 mg/L；屯梓河也达到 2.28×10^5ng/L，即 0.228 mg/L。

表 4.1－21　惠阳三河特征有机物分析结果表

样品名称	壬基酚浓度/(ng·L^{-1})	双酚 A 浓度/(ng·L^{-1})	三氯生浓度/(ng·L^{-1})
丁山河	8.50×10^3	6.88×10^5	206.7
黄沙河	4.50×10^3	4.62×10^4	236.0
屯梓河	6.76×10^3	2.28×10^5	1236.2

4.2　流域毒害性污染物排放量初步核算

4.2.1　壬基酚排放量核算

根据"十一五"水专项研究成果，壬基酚主要来源于印染漂染、电子电镀、精细化工和城市污水。淡水河流域中印染漂染行业较少，因此该流域壬基酚主要来源于电子电镀、化工医药和城市污水。

（1）工业废水中排放量

根据"十一五"水专项研究成果，工业废水中壬基酚的平均浓度达到 10000 ng/L 左右。2011 年淡水河流域工业废水排放量为 22219.3 万 m³/a，工业废水中壬基酚的排放量为 2221.93 kg/a（表 4.2－1）。

表 4.2－1　淡水河流域壬基酚的排放量统计

流域	废水排放量/(万 m³·a^{-1})	排放浓度/(ng·L^{-1})	壬基酚排放量/(kg·a^{-1})
龙岗河、坪山河	16444	10000	1644.4
惠州淡水河	5775.3		577.53
合计	22219.3		2221.93

（2）污水厂尾水排放量

根据课题组对污水厂调研结果，对上洋、横岗二期、横岭一期和二期的壬基酚排放负荷进行计算。其他污水厂按照壬基酚平均浓度 329 ng/L 计算。因此，污水厂壬基酚排放总量为 140.12 kg/a(表 4.2 - 2)。

表 4.2 - 2 淡水河流域污水厂壬基酚排放量

污水厂名称	废水排放量 /(万 m³·a⁻¹)	壬基酚浓度 /(ng·L⁻¹)	壬基酚排放量 /(kg·a⁻¹)
横岗污水处理厂一期	3697	329	12.16
横岗二期	4150	130	5.40
横岭一期	7387	476	35.16
横岭二期	13432	316	42.45
上洋	5334	394	21.02
龙田污水处理厂	1749	329	5.75
沙田污水处理厂	499	329	1.64
惠阳城区污水处理厂	2628	329	8.65
大亚湾中心区污水处理厂一期	500	329	1.65
惠阳经济开发区污水处理厂	329	329	1.08
新圩长布污水处理厂	365	329	1.20
城区第二污水处理厂	876	329	2.88
良井镇生活污水处理厂	110	329	0.36
沙田镇生活污水处理厂	219	329	0.72
永湖镇生活污水处理厂	0	329	0.00
合计	41275	9870	140.12

(3)深圳市龙岗河、坪山河流域未经处理的污水排放量

根据污水厂调研结果计算，2011 年流域城镇生活污水排放量 24882.2 万 m³/a，有 26% 的污水未经处理直接排放，未经处理的生活污水为 6469.4 万 m³/a。污水厂进水壬基酚浓度按 10000 ng/L 计算，因此，壬基酚排放量为 646.94 kg/a(表 4.2 - 3)。

表 4.2 - 3 淡水河流域未经处理的污水壬基酚排放量

流域	城镇污水排放量 /(万 m³·a⁻¹)	未经处理污水排放量 /(万 m³·a⁻¹)	壬基酚浓度 /(ng·L⁻¹)	壬基酚排放量 /(kg·a⁻¹)
龙岗河、坪山河	21976.2	5713.8	10000	571.38
惠州淡水河	2906	755.6	10000	75.56
合计	24882.2	6469.4	10000	646.94

（4）惠阳三河流域分散污染源排放量

丁山河、黄沙河壬基酚浓度按照 2013 年度调查结果计算，屯梓河壬基酚浓度按照 2017 年度调查结果计算。经核算，惠阳三河流域壬基酚排放量为 6472.15 kg/a（表 4.2 - 4）。

表 4.2 - 4 惠阳三河流域壬基酚排放量

污染源	流量/(万 m³·a⁻¹)	壬基酚浓度/(ng·L⁻¹)	壬基酚排放量/(kg·a⁻¹)
丁山河	2365.2	245139.79	5798.05
黄沙河	189.22	316829.54	599.49
屯梓河	1103.76	6760	74.61
合计	3658.18	—	6472.15

（5）初雨面源排放量

经估算，初雨面源壬基酚排放量为 24.40 kg/a。初雨面源壬基酚浓度按照 2013 年度调查结果计算。

（6）壬基酚排放量汇总

淡水河流域壬基酚排放量合计为 9505.38 kg/a，约 9.51 t/a。其中，惠阳三河流域污水贡献最大，其次为工业废水和未经处理的生活污水（表 4.2 - 5）。

表 4.2 - 5 淡水河流域壬基酚排放量统计

污染源	排放量/(万 m³·a⁻¹)	壬基酚浓度/(ng·L⁻¹)	壬基酚排放量/(kg·a⁻¹)
工业废水	22219.3	10000	2221.93
污水厂尾水	41274.05	130 ~ 476	140.00
未经处理生活污水	6469.4	10000	646.9
惠阳三河	100224.00	6760 ~ 316829.54	6472.15
初雨面源	—	551	24.40
合计	155317.69	—	9505.38

4.2.2 双酚 A 排放量核算

（1）工业废水中排放量

根据"十一五"水专项研究成果，行业排水 BPA 平均浓度在 500 ng/L 左右。流域工业废水排放总量为 22219.3 万 m³/a，则污染负荷为 111.10 kg/a（表 4.2 - 6）。

表 4.2 - 6　淡水河流域壬基酚的排放量统计

流域	废水排放量 /(万 m³·a⁻¹)	排放浓度 /(ng·L⁻¹)	BPA 排放量 /(kg·a⁻¹)
龙岗河、坪山河	16444	500	82.22
惠州淡水河	5775.3	500	28.88
合计	22219.3	—	111.10

（2）污水厂尾水排放量

根据课题组对污水厂调研结果，对上洋、横岗二期、横岭一期和二期的 BPA 排放负荷进行计算。其他污水厂按照 BPA 平均浓度 35.63 ng/L 计算。因此，污水厂 BPA 排放总量为 14.2 kg/a（表 4.2 - 7）。

表 4.2 - 7　淡水河流域污水厂 BPA 排放量

污水厂名称	流量 /(万 m³·a⁻¹)	BPA 浓度 /(ng·L⁻¹)	BPA 排放量 /(kg·a⁻¹)
横岗污水处理厂一期	3697	35.63	1.32
横岗二期	4150	23.6	0.98
横岭一期	7387	44.9	3.32
横岭二期	13432	25.1	3.37
上洋	5334	48.9	2.61
龙田污水处理厂	1749	35.63	0.62
沙田污水处理厂	499	35.63	0.18
惠阳城区污水处理厂	2628	35.63	0.94
大亚湾中心区污水处理厂一期	500.05	35.63	0.18
惠阳经济开发区污水处理厂	328.5	35.63	0.12
新圩长布污水处理厂	365	35.63	0.13
城区第二污水处理厂	876	35.63	0.31
良井镇生活污水处理厂	109.5	35.63	0.04
沙田镇生活污水处理厂	219	35.63	0.08
永湖镇生活污水处理厂	0	35.63	0.00
合计	41274.05	—	14.2

（3）深圳市龙岗河、坪山河流域未经处理的污水排放量

根据污水厂调研结果，污水厂进水 BPA 浓度按 13000 ng/L 计算，因此，BPA 排放量为 841.02 kg/a（表 4.2 – 8）。

表 4.2 – 8　淡水河流域未经处理的污水壬基酚排放量

流域	城镇污水排放量/（万 m³·a⁻¹）	未经处理污水排放量/（万 m³·a⁻¹）	BPA 浓度/（ng·L⁻¹）	BPA 排放量/（kg·a⁻¹）
龙岗河、坪山河	21976.2	5713.8	13000	742.79
惠州淡水河	2906	755.6	13000	98.23
合计	24882.2	6469.4	13000	841.02

（4）惠阳三河流域排放量

经核算，三河流域 BPA 排放量为 875.34 kg/a。BPA 浓度按照 2015 年度调查结果计算（表 4.2 – 9）。

表 4.2 – 9　三河流域 BPA 排放量

	流量/（万 m³·a⁻¹）	BPA 浓度/（ng·L⁻¹）	BPA 排放量/（kg·a⁻¹）
丁山河	2365.2	31000	733.21
黄沙河出水	189.216	16200	30.65
屯梓河出水	1103.76	10100	111.48
合计	3658.176	—	875.34

（5）初雨面源排放量

经估算，初雨面源 BPA 排放量为 107.59 kg/a。初雨面源 BPA 浓度按照 2013 年度调查结果计算。

（6）BPA 排放量汇总

淡水河流域 BPA 排放量合计 1949.23 kg/a，即 1.95 t/a。主要来自惠阳三河流域和未处理的污水的贡献（表 4.2 – 10）。

表 4.2 - 10 淡水河流域双酚 A 排放量统计

	排放量/(万 m³·a⁻¹)	BPA 浓度/(ng·L⁻¹)	BPA 排放量/(kg·a⁻¹)
工业废水	22219.3	500	111.1
污水厂尾水	41274	23.6 ~ 48.9	14.18
未经处理的污水	6469.4	13000	841.02
惠阳三河	100224	10100 ~ 31000	875.34
初雨面源	—	2430	107.59
合计	—	—	1949.23

4.2.3 三氯生排放量核算

根据"十一五"水专项研究成果，城市污水处理行业排水中三氯生含量明显高于其他行业，这充分说明 TCS 来源于生活污水的排放。

（1）污水厂尾水排放量

根据 2014 年课题组对污水厂调研结果，对上洋、横岗二期、横岭一期和二期的三氯生排放负荷进行计算。其他污水厂按照三氯生平均浓度 32.4 ng/L 计算。因此，污水厂三氯生排放总量为 11.7 kg/a。

（2）未经处理的污水排放量

截至 2011 年，龙岗区污水集中处理率达 74%，有 26% 的污水未经处理直接排放，主要是分散的生活污水。由于缺少其他区域的数据，整个淡水河流域参考这一结果。流域生活污水排放量为 24882.2 万 m³/a，未经处理的生活污水为 6469.4 万 m³/a。根据污水厂调研结果，污水厂进水三氯生浓度为 176.25 ng/L，因此，三氯生排放量为 11.40 kg/a（表 4.2 - 11）。

表 4.2 - 11 淡水河流域污水厂三氯生排放量（截至 2011 年）

流域	城镇污水排放量/(万 m³·a⁻¹)	未经处理污水排放量/(万 m³·a⁻¹)	三氯生浓度/(ng·L⁻¹)	三氯生排放量/(kg·a⁻¹)
龙岗河、坪山河	21976.2	5713.8	176.25	10.07
惠州淡水河	2906	755.6	176.25	1.33
合计	24882.2	6469.4	—	11.40

（3）惠阳三河流域排放量

经核算，惠阳三河流域三氯生排放量为 1.39 kg/a。三氯生浓度按照 2015 年度调查结果计算（表 4.2 - 12）。

表 4.2 – 12　三河流域三氯生排放量

污染源	流量/(万 m³·a⁻¹)	三氯生浓度/(ng·L⁻¹)	壬基酚排放量/(kg·a⁻¹)
丁山河	2365.2	29	0.69
黄沙河	189.216	68.4	0.13
屯梓河	1103.76	51.3	0.57
合计	3658.176	—	1.39

（4）初雨面源排放量

经估算，初雨面源三氯生排放为 5.40 kg/a。三氯生浓度按照 2013 年度调查结果计算。

（5）三氯生排放量汇总

淡水河流域三氯生排放量合计 29.88 kg/a，主要来自污水厂尾水和未处理污水的贡献（表 4.2 – 13）。

表 4.2 – 13　淡水河流域三氯生排放量统计

	排放量/(万 m³·a⁻¹)	三氯生浓度/(ng·L⁻¹)	三氯生排放量/(kg·a⁻¹)
污水厂尾水	41274	6.5 ~ 56.9	11.7
未处理污水	6469.4	176.25	11.4
惠阳三河	100224	29 ~ 68.4	1.38
初雨面源	—	122	5.40
合计	—	—	29.88

4.2.4　特征污染物通量核算

淡水河流域 3 个主要断面水文特征见表 4.2 – 14。

表 4.2 – 14　淡水河流域水文特征

河流	集雨面积/km²	平均流量		
		/(m³·s⁻¹)	/(万 m³·d⁻¹)	/(万 m³·a⁻¹)
龙岗河（西湖村）	360.2	9.43	81.48	29738.4
坪山河（上洋）	181	4.6	39.80	14527.0
淡水河（紫溪）	1172	33.45	289.01	105487.9

　　淡水河流域 3 个主要断面特征污染物通量如表 4.2 - 15 所示。其中,特征污染物浓度为 2012—2013 年监测数据。可见,壬基酚的总通量最大,其中紫溪口断面通量达到 43.82 t/a;双酚 A 的通量次之,紫溪口断面通量达到 0.57 t/a;三氯生的通量最小,其中紫溪口断面通量达到 2.94 kg/a;三种特征污染物在紫溪口的通量接近西湖村和上洋 2 个断面通量之和。

　　与污染物排放量比较,河流中壬基酚的通量明显大于污染物排放量,而河流中双酚 A 的通量低于废水中排放量,两者基本在同一水平;三氯生的排放量大于河流中的通量。污染物排放量与水体中污染物通量存在偏差的原因可能包括以下几方面:特征污染物监测结果存在误差,核算方法的不足,以及部分污染物在河道中发生吸附和降解。

表 4.2 - 15　淡水河流域特征污染物通量核算

河流	平均流量 /(亿 m³·a⁻¹)	污染物浓度			污染物通量		
		壬基酚 /(μg·L⁻¹)	双酚 A /(μg·L⁻¹)	三氯生 /(ng·L⁻¹)	壬基酚 /(t·a⁻¹)	双酚 A /(t·a⁻¹)	三氯生 /(kg·a⁻¹)
龙岗河 (西湖村)	3.0	114.51	1.61	62.23	34.01	0.48	1.85
坪山河 (上洋)	1.5	39.24	0.60	43.16	5.69	0.09	0.63
淡水河 (紫溪口)	10.6	41.53	0.54	27.90	43.82	0.57	2.94
排放量					9.51	1.95	29.88

4.3　风险控制目标与指标

4.3.1　总体目标

　　通过实施课题研究的总体策略,依托示范工程进行综合示范,结合区域水环境治理规划和重点工程,控制东江行业排水生态风险,实现目标污染物(多溴联苯醚、壬基酚)在 2011 年(基准年)的基础上入河削减 50%,确保综合示范区出水水质无毒性风险。

4.3.2　技术路线

　　在风险评估的基础上,通过结构减排、管理减排、工程减排和生态修复,构建毒害性污染物总量减排和风险控制的 4 道防线,具体包括 7 大类措施(图 4.3 - 1)。

（1）风险管理。通过流域水环境风险评估和特征污染物筛查，确定流域高风险的特征污染物清单；通过污染物溯源和主要行业排水风险评估，确定产生特征污染物的行业清单；通过行业生产工艺分析，确定产生污染物的具体原料和工艺清单，明确污染控制的对象。

（2）产业结构调整，产业布局优化。制定或修改区域环境准入负面清单、产业结构调整指导目录，淘汰高污染高耗水低产值的产业和企业，引导部分产业进行转移；通过产业政策和环境管理手段，倒逼产业升级和新旧动能转换。

（3）园区管理与生态化建设。完善园区基础设施，提升服务水平，出台优惠政策，引导分散的企业搬迁入园，实现规范化管理；对未进入园区的企业进一步加强监管；发展循环经济，实现废水再生和废物循环利用；努力创建国家级生态工业园区，按照相关考核指标要求全面提升园区资源、能源和环境管理水平。

（4）企业清洁生产改造。开展重点行业清洁生产审核，对原料、产品和工艺进行清洁化改造，减少对重金属、四溴双酚A、多溴联苯醚、壬基酚等毒害性物质的使用，使相关企业达到国家和地方的清洁生产标准；促进传统产业升级改造，对生产工艺、设备进行升级，同时对污染治理设施进行升级。

（5）企业废水达标排放和循环利用。加快开展污染源达标行动计划，确保流域内所有企业达到最严格的排放标准（比如电镀行业表3标准）；通过深度处理，提高废水重复利用率，进一步减少工业用水量，减少毒害性污染物排放量。同时，将生物毒性纳入出水排放标准，进行常规污染物和生物毒性双标准监管，安装在线监控系统。

（6）集中处理和再生利用。建设工业园区废水收集管网和处理厂，进一步对企业排放的废水进行处理；加强城镇污水收集管网和处理厂建设，逐步实现雨污分流，提高污水收集率和处理率；加强管网和污水厂运行维护，确保污水厂正常运行；提高污水厂处理负荷，提高污水厂出水排放标准；推广聚龙山湿地公园模式，将污水厂尾水净化到地表水Ⅳ类标准后作为生态补水。

开展雨水面源净化与调蓄。加强海绵城市建设，促进雨水下渗和蓄积；进一步推进雨污分流，强化雨水收集管网建设；采用雨洪强化净化技术对初期雨水进行就地高效净化处理；再经过调蓄贮水塘、植物稳定塘、强化人工湿地的循环处理，最后回归自然水体。对沿河分散面源，采用滤式反应坝等技术进行削减与持续净化。

（7）河道深度净化与生态修复。对于截污不彻底、污染较严重的支流，采用旁路工艺进行治理，将河流引出河道水系，在河岸带利用生物膜＋人工湿地等工艺进行净化处理；对污染较轻的河道，采用人工增氧、生态浮床、生态堤岸等技术进行河水深度净化；对底泥污染严重的河道进行清淤；对流域内各支流生态流量进行调控，确保主要支流满足生态流量要求。

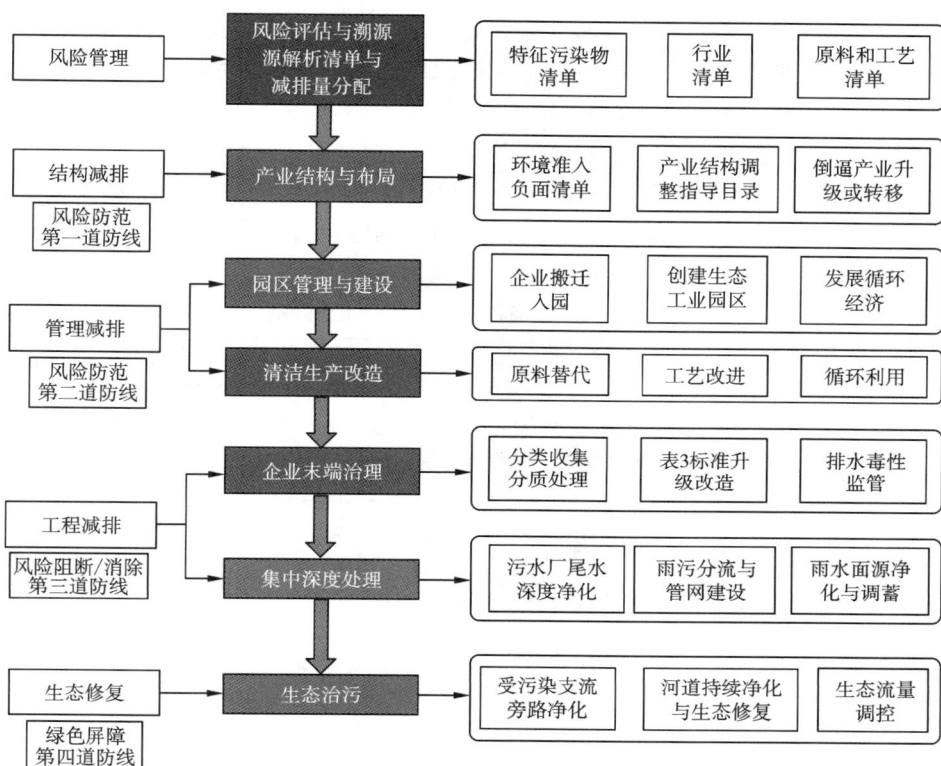

图 4.3-1　流域环境风险控制技术路线

4.4　毒害性污染物工程减排方案

4.4.1　典型行业排水特征污染物减排方案

4.4.1.1　BPA 源头减排方案

对印制线路板生产过程中四溴双酚 A 的产生与分布特征进行研究,结果表明:抗蚀干膜、阻焊油墨和文字油墨中含有四溴双酚 A,(内层)显影、蚀刻、褪膜、二次镀铜、镀锡和(表面处理)显影工序将产生四溴双酚 A,并且 PCB 基板在这些工序中也会释放四溴双酚 A。针对四溴双酚 A 产生的源头,需要提出生产过程控制方案。

清洁生产是指通过使用清洁的原料和能源、采用先进的生产技术和设备、提高资源的利用效率以及加强管理等措施,从源头削减污染,同时减少在生产、产品使用过程中污染物的产生,从而减轻污染物对环境和人体的危害。

以四溴双酚 A 在印制线路板生产过程中的产生与分布特征研究结果为依据，结合清洁生产理念，从原辅材料替代、技术工艺改造、固体废弃物回收和清洁生产管理等方面提出控制四溴双酚 A 的生产控制方案。

4.4.1.2 电镀行业清洁生产工艺

长期以来，广大电镀工作者研发了多种电镀行业清洁生产工艺，如无氰电镀工艺，低铬、无铬钝化工艺等。表 4.4 – 1 所示为电镀行业典型清洁生产工艺，仅供参考。

表 4.4 – 1 电镀行业清洁生产工艺列举

清洁生产工艺技术	性能、特点	应用情况
(1)采用不含螯合剂的工艺溶液	可生物降解，杜绝废水中含磷化物，废水处理容易，费用低，易达标排放	酸性硫酸盐镀铜、钾盐镀锌等工艺已得到推广和普及
(2)水基清洗剂代替溶剂脱脂	可避免使用环境有害的三氯乙烯和三氯乙烷、甲苯等有机溶剂，有利于操作人员的身体健康	已采用碱液化学脱脂替代溶剂脱脂；已开发对环境无害的有机溶剂脱脂
(3)酸性盐代替酸弱腐蚀	可避免酸雾对设备的腐蚀，可改善工人操作条件	正在开发中，国外已有工业应用
(4)无氰电镀 酸性氯化物镀锌或碱性锌酸盐镀锌，替代氰化物镀锌；硫酸盐镀铜及碱性铜替代氰化镀铜；预镀镍替代氰化镀铜作预镀层	废水中无氰、无毒，废水处理简单，易达标；废水处理费用低；深镀能力强；电流效率高(可达到100%，氰化电镀为70%)；无须排风系统；操作温度低、无须加热，节能；缺点是对设备有腐蚀，溶液对杂质允许量低、维护较严格	无氰电镀已广泛在工业推广应用，并有成熟的添加剂；高 pH 镀镍已用于锌铝铸件或不锈钢电镀的预镀层；已有多种无氰预镀铜工艺
(5)三价铬替代六价铬	不含六价铬，溶液无毒或毒性降低；溶液浓度低、黏度小、带出液少；电流效率高；无须加热，不用排风系统，节能；可改善工人操作条件，保护人员健康。缺点是镀层不能增厚，镀液稳定性差，还不能用于工程镀硬铬	正开发三价铬装饰铬，国外已有报道正在研究三价铬镀硬铬
(6)锌合金代镉；锌镍、锌钴、锌锡合金代镉	含 10%~14% Ni 的锌 – 镍合金其抗蚀性接近镉的防护性能；具有无毒性、润滑性和低电阻性；电流效率高；无须排风、加热；节能，废水处理容易，费用低，易达标。缺点是溶液成分稳定性差，需要隔膜阳极，镀层成分控制较难，对杂质的允许量低，溶液维护要求严	国外已在航空工业中替代镀镉；国内已有研究成果，并有小批量生产应用，需进一步扩大在军工产品中的应用

续表 4.4 – 1

清洁生产工艺技术	性能、特点	应用情况
(7)镍合金代替镀硬铬	Ni – W – SiC 合金复合镀代替硬铬溶液毒性低，电流效率较镀铬高，废水处理容易，易达标。但是，溶液成分难控制，稳定性差，成本高；化学镀镍 – 磷合金代硬铬溶液稳定性差，需高温，耗能大，易分解，成本高，溶液无毒性，但由于存在螯合物，废水处理难达标	适于复杂零件部分代替硬铬
(8)低温、低浓度稀土元素添加剂镀铬	可降低镀铬溶液中铬酐浓度，毒性低，带出液污染物少；温度低，节能；电流效率高(由13%提高到24%)，沉积速度快。 缺点是稀土元素添加剂较贵，成本略高，溶液维护要求严	国内已形成专利商品推广应用

　　电镀工业目前普遍需要进行工艺设备和控制手段的更新，并采用高效、低耗、节能的自动化控制新技术、新设备。电镀行业许多污染预防的措施简单易行、收效显著。表 4.4 – 2 所示为广东省部分电镀企业总结出的切实可行的典型清洁生产技术。

表 4.4 – 2　电镀行业清洁生产技术列举

方案方法	实施的主要内容	效果
减少工艺溶液的带出量	①工艺槽之间加导液板； ②延长镀件出槽排液时间； ③控制工艺溶液浓度在低限范围； ④适当提高镀液温度，降低溶液黏度； ⑤加去针孔剂，降低溶液表面张力； ⑥镀件合理的装挂位置，使盲孔朝下，充分排液； ⑦镀槽上方有压缩空气吹除带出液； ⑧增加带出液回收浸渍槽	减少了排放水中化学物质的污染量和流入地面、槽沟的污染物； 可减少30%~40%污染物排放； 减少废水处理费用； 减少化学物料的流失； 可回收带出液50%以上
减少清洗水用量	①提高清洗效率，采用搅拌清洗和喷淋清洗，多级逆流清洗； ②清洗水的回用； ③控制用水量，节流伐，电导/传感自动控制水开关	喷淋清洗可减少60%~70%用水量； 采用3级逆流清洗是单槽清洗用水量的10%~20%

续表 4.4 - 2

方案方法	实施的主要内容	效果
延长工艺溶液使用寿命	①采用去离子水配制溶液和清洗镀件； ②酸性电镀液采用连续过滤（如酸性硫酸盐镀铜液、酸性氯化物镀锌液与镀镍液）； ③及时维护、调整溶液； ④定期去除溶液中的杂质，加沉淀剂，小电流空载电解，活性炭过滤； ⑤减少外来杂质带入溶液，采用纯阳极和袋装阳极，采用纯度高的化工原料，保持工装挂具的绝缘涂层良好，及时清除镀液中掉落的镀件，镀前工件预浸	减少溶液中的杂质积累； 防止溶液因失效而报废； 保证镀件质量，减少废品； 镀液可连续使用，既降低生产成本，又减少了废液的污染

4.4.1.3 电镀行业污染治理技术

电镀前处理包括镀前准备过程中的脱脂、除油、除锈、活化、预镀等处理工序，每个工序的清洗是电镀前处理中废水产生的主要环节，主要污染物为有机物、悬浮物、石油类、磷酸盐以及表面活性剂等。针对此阶段产生的前处理废水，通常可以采用化学氧化法、混凝沉淀法、生物处理法进行治理；每个工序槽是前处理废气的主要产生环节，可通过集气罩＋吸收塔、集气罩＋洗涤塔或集气罩＋静电法进行治理。

电镀部分包括镀铜、镀镍、镀铬等工序以及干燥后检验成品包装。每个镀种的电镀工序后清洗是电镀废水的主要产生环节，主要污染物是含氰废水、含铜废水、含镍废水、含锌废水、含铬废水等，可通过离子交换、分渗透、电解法、化学法等方法进行治理。每个工序槽是电镀部分废气产生的主要环节，主要污染物是酸碱雾、铬雾、含氰废气、有机废气，可通过集气罩＋吸收塔、集气罩＋洗涤塔或集气罩＋静电法进行治理。

电镀的固废主要来源于各个镀槽更换的废镀液，以及清洗镀槽、过滤机等产生的废渣。针对这些污染物，可通过离子交换法回收再生或是物理化学等方法进行处理。

根据电镀行业中各企业的生产废水性质的不同，可将废水分为 8 类，即含氰废水、含铬废水、含镍废水、重金属废水、前处理废水、混合废水、酸碱综合废水和退镀废水。废水采用分类分质处理的方式，即将不同性质的水单独分出后进行预处理，再汇合到综合废水进行后续处理，在末端增加深度处理，以使处理后出水能回用于生产。

4.4.2 大宗排水特征污染物减排方案

龙岗河、坪山河流域污水厂尾水特征有机物为壬基酚、三氯生、双酚 A 等，另有部分污水厂有重金属检出。鉴于人工湿地不仅能去除氮、磷等营养物质，还能去除悬浮物、COD、BOD$_5$、重金属及多环芳烃、邻苯二甲酸酯、内分泌干扰物、抗生素等有机污染物,根据以上特征污染物以及人工湿地的运行实效,建议采用人工湿地的方法对工业排水区流域尾水特征有机物进行处理。

在城镇污水处理厂出水水质达到《城镇污水处理厂污染物排放标准》(GB 18918—2002)一级 A 标准的基础上,建设以人工湿地技术为核心的尾水深度处理工程,通过聚龙山湿地生态园示范工程的示范,进一步在淡水河流域全面推广。系统出水达到景观补水、中水回用水水质标准,实现尾水深度净化后出水主要指标(COD、BOD$_5$、氨氮、TP)达到地表水质量标准Ⅳ类,对壬基酚、双酚 A、三氯生等特征污染物进行同步去除。

通过聚龙山湿地生态园工程等尾水深度净化工程的实施,可实现污水的资源化利用,将尾水进行深度处理后再主要用作水质改善用水,少量作为项目区域景观补水、绿地浇灌和道路冲洗等杂用水,以及周边区域中水回用水。通过项目实施,进一步削减龙岗河、坪山河污染负荷,改善河流水质,加快全流域水质达标进程。

4.4.3 雨水面源特征污染物减排方案

初降雨时所形成的雨水径流会挟带地面和屋面上的各种污染物,这是雨水中污染最严重的部分,必须加以有效控制。

4.4.3.1 工业区雨洪强化净化

在我国,许多小流域属于雨源型河道,河流径流量小,污染负荷高,非雨季由于没有新鲜水源补充,河道水质严重恶化。对于处在工业区周边的雨源型河道,雨季时沿河工业区的面源污染进一步加剧了河流的污染。因此,对工业区初期雨水的截留处置显得尤为重要。

因此,针对工业区高污染负荷雨源型河道面源污染严重、缺乏新鲜水源补充的问题,建议采用处理高效、管理便捷的雨洪净化技术对工业区初期雨水污染物进行净化处理。同时,在旱季对雨源型河道进行补水。

本课题研发的雨水高效原位截分反应器采用了管道混合器作为就地高效净化处理装置。通过管道混合器与机械搅拌器联合使用,强化混合的条件;沉淀池设置斜管或斜板,提高沉淀池的沉淀效果;设置污泥回流方式,强化絮凝条件,节省药剂投加量;采用强化措施,在保证出水水质的同时提高沉淀池处理负荷。该装置集混合、反应、沉淀于一体,通过调节混合和反应的紊动强度,以及投加药剂的质量速率和活性污泥的回流速率,迅速适应雨天合流溢流雨污水水质、水量的变化,高效去除 SS、浊度、COD、TP。

4.4.3.2 调蓄贮存水持续净化与保持

初期雨水经过工业区雨洪强化净化装置处理后,尾水进入调蓄贮水塘。调蓄贮存水持续净化与保持技术由植物稳定塘、调蓄贮水池、强化人工湿地三部分组成。为保持贮水塘水质，采用强化人工湿地的方式，以碎石、细砂和粉煤灰陶粒作为载体，种植美人蕉、风车草等植物，通过调蓄贮水塘富氧，以及植物稳定塘、强化人工湿地的循环处理措施以达到水质保持的作用。

（1）植物稳定塘技术

稳定塘又称氧化塘，是一种天然的或经一定人工构筑的污水净化系统。既可作为二级生物处理，也可作为二级处理出水的深度处理工艺技术。其主要优点是处理成本低，操作管理容易。主要缺点是占地面积大，处理效果受环境影响较大，处理效率相对较低，可能产生臭味及滋生蚊蝇，不宜建在居住区附近。

（2）垂直流人工湿地技术

在垂直流人工湿地中，污水从湿地表面纵向流向填料床的底部，床体处于不饱和状态，氧可通过大气扩散和植物传输方式进入人工湿地系统，垂直流人工湿地的硝化能力高于水平潜流湿地，可用于处理氨氮含量较高的污水，其缺点是对有机物的去除能力不如水平潜流人工湿地系统，落干/淹水时间较长，控制相对复杂，夏季有孳生蚊蝇的现象。

4.4.4 受污染支流深度净化和生态修复方案

异位强化生物处理法是目前受污染河道治理中的一种思路。它是通过将河流引出河道水系，在河岸带上建设生物处理系统，将河水分流引入后利用反应器内填料表面生长的生物膜以及游离的菌胶团共同对污水进行净化处理，具体处理工艺如曝气生物滤池、生物接触氧化池、生物流化床等。在受污染河道中，水体修复技术以生物膜法为佳。生物膜系统能适应水质的波动，能通过填料强化硝化细菌附着。结合后续二级潜流人工湿地，强化了对氮磷及特征有机物的去除，控制了排水风险。

4.5 风险管理与控制对策

4.5.1 特征污染物管理存在的问题

（1）目前，流域内各行业生产废水处理执行行业废水排放标准，出水中COD浓度基本可达到排放标准要求，但具有生物毒性的部分特征污染物仍未能有效去除。现有废水处理站对特征污染物的去除效能差异性较大，部分毒性污染物去除率低于30%。

（2）现行国家有关典型行业特征污染物的毒性标准缺失，缺乏特征污染物脱毒减害的相应要求与规范。目前我国实施的污染物综合排放标准与行业排放标准，以及地方政府出台的污水排放地方标准中基本只针对常规污染物，均未对特征污染物的控制提出要求。

（3）流域内各类工业废水中产生的特征污染物种类差异明显，使水体中特征污染物种类繁多，脱毒减害处理难度较大。对淡水河流域部分电子行业、先进制造业废水水质进行检测发现，其废水中含有不同种类的特征污染物，包括双酚 A、邻苯二甲酸二(2－乙基己)酯、2－甲基－1－(4－甲硫基苯基)－2－吗啉基－1－丙酮等。

4.5.2　加强工业排水和地表水综合毒性监管

为解决该流域生产企业排水毒性监管所面临的的问题，并逐步使有关特征污染物脱毒减害控制策略系统化、标准化，建议在标准体系、监管体制、相关法律与政策支撑等方面加强建设。

（1）建立健全国家和地方排水毒性标准体系。要全面实施典型行业排水毒性管理，必须在国家层面形成排水毒性标准体系。对于一些新型污染物，应该及时加强环境风险、环境质量标准、废水排放标准的研究，以填补我国污染物排放标准体系的空白。首先，确定特征污染物和综合毒性指标监测方法标准，包括废水和地表水中相关指标的监测方法。其次，确定不同行业特征污染物监管清单。第三，建立典型特征痕量污染物和综合毒性指标的排放标准，将排水毒性监管纳入环境监管体系中，要求典型行业严格按照标准对典型特征痕量污染物进行脱除。

（2）制定淡水河水源流域生物毒性排放标准。控制工业污染源中的毒害物质是控制饮用水源毒性风险的重要手段。应制定饮用水源流域工业排水生物毒性排放标准，不达标废水不允许排放，做到严格控制污染源排放。

（3）对淡水河流域重点监测断面进行生物毒性实时监测。淡水河流域雨水充足，雨水冲刷带来的面源污染、工业污染容易在雨季达到高峰，对于此种污染，滞后性的监测手段难以及时发现；另外，环境应急事故频发，若能及时发现污染情况并进行有效处理，便能大幅降低污染损失。因此，在淡水河流域重要断面进行生物毒性实时监控具有重要意义。建议在淡水河跨市河流控制断面、支流汇入干流的控制断面等上进行生物毒性在线监控能力建设，并将实施监测数据联网进入水质监测管理系统，以与现有监测指标互为补充。

（4）对于生物毒性效应高的行业排水，采用脱毒减害处理等工艺进行升级改造。将高污染企业集中进入工业园区，一方面降低企业废水单独处理的成本，另一方面控制污染物的排放。对于经过常规水处理工艺处理但无法将其排水毒性降低到无可见效应浓度水平的行业排水，须在现有处理工艺的基础上添加脱毒减害工艺，以达到低生物毒性目标。

（5）建立生物毒性指标监管长效机制。将生物毒性指标应用于饮用水源水质管理，在我国还处于前期阶段，应在决策管理层、流域监测部门以及社会各界普及水质生物毒性指标监管的意义，将生物毒性指标管理纳入长效管理体系，更好地服务于饮用水源地水质的监管。

4.6 流域水环境风险管理决策支持系统

4.6.1 系统需求分析

为对淡水河流域实现有效水环境风险管理,该系统应具备以下功能:

(1)淡水河流域范围地图浏览,河流、地形、风险源的分布情况;

(2)深圳市境内龙岗河、坪山河和惠州市境内淡水河水质监测数据的查询显示;

(3)流域内沿河风险源(主要为工业污染源)相关数据查询显示;

(4)水质数据、风险源数据的定期或动态更新;

(5)不同用户的不同权限设置。

本系统应用范围:水环境管理部门使用。水环境风险管理人员充分了解淡水河流域水环境现状,通过使用系统,了解流域水质和风险源信息,并能通过分析结果对淡水河流域水环境风险管理工作做出客观、科学的决策。由于管理对象为淡水河流域,涉及深圳和惠州两个城市,即对应不同区域的管理部门,故需考虑两个城市不同管理部门的具体需求,以及风险管理过程中所设置的权限。在系统的使用过程中,该用户只需要具备基本的操作知识,便能获取自己想要的信息,能快捷高效地辅助自身的管理决策分析。数据更新和系统维护人员主要负责对系统的数据库,即水质信息和风险源信息数据库进行定期录入与更新,保证系统的数据为最新状态。该人员对系统有较高的使用权限,可对数据库的数据进行增加、删除、修改等操作。系统维护人员负责系统的前期开发和后期维护,可对系统的账号进行管理,对系统的漏洞进行修复,根据用户反馈的意见与建议对系统进行完善,在特殊情况(如系统崩溃等)时进行及时修复,以保证系统的正常运作。

4.6.2 数据库设计

4.6.2.1 地理信息数据库

①矢量数据

包括多比例尺、满足多种应用需求的"三河"流域环境基本数字地图数据,是各种信息操作、分析应用、虚拟现实与地理环境仿真的基础和底图背景,同时也是环境保护领域应用数据的地理空间参考框架和基础,比较全面地描述了"三河"流域环境地形地貌、交通、植被、居民地、境界、水系、地名等地理要素的分布及其空间关系。不同比例尺的基础地图数据按照金字塔式分块结构进行存储和管理。从纵向来说,呈金字塔结构,最上层是小比例尺地图数据,最底层是大比例尺地图数据，根据显示视野的大小调用相应比例尺的地图数据进行查询和显示。从横向来说，呈分块结构，在物理上按照地图分幅的基本单位分别存储，每一个地图图幅又包括若干地理要素层，但在总体上或逻辑上，它们是一个有机整体，具有统一的数学基础和地图投影，可实现无缝拼接。

②栅格数据

数字栅格地图是根据现有纸质、胶片等地形图，经扫描和几何纠正及色彩校正后，形成在内容、几何精度和色彩上与地形图保持一致的栅格数据集。

③高程数据

DEM 是地形分析、工程规划、河道河势、河道断面、水容量计算以及地理环境三维可视化数据基础。数字地形模型从两个层面上组织数据，一是规则格网（GRID），二是不规则三角网（TIN）。根据不同精度的要求，按照 DEM 的细部分层（LOD）进行存储。在数据组织上，实际上 DEM 数据是基础地图数据的一个特殊数据层，按照栅格数据结构来组织。

4.6.2.2　属性数据库

①基本环境信息数据

自然环境、社会经济、水资源资料、各专业发展规划、各行业废污水排放量、入河量及城市污水处理厂资料等。

②河流基本信息数据

河流名称、行政区、流域面积、水文、水质等。

③河流功能区划信息数据

水功能区信息：水功能区名称与编码、各水功能区河流水文特性、排污口情况、水功能区水质目标、水功能区的水质状况监测资料等。

④规范及水质目标信息数据

法律规范资料：与水资源保护相关的国家法律、地方条例、行业法规、部门规章、办法等。

水质技术规范资料：水资源监督管理标准规范和法律法规数据，包括有关的国家标准、行业标准、地方标准，水质监测技术标准、规范、指标，质控规程、方法，仪器性能指标、化学试剂特性等。

⑤水质监测数据

水质监测数据库主要包括监测站网资料、监测成果数据、水质评价数据。

监测站网资料主要指实验室的名称、编码、地理位置、所属类别（固定、自动、移动）和单位、监测仪器的情况等；监测站、供水水源地、排污口、取水口的名称、编码、地理位置等；监测断面的名称、编码、地理位置、用途（常规、市界、供水水源地、排污口、取水口）等。

水质监测数据是指最终审核过的水质数据。从数据源类型来看，监测成果数据应该包括水资源质量监测数据、市地界监测数据、供水水源地监测数据、入河排污口监测数据等。

水质评价数据有两种类型：数据和文件。数据是指某断面或河段的评价信息，如评价日期、水质类别、超标项目等；文件是指为了对外发布而形成的评价成果报表等文件，如水资源质量公报等各种公报简报统计报表等。

⑥污染源统计信息数据

污染源入河排污口信息：排污口名称与编码、地理位置、排放类型、排放方式、排放规律、废污水入河量、主要污染物浓度、入河量及废污水治理情况等。

⑦用户信息数据

用户名、密码、系统级别（开放哪些模块、是否可查询、修改、录入更新、维护等）、联系方式等。

4.6.3　系统功能设计

明确用户需求，根据"统一规划，逐步建设"的原则，在方案设计时不仅要考虑近期目标，还要考虑远期目标。要考虑系统的可扩展性，并可和业务部门的业务系统无缝连接；要充分考虑功能的可复用性，保证前期建设的子系统、功能模块将来能够用于其他应用系统，避免重复投资、重复建设；考虑系统结构先进性，采用多层结构设计，保证数据存储、数据访问、数据处理、功能调用的独立化、标准化，保证子模块的修改不影响整个系统的运行（图4.6-1）。

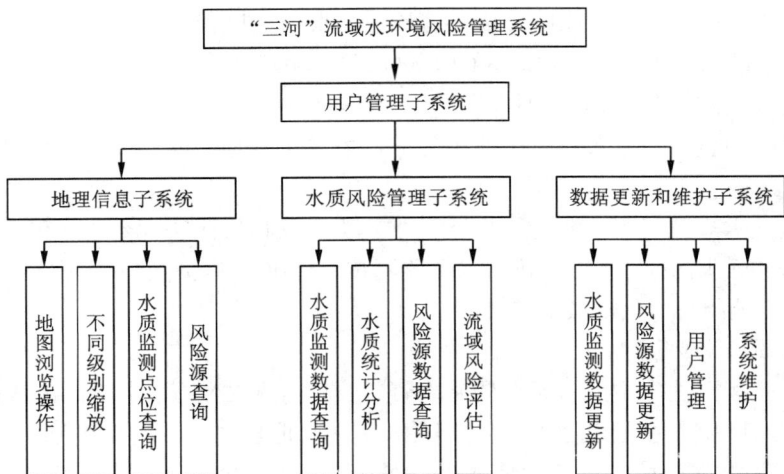

图4.6-1　系统功能设计图

4.6.3.1 地理信息子系统

地理信息子系统功能图如图 4.6-2 所示。下面对某几个功能做简要介绍。

①基本 GIS 功能

GIS 基本操作：窗口放大、缩小、移动、复位、漫游、导航、图层控制等；提供多种专题图的编辑与管理操作，包括开窗口、移动窗口、任意放大缩小窗口比例，显示窗口及图形捕获信息等系列可视化功能。

空间量算：提供长度、面积、角度等常规的测量工具。

级别缩放：丰富不同级别的显示效果，从大尺度到小尺度有不同的要素或要素不同的显示效果，优化用户的预览视觉效果。

空间查询：提供河流监测点位查询、风险源位置查询、信息查询等功能。

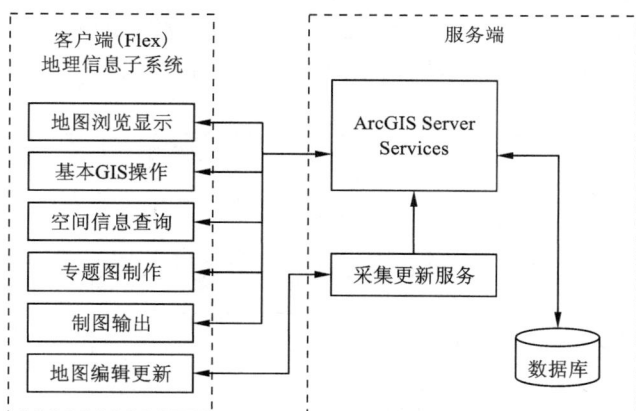

图 4.6-2　地理信息子系统功能

②地图编辑更新功能

可以进行编辑参数设定，提供图形及属性编辑功能、图形的辅助编辑功能和数据保存功能；提供点、线、面和弧段的绘制工具，也可以自由绘制各类图形，可以插入删除元素节点，可以选择、删除、移动、复制、缩放和旋转元素；提供文本编辑工具，可以按照文本样式放置文本或进行编辑；提供撤消和恢复功能；可以设置点、线、面的捕捉方式。

③专题图制作

可以生成直方图专题图、饼状图专题图、网格图专题图、分级符号图专题图、点值图专题图和等值区域图专题图。

④制图输出

实现空间数据库的数据制图，包括地形图制图、专题图制图，以及提供各种图件的辅助编绘工具。实现数字地图的硬拷贝(绘图输出)、软拷贝(输出各种各样格式和标准的数字地图)和各种专题属性信息的输出(如报表打印、统计报表打印、专题图制作)。

4.6.3.2　水质风险管理子系统

水质风险管理子系统功能图如图4.6-3所示。

①水质监测数据查询

对储存在系统数据库中的河流水质监测数据进行查询,结果以图表的形式进行显示。可以根据不同的字段进行查询,如河流名称、监测点位名称、所在区域、监测时间、监测指标等。

②水质统计分析

基于客户的不同需求,需要对水质监测数据进行一些统计分析操作,用来评价河流的水质状况和污染程度。具体统计分析包括:河流沿河断面平均统计、季度平均统计、年度平均统计、水质类别分析、污染指数分析等。

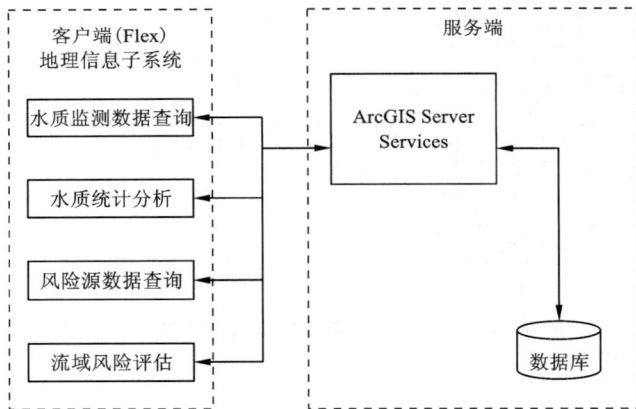

图4.6-3　水质风险管理子系统功能

③风险源数据查询

对系统数据库中的风险源信息数据进行查询,结果以图表形式展现。主要为东江支流工业排水区风险源,查询结果除了提供位置、排水口水质指标状况外,还应提供工业储备有毒有害物质情况、泄漏概率及危害程度等信息。

④流域风险评估

在充分掌握水质数据和风险源数据的基础上,对流域进行风险评估,评估结果为流域内的水质风险管理提供技术支撑,同时作为后续决策分析的有效参考和有力依据。

4.6.3.3　数据更新和维护子系统

数据更新和维护子系统的功能图如图 4.6 – 4 所示。

①水质监测数据更新

数据更新工作人员应定期对系统数据库进行数据更新,方法分自动录入和人工录入两种,数据来源为监测站监测数据或外出调研所得数据。数据更新工作人员应有权限对系统的数据库进行修改与编辑,更新完成后管理部门和系统维护人员能收到相应的提示以便用户查看。

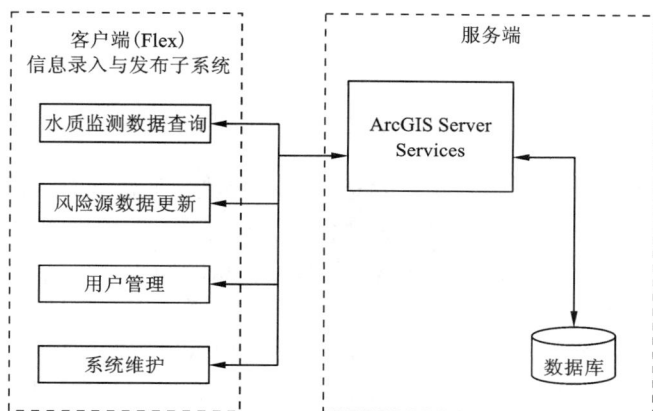

图 4.6 – 4　数据更新和维护子系统功能

②风险源数据更新

风险源数据的更新主要包括:是否有新的风险源增加、是否有新的排水口监测数据、风险源的属性、风险因子是否有更新等。风险源数据的更新和完善有助于客观科学地评估"三河"流域的风险状态,以利于对流域风险的管理工作。

③用户管理

系统维护人员或系统管理员有权限对用户的访问级别和状态进行统一管理,以保障系统工作的安全性和可靠性。包括:用户权限设置、用户登录控制、状态列表、访问反馈等。

④系统维护

系统维护人员或系统管理员应有专门途径对系统进行必要的维护工作,以保证系统的稳定性。遇到系统崩溃等危急情况时,系统能在第一时间得到维护处理,且数据库中的数据能得到完整的保存。系统恢复后,不会影响管理部门的继续使用。

第 5 章
电子行业排水脱毒减害成套技术研究及示范

针对示范区电子行业排水稳定达标和特征污染物脱除难题，研发了"蒙脱土负载零价铁/微生物联合还原—氧化—絮凝组合工艺"，即向生化池及二级反应池中加入蒙脱土负载零价铁材料，蒙脱土负载零价铁的保留有效地缓解了单一零价铁团聚的问题，从而有效增加比表面积，提高反应活性；零价铁为微生物生长提供电子，促进其生长并富集功能微生物，促使部分微生物发生局部的类 Fenton 反应，产生诸如·OH 等活性氧基团来氧化分解特征有机污染物；加强微生物的局部还原、氧化降解效果，有效地降低生物毒性。此技术避免了单一的微生物修复或零价铁修复技术的缺点，反应效果更佳，降解谱更广，毒性消减更明显。反应池中加入蒙脱土负载零价铁可以强化絮体吸附，改善水中悬浮物沉降性能，大幅度缩减絮凝沉降时间，同时增加了回用水处理系统。目前，该技术已成功应用于"深圳统信电路电子有限公司"电子行业示范工程研究中，各项指标均满足考核要求。

5.1 特征污染物物化处理技术应用研究

5.1.1 蒙脱石的改性研究

5.1.1.1 蒙脱石的改性及制备

建立吸附装置，对蒙脱石进行十六烷基三甲基溴化铵（CTMAB）改性，确定了蒙脱土改性最优方案，并对制备的有机蒙脱土进行材料表征（包括 SEM、FTIR）及稳定性研究（包括震荡时间、震荡强度、pH 及温度的影响）。

不同改性量、温度和搅拌速度的浓度实验结果如图 5.1 – 1 所示。

初始浓度10×10⁻⁶第一次试验

初始浓度10×10⁻⁶第一次试验

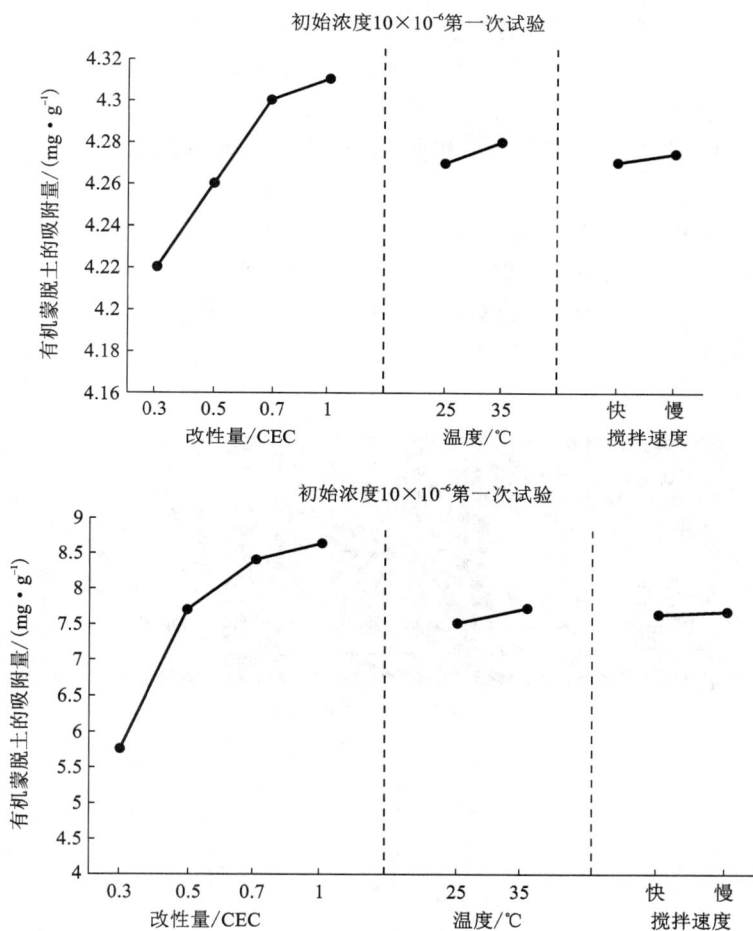

图 5.1 -1 不同改性量、温度和搅拌速度的浓度实验

从试验结果上看，十六烷基三甲基铵的加入量是影响改性蒙脱土吸附 TBBPA 的最主要因素。反应温度和搅拌速度这两个因素对改性蒙脱土吸附效果的影响并不大，0.7CEC 与 1.0CEC 有机蒙脱土的吸附能力并没有太大的差别，CTMAB 是一种价格比较高的表面活性剂，因此，考虑到经济因素，选择 0.7CEC 有机蒙脱土、反应温度为 25℃、搅拌速度为快速为最优方案。

5.1.1.2 蒙脱石的表征

采用 SEM、FTIR 技术对有机蒙脱土进行了表征，其结果如图 5.1 -2 所示。

由此可以看出，蒙脱土原土为片层结构，层片较厚，颗粒呈无规则形状且相互堆积团聚，比表面积较小，分散度较低。在形貌上，有机蒙脱土的轮廓外形更加柔和，连续性更好，粒度分散更加均匀，层间距明显增大，表面结构卷曲松散，片层结构经机械搅拌被剥离开了。经对比可知，蒙脱土原土与有机蒙脱土的形貌都是以团聚形态聚集的，形貌基本相似，说明有机改性剂的加入没有改变蒙脱土的基本骨架结构。

通过 SEM 和 FTIR 对蒙脱土和有机蒙脱土的表征，有机改性剂 CTMAB 通过试验确实进入了蒙脱土中，CTMAB 的加入增大了蒙脱土的比表面积，使蒙脱土的层间距扩大，提高了蒙脱土的分散性，使其更易吸附有机污染物。从吸附过 TBBPA 的有机蒙脱土的红外光谱中可以看出，有机蒙脱土对 TBBPA 的吸附主要为物理吸附。

(a) 蒙脱土的SEM图像　　(b) 有机蒙脱土的SEM图像　　(c) 有机蒙脱土的SEM图像

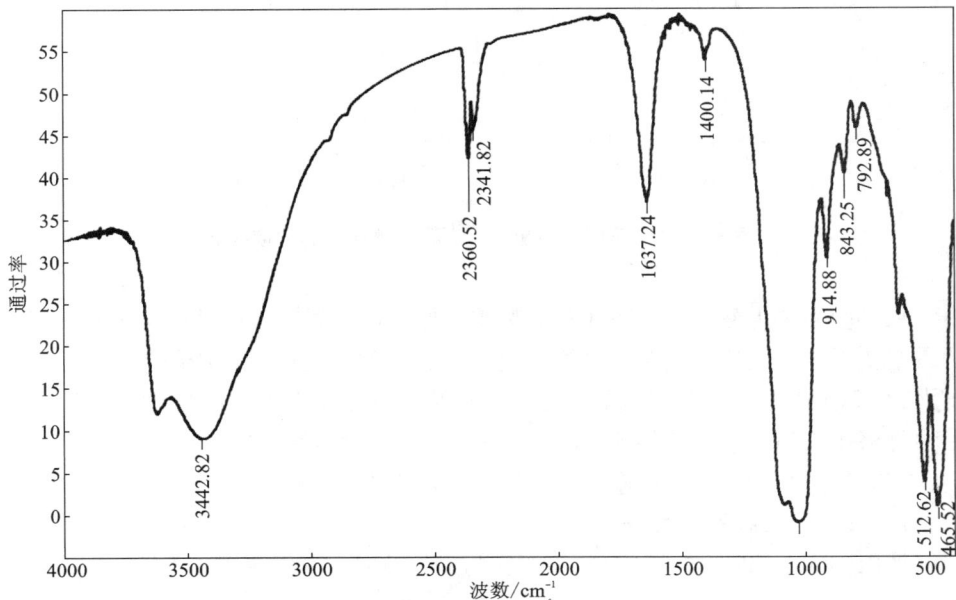

(d) 蒙脱土原土的红外光谱

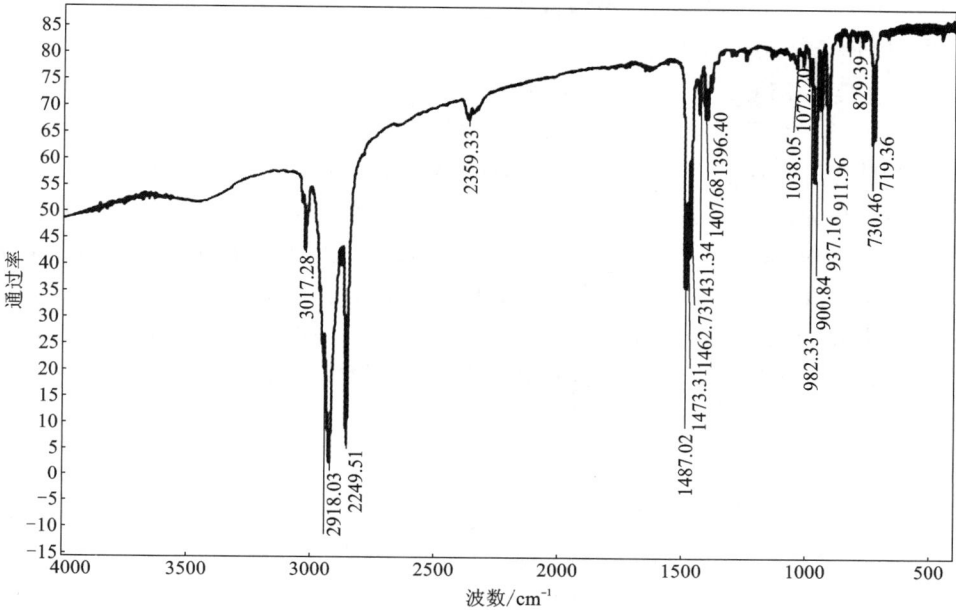

（e）CTMAB 的红外光谱

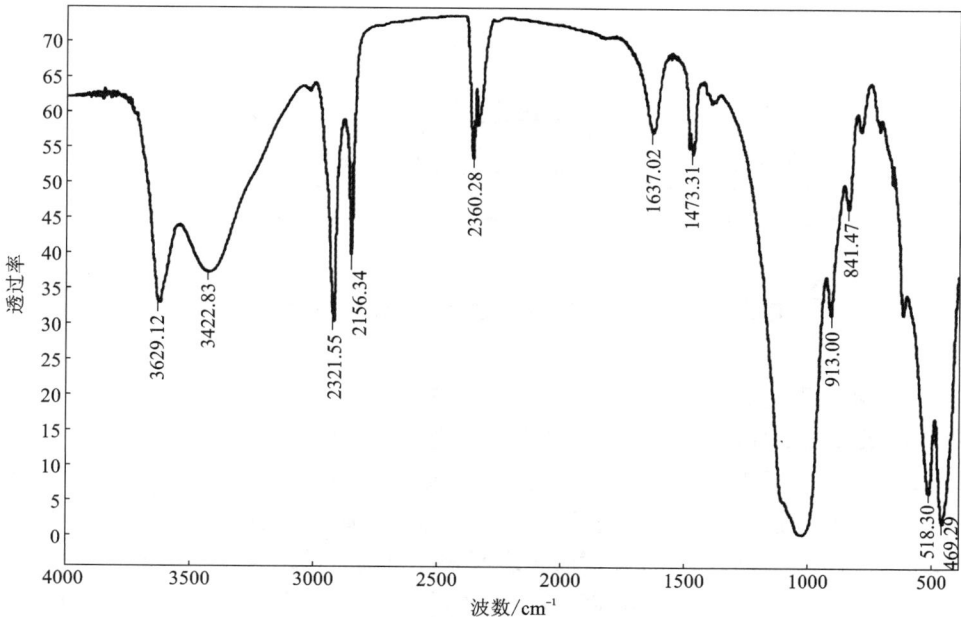

（f）有机蒙脱土的红外光谱

图 5.1-2　有机蒙脱土的表征（SEM、FTIR）

5.1.1.3 改性蒙脱石的稳定性研究

（1）振荡时间对有机改性蒙脱石稳定性的影响

在温度为25℃，振荡强度为150 r/min时，不同振荡时间对有机蒙脱土悬浮液中TOC有一定影响。在振荡3h以后测得的TOC值变化不大。振荡3 h后，不同改性量有机蒙脱土悬浮液中溶解性TOC值的大小依次为：1.0CEC＞0.3CEC＞0.5CEC＞0.7CEC。因此，不同有机蒙脱土的稳定性依次为0.7CEC＞0.5CEC＞0.3CEC＞1.0CEC。从图（图5.1－3）可以看出，有机蒙脱土悬浮液中溶解性TOC值的大小并没有像预期的一样随着改性量的增加而增大，而是一直在小幅度地波动，而且原土悬浮液的TOC值大于其他4种土，经多次试验出现的结果都是这样，出现这种情况可能与测定时所用的TOC检测管精确度不够有关。

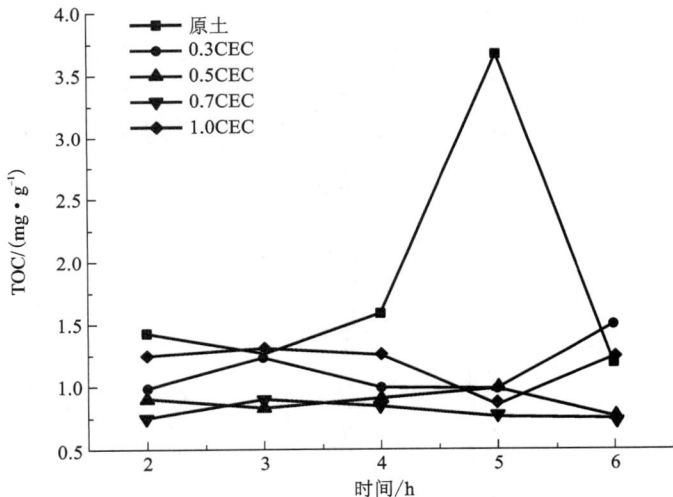

图5.1－3　振荡时间对有机改性蒙脱石稳定性的影响实验

（2）振荡强度对有机蒙脱土稳定性的影响

在25℃时，提高振荡强度可使不同改性量蒙脱土悬浮液的TOC略有上升（图5.1－4）。因此，有机蒙脱土的稳定性随振荡强度的提高而略有降低。采用有机蒙脱土处理废水时，要尽量降低悬浮液的搅拌或振荡强度。低改性量的有机蒙脱土中阳离子表面活性剂与蒙脱土表面是通过离子键结合在一起的，由于离子键的键能较高，所以键合在蒙脱土表面上的阳离子表面活性剂不易解析出来。高改性量的有机蒙脱土中绝大多数阳离子表面活性剂与蒙脱土表面通过离子键结合在一起，但是少部分阳离子表面活性剂是通过长链脂肪烃的疏水键作用结合在一起的。由于疏水键的键能低于离子键，通过疏水键结合的阳离子表面活性剂容易从有机蒙脱土中脱附出来，因此，1.0CEC 有机蒙脱土的稳定性比较差。与此同时，随着振荡强度的提高，有机蒙脱土之间的摩擦增加，导致部分 CTMAB 从有机蒙脱土上解析出来。

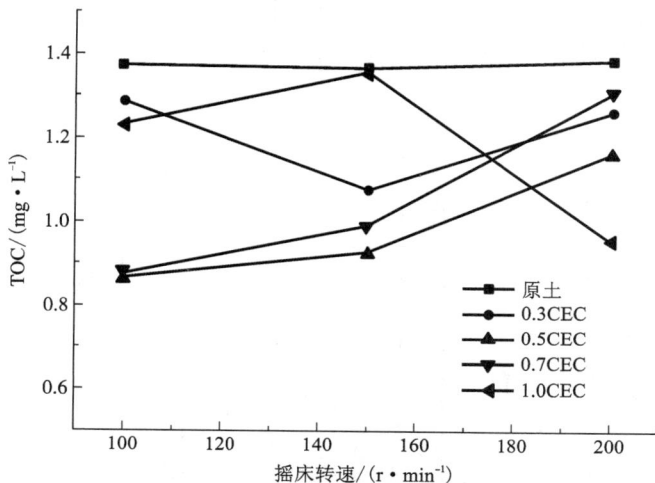

图 5.1 - 4　振荡强度对有机蒙脱土稳定性的影响

（3）温度对有机蒙脱土稳定性的影响

在振荡强度为 150 r/min 时，不同温度对相同改性量的有机蒙脱土悬浮液的 TOC 值影响不大（图 5.1 - 5）。因此，可以认为在自然环境中，温度对有机蒙脱土的稳定性不会产生不利的影响。

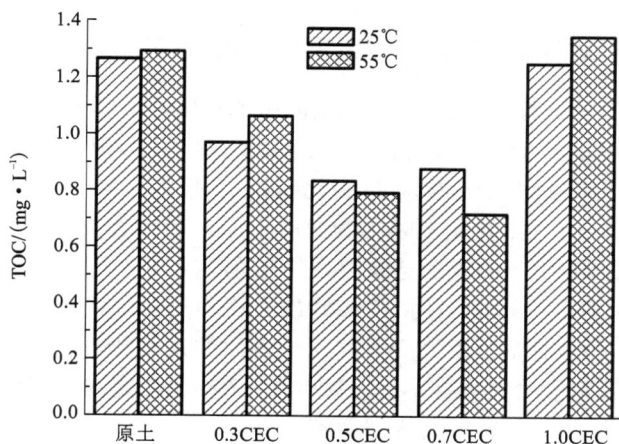

图 5.1 - 5　温度对有机蒙脱土稳定性的影响

（4）pH 对有机蒙脱土稳定性的影响

在温度为 25℃，振荡强度为 150 r/min 时，有机蒙脱土在酸性和碱性溶液中的稳定性差别比较明显。如图（图 5.1 - 6）所示，有机蒙脱土在碱性条件下更稳定。试验过程中，在用针管抽取悬浮液过膜时，可以明显地感觉到酸性溶液的悬浮液比较浑浊，过膜比较困难。因此，有机蒙脱土不适合在 pH 较低的溶液中吸附有机物。

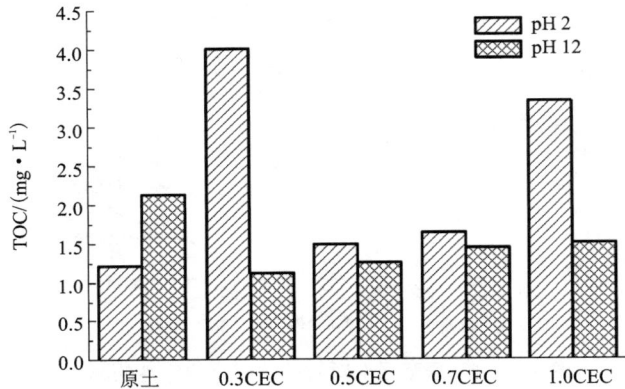

图 5.1 - 6　pH 对有机蒙脱土稳定性的影响

有机蒙脱土的稳定性研究结果表明：其稳定性受振荡时间影响，并随振荡强度的提高而略有降低，在碱性条件下更稳定，且自然环境中，温度不会对其产生不利影响。

5.1.2　蒙脱石对四溴双酚 A（TBBPA）的吸附研究

5.1.2.1　有机改性蒙脱土对四溴双酚 A 的吸附动力学研究

图 5.1 - 7 表示了 25℃、反应液中甲醇∶水 = 1∶9（体积比，下同）下，TBBPA 在不同蒙脱土上的吸附量随时间的变化情况。研究结果表明，蒙脱土原土对 TBBPA 的吸附能力不强，这主要是因为蒙脱土原土存在着大量可交换的亲水性无机阳离子，使水溶液中土的表面通常存在一层薄的水膜，从而不能有效地吸附疏水性有机污染物 TBBPA。而当用 CTMAB 的有机阳离子取代蒙脱土中的无机阳离子而对蒙脱土进行改性后，则改变了蒙脱土表面的亲水特性，从而使得有机蒙脱土对 TBBPA 的吸附能力大大提高。在图 5.1 - 7 中可以看出，TBBPA 的吸附量在前 2 h 内上升很快，48 h 后逐渐达到平衡。

进行有机改性蒙脱土对四溴双酚 A 的吸附动力学研究（表 5.1 - 1）后发现，通过用准一级动力学方程和准二级动力学方程对试验数据的模拟，准二级动力学

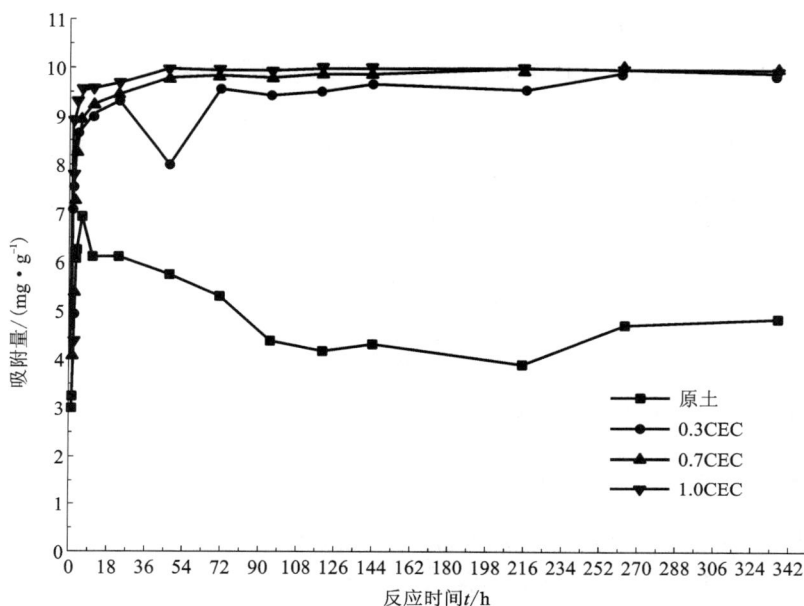

图 5.1 - 7　蒙脱土上的吸附量

方程最适合描述 TBBPA 在有机蒙脱土上的吸附过程，而且拟合的效果非常好，这说明准二级动力学模型包含吸附的所有过程，如外部液膜扩散、吸附和内部颗粒扩散等，能更为真实地反映 TBBPA 在有机蒙脱土上的吸附机理。

表 5.1 - 1　有机蒙脱土及蒙脱土原土吸附 TBBPA 的动力学参数

吸附剂	准一级动力学方程				准二级动力学方程		
	q_e /(mg·g^{-1})	k_1 /min^{-1}	$q_{e,\ cal}$ /(mg·g^{-1})	R^2	k_2 /(g·mg^{-1}·min^{-1})	$q_{e,\ cal}$ /(mg·g^{-1})	R^2
原土	7	-0.003	1.17	0.13	-1.01	4.51	0.986
0.3CEC	10	0.01	1.66	0.72	0.04	9.87	0.999
0.7CEC	10	0.02	1.58	0.73	0.13	9.98	0.999
1.0CEC	10	0.01	1.18	0.55	0.42	9.94	0.999

5.1.2.2　有机蒙脱土对四溴双酚 A 的吸附热力学研究

有机改性蒙脱土对四溴双酚 A 的吸附热力学研究（表 5.1 - 2）结果表明，TBBPA 在有机蒙脱土的 Linear 吸附等温线的线性回归分析中 R^2 不小于 0.95，可以认为有机蒙脱土对 TBBPA 的吸附主要是 TBBPA 在其有机相中的分配作用所致,因此,增加改性剂 CTMAB 的量,导致了有机蒙脱土有机碳含量的增大,从而使得 TBBPA 在有机蒙脱土上的吸附量和分配系数随着有机碳含量的增加而增大。

表 5.1 - 2　甲醇:水(体积比) = 5:5 0.7CEC 有机蒙脱土对 TBBPA 的吸附等温方程参数

温度	Linear 等温吸附方程		Langmuir 等温吸附方程			Freundlich 等温吸附方程		
	k	R^2	Q /(mg·g^{-1})	K_L /(L·mg^{-1})	R^2	n	K_f /(L·mg^{-1})	R^2
15℃	3.78	0.95	43.46	0.1	0.9	1.29	3.83	0.91
25℃	2.47	0.95	34.89	0.1	0.9	1.33	2.59	0.9
35℃	2.16	0.97	231.5	0	1	1.07	1.68	0.97

从表 5.1 - 3 结果可知,在三种温度下,吸附体系的 ΔG 均为负值,表明此反应是一个自发的吸附过程。研究通常认为,ΔG 为 -20 ~ 0 kJ/mol 时,主要为物理吸附,ΔG 为 -400 ~ 80 kJ/mol 时,主要为化学吸附。由此可知,有机蒙脱土对 TBBPA 的吸附过程主要为物理吸附。吸附过程的 ΔH 为负,进一步说明有机蒙脱土从水中吸附 TBBPA 是一个放热过程。吸附过程的 ΔS 为负值,表明溶质分子吸附在吸附剂上,混乱度降低。

表 5.1 - 3　甲醇:水(体积比) = 5:5 0.7CEC 有机蒙脱土对 TBBPA 的热力学参数

吸附剂	温度 /K	$\ln k$	ΔG /(kJ·mol^{-1})	ΔH /(kJ·mol^{-1})	ΔS /(J·K^{-1}·mol^{-1})
0.7CEC 有机蒙脱土	288	1.33	-3.18	-20.75	-61.35
	298	0.9	-2.24	—	—
	308	0.77	-1.97	—	—

总体来说,TBBPA 在有机蒙脱土中的吸附更附合 Linear 吸附等温线,并且有机蒙脱土对 TBBPA 的吸附过程是一种自发的、放热的、物理吸附过程。

5.1.3　有机蒙脱石负载纳米铁材料(NZVI - M)的制备

有机蒙脱石负载纳米铁材料的制备采用液相化学还原法进行,制备得到的负载型纳米铁材料以 NZVI - M 命名。其 XRD 图如图 5.1 - 8 所示。由此可以看出,NZVI - M 材料在 $2\theta = 22.5°$ 左右出现特征衍射峰,这与已有文献报道相一致,表明材料上负载有零价铁。同时还发现在 $2\theta = 36°$ 左右出现较弱的铁氧化物的杂峰,这表明 NZVI - M 材料上铁的主要物相中还含有铁氧化物,据此推断负载在有机蒙脱石上的纳米零价铁颗粒可能具有核 - 壳结构,铁颗粒表层包覆铁氧化物外壳。从 SEM 图像(图 5.1 - 9)可以看出,NZVI - M 材料中纳米铁颗粒均匀分布在有机蒙脱石的表面和边缘,纳米铁颗粒呈球形,分散性好。NZVI - M 材料中纳米铁颗粒粒径范围为 30 ~ 90 nm,属于典型的纳米材料,这也与相关文献资料一致。从 NZVI 材

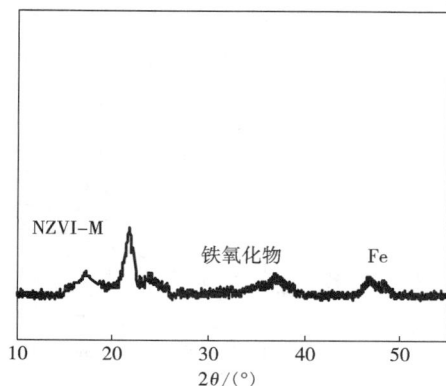

图 5.1 - 8　X 射线衍射图

料的 TEM 图像(图 5.1 - 10)可以看出,NZVI 材料中纳米铁颗粒粒径均小于 100 nm,但可以看到铁颗粒之间由于磁性作用而堆积在一起,分散性较差,颗粒团聚现象严重,纳米铁颗粒的团聚会使得原纳米材料的化学反应活性大大降低。

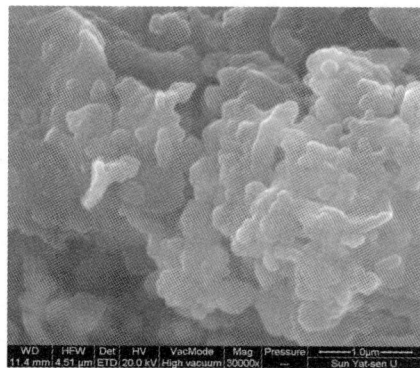

图 5.1 - 9　SEM 图

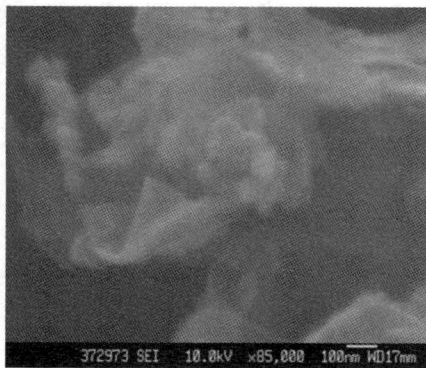

图 5.1 - 10　TEM 图

5.1.4　有机蒙脱石负载纳米铁降解 BPA 的研究

5.1.4.1　材料投加量对 BPA 降解效果的影响

由图 5.1 - 11 可知,BPA 的降解率随着材料投加量的增加而提高,当投加量为 0.06 g、0.08 g、0.10 g 时,降解率分别为 58.8%、70.8%、78.3%。增加 NZVI - M 材料的投加量,就是增大有效表面积和活性反应位的数量,材料表面积越大,反应位置数就越多,就有更多的降解容量。

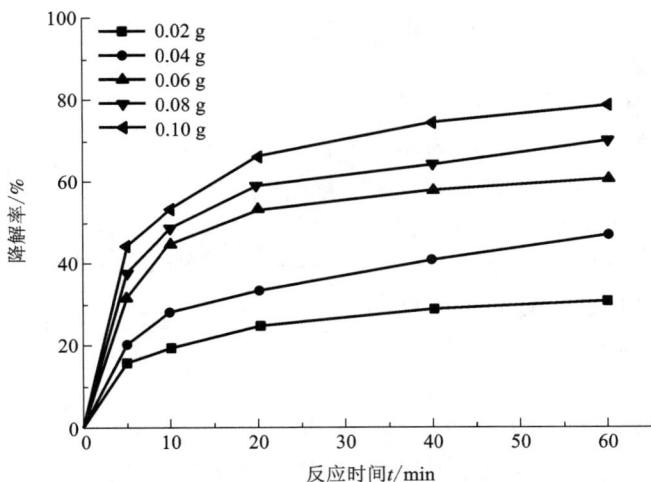

图 5.1－11 不同材料投加量下 BPA 的降解率

5.1.4.2 初始 pH 对 BPA 降解效果的影响

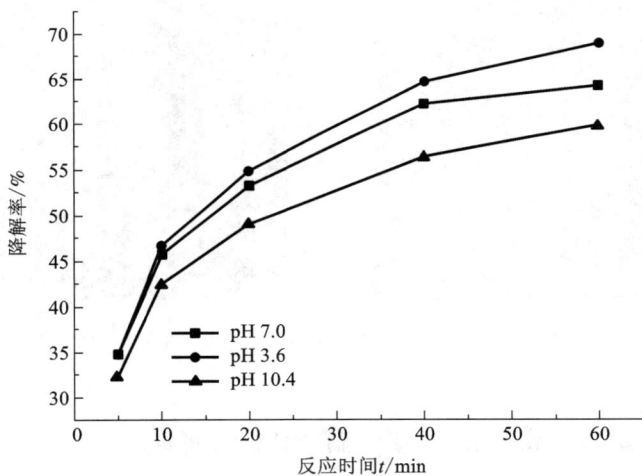

图 5.1－12 不同初始 pH 下 BPA 的降解率

由图 5.1－12 可知，BPA 的降解率随着反应溶液 pH 的升高而降低，在碱性环境中，BPA 降解效率为 54.9%；而在中性 pH＝7.0 和酸性 pH＝3.6 环境中降解率分别为 59.1% 和 61.2%。结果表明，中性和酸性条件下有利于 BPA 的降解，低 pH 条件更有利于 NZVI‑M 材料对 BPA 的降解。

虽然较低的 pH 能提高 BPA 的降解率,但由于酸性条件下,材料表面零价铁颗粒的腐蚀,导致零价铁的总量迅速降低,从而对长时间降解反应不利,反应后半段降解率只提高了 1.74%。

5.1.4.3 H_2O_2 与 NZVI‑M 组合降解 BPA 的研究

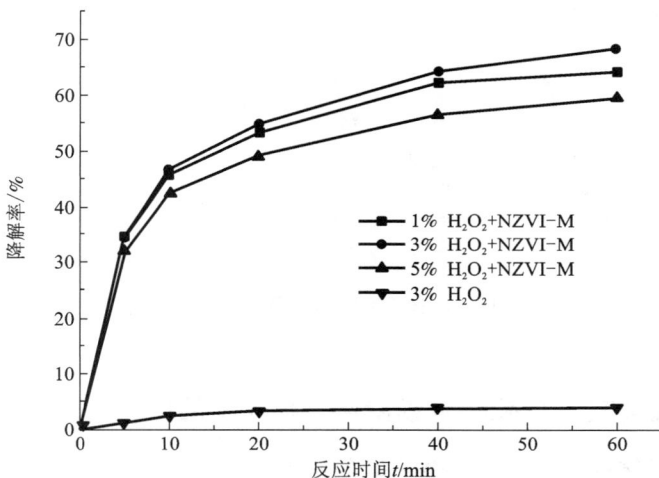

图 5.1‑13 不同双氧水含量下 BPA 降解率

由图 5.1‑13 可知,加入 1% 和 3% 的双氧水对 BPA 降解有促进作用,降解率分别为 64.3% 和 68.4%,并对比只加 3% 双氧水的反应,促进作用较为明显。而加入 5% 的双氧水后,BPA 降解率反而降低,其原因可能是过量的 H_2O_2 会成为 ·OH 的猝灭剂,消耗反应过程中生成的 ·OH。而 ·OH 是光催化反应中关键的氧化剂,其量的减少直接影响降解过程,导致降解率降低。

5.1.4.4 UV/H_2O_2 与 NZVI‑M 组合工艺降解 BPA 的研究

由图 5‑14 可知,BPA 的降解率随着紫外光功率的增大而提高,当紫外光的功率为 120W 时,BPA 的降解率为 71.3%,这是由于紫外光功率增大,溶液能接受到的光能增强,促进降解反应的进行,但增加幅度较小,对 BPA 降解反应的促进作用不够显著。

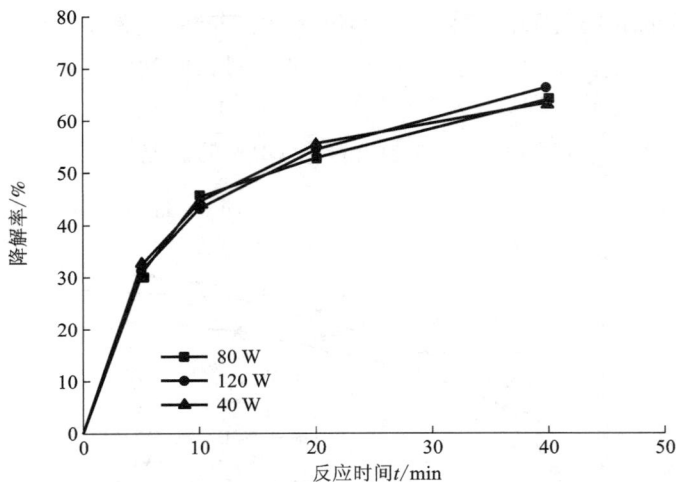

图 5.1 – 14   不同 UV/H_2O_2 条件下 BPA 降解率

5.1.5   有机蒙脱石负载纳米铁降解 TBBPA 的研究

5.1.5.1   材料投加量对 TBBPA 降解效果的影响

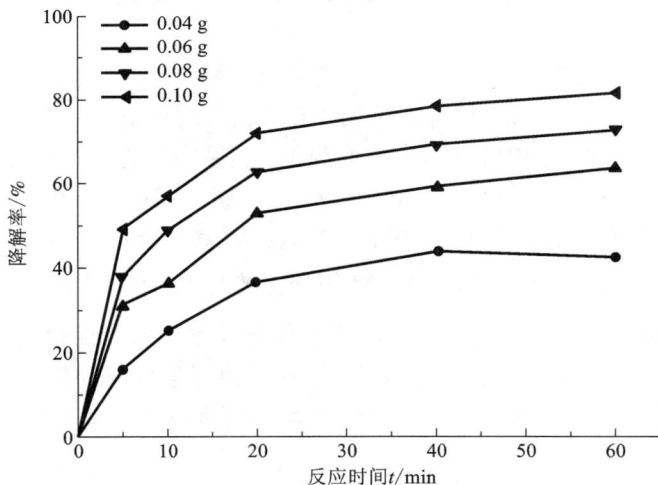

图 5.1 – 15   不同材料投加量下 TBBPA 的降解率

由图 5.1 – 15 可知，TBBPA 的降解率随着材料投加量的增加而提高，当投加量为 0.06 g、0.08 g、0.10 g 时,降解率分别为 63.4%、72.8%、81.7%。增加 NZVI – M 材料的投加量,就是增大有效表面积和活性反应位的数量,材料表面积越大,反应位置数就越多,就有更多的降解容量。由于 NZVI – M 材料表面的零价铁颗粒具有还原脱溴作用,同等条件 NZVI – M 对 TBBPA 的降解效率略高于其对 BPA 的降解效率。

5.1.5.2 初始 pH 对 TBBPA 降解效果的影响

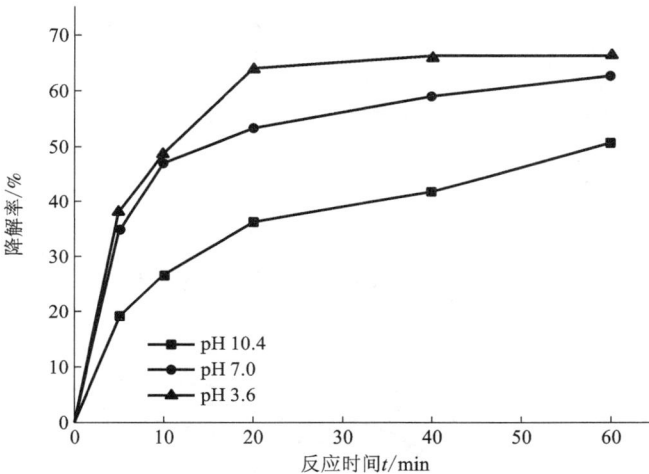

图 5.1 – 16 不同初始 pH 下 TBBPA 的降解率

由图 5.1 – 16 可知,TBBPA 的降解效率随着反应溶液 pH 的升高而降低,在碱性环境中,TBBPA 降解率为 50.6%;而在中性 pH = 7.0 和酸性 pH = 3.6 环境中,降解率分别为 62.4% 和 66.6%。结果表明,中性和酸性条件有利于 TBBPA 的降解,低 pH 条件更有利于 NZVI – M 材料对 TBBPA 的降解。

5.1.5.3 H_2O_2 与 NZVI – M 组合降解 TBBPA 的研究

由图 5.1 – 17 可知,加入 1% 和 3% 的双氧水对 TBBPA 降解有促进作用,降解率分别为 68.5% 和 71.9%。而加入 5% 的双氧水后,BPA 降解率反而降低。

5.1.5.4 UV/H_2O_2 与 NZVI – M 组合降解 TBBPA 的研究

由图 5.1 – 18 可知,TBBPA 的降解率随着紫外光功率的增大而提高,当紫外光功率为 120W 时,TBBPA 的降解率为 73.6%。

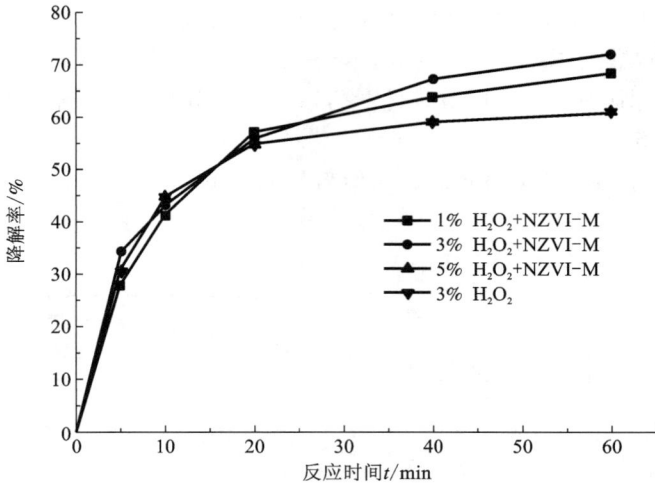

图 5.1 – 17   不同双氧水含量下 TBBPA 降解率

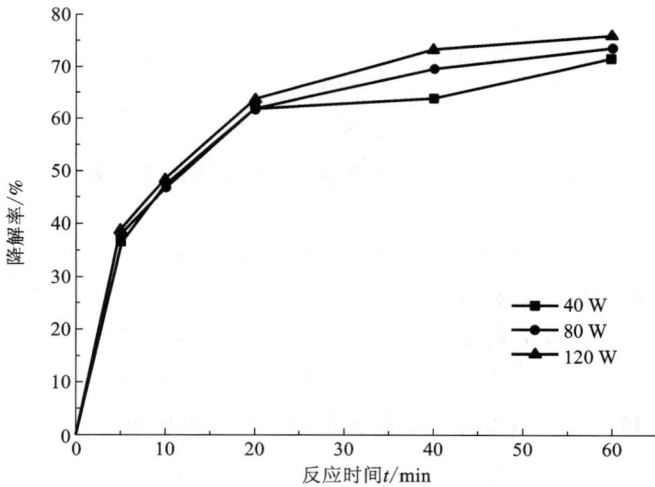

图 5.1 – 18   不同 UV/H$_2$O$_2$ 条件下 TBBPA 降解率

5.1.6   电子行业重金属强化沉淀回收技术研究

该工艺的组成主要分为三个部分：序批式反应器、过滤装置、离子交换树脂。前端设有调节池，此外还有储泥池等附属装置，整体工艺的流程如图 5.1 – 19 所示。

图 5.1-19　重金属强化沉淀回收工艺流程图

在实际的电镀含镍废水中,不可避免的会有络合剂的存在。络合剂是影响沉淀法去除重金属效率的一个重要因素[22]。从工厂里取来实际的含镍电镀废水,一共有三种:不含络合剂的、含有少量络合剂的(约 10%)、含有大量络合剂的(约 50%)。现用本套工艺处理这三类废水,每种做 5 个批次。实验结果如图 5.1-20、图 5.1-21 和图 5.1-22 所示。

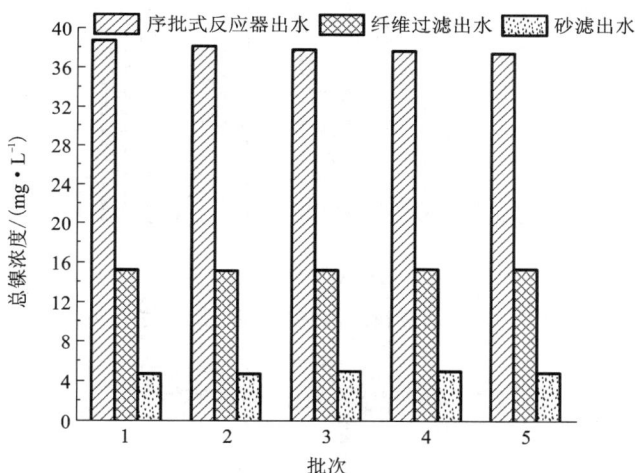

图 5.1-20　不含络合剂时各单元出水总镍浓度

通过对不同含量络合剂时各单元出水中总镍浓度的考察,含大量络合剂、含少量络合剂、不含络合剂的去除率分别为 97.71%、98.85%、99.15%。

该工艺与目前处理含重金属电镀废水中最常用的化学沉淀法相比较有着明显的优势,突出表现在以下几个方面。

(1)重金属回收率非常高,镍的回收率可达 99.9% 以上。

(2)运行成本低。由于整个过程中只投加了一种药剂(硫化钠),省去了混凝剂、助凝剂,药剂成本得到大幅度的节省。再由于回收的重金属镍价格较为昂贵,又省去了污泥处置的费用,而且本工艺的离子交换树脂是在较低的浓度下工作,使用周期较长,故减少了洗脱和更换的次数。可以说该工艺的运行成本是低于现有常规工艺的。

(3)工艺简单,操作容易。

(4)处理效果稳定,不产生污泥。

综上所述,本工艺利用已有沉淀来强化新生成的沉淀颗粒物的沉淀,取得了较好的结果,有着出水稳定达标、运行成本低、工艺简单、重金属回收率高、不产生污泥等优点,有很大的应用价值和推广价值。

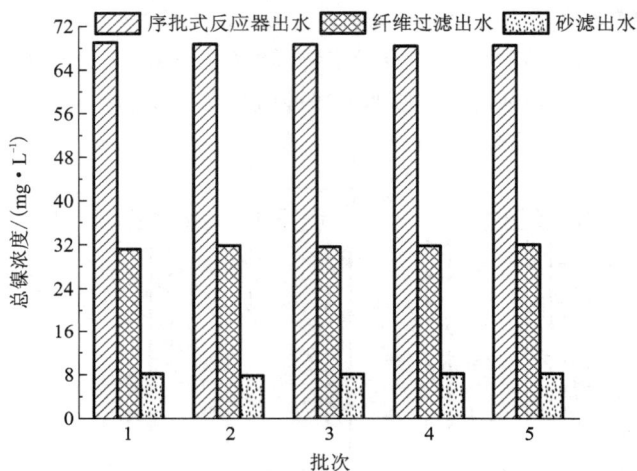

图 5.1-21　含少量络合剂时各单元出水总镍浓度

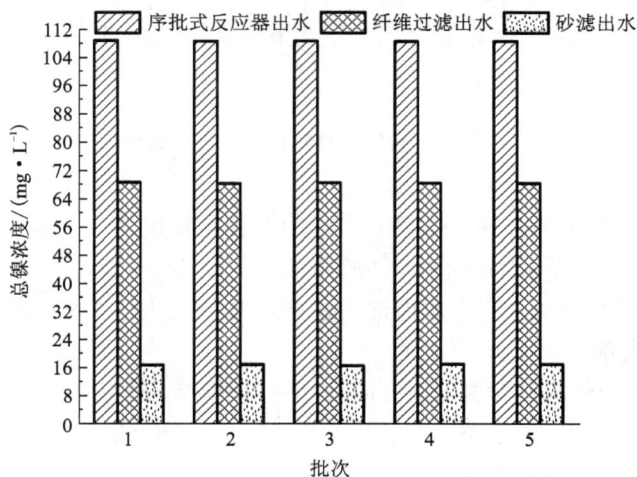

图 5.1-22　含大量络合剂时各单元出水总镍浓度

5.2　关键技术优势总结

　　针对电子行业排水特征污染物脱除关键技术问题，开发了"蒙脱土负载零价铁/微生物联合还原—氧化—絮凝组合工艺"，该技术具有以下优势：蒙脱土负载零价铁在保留零价铁还原卤代有机污染物和重金属的优势的同时，有效地缓解了零价铁团聚的问题，从而有效增加比表面积，提高反应活性；零价铁作为电子供体为微生物提供电子，促进微生物的生长，并改变微生物种群的群落结构，进一步加强微生物的降解效果；另外，部分微生物的酶体系能降低氧化还原电位，促进零价铁的反应，从而降解体系中的目标污染物。此技术与单一的微生物修复或零价铁修复相比，避免了单一处理技术各自的缺点，使反应效果更佳，降解谱更广，毒性消减更明显。二级反应池中加入蒙脱土负载零价铁可以强化絮体吸附，改善水中悬浮物沉降性能，大幅度缩减絮凝沉降时间。

5.3　电子行业排水脱毒减害成套技术工程案例

5.3.1　现有工程概况

　　深圳市统信电路电子有限公司作为深圳市统赢实业有限公司的子公司，总部设立于深圳市中心地段的华富路航都大厦 20 楼，公司工厂坐落于深圳市龙岗区坪山镇金碧路 160 号统赢工业园，占地 1 万多平方米。公司自 1996 年成立实行股份制经营以来，专业生产高质量的双层、多层电路板。公司现拥有员工 700 多名，在人才结构组建时，致力于技术管理队伍的培养，使统信公司形成了一支拥有销售、管理、工程技术、生产技术的骨干梯队，并具备了丰富的电路板行业的技术和管理经验。公司产品于 1998 年获取了美国 UL 认证，2000 年荣获 ISO 9002 国际质量论证，2002 年改版，通过 ISO 9001（2000 版）认证，自此公司的产品质量管理步入良性循环状态。公司产品的生产采用无铅工艺，并取得了 SGS 相关证书。现公司主要的客户群有富士康科技集团（Foxconn），普思电子有限公司（Pulse），南太集团（Nam Tai），万利达集团（Malata）等。

　　公司生产过程中，废水量为 500 m³/d，在生产工艺过程中使用了工业酒精、天那水、洗网水、硫酸、盐酸、硝酸、双氧水、氢氧化钠、高锰酸钾、蚀刻液、油墨等药剂。统信线路板厂的废水分成四类，分别为综合废水、络合废水、含氰废水以及油墨废水，这些废水主要来源于线路板制作中的刷磨、显影、蚀刻、剥膜、棕化、去毛边、除胶渣、镀通孔、镀铜、镀锡、剥锡、防焊绿漆、镀金手指、喷锡前/后处理、成型清洗等工序。目前，公司将厂区内各工序段的废水（包括含铜清洗废水、非络合废水、络合废水、脱膜显影废液、非络合含铜废液、含氧化剂废液、高锰酸钾废液等)全部收集进行综合处理,综合后的废水主要含有氮、磷、有机物、重金属(铜、铬、镍)等污染物。该废水经公司内现有污水处理系统处置后可达到国家《电镀污染物排放标准》(GB 21900—2008)之表2排放标准。

统信电路电子有限公司原有企业废水处理站(工艺如图5.3-1所示),由于早期设计不周全、多股废水综合混排等原因,使得企业排口出水水质不能稳定达标。且废水处理系统设施老化、运行管理困难,对周边生态环境构成了环境污染风险。随着环保要求的日益严格,目前的废水处理系统及配套设备已不能满足生产废水出水水质的要求,因此需对现有废水处理系统及配套设施进行升级改造。示范工程所在地点如图5.3-2所示,现场照片如图5.3-3所示。

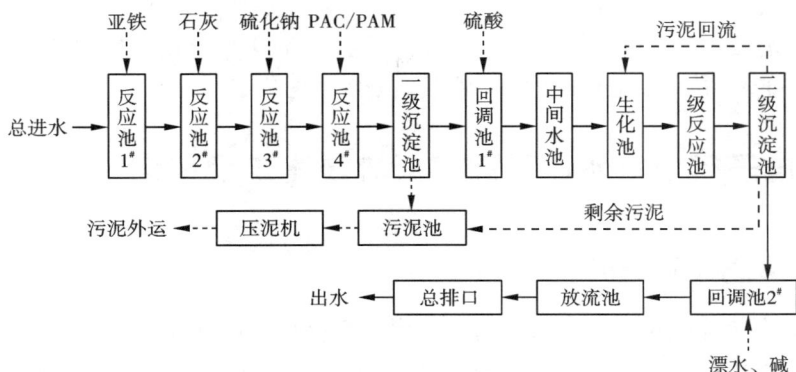

图 5.3 - 1 统信现有废水处理工艺流程图

图 5.3 - 2 示范工程卫星图

图 5.3 - 3 电子行业示范合作单位——
深圳统信电路电子有限公司

5.3.2 现有工艺存在问题及改造思路分析

（1）存在问题

根据污水处理站的原有工艺及出水水质情况，分析得出该污水处理站目前存在的主要问题如下：

①没有对生产废水进行合理的分类收集。按相关产业政策要求，PCB 生产废水要分类收集、分质处理，最后再集中处理。本污水处理站进水只是对油墨废水及沉金废水进行了分类预处理，且处理效果有限。

②工艺技术水平总体较低。对废水水质缺乏深入分析，对整体工艺流程缺乏合理的规划。基本都是重复"加药—混凝—沉淀"工艺，各工艺单元反应机理不清晰，反应条件不理想，处理效果有限，加药量巨大，成本高昂。COD 处理效果不稳定，出水超标。进水水质及水量变化大，处理效果不稳定，出水波动大，有时会达到 80 ~ 100 mg/L。由于破络池出水含有大量的硫，曝气池微生物无法生长，对废水中有机污染物基本没有去除效果，主要依靠后续的混凝沉淀池去除部分有机物，导致 COD 去除不稳定。

③重金属处理效果不明。废水中重金属种类和含量不清楚，各单元的处理效果有待评估，总体处理效果不明。

④对特征有机污染物不够重视。现有工艺偏重重金属及氮磷的处理，未考虑尾水特征有机污染物的去除，对受纳水体具有潜在水质风险。目前，废水中特征有机物尚未最终确定。前期监测表明，废水中有机物种类与区域典型有机污染物不一致。

⑤处理成本高。投加药剂量大，药剂费占处理费用的大部分。

⑥中水回用系统回用水量不足，水质欠佳。统信线路厂每日限排水量不超过 350 m³，每日污水站进水量约为 500 m³，中水回用系统回用水量约为 100 m³。不仅回用量不足，由于在处理段加入大量化学药剂导致膜系统严重老化，导致最终回用水电导率偏高，不符合大部分生产工艺的用水水质要求。

（2）改造方案

针对深圳市统信电路电子有限公司原有工艺存在的问题，提出如下改造方案：

①针对原处理工艺技术水平总体较低、处理效果差、废水并未进行分类分质处理的问题，在改造时应针对不同类型废水，对废水进行分类单独物化处理再集中生化处理，其分别对应处理的是含镍废水、含铜废水、含氰废水、油墨废水。废水处理后的污泥和废渣委托专门资质公司进行妥善处置。

②鉴于原处理工艺无中水回用系统，故在改造工艺中增加中水回用系统，使

得水回用率达75%。在处理末端增加中水回用系统,将二沉池出水过渗透单元过滤处理,出水可直接回用到生产中。

③针对原处理工艺对重金属处理效果不稳定、特征污染物处理效果不明确的问题,研发了"蒙脱土负载零价铁/微生物联合还原—氧化—絮凝"组合工艺,在生化池和二级反应池中投加蒙脱土负载的零价铁材料,蒙脱土负载零价铁在保留零价铁还原卤代有机污染物和重金属的优势的同时,有效地缓解了零价铁团聚的问题,从而有效增加比表面积,提高反应活性;零价铁作为电子供体为微生物提供电子,促进微生物的生长,并改变微生物种群的群落结构,进一步加强微生物的降解效果;部分微生物能产生或促进产生 H_2O_2,与体系中的铁发生局部的Fenton 反应,产生·OH,从而氧化分解行业特征有机污染物;另外,部分微生物的酶体系能降低氧化还原电位,促进零价铁的反应,从而降解体系中的目标污染物。此技术与单一的微生物修复或零价铁修复相比,避免了单一处理技术各自的缺点,使反应效果更佳,降解谱更广,毒性消减更明显。反应池中加入蒙脱土负载零价铁可以强化絮体吸附,改善水中悬浮物沉降性能,大幅度缩减絮凝沉降时间。与原工艺相比,改造后的工艺对重金属的处理效果更稳定,对特征污染物有很好的降解效率,保证出水稳定达标。

5.3.3 改造后工艺流程及简介

改造后工艺流程图如图5.3 – 4所示。

反应池中加入蒙脱土负载零价铁可以强化絮体吸附,改善水中悬浮物沉降性能,大幅度缩减絮凝沉降时间。本工艺为中山大学开发的新型技术,能有效去除废水中的特征有机物,如四溴双酚 A、壬基酚、多溴联苯醚等,实现排水水质水生态风险可控。

"蒙脱土负载零价铁/微生物联合还原—氧化—絮凝"组合工艺包括两个阶段:第一阶段是向生化池中加入蒙脱土负载零价铁材料,使其与微生物协同降解废水中特征污染物;第二阶段是向二级反应池中投加蒙脱土负载零价铁材料以加强悬浮物絮凝作用。具体技术参数如下:生化池中蒙脱土负载零价铁投药量为80~100 mg/L,强化剂的反应时间为6~8 h,水力停留时间为12 h。二级沉淀池中蒙脱土负载零价铁投药量为50 mg/L 左右,沉淀后出水 COD 小于 50 mg/L,铜含量小于0.3 mg/L。

针对 PCB 行业废水特征污染物处理效果不明确的问题,研发了"蒙脱土负载零价铁/微生物联合还原—氧化—絮凝"组合工艺,改造前是生化池和二级反应池(如图5.3 – 5所示),改造后是蒙脱土负载零价铁半自动加药系统(如图5.3 – 6所示)。

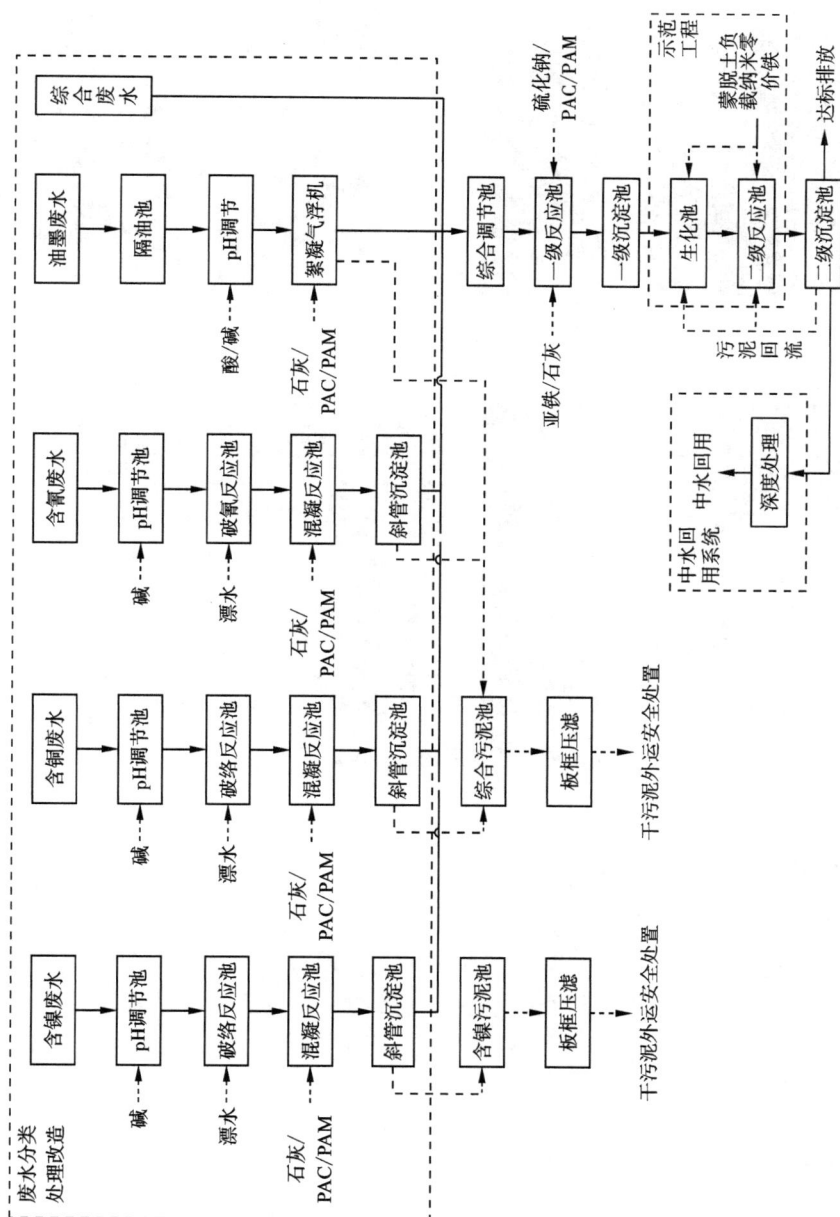

图5.3-4　统信示范工程改造后工艺流程图

图 5.3 – 5　改造前的生化池(左)和二级反应池(右)

图 5.3 – 6　改造后的装置现场图

5.3.4　示范工程实施效果

根据深圳统信电路电子有限公司提供的资料,废水站处理规模 500 m³/d,经处理后部分回用,回用水处理规模为 375 m³/d。自示范工程稳定运行以来,对示范工程处理水量及运行效果进行跟踪监测。表 5.3 – 1 为处理水量及回用率统计表,表 5.3 – 2 ~ 表 5.3 – 9 为课题组委托第三方开展的 6 次运行效果跟踪监测。

由第三方监测数据及企业运行记录可知,本示范工程日处理水量为 500 m³/d,达到"处理水量不少于 500 m³/d"的要求;月平均处理量为 15235 m³,月平均回用水量为 11695 m³,回用率平均值为 76.8%,达到"示范项目的行业工业用水重复率不低于 75%"的要求。示范工程特征有机污染物多溴联苯醚平均去除率为 75.5%,壬基酚平均去除率为 83.8%,均符合"示范项目排水中特征污染物削减率不低于 70%"的要求;示范项目排水的风险(以微生物毒性表征)降低值为 91%,符合"示范项目排水的风险(以微生物毒性表征)降低 50% 以上"的要求。其他指标如化学需氧量、氨氮、总镍、总铜,出水均满足《电镀污染物排放标准》(GB 21900—2008)中表 3 标准,示范工程效益如表 5.3 – 10 所示。综上,本示范工程整体运行良好,出水水质稳定。

改造工艺与原有工艺相比,具有以下优势:①对电子行业的特征有机物(BPA、TBBPA、壬基酚和多溴联苯醚)的去除效果明显;②pH 适应能力强,适合多种条件下的废水处理;③该技术投加的材料循环利用性强,可大大节约处理成本。

表 5.3 – 1　示范工程处理水量及回用率统计表

时间 (年月)	处理水量 /(m³·月⁻¹)	回用水量 /(m³·月⁻¹)	排放水量 /(m³·月⁻¹)	回用率 /%
2017.5	15300	11700	3600	76.4
2017.6	15180	12000	3180	79.1
2017.7	15450	11580	3870	75.0
2017.8	14880	11730	3150	78.8
2017.9	16020	11850	4170	74.0
2017.10	14580	11310	3270	77.8
平均值	15235	11695	3540	76.85

附:数据来源于统信电路电子有限公司废水处理站排污申报表

表 5.3 – 2　COD 去除情况

时间 (年月)	综合调节池 COD 浓度 /(mg·L⁻¹)	总排口 COD 浓度 /(mg·L⁻¹)	去除率 /%
2017.5	334	28	91.6
2017.6	326	33	89.9
2017.7	297	31	89.6
2017.8	322	32	90.1
2017.9	317	28	91.2
2017.10	332	36	89.2
平均值	321.33	31.33	90.27

附:数据来源于第三方检测数据

表5.3-3　氨氮去除情况

时间 （年月）	综合调节池氨氮 浓度/（mg·L^{-1}）	总排口氨氮浓度 /（mg·L^{-1}）	去除率 /%
2017.5	39.6	3.26	91.8
2017.6	41.8	3.28	92.2
2017.7	42.6	3.66	91.4
2017.8	40.3	2.89	92.8
2017.9	41.6	3.27	92.1
2017.10	42.3	3.22	92.4
平均值	41.37	3.26	92.12

附：数据来源于第三方检测数据

表5.3-4　总磷去除情况

时间 （年月）	综合调节池总磷 浓度/（mg·L^{-1}）	总排口总磷浓度 /（mg·L^{-1}）	去除率 /%
2017.5	11.2	0.41	96.3
2017.6	11.9	0.44	96.3
2017.7	10.2	0.28	97.3
2017.8	11.6	0.41	96.5
2017.9	10.1	0.38	96.2
2017.10	9.67	0.41	95.8
平均值	10.78	0.39	96.4

附：数据来源于第三方检测数据

表5-5　镍离子去除情况

时间 （年月）	综合调节池 Ni 浓度 /（mg·L^{-1}）	总排口 Ni 浓度 /（mg·L^{-1}）	去除率 /%
2017.5	0.84	0.05	99.9
2017.6	0.82	0.05	99.9
2017.7	0.86	0.05	99.9
2017.8	0.65	0.05	99.9
2017.9	0.86	0.05	99.9
2017.10	0.76	0.05	99.9
平均值	0.80	0.05	99.9

附：数据来源于第三方检测数据

表 5.3 - 6　铜离子去除情况

时间 （年月）	综合调节池 Cu 浓度 /（mg·L⁻¹）	总排口 Cu 浓度 /（mg·L⁻¹）	去除率 /%
2017.5	28.6	0.05	99.9
2017.6	31.9	0.05	99.9
2017.7	31.9	0.05	99.9
2017.8	33	0.05	99.9
2017.9	31	0.05	99.9
2017.10	33.1	0.05	99.9
平均值	31.58	0.05	99.9

附：数据来源于第三方检测数据

表 5.3 - 7　特征污染物多溴联苯醚去除情况

时间 （年月）	综合调节池多溴联 苯醚浓度/（ng·L⁻¹）	总排口多溴联苯醚 浓度/（ng·L⁻¹）	去除率 /%
2017.5	170	36	78.8
2017.6	159	42	73.6
2017.7	175	47	73.1
2017.8	162	45	72.2
2017.9	179	43	76.0
2017.10	183	38	79.2
平均值	171	42	75.5

附：数据来源于第三方检测数据

表 5.3 - 8　特征污染物壬基酚去除情况

时间 （年月）	综合调节池壬基酚 浓度/（ng·L⁻¹）	总排口壬基酚 浓度/（ng·L⁻¹）	去除率 /%
2017.5	1.57×10^3	2.34×10^2	85.0
2017.6	1.51×10^3	2.65×10^2	82.4
2017.7	1.61×10^3	2.45×10^2	84.7
2017.8	1.63×10^3	2.38×10^2	85.4
2017.9	1.37×10^3	2.55×10^2	83.9
2017.10	1.49×10^3	2.40×10^2	84.0
平均值	1.53×10^3	2.46×10^2	84.23

附：数据来源于第三方检测数据

表 5.3 - 9 急性生物毒性变化情况

时间 （年月）	原水相对发光度 /%	出水相对发光度 /%	毒性风险降低率 /%
2017.5	3	94	91
2017.6	4	92	88
2017.7	4	97	93
2017.8	3	96	93
2017.9	5	90	85
2017.10	4	98	94
平均值	3.83	94.5	90.67

附：数据来源于第三方检测数据

表 5.3 - 10 示范工程效益

COD 年削 减量/t	氨氮年 削减量 /t	总磷年 削减量 /t	重金属及有 毒有害物质 年削减量 /t	壬基酚消 减量/t	多溴联苯醚 削减量/t	年节 水量 /万 m³
54.57	7.14	2.0	Cu 5.99 Ni 0.14	2.3×10^{-4}	2.35×10^{-5}	14

第6章
先进制造业排水脱毒减害成套技术研究及示范

针对先进制造业中富磷废水处理关键技术问题，开发了"两段式高级氧化/次亚磷酸盐去除技术"。此技术与传统的 Fenton 氧化技术对比，可以减少水力停留时间、保证出水总磷稳定达标、降低污泥产量，从而减小反应器的体积、强化出水总磷稳定达标、降低整体处理费用。在较优运行条件下，出水总磷浓度小于 0.5 mg/L，达到《电镀污染物排放标准》（GB 21900—2008）表3排放标准。目前，该技术已成功应用于先进制造业富磷废水示范工程"深圳市金源康实业有限公司"研究中，各项指标均满足考核要求。

针对先进制造业中尾水特征有机物强化去除问题，研发了"膜浓液特征有机污染物高级氧化处理技术"。该联用技术中具有特征有机物去除效果好、高级氧化处理效率高、对环境条件适应性强等优点。目前，该技术已应用于"深圳市金源康实业有限公司"处理先进制造业含特征有机污染物尾水。在连续运行过程中，利用"膜浓液特征有机污染物高级氧化处理技术"，可实现特征有机污染物的高效去除，提高废水回用率。

6.1 先进制造业富磷废水处理关键技术研究

先进制造业在生产过程中，可能产生富含焦磷酸盐、正磷酸盐和次/亚磷酸盐的废水。针对焦磷酸，结合处理效果和经济成本，选择 $Ca(OH)_2$ 作为除磷药剂。针对正磷酸盐，以亚铁为核心工艺的正磷酸盐去除技术具有 pH 适应能力强、处理成本低的优点；与传统工艺相比，该工艺处理成本可降低 50% 左右，产泥量减少 25% 以上。

本节主要针对次/亚磷酸盐的废水，进行相关处理工艺选择及工况优化研究。

6.1.1 $O_3/H_2O_2 + Fe^{2+}$ 工艺参数优化

对臭氧、过氧化氢和硫酸亚铁联用技术进行工艺比选,通过工艺比较可知,$O_3/H_2O_2 + Fe^{2+}$ 工艺对次磷酸盐氧化和总磷去除效果较显著,且 O_3 利用率较高。因此,后续将对 $O_3/H_2O_2 + Fe^{2+}$ 工艺药剂投加量、投加方式和反应时间进行优化,考察了该工艺对次磷酸盐氧化和总磷去除效能与机理的影响。同时,还研究了次磷酸盐初始浓度、金属离子和有机物等对工艺处理效果造成的影响。

6.1.1.1 O_3 投加量的影响

从图6.1-1和图6.1-2可以看出,$O_3/H_2O_2 + Fe^{2+}$ 工艺对次磷酸盐氧化和总磷去除效果随着 O_3 投加量的增加而变好,处理效果变好。由此可知,$O_3/H_2O_2 + Fe^{2+}$ 工艺的氧化作用分为两个阶段:第一个阶段主要是通过 O_3 和 H_2O_2 相互作用产生·OH进行氧化,第二个阶段是投加 Fe^{2+} 后起到催化作用产生·OH。虽然 O_3 投加量的增加可以提高第一阶段次磷酸盐氧化效果,但这使得第二阶段 Fe^{2+} 的催化氧化作用不能得到较好的发挥,降低了 O_3 利用率,而投加量为 $75\ mg/(L \cdot h)$ 和 $110\ mg/(L \cdot h)O_3$ 的试验,第二阶段的氧化效果较好,能把 Fe^{2+} 的催化作用尽可能地发挥出来。通过上述分析,为了充分利用·OH自由基,同时减少 O_3 的用量,提高 O_3 利用率,较好的 O_3 投加量是 $75\ mg/(L \cdot h)$。

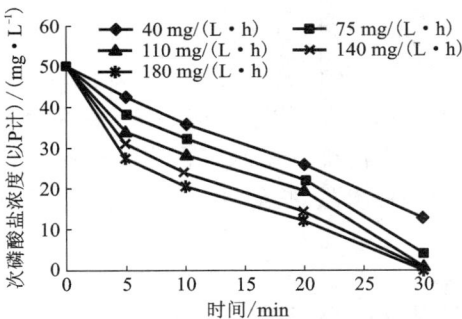

图6.1-1　O_3 投加量对次磷酸盐氧化的影响

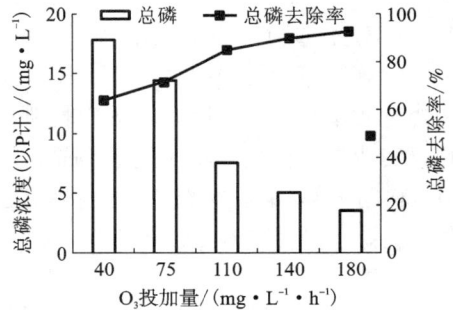

图6.1-2　O_3 投加量对总磷去除的影响

6.1.1.2 H_2O_2 投加量的影响

从图6.1-3和6.1-4可以看出,$O_3/H_2O_2 + Fe^{2+}$ 工艺对次磷酸盐氧化和总磷去除效果随着 H_2O_2 投加量的增加而先变好后变差。由此可知,H_2O_2 投加量的增加对第一阶段和第二阶段次磷酸盐氧化效果均为先促进后抑制。投加量少于 $0.25\ mL/L$ 时,两个阶段对次磷酸盐氧化效果不佳;投加量为 $0.50 \sim 3.00\ mL/L$

时，第一阶段氧化效果随着投加量增加而增加，第二阶段却恰好相反；投加量多于 5.00 mL/L 时，第一阶段氧化出现了明显的抑制作用。综合考虑第一阶段 H_2O_2 利用率、第二阶段 $FeSO_4$ 的效用、次磷酸盐氧化和总磷的去除效果，H_2O_2 投加量可控制在 1.00 mL/L 水。

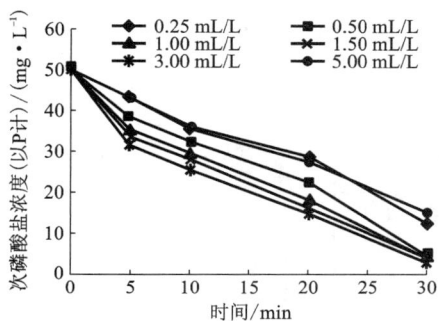

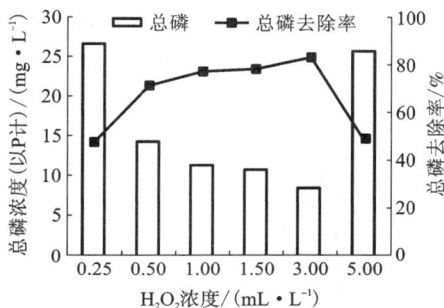

图 6.1－3　H_2O_2 投加量对次磷酸盐氧化的影响　图 6.1－4　H_2O_2 投加量对总磷去除的影响

6.1.1.3　H_2O_2 投加方式的影响

由图 6.1－5 和图 6.1－6 可以看出，$O_3/H_2O_2+Fe^{2+}$ 工艺对次磷酸盐氧化和总磷去除效果随着 H_2O_2 投加方式的转变而变好，当 H_2O_2 投加方式为连续投加时，出水次磷酸盐和总磷浓度均低于 0.5 mg/L。为了充分利用 H_2O_2、保证处理效果，H_2O_2 投加方式应为连续投加，这可以使氧化效果更好，经济成本更低。

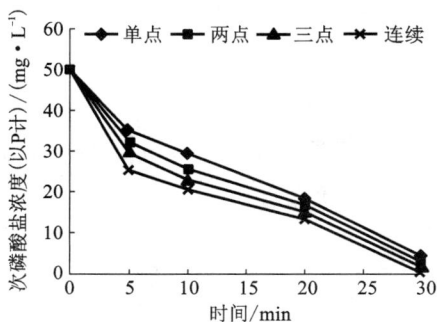

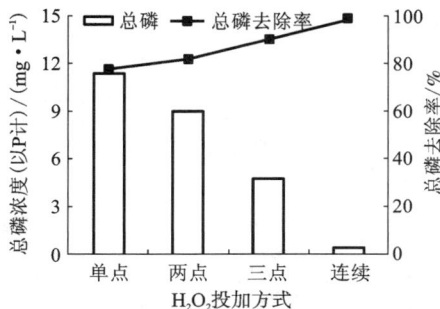

图 6.1－5　H_2O_2 投加方式对次磷酸盐氧化的影响　　图 6.1－6　H_2O_2 投加方式对总磷去除的影响

6.1.1.4 亚铁投加量的影响

由图 6.1 − 7 和图 6.1 − 8 可以看出，$O_3/H_2O_2 + Fe^{2+}$ 工艺对次磷酸盐氧化效果随着亚铁投加量的增加而变好；出水总磷去除效果却随着亚铁投加量的增加先变好后变差。相关文献显示，为保证充分去除正磷酸根，铁磷物质的量之比应大于 1.5∶1。为了使 $O_3/H_2O_2 + Fe^{2+}$ 工艺中亚铁效用得到最大限度的发挥，从而保证次磷酸盐氧化和总磷去除，较优铁磷物质的量之比为 1.66∶1 左右，此时亚铁投加量为 150 mg/L(以 Fe^{2+} 计)。

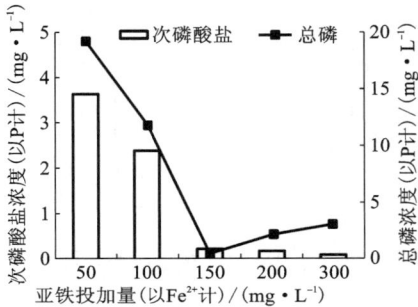

图 6.1 − 7　亚铁投加量对次磷酸盐氧化和总磷去除效果影响

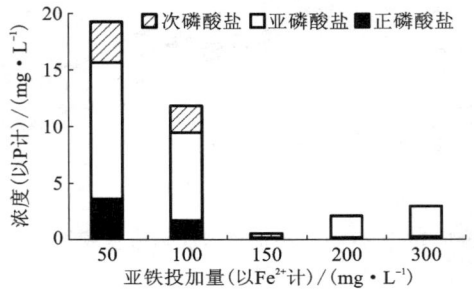

图 6.1 − 8　残留的磷形态分布

6.1.1.5 亚铁投加时间点的影响

由图 6.1 − 9 和图 6.1 − 10 可以看出，亚铁投加时间影响了次磷酸盐氧化和总磷去除的效果。就次磷酸盐氧化效果来看，亚铁投加时间点越靠后，次磷酸盐氧化越完全；但投加时间点对总磷去除效果略有差异。为了保证去除效果，亚铁投加时间点可以为 20 min。

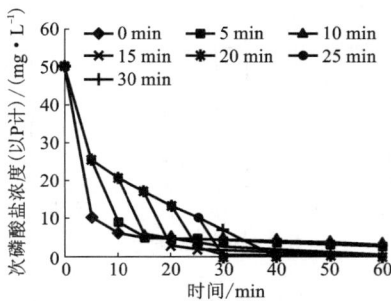

图 6.1 − 9　亚铁投加时间点对次磷酸盐氧化影响

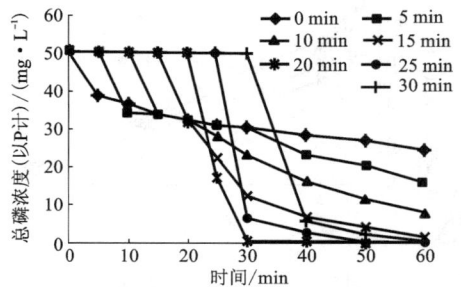

图 6.1 − 10　亚铁投加时间点对总磷去除影响

6.1.1.6　初始次磷酸盐浓度的影响

经过上述试验,当次磷酸盐浓度变化时,氧化单位物质的量的次磷酸盐所需的臭氧的物质的量并没有显著地增加。在次磷酸盐初始浓度小于 1.61 mmol/L 时,可以通过增加 O_3、H_2O_2 和亚铁投加量来保证处理效果;而当次磷酸盐初始浓度大于 1.61 mmol/L 时,一方面需要提高 O_3、H_2O_2 和亚铁投加量,另一方面还需延长处理时间,从而保证处理效果(图 6.1 – 11 和图 6.1 – 12)。

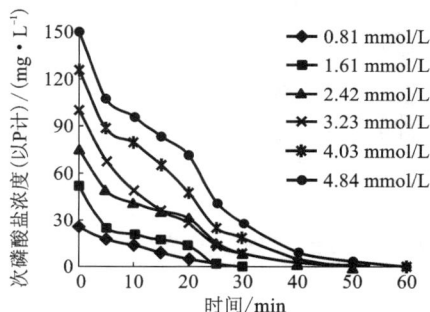

图 6.1 – 11　次磷酸盐氧化情况

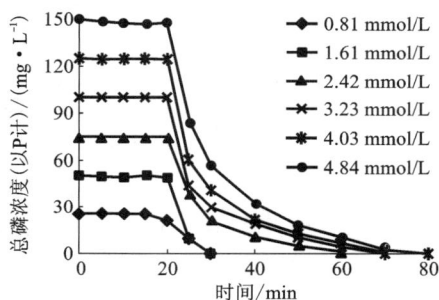

图 6.1 – 12　总磷去除情况

6.1.1.7　共存离子的影响

(1)Cu(Ⅱ)

从图 6.1 – 13、图 6.1 – 14 和图 6.1 – 15 可知,铜离子浓度的增加不利于 $O_3/H_2O_2 + Fe^{2+}$ 工艺对次磷酸盐的氧化;与此对应,出水总磷浓度不断上升,去除率由 99.1% 下降至 65.6%。本工艺氧化次磷酸盐的同时,也会对铜离子有较好的去除效果。

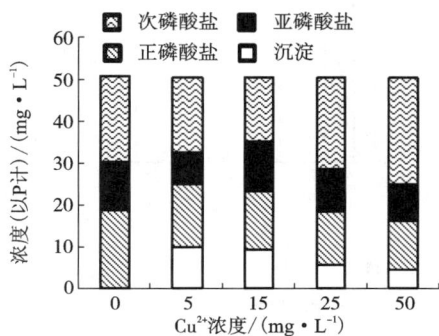

图 6.1 – 13　O_3/H_2O_2 磷形态转化

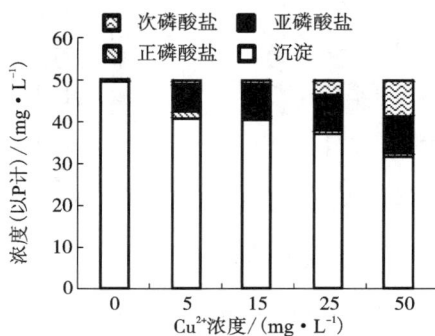

图 6.1 – 14　$O_3/H_2O_2 + Fe^{2+}$ 磷形态转化

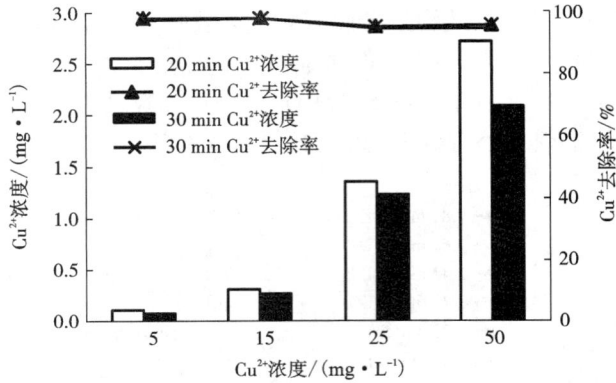

图 6.1 – 15　O_3/H_2O_2 和 $O_3/H_2O_2 + Fe^{2+}$ 反应后铜离子去除情况

（2）Ni（Ⅱ）

从图 6.1 – 16、图 6.1 – 17 和图 6.1 – 18 可知，镍离子浓度的增加不利于 $O_3/H_2O_2 + Fe^{2+}$ 工艺对次磷酸盐的氧化；与此对应，出水总磷浓度不断上升。因此，当原水中镍离子浓度过高时，应对其进行预处理后再进入该工艺处理。本工艺在氧化次磷酸盐的同时，也会对镍离子有一定的去除效果。

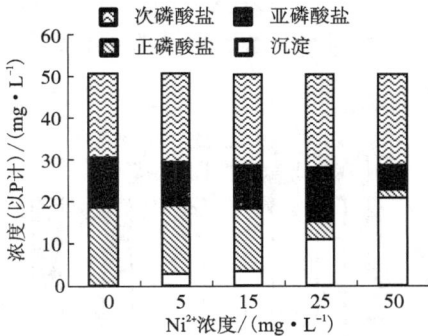

图 6.1 – 16　O_3/H_2O_2
反应后磷形态转化情况

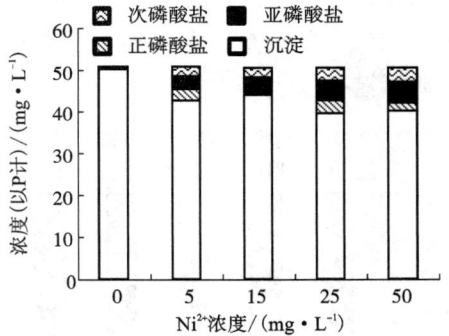

图 6.1 – 17　$O_3/H_2O_2 + Fe^{2+}$
反应后磷形态转化情况

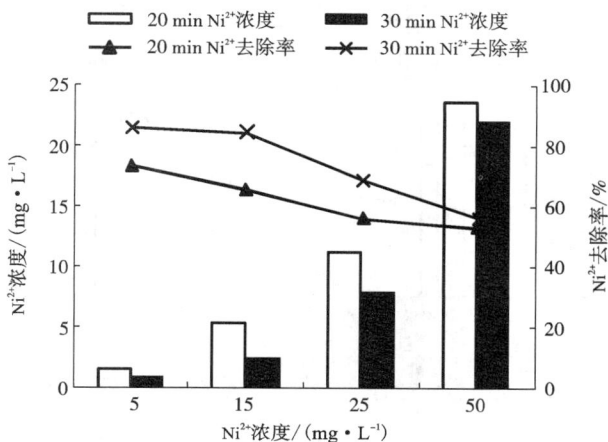

图 6.1 - 18　O_3/H_2O_2 和 $O_3/H_2O_2 + Fe^{2+}$ 反应后镍离子去除情况

6.1.1.8　有机物的影响

（1）柠檬酸

从图 6.1 - 19、图 6.1 - 20 和图 6.1 - 21 可以看出，柠檬酸浓度的增加不利于 $O_3/H_2O_2 + Fe^{2+}$ 工艺对次磷酸盐的氧化；与此对应，出水总磷浓度不断上升；本工艺在氧化次磷酸盐的同时，也会对柠檬酸有较好的去除效果，不同条件下柠檬酸的去除率均在 53% 以上。这说明柠檬酸的存在，消耗了臭氧及其产生的 · OH，使得次磷酸盐的氧化效果下降，从而影响了总磷的去除效果，但该问题可以通过增加 O_3 的投加量来解决。

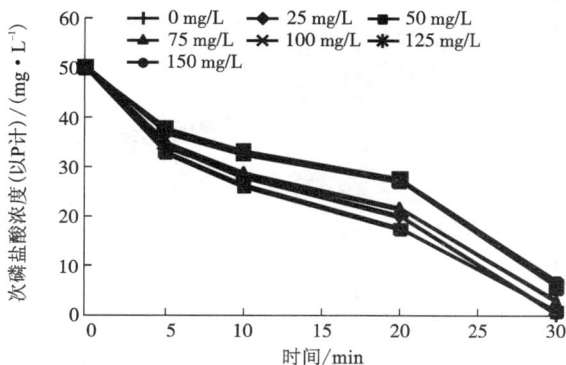

图 6.1 - 19　柠檬酸对次磷酸盐氧化影响

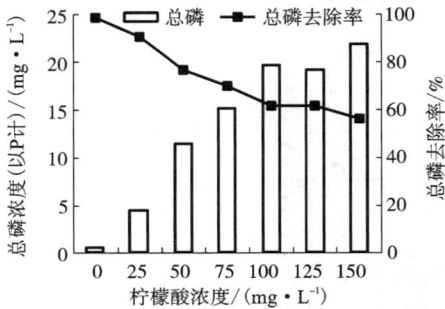

图 6.1 – 20　柠檬酸对总磷去除影响

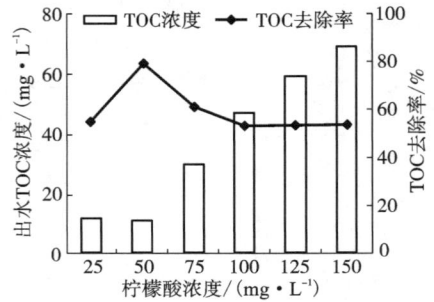

图 6.1 – 21　柠檬酸去除情况

（2）EDTA

从图 6.1 – 22、图 6.1 – 23 和图 6.1 – 24 可以看出，EDTA 浓度的增加不利于 $O_3/H_2O_2 + Fe^{2+}$ 工艺对次磷酸盐的氧化；与此对应，出水总磷浓度不断上升；本工艺在氧化次磷酸盐的同时，也会对 EDTA 有较好的去除效果，在 EDTA 浓度小于 25 mg/L 时，去除率可达到 80% 以上。这说明 EDTA 的存在，消耗臭氧及其产生的·OH，使得次磷酸盐的氧化效果下降，从而影响了总磷的去除效果，但该问题可以通过增加 O_3 的投加量来解决。

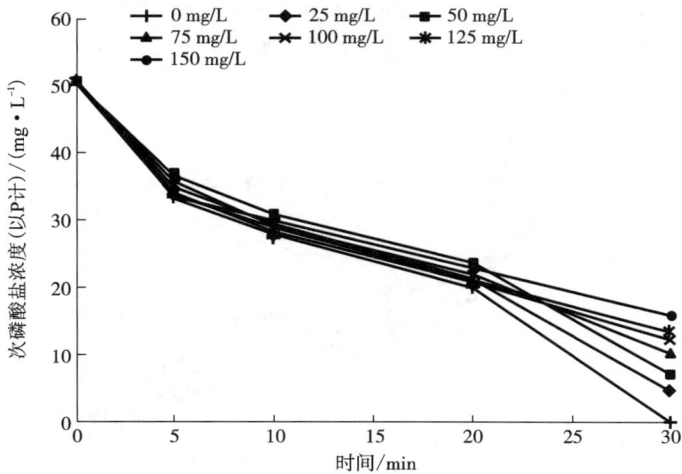

图 6.1 – 22　EDTA 对次磷酸盐去除影响

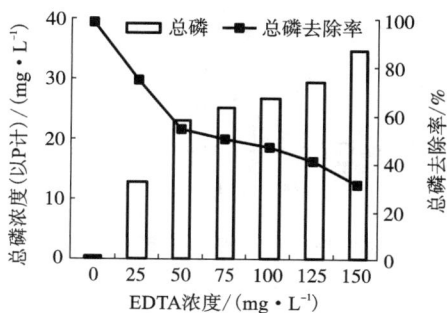

图 6.1 - 23　EDTA 对总磷去除影响　　　　图 6.1 - 24　EDTA 去除情况

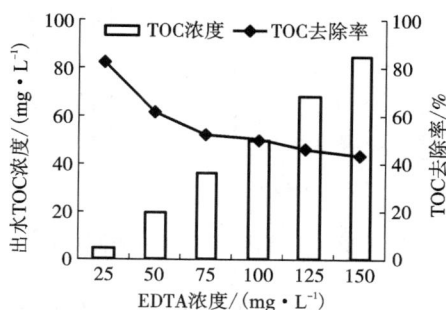

（3）腐殖酸

从图 6.1 - 25、图 6.1 - 26 和图 6.1 - 27 可以看出，腐殖酸浓度的增加不利于 $O_3/H_2O_2 + Fe^{2+}$ 工艺对次磷酸盐的氧化；与此对应，出水总磷浓度不断上升；本工艺在氧化次磷酸盐的同时，也会对腐殖酸有较好的去除效果，不同条件下腐殖酸的去除率均在 43% 以上。这说明腐殖酸的存在，消耗臭氧及其产生的·OH，使次磷酸盐氧化效果下降，影响总磷去除效果，但该问题可通过增加 O_3 的投加量来解决。

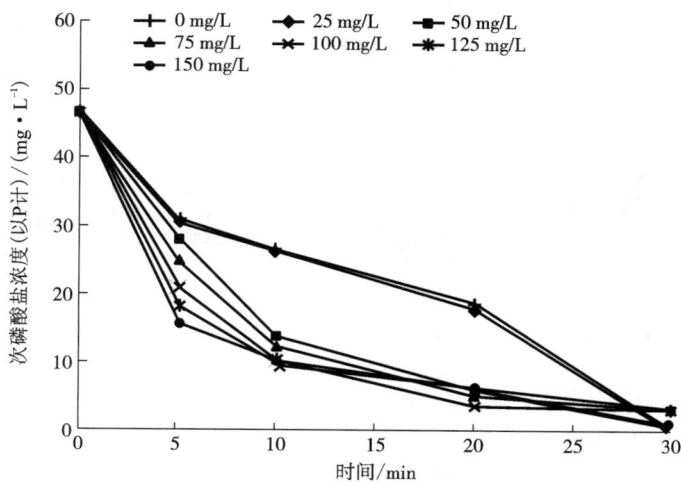

图 6.1 - 25　腐殖酸对次磷酸盐氧化影响

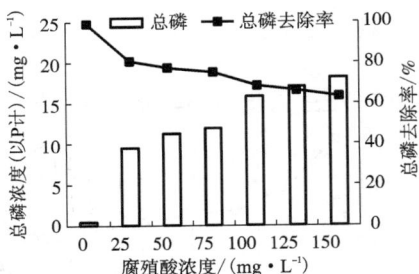

图 6.1 - 26　腐殖酸对总磷去除影响

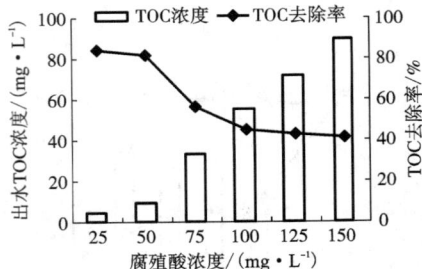

图 6.1 - 27　腐殖酸去除情况

6.1.2　$O_3/H_2O_2 + Fe^{2+}$ 工艺处理实际废水研究

前面主要研究了配水条件下，$O_3/H_2O_2 + Fe^{2+}$ 工艺对次磷酸盐氧化和总磷去除情况。而实际废水中，污染物质种类较多、成分复杂，本章以实际含磷电子废水为研究对象，对 O_3、H_2O_2 和亚铁投加量进一步优化。此外，还研究了 $O_3/H_2O_2 + Fe^{2+}$ 工艺结合 $Ca(OH)_2$ 对含磷废水处理的效果，针对次磷酸盐氧化、总磷去除、TOC 去除和产泥量展开，并与目前较常用的 Fenton 工艺进行比较。

6.1.2.1　运行参数优化

从图 6.1 - 28 ~ 图 6.1 - 36 可以看出，$O_3/H_2O_2 + Fe^{2+}$ 工艺对次磷酸盐氧化和总磷去除效果随着 O_3 投加量、H_2O_2 投加量、亚铁投加量的增加而变好；另外，其对 TOC 也有较好的去除效果。

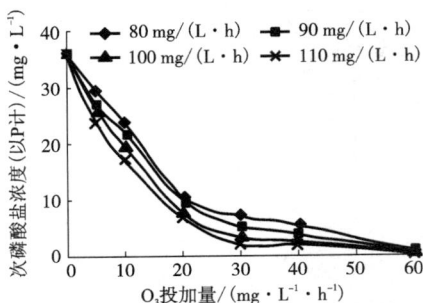

图 6.1 - 28　O_3 对次磷酸盐氧化影响

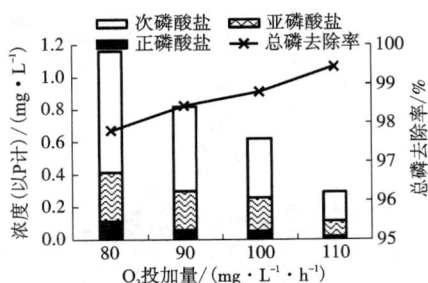

图 6.1 - 29　磷形态分布和总磷去除情况

（1）O_3 投加量的影响

从图 6.1 - 28 和图 6.1 - 29 可以看出，$O_3/H_2O_2 + Fe^{2+}$ 工艺对次磷酸盐氧化和总磷去除效果随着 O_3 投加量的增加而变好。在 O_3 投加量为 80 mg/(L·h)、90 mg/(L·h)、100 mg/(L·h) 和 110 mg/(L·h) 时，次磷酸盐出水浓度为 0.74 mg/L、0.52 mg/L、0.36 mg/L 和 0.18 mg/L，亚磷酸盐出水浓度为 0.31 mg/L、0.24 mg/L、0.21 mg/L 和 0.09 mg/L，正磷酸盐出水基本不存在，出水总磷主要

由次磷酸盐和亚磷酸盐组成，这说明次磷酸盐和亚磷酸盐氧化完全与否影响了总磷的去除效果。在 O_3 投加量大于 110 mg/(L·h)时，出水总磷浓度低于 0.5 mg/L，在其他条件下，出水总磷浓度均不能达标，需要通过后续影响因素的优化来实现总磷达标。从图 6.1 - 30 可看出，$O_3/H_2O_2 + Fe^{2+}$ 工艺氧化次磷酸盐的同时，也会对 TOC 有较好的去除效果，不同 O_3 投加量条件下 TOC 的去除率均在 35% 以上。通过上述分析，建议 O_3 投加量为 100 mg/(L·h)。

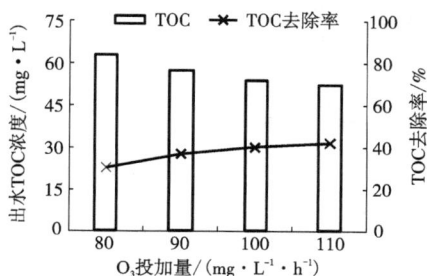

图 6.1 - 30　O_3 对 TOC 去除的影响

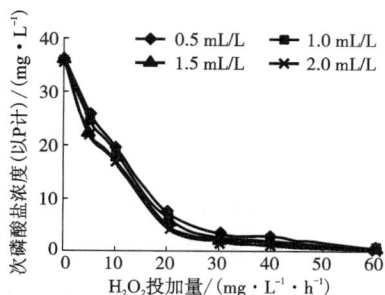

图 6.1 - 31　H_2O_2 对次磷酸盐氧化影响

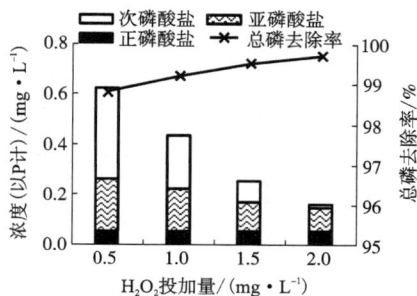

图 6.1 - 32　磷形态分布和总磷的去除

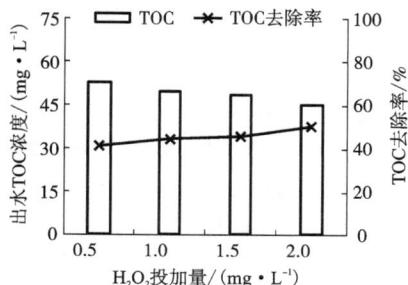

图 6.1 - 33　H_2O_2 对 TOC 去除的影响

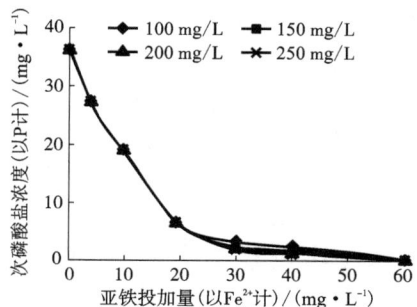

图 6.1 - 34　$FeSO_4$ 对次磷酸盐氧化影响

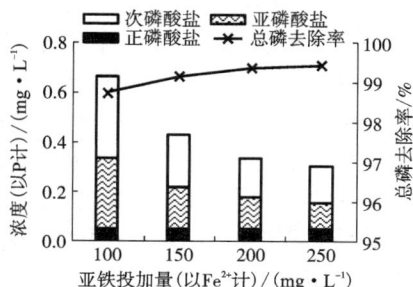

图 6.1 - 35　磷形态分布和总磷去除

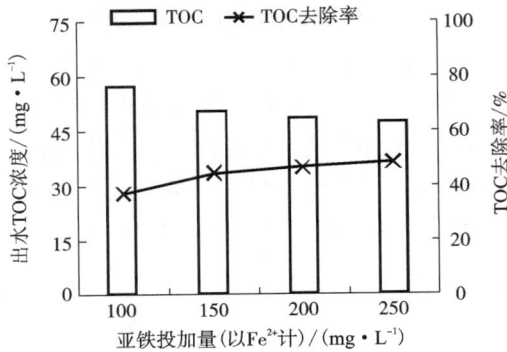

图 6.1 - 36　FeSO₄ 对 TOC 去除的影响

（2）H₂O₂ 投加量的影响

从图 6.1 - 31 和图 6.1 - 32 可以看出，$O_3/H_2O_2 + Fe^{2+}$ 工艺对次磷酸盐氧化和总磷去除效果随着 H₂O₂ 投加量的增加而变好。H₂O₂ 投加量为 0.5 mL/L、1.0 mL/L、1.5 mL/L 和 2.0 mL/L 时，次磷酸盐出水浓度为 0.36 mg/L、0.21 mg/L、0.08 mg/L 和 0.02 mg/L，亚磷酸盐出水浓度为 0.21 mg/L、0.17 mg/L、0.12 mg/L 和 0.09 mg/L，正磷酸盐出水基本不存在，总磷出水浓度分别为 0.62 mg/L、0.43 mg/L、0.25 mg/L 和 0.16 mg/L。H₂O₂ 投加量大于 1.0 mL/L 时，出水总磷浓度低于 0.5 mg/L。从图 6.1 - 33 可看出，$O_3/H_2O_2 + Fe^{2+}$ 工艺氧化次磷酸盐的同时，对 TOC 也有较好的去除效果，不同 O₃ 投加量条件下 TOC 的去除率均在 40% 以上。通过上述分析，较优 H₂O₂ 投加量是 1.0 mL/L。

（3）亚铁投加量的影响

从图 6.1 - 34 和图 6.1 - 35 可以看出，$O_3/H_2O_2 + Fe^{2+}$ 工艺对次磷酸盐氧化和总磷去除效果随着亚铁投加量的增加而变好。在 FeSO₄ 投加量为 100 mg/L、150 mg/L、200 mg/L 和 250 mg/L 时，次磷酸盐出水浓度为 0.32 mg/L、0.21 mg/L、0.16 mg/L 和 0.15 mg/L，亚磷酸盐出水浓度为 0.29 mg/L、0.17 mg/L、0.13 mg/L 和 0.11 mg/L，正磷酸盐出水基本不存在，总磷出水浓度分别为 0.66 mg/L、0.43 mg/L、0.34 mg/L 和 0.31 mg/L。在亚铁投加量大于 150 mg/L 时，出水总磷浓度低于 0.5 mg/L。从图 6.1 - 36 可看出，$O_3/H_2O_2 + Fe^{2+}$ 工艺氧化次磷酸盐的同时，也会对 TOC 有较好的去除效果，不同 O₃ 投加量条件下 TOC 的去除率均在 35% 以上。通过上述分析，较优亚铁投加量是 150 mg/L。

最终确定，O₃ 投加量是 100 mg/(L·h)，较优 H₂O₂ 投加量是 1.0 mL/L，较优亚铁投加量是 150 mg/L。

6.1.2.2　两段式高级氧化工艺和 Fenton 工艺比较

（1）静态试验

针对实际废水，对比两段式高级氧化工艺（$O_3/H_2O_2 + Fe^{2+}$ 工艺）和 Fenton 工

艺处理效果。$O_3/H_2O_2 + Fe^{2+}$ 工艺处
理时，用 NaOH 调整 pH 至 7.00 ±
0.05，将 O_3、H_2O_2 和亚铁投加量固定
在 100 mg/(L·h)、1.0 mL/L(30% 双
氧水含量) 和 150 mg/L(以 Fe^{2+} 计)，
反应柱内加入废水后，通 O_3 和 H_2O_2，
20 min 后加亚铁，持续曝气至 100 min
后停止，每次取样投加叔丁醇终止反
应并检测，100 min 出水用 Ca(OH)$_2$
调整 pH 至 9.0。Fenton 工艺处理时，

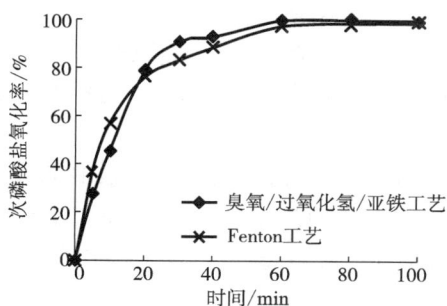

图 6.1 – 37　次磷酸盐氧化情况

用 H_2SO_4 调整 pH 至 3.00 ± 0.05，H_2O_2 和亚铁投加量固定在 1.5 mL/L(30% 双氧水含
量) 和 200 mg/L(以 Fe^{2+} 计)，持续搅拌 100 min 后停止，每次取样投加叔丁醇终止反
应并检测，100 min 出水用 Ca(OH)$_2$ 调整 pH 至 9.0。两种工艺出水次磷酸盐氧化、总
磷去除和产泥量情况如图 6.1 – 37、图 6.1 – 38 和图 6.1 – 39 所示。

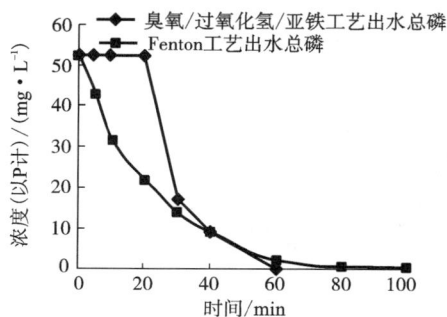

图 6.1 – 38　总磷去除情况

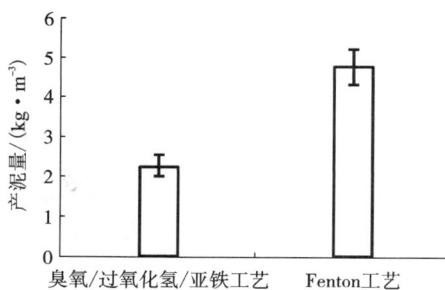

图 6.1 – 39　产泥量情况

　　图 6.1 – 37 表明，在 0 ~ 20 min，Fenton 工艺对次磷酸盐的氧化效果要优于
$O_3/H_2O_2 + Fe^{2+}$ 工艺，但在 20 ~ 100 min，$O_3/H_2O_2 + Fe^{2+}$ 工艺对次磷酸盐的氧化
效果超过 Fenton 工艺。

　　由图 6.1 – 38 可以看出，经过 60 min 的处理，$O_3/H_2O_2 + Fe^{2+}$ 工艺中次磷酸
盐充分氧化成正磷酸盐，并与水中氧化产生的三价铁结合形成磷酸铁沉淀，出水
总磷浓度为 0.28 mg/L，而采用 Fenton 工艺经过 60 min 处理后，仍有 0.86 mg/L
的次磷酸盐、1.24 mg/L 的亚磷酸盐和 0.21 mg/L 的正磷酸盐残留，出水总磷浓
度达到 2.31 mg/L，Fenton 工艺需经过 100 min 处理后，出水总磷浓度才能低于
0.5 mg/L。同时，如图 6.1 – 39 所示，$O_3/H_2O_2 + Fe^{2+}$ 工艺的产泥量仅为 Fenton
工艺的 48%，可以大大减少污泥处理所需的费用。

（2）动态实验

上述试验均在静态条件下进行，处理效果能够得到较好的保证，在此基础上，对实际废水进行动态试验，对比 $O_3/H_2O_2 + Fe^{2+}$ 工艺和 Fenton 工艺连续运行时次磷酸盐氧化、总磷去除和产泥量情况，并对其出水稳定性进行考察。$O_3/H_2O_2 + Fe^{2+}$ 工艺处理时，利用 NaOH 调整 pH 至 7.00 ± 0.05，将 O_3、H_2O_2 和亚铁投加量固定在 115 mg/（L $H_2O \cdot h$）、1.0 mL/L（30% 双氧水含量）和 150 mg/L（以 Fe^{2+} 计），O_3/H_2O_2 氧化柱和 $FeSO_4$ 反应柱的水力停留时间均为 20 min，O_3/H_2O_2 氧化柱加入废水的同时通入 O_3 和 H_2O_2，20 min 后 O_3/H_2O_2 氧化柱出水进入 $FeSO_4$ 反应柱，此时在 $FeSO_4$ 反应柱投加亚铁，待 $FeSO_4$ 反应柱出水后进行采样，每次取样间隔时间为 30 min，取出的水样用 $Ca(OH)_2$ 调整 pH 至 9.0，并投加叔丁醇终止反应并进行检测。Fenton 工艺处理时，利用 H_2SO_4 调整 pH 至 3.00 ± 0.05，H_2O_2 和 $FeSO_4$ 投加量固定在 1.5 mL/L（30% 双氧水含量）和 200 mg/L（以 Fe^{2+} 计），水力停留时间为 60 min，出水后进行采样，每次取样间隔为 30 min，取出的水样用 $Ca(OH)_2$ 调整 pH 至 9.0，并投加叔丁醇终止反应并进行检测。两种工艺处理出水中总磷去除和产泥量情况如图 6.1 - 40 和图 6.1 - 41 所示。

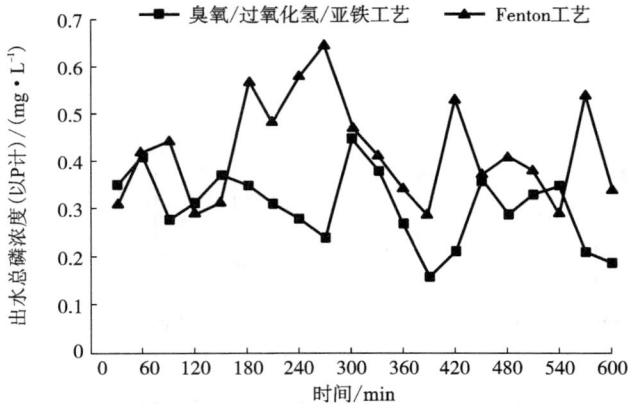

图 6.1 - 40　总磷去除情况

由图 6.1 - 40 可知，在连续运行过程中，$O_3/H_2O_2 + Fe^{2+}$ 工艺中出水总磷均能够满足达标排放的要求，出水总磷平均浓度为 0.31 mg/L。而经过 Fenton 工艺处理后，虽然出水总磷平均浓度为 0.43 mg/L，但是有时仍不能达标，其中五次不达标的出水总磷浓度分别为 0.57 mg/L、0.58 mg/L、0.65 mg/L、0.53 mg/L 和 0.54 mg/L，这说明了 Fenton 工艺处理此类废水的效果不稳定，从而导致了出水总磷不能稳定达标。同时，由图 6.1 - 41 可以看出，$O_3/H_2O_2 + Fe^{2+}$ 工艺的产泥量仅为 Fenton 工艺的 57%，减少了后续污泥处理的费用。

通过上述静态及动态实验可知，相比于 Fenton 工艺，$O_3/H_2O_2 + Fe^{2+}$ 工艺可以减少水力停留时间、保证出水总磷稳定达标、降低污泥产量，这不仅减小了反应器的体积、强化出水总磷稳定性、降低了污泥处理所需的费用，还使得废水处理所需的成本降低。

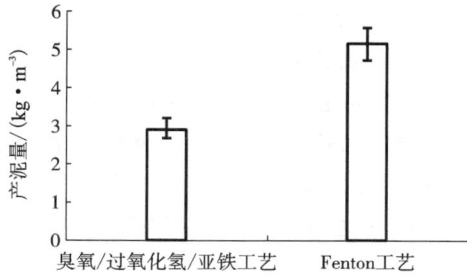

图 6.1 – 41　产泥量情况

6.1.3　$O_3/H_2O_2 + Fe^{2+}$ 工艺中试研究

图 6.1 – 42 所示为富磷废水处理装置。

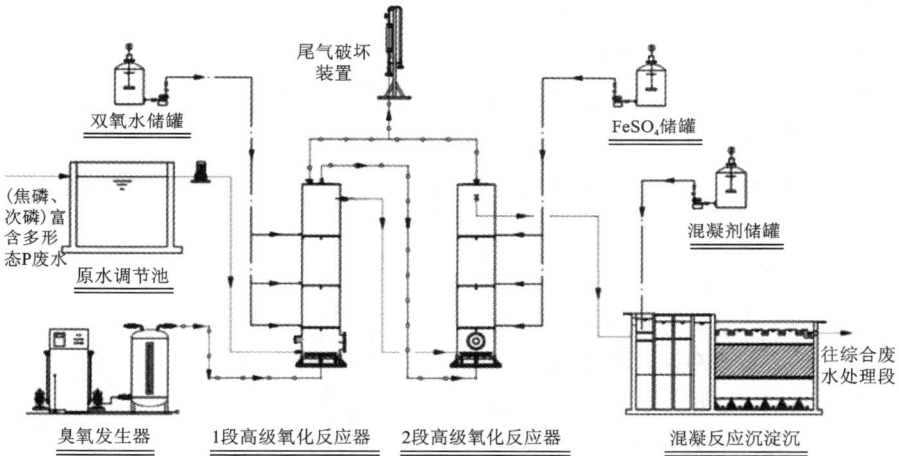

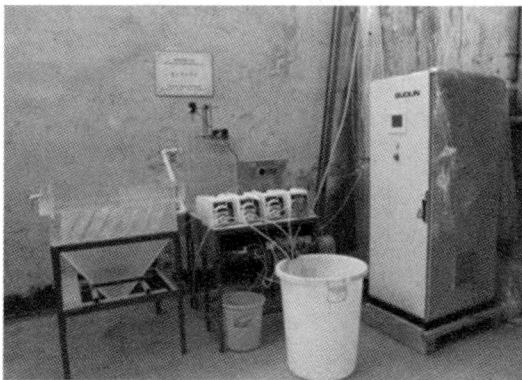

图 6.1 – 42　富磷废水处理装置

6.1.3.1 低浓度含磷废水

含磷试验废水总磷浓度 20.39 mg/L，其中次磷酸盐、亚磷酸盐和正磷酸盐含量分别为 14.36 mg/L、4.21 mg/L 和 1.82 mg/L。试验用水首先进入 O_3/H_2O_2 氧化柱，柱内投加 O_3 和 H_2O_2，出水进入 $FeSO_4$ 反应柱，柱内投加亚铁，出水进入混凝池，池内投加 $Ca(OH)_2$，最终经斜板沉淀池出水。本试验考察总磷去除效果，以及出水中其他污染物质和产泥量的情况。

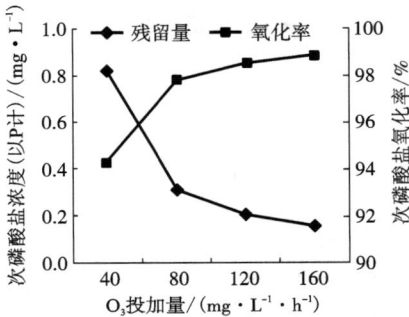

图 6.1-43　O_3 对次磷酸盐氧化影响

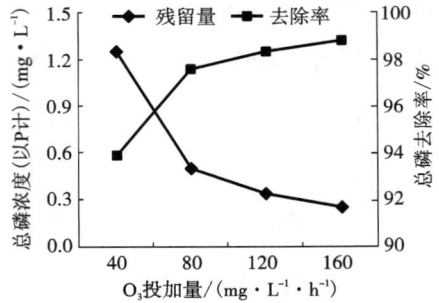

图 6.1-44　O_3 对总磷去除影响

（1）O_3 投加量的影响

由图 6.1-43 和图 6.1-44 可知，$O_3/H_2O_2 + Fe^{2+}$ 工艺对次磷酸盐氧化和总磷去除效果随着 O_3 投加量的增加而变好，在 O_3 投加量为 40 mg/(L·h)、80 mg/(L·h)、120 mg/(L·h) 和 160 mg/(L·h) 时，次磷酸盐出水浓度为 0.82 mg/L、0.31 mg/L、0.21 mg/L 和 0.16 mg/L，总磷出水浓度分别为 1.25 mg/L、0.49 mg/L、0.33 mg/L 和 0.24 mg/L，在 O_3 投加量大于

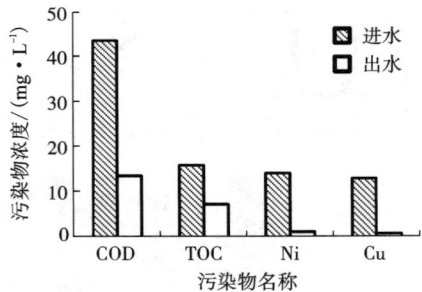

图 6.1-45　工艺对污染物去除情况

80 mg/(L·h) 时，出水次磷酸盐和总磷浓度均低于 0.5 mg/L，达到出水排放要求。从图 6.1-45 可知，当 O_3、H_2O_2 和亚铁投量分别为 80 mg/(L·h)、0.5 mL/L (30% 双氧水含量) 和 50 mg/L (以 Fe^{2+} 计) 时，经过 $O_3/H_2O_2 + Fe^{2+}$ 工艺的处理，出水中 COD、TOC、Ni^{2+} 和 Cu^{2+} 浓度分别为 13.26 mg/L、7.03 mg/L、0.31 mg/L、和 0.82 mg/L，去除率可分别达到 69.4%、55.4%、94.6% 和 94.2%，去除效果明显。

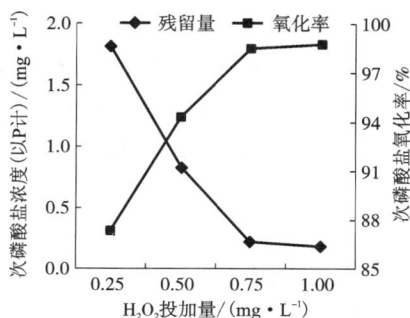

图 6.1-46　H₂O₂ 对次磷酸盐氧化影响

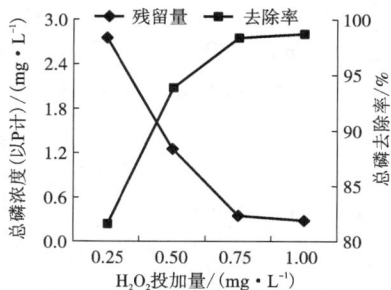

图 6.1-47　H₂O₂ 对总磷去除影响

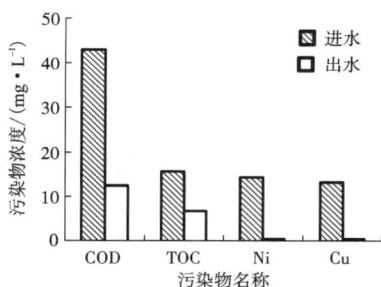

图 6.1-48　工艺对污染物去除情况

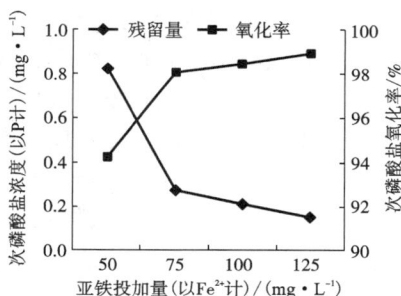

图 6.1-49　亚铁对次磷酸盐氧化影响

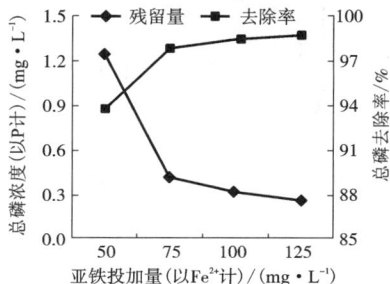

图 6.1-50　亚铁对总磷去除影响

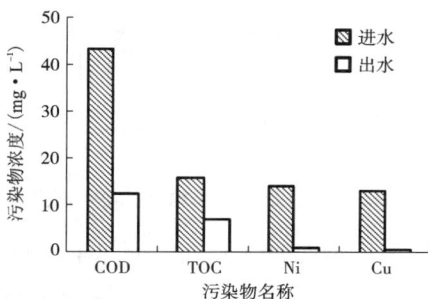

图 6.1-51　工艺对污染物去除

（2）H_2O_2 投加量的影响

由图 6.1-46 和图 6.1-47 可知，$O_3/H_2O_2 + Fe^{2+}$ 工艺对次磷酸盐氧化和总磷去除效果随着 H_2O_2 投加量的增加而变好，在 H_2O_2 投加量为 0.25 mL/L、0.50 mL/L、0.75 mL/L 和 1.00 mL/L 时，次磷酸盐出水浓度为 1.81 mg/L、0.82 mg/L、0.21 mg/L 和 0.18 mg/L，总磷出水浓度分别为 2.73 mg/L、1.25 mg/L、0.33 mg/L 和 0.27 mg/L；在 H_2O_2 投加量大于 0.75 mL/L 时，出水次磷酸盐和总磷浓度均低

于 0.5 mg/L，达到排放要求。从图 6 – 48 可知，当 O_3、H_2O_2 和亚铁投量分别为 40 mg/(L·h)、0.75 mL/L(30% 双氧水含量)和 50 mg/L(以 Fe^{2+} 计)时，经过 $O_3/H_2O_2 + Fe^{2+}$ 工艺的处理，出水中 COD、TOC、Ni^{2+} 和 Cu^{2+} 浓度分别为 12.23 mg/L、6.74 mg/L、0.25 mg/L 和 0.24 mg/L，去除率可分别达到 71.7%、57.2%、95.6% 和 98.3%，去除效果明显。

（3）$FeSO_4$ 投加量的影响

由图 6.1 – 49 和图 6.1 – 50 可知，$O_3/H_2O_2 + Fe^{2+}$ 工艺对次磷酸盐氧化和总磷去除效果随着 $FeSO_4$ 投加量的增加而变好，在亚铁投加量为 50 mg/L、75 mg/L、100 mg/L 和 125 mg/L 时，次磷酸盐出水浓度为 0.82 mg/L、0.27 mg/L、0.21 mg/L和0.15 mg/L，总磷出水浓度分别为 1.25 mg/L、0.42 mg/L、0.32 mg/L 和0.26 mg/L；在亚铁投加量大于 75 mg/L 时，出水中次磷酸盐和总磷浓度均低于 0.5 mg/L，达到出水排放要求。从图 6.1 – 51 可知，当 O_3、H_2O_2 和亚铁投量分别为 40 mg/(L·h)、0.50 mL/L(30% 双氧水含量)和 75 mg/L(以 Fe^{2+} 计)时，经过 $O_3/H_2O_2 + Fe^{2+}$ 工艺的处理，出水中 COD、TOC、Ni^{2+} 和 Cu^{2+} 浓度分别为 12.41 mg/L、6.87 mg/L、0.86 mg/L 和 0.64 mg/L，去除率可分别达到 71.3%、56.4%、93.9% 和 95.0%，去除效果明显。

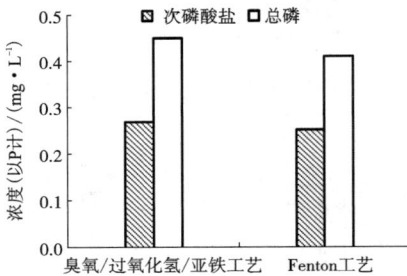

图 6.1 – 52　两种工艺对次磷酸盐和总磷去除影响

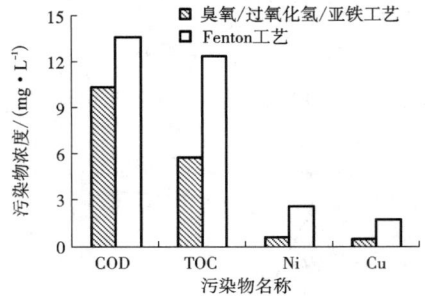

图 6.1 – 53　污染物去除情况

综上所述(图6.1 – 52 ~ 图 6.1 – 54)，$O_3/H_2O_2 + Fe^{2+}$ 工艺对次磷酸盐氧化和总磷去除效果随着 O_3、H_2O_2、亚铁投加量的增加而变好，且 COD、TOC、Ni^{2+} 和 Cu^{2+} 去除效果明显。对于初始 pH = 5.4、TP 浓度约为 20 mg/L 的低浓度含磷废水，利用 NaOH 调整 pH 至 7.00 ± 0.05，将 O_3、H_2O_2 和亚铁投加量控制在 80 mg/(L·h)、0.75 mL/L

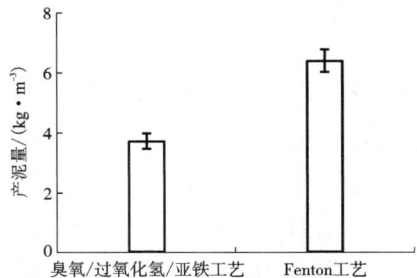

图 6.1 – 54　产泥量情况

（30%双氧水含量）和 75 mg/L（以 Fe^{2+} 计），O_3/H_2O_2 氧化柱和 $FeSO_4$ 反应柱的水力停留时间均为 1 h，出水投加 $Ca(OH)_2$ 至 pH = 9.0。经对比，$O_3/H_2O_2 + Fe^{2+}$ 工艺相比于 Fenton 工艺虽然多投加了 O_3，但是前者可以降低 H_2O_2、亚铁和 Ca $(OH)_2$ 的投加量，同时缩短处理时间。出水中 COD、TOC、Ni^{2+} 和 Cu^{2+} 去除效果均优于 Fenton 工艺，而且前者的产泥量为后者的 58.3%。

6.1.3.2 中等浓度含磷废水处理

含磷试验废水总磷浓度为 45.06 mg/L，其中次磷酸盐、亚磷酸盐和正磷酸盐含量分别为 38.01 mg/L、5.47 mg/L 和 1.58 mg/L。试验用水首先进入 O_3/H_2O_2 氧化柱，柱内投加 O_3 和 H_2O_2，出水进入 $FeSO_4$ 反应柱，柱内投加亚铁，出水进入混凝池，池内投加 $Ca(OH)_2$，最终经斜板沉淀池出水。该试验考察了总磷去除效果，以及出水中其他污染物质和产泥量的情况。

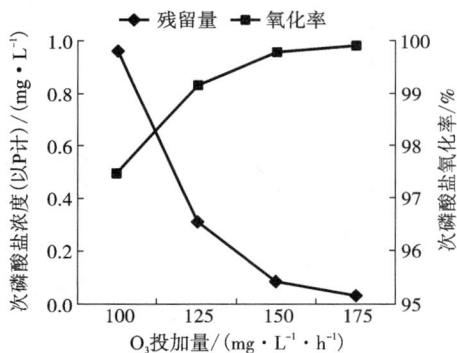 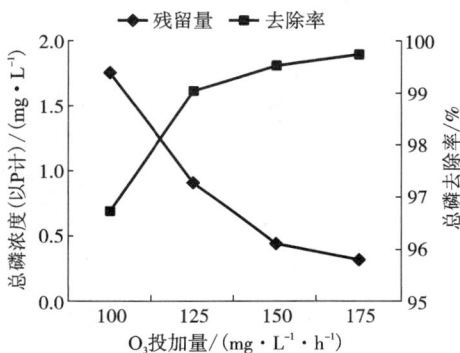

图 6.1 - 55　O_3 对次磷酸盐氧化影响　　　　图 6.1 - 56　O_3 对总磷去除影响

（1）O_3 投加量的影响

由图 6.1 - 55 和图 6.1 - 56 可知，$O_3/H_2O_2 + Fe^{2+}$ 工艺对次磷酸盐氧化和总磷去除效果随着 O_3 投加量的增加而变好，在 O_3 投加量为 100 mg/(L·h)、125 mg/(L·h)、150 mg/(L·h) 和 175 mg/(L·h) 时，次磷酸盐出水浓度为 0.96 mg/L、0.31 mg/L、0.08 mg/L 和 0.03 mg/L，总磷出水浓度分别为 1.48 mg/L、0.43 mg/L、0.20 mg/L 和 0.11 mg/L；在 O_3 投加量大于 125 mg/(L·h) 时，出水次磷酸盐和总磷浓度均低于 0.5 mg/L，达到排放要求。从图 6 - 57 可知，当 O_3、H_2O_2 和亚铁投量分别为 125 mg/(L·h)、1.0 mL/L（30% 双氧水含量）和 150 mg/L（以 Fe^{2+} 计）时，经 $O_3/H_2O_2 + Fe^{2+}$ 工艺的处理，出水中 COD、TOC、Ni^{2+} 和 Cu^{2+} 浓度分别为 10.35 mg/L、9.19 mg/L、0.46 mg/L 和 1.35 mg/L，去除率可分别达到 82.5%、52.2%、92.8% 和 97.8%，去除效果明显。

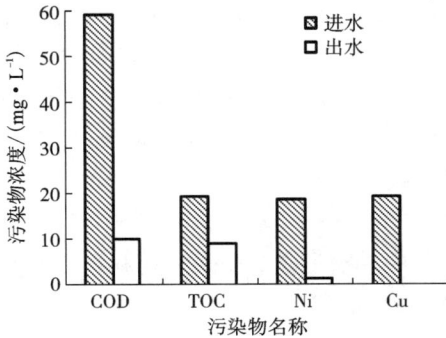

图 6.1 – 57　工艺对污染物去除

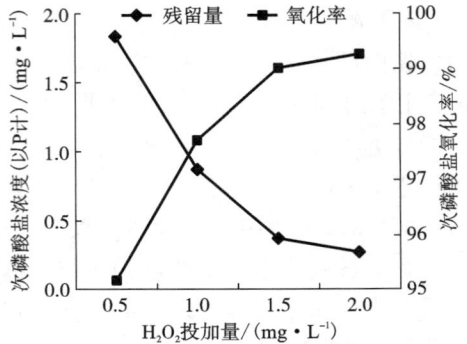

图 6.1 – 58　H_2O_2 对次磷酸盐氧化影响

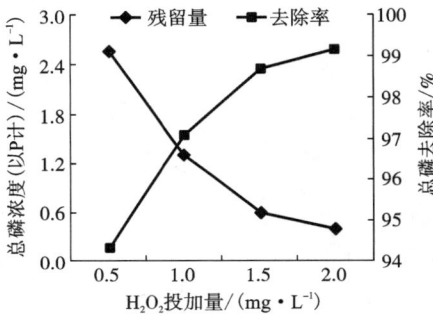

图 6.1 – 59　H_2O_2 对总磷去除影响

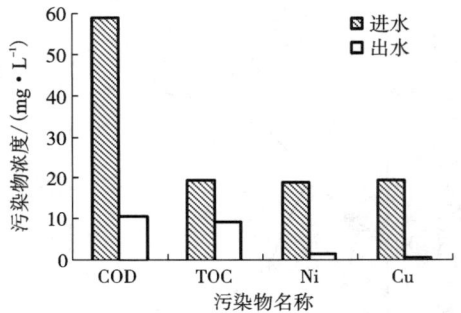

图 6.1 – 60　工艺对污染物去除情况

（2）H_2O_2 投加量的影响

由图 6.1 – 58 和图 6.1 – 59 可知，$O_3/H_2O_2 + Fe^{2+}$ 工艺对次磷酸盐氧化和总磷去除效果随着 H_2O_2 投加量的增加而变好，在 H_2O_2 投加量为 0.5 mL/L、1.0 mL/L、1.5 mL/L 和 2.0 mL/L 时，次磷酸盐出水浓度为 1.51 mg/L、0.68 mg/L、0.32 mg/L 和 0.21 mg/L，总磷出水浓度分别为 1.72 mg/L、0.86 mg/L、0.44 mg/L 和 0.29 mg/L，在 H_2O_2 投加量大于 1.5 mL/L 时，出水次磷酸盐和总磷浓度均低于 0.5 mg/L，达到排放要求。从图 6 – 60 可知，当 O_3、H_2O_2 和亚铁投量分别为 100 mg/（L·h）、1.5 mL/L（30% 双氧水含量）和 150 mg/L（以 Fe^{2+} 计）时，经过 $O_3/H_2O_2 + Fe^{2+}$ 工艺的处理，出水中 COD、TOC、Ni^{2+} 和 Cu^{2+} 浓度分别为 10.21 mg/L、9.87 mg/L、1.41 mg/L 和 0.38 mg/L，去除率可分别达 82.9%、48.7%、92.5% 和 98.0%，去除效果明显。

（3）$FeSO_4$ 投加量的影响

由图 6.1 – 61 和图 6.1 – 62 可知，$O_3/H_2O_2 + Fe^{2+}$ 工艺对次磷酸盐氧化和总

磷去除效果随着 FeSO₄ 投加量的增加而变好，在亚铁投加量为 100 mg/L、150 mg/L、200 mg/L 和 250 mg/L 时，次磷酸盐出水浓度为 1.01 mg/L、0.68 mg/L、0.32 mg/L 和 0.28 mg/L，总磷出水浓度分别为 1.33 mg/L、0.86 mg/L、0.44 mg/L 和 0.42 mg/L。在亚铁投加量大于 200 mg/L 时，出水次磷酸盐和总磷浓度均低于 0.5 mg/L，达到排放要求。从图 6.1 – 63 可知，当 O_3、H_2O_2 和亚铁投量分别为 100 mg/(L·h)、1.0 mL/L(30% 双氧水含量) 和 200 mg/L(以 Fe^{2+} 计)，经过 $O_3/H_2O_2 + Fe^{2+}$ 工艺的处理，出水中 COD、TOC、Ni^{2+} 和 Cu^{2+} 浓度分别为 9.86 mg/L、8.73 mg/L、1.01 mg/L 和 0.36 mg/L，去除率可分别达到 83.3%、54.6%、94.6% 和 98.2%，去除效果明显。

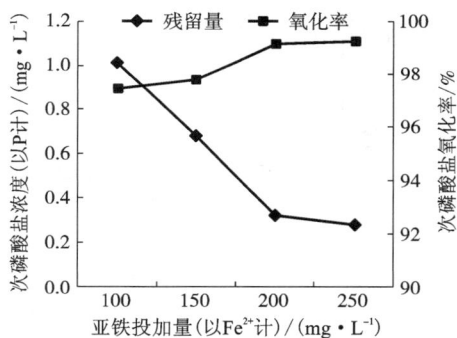

图 6.1 – 61　亚铁对次磷酸盐氧化影响

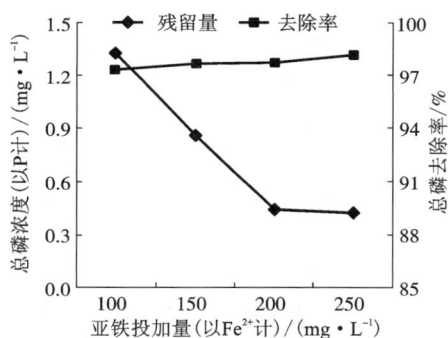

图 6.1 – 62　亚铁对总磷去除影响

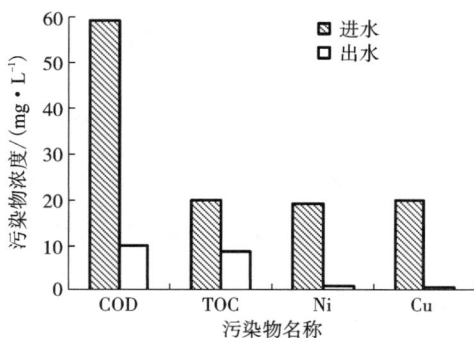

图 6.1 – 63　工艺对污染物去除

综上所述，$O_3/H_2O_2 + Fe^{2+}$ 工艺对次磷酸盐氧化和总磷去除效果随着 O_3、H_2O_2、亚铁投加量的增加而变好，且 COD、TOC、Ni^{2+} 和 Cu^{2+} 去除效果明显。对于初始 pH = 5.1、TP 浓度约为 45 mg/L 的中等浓度含磷废水，利用 NaOH 调整

pH 至 7.00 ± 0.05，将 O_3、H_2O_2 和亚铁投加量控制在 125 mg/(L·h)、1.0 mL/L（30% 双氧水含量）和 150 mg/L（以 Fe^{2+} 计），O_3/H_2O_2 氧化柱和 $FeSO_4$ 反应柱的水力停留时间均为 1 h，出水投加 $Ca(OH)_2$ 至 pH = 9.0。经对比，O_3/H_2O_2 + Fe^{2+} 工艺相比于 Fenton 工艺虽然多投加了 O_3，但是前者却可以降低 H_2O_2、亚铁和 $Ca(OH)_2$ 的投加量，同时缩短处理时间。出水中 COD、TOC、Ni^{2+} 和 Cu^{2+} 去除效果均优于 Fenton 工艺，而且前者的产泥量为后者的 53.7%（图 6.1 – 64 ~ 图 6.1 – 66）。

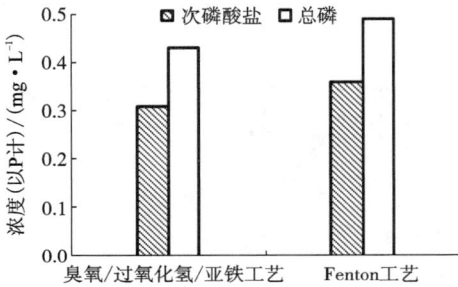

图 6.1 – 64　两种工艺对
次磷酸盐和总磷去除影响

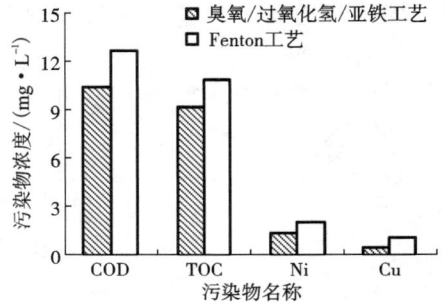

图 6.1 – 65　污染物去除情况

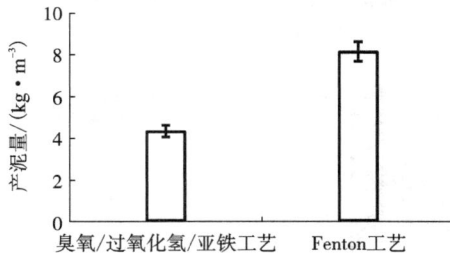

图 6.1 – 66　产泥量情况

6.1.3.3　高浓度含磷废水

含磷试验废水总磷浓度为 80.99 mg/L，其中次磷酸盐、亚磷酸盐和正磷酸盐含量分别为 73.84 mg/L、5.31 mg/L 和 1.84 mg/L。试验用水首先进入 O_3/H_2O_2 氧化柱，柱内投加 O_3 和 H_2O_2，出水进入 $FeSO_4$ 反应柱，柱内投加亚铁，出水进入混凝池，池内投加 $Ca(OH)_2$，最终经斜板沉淀池出水。该试验考察了总磷去除效果，以及出水中其他污染物质和产泥量的情况。

（1）O_3 投加量的影响

由图 6.1 – 67 和图 6.1 – 68 可知，$O_3/H_2O_2 + Fe^{2+}$ 工艺对次磷酸盐氧化和总磷去除效果随着 O_3 投加量的增加而变好，在 O_3 投加量为 240 mg/(L·h)、320 mg/(L·h)、400 mg/(L·h) 和 480 mg/(L·h) 时，次磷酸盐出水浓度为 2.57 mg/L、0.47 mg/L、0.31 mg/L 和 0.16 mg/L，总磷出水浓度分别为 3.46 mg/L、0.68 mg/L、0.46 mg/L 和 0.32 mg/L，在 O_3 投加量大于 400 mg/(L·h) 时，出水次磷酸盐和总磷浓度均低于 0.5 mg/L，达到排放要求。从图 6 – 69 可知，当 O_3、H_2O_2 和亚铁投量分别为 400 mg/(L·h)、1.0 mL/L(30% 双氧水含量) 和 200 mg/L（以 Fe^{2+} 计）时，经过 $O_3/H_2O_2 + Fe^{2+}$ 工艺的处理，出水中 COD、TOC、Ni^{2+} 和 Cu^{2+} 浓度分别为 113.21 mg/L、64.38 mg/L、4.31 mg/L 和 0.24 mg/L，去除率可分别达 56.9%、38.9%、84.9% 和 97.4%，去除效果明显。

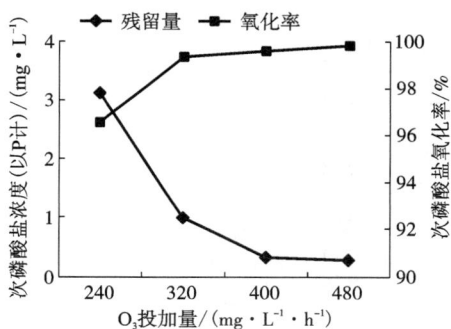

图 6.1 – 67　O_3 对次磷酸盐氧化影响

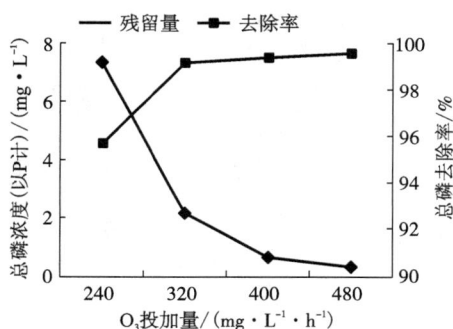

图 6.1 – 68　O_3 对总磷去除影响

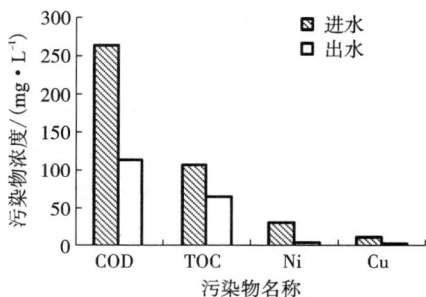

图 6.1 – 69　工艺对污染物去除情况

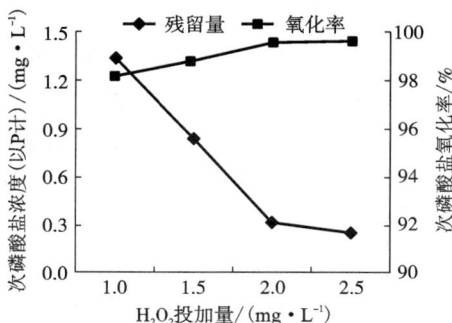

图 6.1 – 70　H_2O_2 对次磷酸盐氧化影响

（2）H_2O_2 投加量的影响

由图 6.1 – 70 和图 6.1 – 71 可知，$O_3/H_2O_2 + Fe^{2+}$ 工艺对次磷酸盐氧化和总磷去除效果随着 H_2O_2 投加量的增加而变好，在 H_2O_2 投加量为 1.0 mL/L、1.5 mL/L、2.0 mL/L 和 2.5 mL/L 时，次磷酸盐出水浓度为 1.34 mg/L、0.84 mg/L、0.31 mg/L 和 0.25 mg/L，总磷出水浓度分别为 2.23 mg/L、1.18 mg/L、0.43 mg/L 和 0.39 mg/L，在 H_2O_2 投加量大于 2.0 mL/L 时，出水次磷酸盐和总磷浓度均低于 0.5 mg/L，达到排放要求。从图 6.1 – 72 可知，O_3、H_2O_2 投加量和亚铁投量分别为 240 mg/(L·h)、2.0 mL/L（30% 双氧水含量）和 200 mg/L（以 Fe^{2+} 计）时，经过 $O_3/H_2O_2 + Fe^{2+}$ 工艺的处理，出水中 COD、TOC、Ni^{2+} 和 Cu^{2+} 浓度分别为 113.28 mg/L、61.37 mg/L、3.26 mg/L 和 0.13 mg/L，去除率分别达 56.8%、41.8%、88.7% 和 98.6%，去除效果明显。

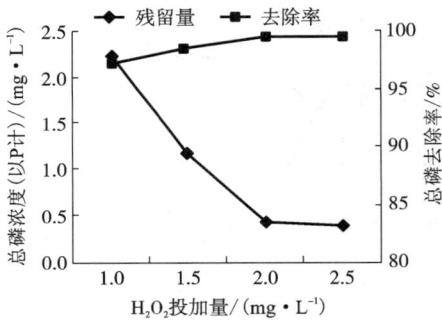

图 6.1 – 71 H_2O_2 对总磷去除影响

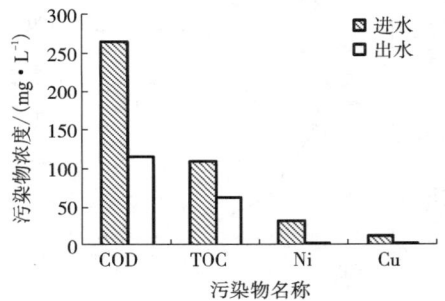

图 6.1 – 72 工艺对污染物去除情况

（3）亚铁投加量的影响

由图 6.1 – 73 和图 6.1 – 74 可知，$O_3/H_2O_2 + Fe^{2+}$ 工艺对次磷酸盐氧化和总磷去除效果随着亚铁投加量的增加而变好，在亚铁投加量为 150 mg/L、200 mg/L、250 mg/L 和 300 mg/L 时，次磷酸盐出水浓度为 2.35 mg/L、0.84 mg/L、0.34 mg/L 和 0.21 mg/L，总磷出水浓度分别为 3.37 mg/L、1.18 mg/L、0.49 mg/L 和 0.21 mg/L，在亚铁投加量大于 250 mg/L 时，出水次磷酸盐和总磷浓度均低于 0.5 mg/L，达到排放要求。从图 6.1 – 75 可知，当 O_3、H_2O_2 和 $FeSO_4$ 投量分别为 240 mg/(L·h)、1.0 mL/L（30% 双氧水含量）和 250 mg/L（以 Fe^{2+} 计）时，经过 $O_3/H_2O_2 + Fe^{2+}$ 工艺的处理，出水中 COD、TOC、Ni^{2+} 和 Cu^{2+} 浓度分别为 112.37 mg/L、62.14 mg/L、3.67 mg/L 和 0.21 mg/L，去除率可分别达 57.2%、41.0%、87.2% 和 97.8%，去除效果明显。

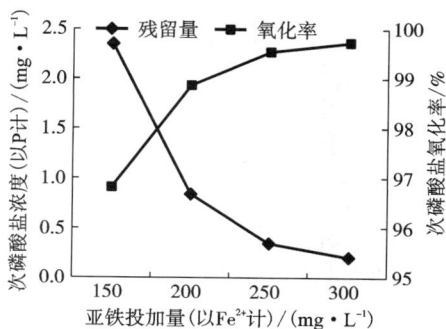

图 6.1 - 73　亚铁对次磷酸盐氧化影响

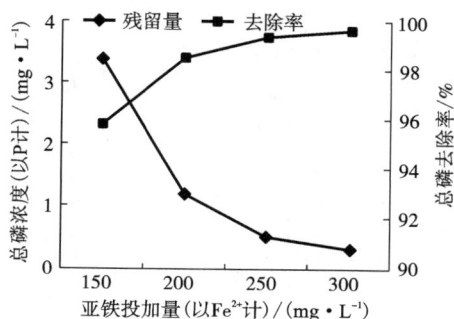

图 6.1 - 74　亚铁对总磷去除情况

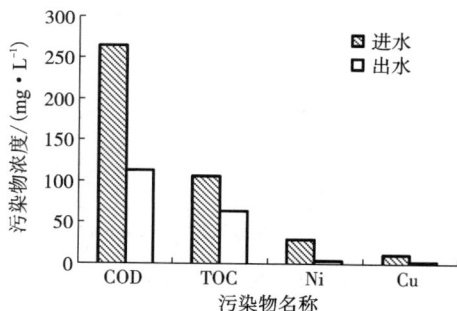

图 6.1 - 75　工艺对污染物去除

综上所述，$O_3/H_2O_2 + Fe^{2+}$ 工艺对次磷酸盐氧化和总磷去除效果随着 O_3、H_2O_2、亚铁投加量的增加而变好，且 COD、TOC、Ni^{2+} 和 Cu^{2+} 去除效果明显。对于初始 pH = 4.9、TP 浓度约为 45 mg/L 的中等浓度含磷废水，利用 NaOH 调整 pH 至 7.00 ± 0.05，将 O_3、H_2O_2 和亚铁投加量控制在 240 mg/(L·h)、1.5 mL/L（30% 双氧水含量）和 200 mg/L（以 Fe^{2+} 计），O_3/H_2O_2 氧化柱和 $FeSO_4$ 反应柱的水力停留时间均为 1 h，出水投加 $Ca(OH)_2$ 至 pH = 9.0。

经对比，$O_3/H_2O_2 + Fe^{2+}$ 工艺相比于 Fenton 工艺虽然多投加了 O_3，但是前者可以降低 H_2O_2、亚铁和 $Ca(OH)_2$ 的投加量，同时缩短处理时间。出水中 COD、TOC、Ni^{2+} 和 Cu^{2+} 去除效果均优于 Fenton 工艺，而且前者的产泥量为后者的 51.6%（图 6.1 - 76 ~ 图 6.1 - 78）。

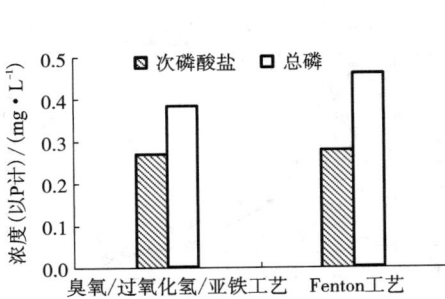

图 6.1-76　两种工艺对次磷酸盐和总磷去除

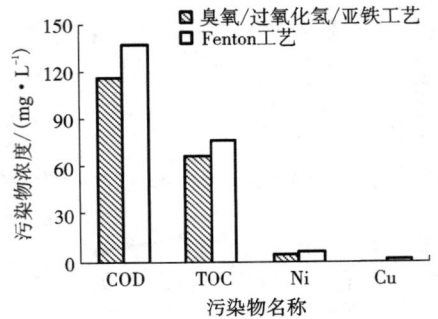

图 6.1-77　污染物去除情况

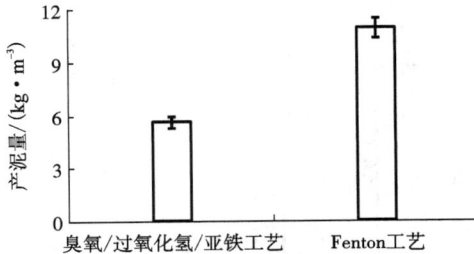

图 6.1-78　产泥量情况

6.1.3.4　工艺连续运行对比

本节考察了 $O_3/H_2O_2 + Fe^{2+}$ 工艺和 Fenton 工艺对出水中总磷去除和产泥量的稳定性的影响。$O_3/H_2O_2 + Fe^{2+}$ 工艺处理时,利用 NaOH 调整 pH 至 7.00 ± 0.05,将 O_3、H_2O_2 和亚铁投加量固定在 125 mg/(L·h)、1.0 mL/L(30% 双氧水含量)和 150 mg/L(以 Fe^{2+} 计),O_3/H_2O_2 氧化柱和 $FeSO_4$ 反应柱水力停留时间均为 0.5 h,出水投加 $Ca(OH)_2$ 至 pH = 9.0。Fenton 工艺处理时,利用 H_2SO_4 调整 pH 至 3.00 ± 0.05,H_2O_2 和亚铁投加量固定在 1.5 mL/L(30% 双氧水含量)和 200 mg/L(以 Fe^{2+} 计),水力停留时间为 2 h,出水投加 $Ca(OH)_2$ 至 pH = 9.0。两种工艺处理出水总磷去除和产泥量情况如图 6.1-79 和 6.1-80 所示。

在连续运行过程中,$O_3/H_2O_2 + Fe^{2+}$ 工艺表现出以下优点:①处理出水中总磷均能够满足达标排放的要求;②缩短了处理时间,其处理时间仅为 Fenton 工艺的 1/2,这可以减小反应器的体积;③产泥量仅为 Fenton 工艺的 61%,减少污泥处理费用。

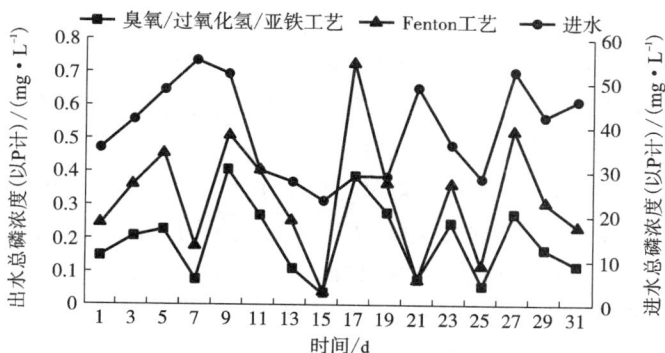

图 6.1 – 79　两种工艺连续运行总磷去除情况图

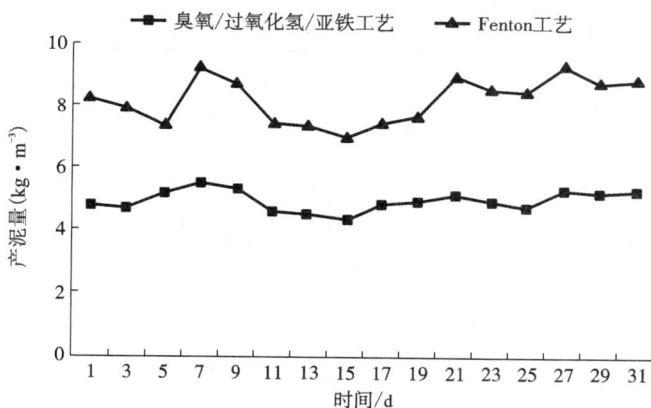

图 6.1 – 80　两种工艺连续运行产泥量情况

6.1.3.5　技术经济比较

将 $O_3/H_2O_2 + Fe^{2+}$ 工艺中试研究和污水处理站现用的 Fenton 工艺做比较可知，不论是低浓度、中等浓度或者高浓度含磷废水，前者处理时间为后者的 1/2，不仅减小了反应器的体积，还节约了企业废水处理所需的场地。

含磷废水 pH 为 5.0 ~ 7.0，$O_3/H_2O_2 + Fe^{2+}$ 工艺处理较优 pH 为 7.0，处理前投加 NaOH 将 pH 调整至 7.0 左右，最终出水仅需投入少量 Ca(OH)$_2$ 即可保证 pH 在 6.0 和 9.0 之间，一方面可满足 pH 排放要求，另一方面还可强化除磷。但 Fenton 工艺较优 pH 为 2.0 ~ 3.0，为保证处理效果，需用 H$_2$SO$_4$ 将 pH 调整至 3.0，为使最终出水 pH 满足排放要求，需投加大量 Ca(OH)$_2$ 才可将出水 pH 调整至 6.0 和 9.0 之间。因此，$O_3/H_2O_2 + Fe^{2+}$ 工艺解决了 pH 来回调节的问题。

处理相同水质的含磷废水，虽然 $O_3/H_2O_2 + Fe^{2+}$ 工艺需投加 NaOH，而 Fenton 工艺不需要，但前者的亚铁和 $Ca(OH)_2$ 投加量均少于 Fenton 工艺，降低了后续污泥的产生，前者产泥量仅为后者的 50%~70%，可以减少污泥处理带来的费用。

在工艺连续运行中可以看出，$O_3/H_2O_2 + Fe^{2+}$ 工艺出水总磷浓度均能够满足达标排放的要求，而 Fenton 工艺出水总磷有时仍不能达标排放。$O_3/H_2O_2 + Fe^{2+}$ 工艺解决了 Fenton 工艺处理效果难以保证的问题，从而实现了出水稳定性。

利用 $O_3/H_2O_2 + Fe^{2+}$ 工艺处理含磷废水实现了缩短停留时间、降低 pH 调节费用、减少产泥量、保证处理效果的目标。对不同浓度含磷废水的处理，工艺成本比 Fenton 工艺降低 7.11~15.96 元·m^{-3} 不等，具体见表 6.1-1、表 6.1-2 和表 6.1-3。因此，相比于现用的 Fenton 工艺，$O_3/H_2O_2 + Fe^{2+}$ 工艺更适用于含磷废水的处理。

表 6.1-1　两种工艺处理低浓度含磷废水经济比较

药剂名称	单价/(元·kg^{-1})	$O_3/H_2O_2 + Fe^{2+}$ 工艺 /(元·m^{-3})	Fenton 工艺 /(元·m^{-3})
$FeSO_4 \cdot 7H_2O$	0.25	0.10	0.19
$H_2O_2(30\%)$	3.5	2.64	5.25
$Ca(OH)_2$	0.65	0.20	0.46
H_2SO_4	1.00	0	0.07
PAC	1.30	0	0.50
PAM	10.00	0	0.20
NaOH	2.50	0.38	0
电耗	1.10 元·$(kW \cdot h)^{-1}$	1.58	0
污泥外运	2.00	7.42	12.76
总计		12.32	19.43

表 6.1-2　两种工艺处理中等浓度含磷废水经济比较

药剂名称	单价/(元·kg^{-1})	$O_3/H_2O_2 + Fe^{2+}$ 工艺 /(元·m^{-3})	Fenton 工艺 /(元·m^{-3})
$FeSO_4 \cdot 7H_2O$	0.25	0.19	0.31
$H_2O_2(30\%)$	3.5	3.5	10.5
$Ca(OH)_2$	0.65	0.39	0.65
H_2SO_4	1.00	0	0.09

续表6.1-2

药剂名称	单价/(元·kg⁻¹)	$O_3/H_2O_2 + Fe^{2+}$工艺 /(元·m⁻³)	Fenton 工艺 /(元·m⁻³)
PAC	1.30	0	0.70
PAM	10.00	0	0.25
NaOH	2.50	0.58	0
电耗	1.10 元·(kW·h)⁻¹	2.48	0
污泥外运	2.00	8.68	16.18
总计		15.82	28.68

表6.1-3 两种工艺处理高浓度含磷废水经济比较

药剂名称	单价/(元·kg⁻¹)	$O_3/H_2O_2 + Fe^{2+}$工艺 /(元·m⁻³)	Fenton 工艺 /(元·m⁻³)
$FeSO_4 \cdot 7H_2O$	0.25	0.25	0.44
H_2O_2(30%)	3.5	5.25	14
$Ca(OH)_2$	0.65	0.42	0.81
H_2SO_4	1.00	0	0.12
PAC	1.30	0	0.90
PAM	10.00	0	0.40
NaOH	2.50	0.63	0
电耗	1.10 元·(kW·h)⁻¹	4.75	0
污泥外运	2.00	11.28	21.86
总计		22.58	38.53

6.1.4 小结

本节针对传统的 Fenton 工艺处理存在 pH 调节费用高、产泥量高、处理效果难以保证等问题，提出了 O_3、H_2O_2 和 $FeSO_4$ 相结合的工艺；考察了 O_3 和 H_2O_2、$FeSO_4$ 的组合形式和投加量对次磷酸盐氧化和总磷去除的效率及其影响因素；研究了有机物和重金属存在条件下，$O_3/H_2O_2 + Fe^{2+}$ 工艺除磷的强化措施；并选择先进制造业实际废水进行小试和中试验证了除磷效果，得到以下结论：

（1）以人工配水为考察对象，研究 O_3、$O_3 + H_2O_2$、$O_3/H_2O_2 + Fe^{2+}$、$O_3 + Fe^{2+}$、$O_3/Fe^{2+}/H_2O_2$、$O_3 + H_2O_2 + Fe^{2+}$ 和 Fenton 工艺对次磷酸盐氧化和总磷去除效果，结果表明，$O_3/H_2O_2 + Fe^{2+}$ 工艺效果最好。其工艺是：首先投加 O_3 和

H_2O_2，利用 H_2O_2 引发臭氧产生 · OH，对次磷酸盐实现高效氧化，待其氧化充分后投加亚铁，其作为催化剂促进 O_3 产生 · OH，并与 H_2O_2 形成 Fenton，对次磷酸盐形成二次氧化，并与正磷酸盐结合形成磷酸铁沉淀，达到除磷的目的。该工艺的较优 pH 为 7.0，次磷酸盐氧化率和总磷去除率为 74% 和 65%；H_2O_2 的连续投加，可有效提高氧化效果，次磷酸盐近乎完全氧化。

（2）考察了水中共存物质对 $O_3/H_2O_2 + Fe^{2+}$ 工艺处理次磷酸盐和总磷的影响，结果表明，Cu^{2+}、Ni^{2+}、柠檬酸、EDTA 和腐殖酸的存在会对次磷酸盐氧化效果和总磷去除效果产生不利影响；工艺对上述物质均有一定去除效果。

（3）通过实际废水小试，考察 $O_3/H_2O_2 + Fe^{2+}$ 工艺和 Fenton 工艺处理效果。结果表明，$O_3/H_2O_2 + Fe^{2+}$ 工艺对次磷酸盐的氧化效果优于 Fenton 工艺；处理后投加 $Ca(OH)_2$，可强化总磷的去除，并保证出水 pH 达标；经过 60 min 的处理，$O_3/H_2O_2 + Fe^{2+}$ 工艺中出水总磷浓度低于 Fenton 工艺处理后的浓度，可满足出水排放要求；$O_3/H_2O_2 + Fe^{2+}$ 工艺的产泥量仅为 Fenton 工艺的 50% ~ 65%。

（4）针对实际废水进行中试研究后发现，随着进水初始总磷浓度的增加，$O_3/H_2O_2 + Fe^{2+}$ 工艺中增加 O_3、H_2O_2 和 $FeSO_4$ 投加量均可有效改善次磷酸盐氧化和总磷去除效果，使得出水总磷满足出水排放要求；利用该工艺处理低、中等和高浓度含次磷酸盐废水时，其处理时间和污泥量仅为 Fenton 工艺的 50% ~ 70%，处理成本可分别比后者低 7.11 元·m^{-3}、12.86 元·m^{-3} 和 15.96 元·m^{-3}。

6.2　先进制造业中尾水特征有机物强化去除关键技术研究

6.2.1　O_3 氧化技术对 TBBPA 的降解研究

通过文献调研得，臭氧化工艺与其他四溴双酚 A 降解工艺相比，具有处理效果明显、易于工程实施、便于推广应用等优点。本章研究了臭氧降解四溴双酚 A 过程中各因素影响，并对四溴双酚 A 降解途径进行了推断，以此为根据解释降解过程急性生物毒性变化规律。

6.2.1.1　臭氧化降解 TBBPA 过程的影响因素

在臭氧化反应中，臭氧投量、pH 及温度等对目标污染物降解影响较大，因此本节考察了上述影响因子对臭氧降解四溴双酚 A 的影响。

由图 6.2 - 1 可知，投加臭氧后，四溴双酚 A 可被快速高效降解。反应 2 min 时，臭氧投量为 2 mg/L 和 4 mg/L 时，四溴双酚 A 的浓度已低于检出限。

由图 6.2 - 2 可得，在初始反应溶液不同 pH 下，臭氧投量均为 1 mg/L 时，随 pH 升高，四溴双酚 A 的降解速率逐渐降低。

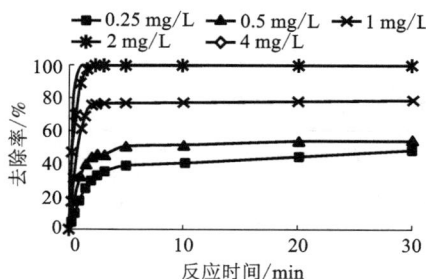

图 6.2-1　不同臭氧投量下
四溴双酚 A 去除率

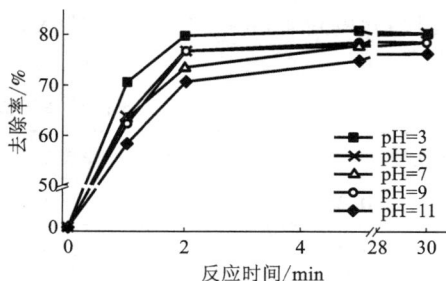

图 6.2-2　不同 pH 下
四溴双酚 A 去除率变化

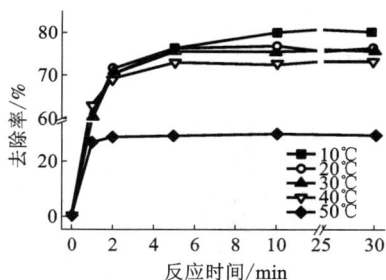

图 6.2-3　温度对去除四溴双酚 A 的影响

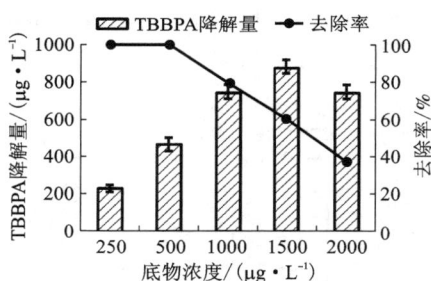

图 6.2-4　四溴双酚 A 浓度对其去除率影响

由图 6.2-3 可得，随着反应体系温度越高，臭氧对四溴双酚 A 的降解效果变差。臭氧在水相中的溶解度随温度升高而降低，因此在较低温度时进入反应体系的溶解臭氧更为稳定，不易溶出。而温度较高如 50℃ 时，臭氧大量溶出无法对反应体系中四溴双酚 A 进行接触氧化。

由图 6.2-4 可得，在反应体系中投加相同臭氧剂量且在相同的反应时间内，当底物投量升高时，臭氧所去除的四溴双酚 A 量逐渐升高，底物浓度的升高使得臭氧分子与目标四溴双酚 A 分子接触机会加大，更多的氧化剂与四溴双酚 A 反应。

对反应初期数据进行反应动力学分析。由图 6.2-5 可得，臭氧化

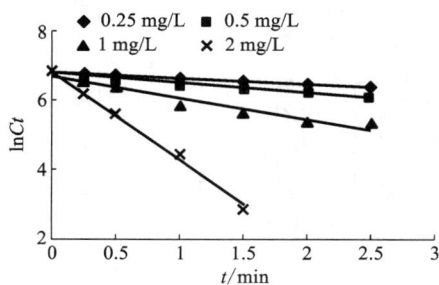

图 6.2-5　不同臭氧投量下 $\ln Ct$-t 关系曲线

初期的反应符合一级反应动力学，其相关系数及四溴双酚 A 降解速率常数见表

6.2-1。臭氧投量为 2 mg/L 时，四溴双酚 A 降解反应速率常数为 2.561 $\min^{-1}$，可以高效的对 1 mg/L 的四溴双酚 A 进行降解去除。

表 6.2-1　不同臭氧投量下四溴双酚 A 降解速率常数

臭氧投量/(mg·L^{-1})	反应速率常数/min^{-1}	相关系数 R^2	标准偏差(SD)
0.25	0.168	0.992	0.105
0.5	0.26	0.974	0.186
1	0.624	0.967	0.451
2	2.561	0.998	1.382

6.2.1.2　共存物质对降解 TBBPA 的影响

共存物质对降解 TBBPA 的影响图如图 6.2-6~图 6.2-12 所示。

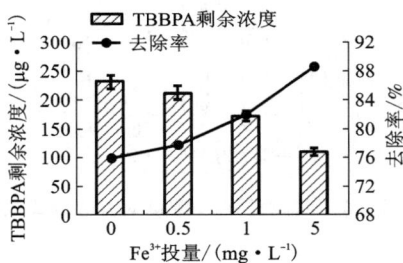

图 6.2-6　Fe^{3+} 投量

对 O_3 降解 TBBPA 的影响

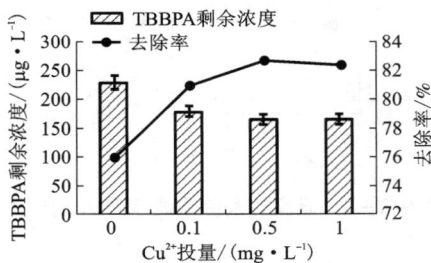

图 6.2-7　Cu^{2+} 投量

对 O_3 降解 TBBPA 的影响

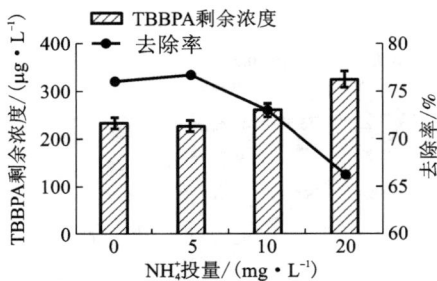

图 6.2-8　NH_4^+ 投量

对 O_3 降解 TBBPA 的影响

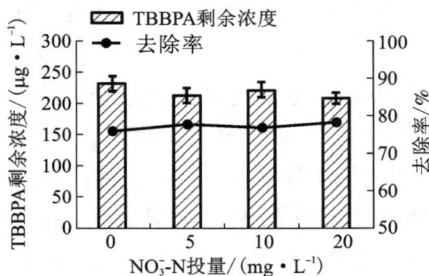

图 6.2-9　NO_3^--N 投量

对 O_3 降解 TBBPA 的影响

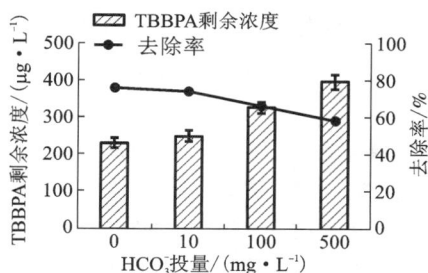

图 6.2 – 10　HCO_3^- 投量
对 O_3 降解 TBBPA 的影响

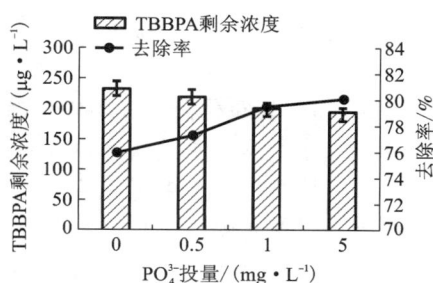

图 6.2 – 11　PO_4^{3-} 投量
对 O_3 降解 TBBPA 的影响

由图 6.2 – 6 和图 6.2 – 7 可得，Cu^{2+} 和 Fe^{3+} 的投加均促进了四溴双酚 A 的去除，并且随着两种阳离子投量的升高，促进效果也更加明显。这是由两方面原因引起的，以 Fe^{3+} 为例，在反应体系中，一方面 Fe^{3+} 在水中形成 $Fe(OH)_3$ 胶体，由于 $Fe(OH)_3$ 胶体具有混凝作用，故四溴双酚 A 较易被吸附，从而被去除；另一方面，在反应体系中 Fe^{3+} 会催化臭氧发生链式反应生成·OH。

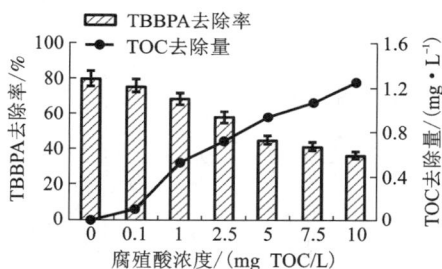

图 6.2 – 12　腐殖酸投量
对 O_3 降解 TBBPA 的影响

由图 6.2 – 8 可得，当反应体系中投加 NH_4^+ 时，臭氧对四溴双酚 A 去除率将会下降，且随着投加量的升高，四溴双酚 A 降解率下降趋势会更加明显。

由图 6.2 – 9 可得，NO_3^- 对臭氧降解四溴双酚 A 的影响较小，基本可以忽略。

由图 6.2 – 10 可得，HCO_3^- 的投加对四溴双酚 A 的去除有抑制作用，且随着投量的加大，其抑制效果也更加显著。HCO_3^- 对反应的抑制主要原因是 HCO_3^- 的投加使得反应在碱性体系中进行，臭氧在碱性条件下会更易分解生成·OH，而 HCO_3^- 是·OH 的捕捉剂，会与其反应生成 HCO_3·，HCO_3^- 的存在会对臭氧降解四溴双酚 A 产生抑制作用。

由图 6.2 – 11 可得，PO_4^{3-} 的投加会促进臭氧对四溴双酚 A 的降解，且其浓度越高，促进效果越好。这是因为 PO_4^{3-} 的存在催化臭氧产生超氧自由基，促进了·OH 的生成，因此在 PO_4^{3-} 浓度较低时，其是·OH 生成的促进剂，有利于四溴双酚 A 被臭氧氧化降解。

由图 6.2 - 12 可得,腐殖酸的投加对四溴双酚 A 的去除有较为明显的抑制作用。天然有机物(NOM)在反应体系存在时会对四溴双酚 A 的臭氧降解产生较强的竞争抑制作用。

6.2.1.3 臭氧化降解 TBBPA 降解途径

使用气相色谱 - 质谱联用仪对臭氧降解四溴双酚 A 过程的中间产物进行定性及半定量检测,以推断臭氧降解四溴双酚 A 的反应途径及反应过程中生物毒性变化规律。目前实验室采用的质谱 NIST 谱库中对溴代芳香类有机物收录较少,因此反应中间产物的定性需要通过对比标准有机物特征离子碎片信息验证。通过将得出的有机物特征离子碎片图进行对比验证,确定 9 种有机物中间产物,如表6.2 - 2 所示。

表 6.2 - 2　臭氧降解四溴双酚 A 中间产物

序号	名称	t/min	分子式	结构式	核质比(m/z)
1	叔丁基苯	4.596	$C_{10}H_{14}$	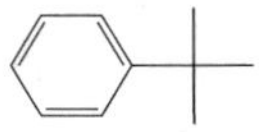	119(100) 91(51) 134(23)
2	对异丙烯基苯酚	4.914	$C_9H_{10}O$	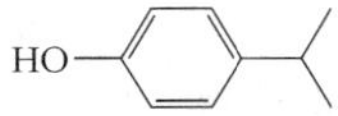	134(100) 119(71) 91(26)
3	二溴苯酚	6.914	$C_6H_4Br_2O$	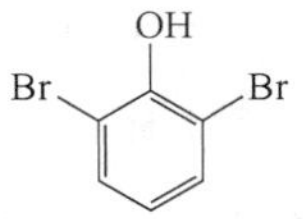	252(100) 63(49) 143(19)
4	2,6 - 二溴对异丙烯基苯醌	9.857	$C_9H_8Br_2O$	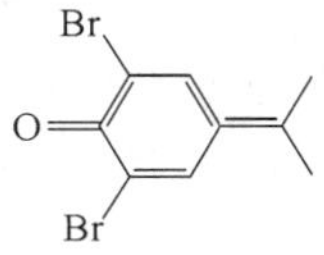	292(100) 84(40) 277(35) 132(26)
5	邻溴对异丙烯基苯酚	10.393	C_9H_9BrO	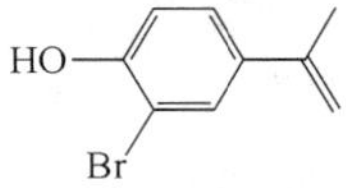	105(100) 118(62) 212(42)
6	2,6 - 二溴对叔丁基苯酚	10.545	$C_{10}H_{12}Br_2O$	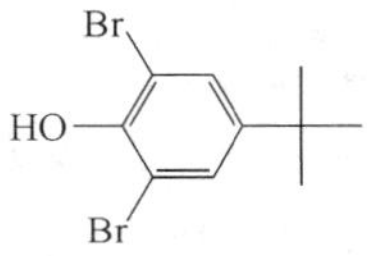	293(100) 308(26) 212(20)

续表 6.2 - 2

序号	名称	t/min	分子式	结构式	核质比（m/z）
7	2，6 - 二溴对 - (2 - 叔丁醇)苯酚	10.568	$C_9H_{10}Br_2O_2$		309(100) 73(25) 279(13)
8	2，6 - 二溴对 (2 - 丙醇) 乙酸苯酯	10.726	$C_{11}H_{12}Br_2O_3$		295(100) 310(37) 84(32)
9	三溴双酚 A	16.204	$C_{15}H_{13}Br_3O_2$		450(100) 464(25)

　　臭氧降解四溴双酚 A 过程中存在臭氧氧化、羟基化、脱溴和去甲基化等反应。在图 6.2 - 13 中，推测臭氧降解四溴双酚 A 的途径有以下三个：①四溴双酚 A 通过脱溴生成三溴双酚 A，推测其继续脱溴后能生成二溴双酚 A 及一溴双酚 A，经臭氧氧化或羟基化反应使得中心碳原子断开生成溴代芳香有机物邻溴对异丙烯基苯酚，并继续脱溴生成单苯环芳香烃叔丁基苯；②反应初始臭氧及羟基自由基直接攻击四溴双酚 A 中心碳原子，其断裂后生成 2，6 - 二溴对叔丁基苯酚，继续去甲基化可生成二溴苯酚，二溴苯酚经脱溴生成叔丁基苯；③四溴双酚 A 中心碳原子断裂后经臭氧氧化及羟基化反应后，其苯环对位羟基较活跃，被氧化生成 2，6 - 二溴对(2 - 丙醇)乙酸苯酯及 2，6 - 二溴对异丙烯基苯醌，后继续被氧化羟基化生成 2，6 - 二溴对 - (2 - 叔丁醇)苯酚等物质。最终，所有溴代芳香类有机物开环并被最终矿化为二氧化碳和水。

6.2.1.4　臭氧化降解 TBBPA 过程生物毒性变化规律

　　由图 6.2 - 14 可得，臭氧降解四溴双酚 A 过程中生物毒性随反应时间呈现先升高后降低的趋势。对 GC - MS 检测反应过程中三种中间产物进行半定量分析，即对其各反应时间丰度变化进行比较，其变化规律如图 6.2 - 15 所示。

　　反应 1 min 后，三溴双酚 A 丰度随反应时间延长逐渐降低，二溴苯酚丰度先升高后降低，叔丁基苯丰度逐渐升高。三种中间产物的丰度变化符合之前对四溴双酚 A 降解途径的推测。4 种有机物的急性毒性（以大鼠经口 LD50 表征）详见表 6.2 - 3 所示。

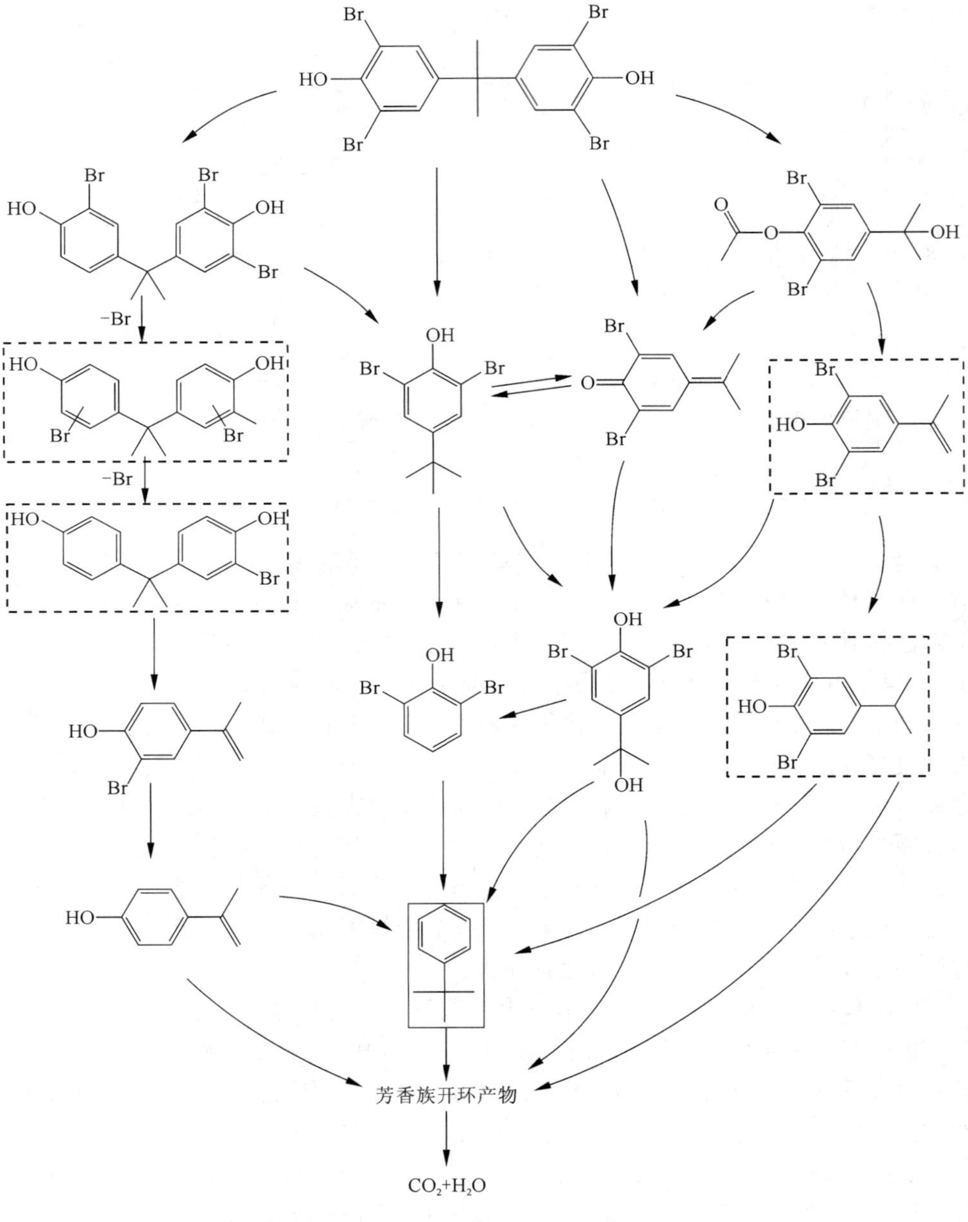

图 6.2 – 13　臭氧降解四溴双酚 A 反应途径

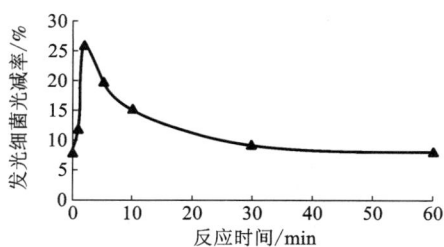

图 6.2-14　臭氧降解 TBBPA
过程中生物毒性变化

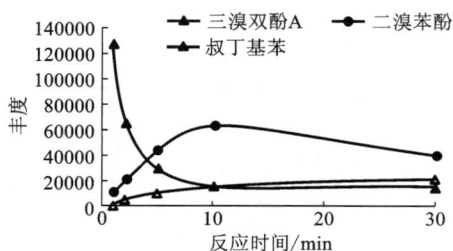

图 6.2-15　三种中间产物
丰度延时变化曲线

　　四溴双酚 A 降解反应开始后，四溴双酚 A 大量脱溴转化为三溴双酚 A、二溴苯酚等溴代苯系物，因三溴双酚 A 和二溴苯酚的 LD50 比四溴双酚 A 低，故此阶段急性生物毒性表现为升高趋势。随着反应继续进行，各种中间产物陆续被降解为相对分子质量较小的单苯环或苯环开环产物，叔丁基苯含量随之逐渐升高，而叔丁基苯的 LD50（3503 mg/kg）甚至高于四溴双酚 A 的 LD50（3160 mg/kg），因此此阶段急性生物毒性表现为降低趋势。

表 6.2-3　四溴双酚 A 及部分中间产物毒理性质

序号	名称	分子式	LD50/($mg \cdot kg^{-1}$)	作用方式
1	四溴双酚 A		3160	大鼠经口
2	三溴双酚 A		2000	大鼠经口
3	二溴苯酚		282	大鼠经口
4	叔丁基苯		3503	大鼠经口

6.2.1.5　四溴双酚 A 降解过程溴酸盐生成的影响因素

不同影响因素对溴酸盐生成的影响如图 6.2-16～图 6.2-23 所示。

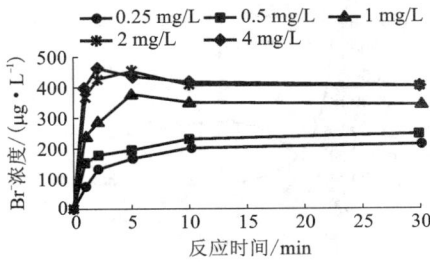

图 6.2 – 16　臭氧投量对溴离子生成影响

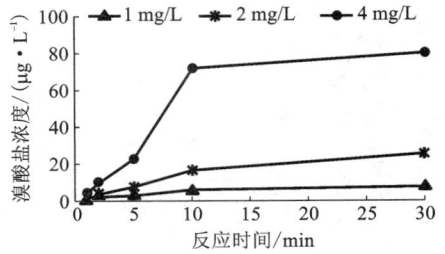

图 6.2 – 17　臭氧投量对溴酸盐生成影响

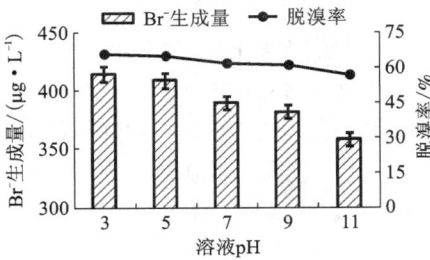

图 6.2 – 18　pH 对溴离子生成影响

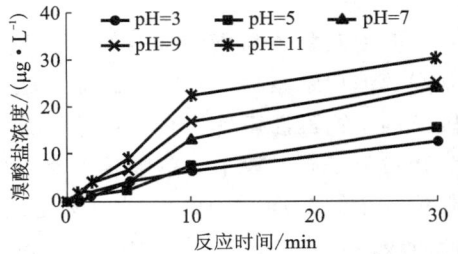

图 6.2 – 19　pH 对溴酸盐生成的影响

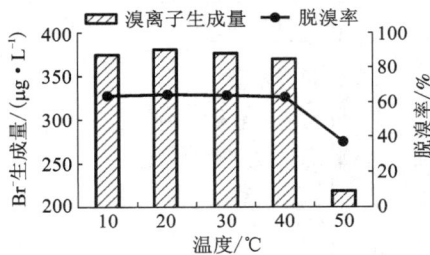

图 6.2 – 20　不同温度对 Br^- 生成影响

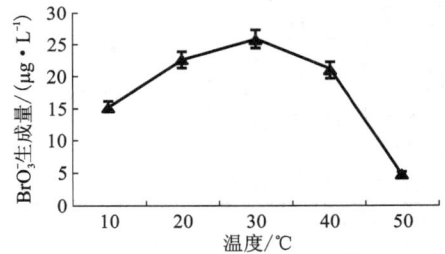

图 6.2 – 21　不同温度对 BrO_3^- 生成影响

　　由图 6.2 – 16 可得，四溴双酚 A 降解过程中，四溴双酚 A 和其他含溴有机产物中的溴被氧化脱除为溴离子，并继续向溴酸盐转化。由图 6.2 – 17 可得，臭氧投量升高会增加四溴双酚 A 降解过程中溴酸盐的生成量。

　　由图 6.2 – 18 可得，pH 越高，溶液中溴离子生成量越少，原溶液中四溴双酚 A 脱溴率也越小。由图 6.2 – 19 可得，溴酸盐的生成速率随着溶液初始 pH 的升高而升高，溴酸盐的生成量随之增加。由图 6.2 – 20 可得，温度过低或过高均不利于脱溴水平的提高。温度过低时，氧化剂主要参与到 TBBPA 的降解反应中，因此产生的游离溴离子浓度较低；而温度过高时，水中臭氧的溶解度大大下降，TBBPA 降解受阻，更不利于脱溴率的进一步提高。

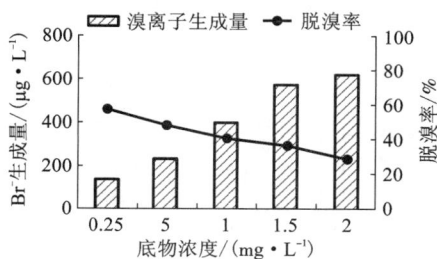

图 6.2 - 22　不同底物浓度对 Br^- 生成影响

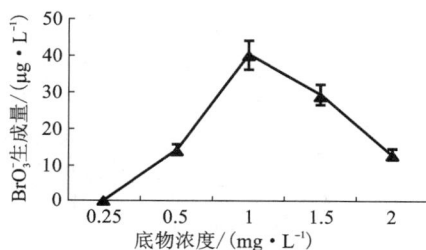

图 6.2 - 23　不同底物投加
浓度对 BrO_3^- 生成影响

由图 6.2 - 21 可得，30℃前溴酸盐生成量随温度升高而增大，30℃时生成溴酸盐量最大，30℃后随温度升高溴酸盐生成量降低。温度会影响溴酸盐生成途径中 $HOBr/OBr^-$ 平衡，温度较低时，BrO^- 生成量减少，从而减少溴酸盐的生成；温度高于30℃时，反应体系中溶解臭氧减少，溴酸盐生成量减少。

由图 6.2 - 22 可得，在相同臭氧投加浓度和反应时间下，当底物浓度升高时，溴离子的生成量随之升高，原因是四溴双酚 A 在溶液中的浓度升高，臭氧分子与其目标污染物四溴双酚 A 接触的机会增大，则降解反应速率常数变大，四溴双酚 A 降解速率加快，其中的溴元素转化为游离溴离子的效率加快，因此随底物浓度升高，溴离子生成量也随之升高。

由图 6.2 - 23 可得，在反应体系中，当其他条件相同时，若底物投加浓度升高，则溴酸盐生成量先升高，在底物浓度为 1 mg/L 时达到最高，为 40.1 μg/L，随后虽然底物浓度继续升高，溴酸盐的生成量也会降低。

由图 6.2 - 24 可得，随着 Fe^{3+} 投量的增加，溴酸盐生成量随之增加。由图 6.2 - 25 可知，Cu^{2+} 投加促进臭氧降解四溴双酚 A 过程溴酸盐生成的机理与 Fe^{3+} 相似。

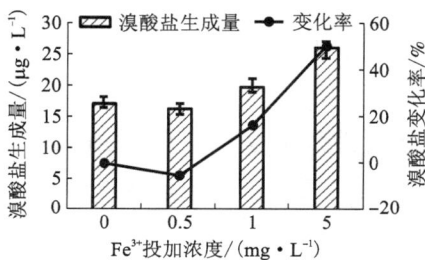

图 6.2 - 24　Fe^{3+} 对 BrO_3^- 生成影响

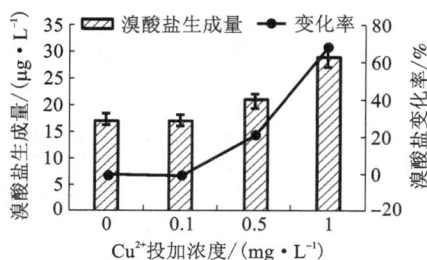

图 6.2 - 25　Cu^{2+} 对 BrO_3^- 生成影响

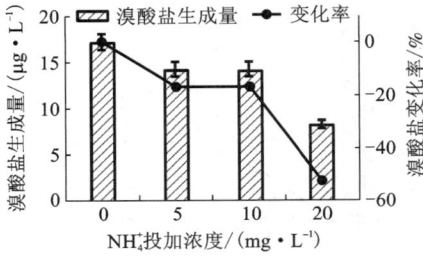

图 6.2 – 26 NH_4^+ 对 BrO_3^- 生成影响

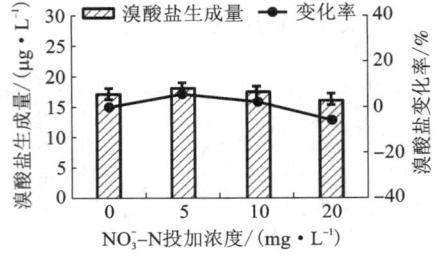

图 6.2 – 27 $NO_3^- - N$ 对 BrO_3^- 生成影响

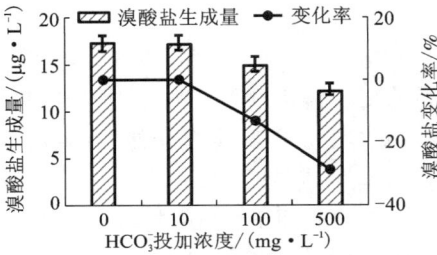

图 6.2 – 28 HCO_3^- 对 BrO_3^- 生成影响

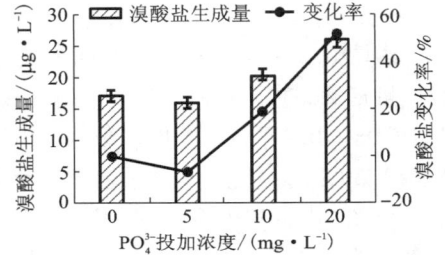

图 6.2 – 29 PO_4^{3-} 对 BrO_3^- 生成影响

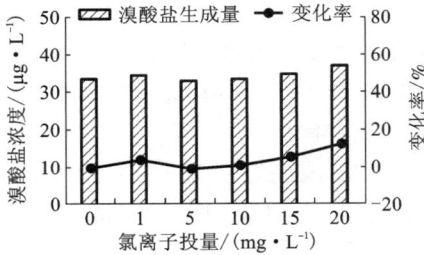

(a) Cl^- 对溴酸盐生成影响

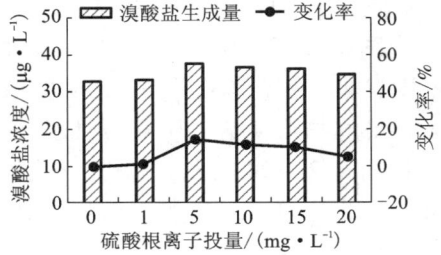

(b) SO_4^{2-} 对溴酸盐生成影响

图 6.2 – 30 Cl^- 及 SO_4^{2-} 对反应过程中溴酸盐生成影响

由图 6.2 – 26 可得，NH_4^+ 的投加会减少臭氧降解四溴双酚 A 过程中溴酸盐的生成。当水体中 NH_4^+ 浓度较高时，会与 $HOBr/OBr^-$ 快速生成 NH_2Br，进而 NH_2Br 被氧化为 NO_3^- 和 Br^-。

如图 6.2 – 27 所示，$NO_3^- - N$ 的投加对臭氧降解四溴双酚 A 过程中溴酸盐生成基本无影响。HCO_3^- 对溴酸盐的生成有抑制作用，如图 6.2 – 28 所示。PO_4^{3-} 对溴酸盐的生成有促进作用，如图 6.2 – 29 所示。

如图 6.2 – 30 所示，Cl⁻ 和 SO₄²⁻ 对反应过程中溴酸盐生成均无明显影响。

由图 6.2 – 31 可得，随腐殖酸的增加，溴酸盐生成量逐渐减少。与各离子对臭氧降解四溴双酚 A 过程中溴酸盐生成影响相比，腐殖酸的投加对溴酸盐生成的抑制作用最为明显。

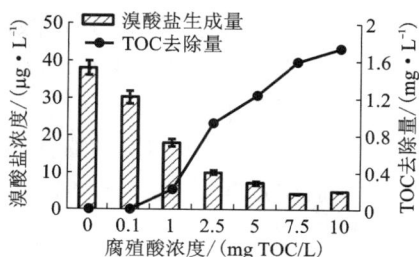

图 6.2 – 31　腐殖酸投加对 BrO_3^- 生成影响

6.2.2　臭氧化组合工艺对 TBBPA 降解及生物毒性控制

通过上述研究，对臭氧对四溴双酚 A 的降解及无机副产物生成规律有了较为清晰地了解。在文献调研基础上采用三种臭氧组合工艺，快速高效去除四溴双酚 A 的同时，最大量地削减反应过程急性生物毒性及具有致癌作用的无机副产物溴酸盐的生成量，这三种工艺分别为 O_3/H_2O_2 工艺、$O_3/KMnO_4$ 工艺和 O_3/Fe^{2+} 工艺。

6.2.2.1　臭氧化组合工艺对四溴双酚 A 的降解

首先研究了臭氧化组合工艺对四溴双酚 A 降解的影响，因为 O_3/Fe^{2+} 工艺对溴酸盐属于末端控制，其对四溴双酚 A 降解无影响，故不做研究。由图 6.2 – 32 可得，随 $[H_2O_2]/[O_3]$（M/M）值增大，四溴双酚 A 去除率呈现先升高后降低的规律。由图 6.2 – 33 可得，在使用 $O_3/KMnO_4$ 组合工艺对四溴双酚 A 进行去除时，随 $KMnO_4$ 投量升高，四溴双酚 A 去除率小幅上升。

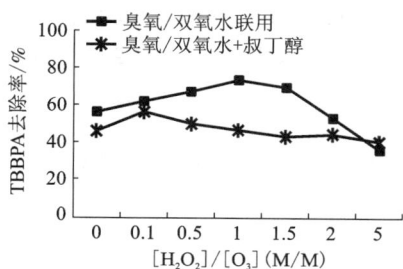

图 6.2 – 32　$[H_2O_2]/[O_3]$（M/M）对四溴双酚 A 降解

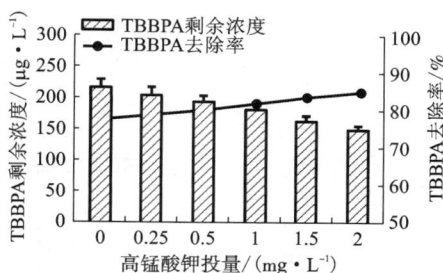

图 6.2 – 33　$O_3/KMnO_4$ 对四溴双酚 A 降解

6.2.2.2　臭氧化组合工艺对溴酸盐生成的控制

由图 6.2 – 34 可得，在配水条件下投加 H_2O_2，反应 10 min 后溴酸盐生成量随 $[H_2O_2]/[O_3]$（M/M）增大呈现略微升高后下降的规律。当 $[H_2O_2]/[O_3]$（M/

M）值最大为 5 时，反应 10 min 后溴酸盐生成量为 4.2 μg/L，较臭氧单独氧化四溴双酚 A 时溴酸盐生成量削减了 89.8%。

由图 6.2－35 可得，当 H_2O_2 投加时间延后时，臭氧降解四溴双酚 A 过程中溴酸盐生成量呈现出先降低后升高的趋势。

由图 6.2－36 可得，与 O_3 单独氧化相比，腐殖酸投加对 O_3/H_2O_2 工艺去除四溴双酚 A 影响同样较大，在有机物投量最大的 10 mg TOC/L 时与 O_3 单独投加相比，四溴双酚 A

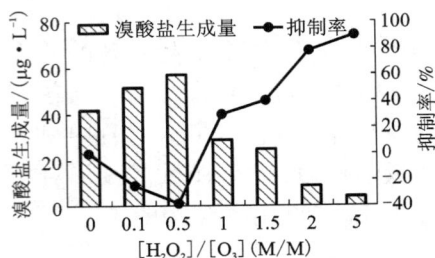

图 6.2－34　[H_2O_2]/[O_3]对溴酸盐控制

的去除率分别为 38.1% 和 34.7%，相差不大。但 O_3/H_2O_2 工艺在不同有机物条件下，均能有效抑制对溴酸盐的生成。

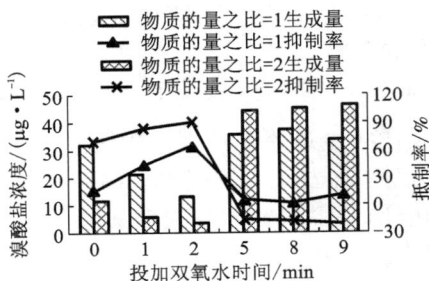

图 6.2－35　H_2O_2 投加
时间对溴酸盐生成影响

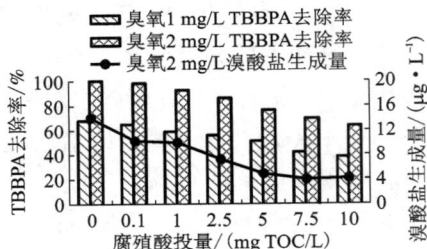

图 6.2－36　不同有机物投量
对 TBBPA 去除及溴酸盐生成影响

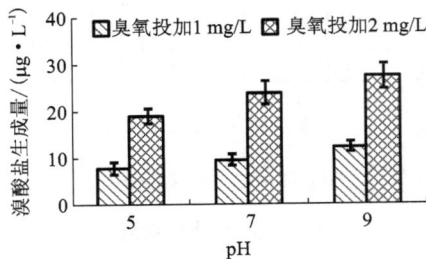

（a）pH 对 O_3/H_2O_2 溴酸盐生成影响

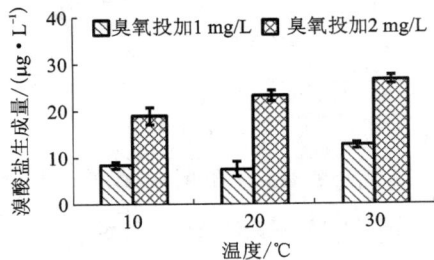

（b）温度对 O_3/H_2O_2 溴酸盐生成影响

图 6.2－37　pH 及温度对 O_3/H_2O_2 工艺溴酸盐生成影响

由图 6.2 – 37 得出，pH 升高会抑制 O_3/H_2O_2 工艺降解四溴双酚 A 过程中溴酸盐的生成，温度升高则会促进过程中溴酸盐的生成。

由图 6.2 – 38 可得，$KMnO_4$ 预氧化 5 min 后臭氧投加去除四溴双酚 A 过程中，随 $KMnO_4$ 投量的升高，10 min 后溴酸盐生成量逐渐减少。从抑制效果及经济角度分析，$KMnO_4$ 投量可选用 1 mg/L。

由图 6.2 – 39 可得，$KMnO_4$ 预氧化时间越长，其对臭氧去除四溴双酚 A 过程中溴酸盐生成的削减效

图 6.2 – 38　$KMnO_4$ 投量对溴酸盐生成影响

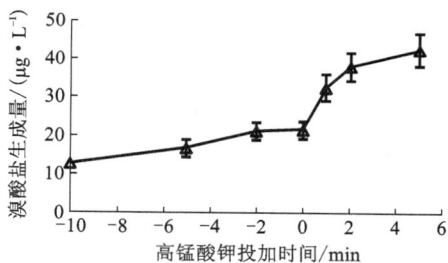

果越好。虽然预氧化时间越长，$KMnO_4$ 削减溴酸盐生成效果越好，但从反应的高效性考虑，最终确定 $KMnO_4$ 预氧化时间为 5 min。

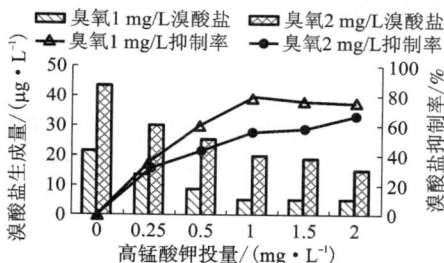

图 6.2 – 39　$KMnO_4$ 投加时间对溴酸盐生成影响

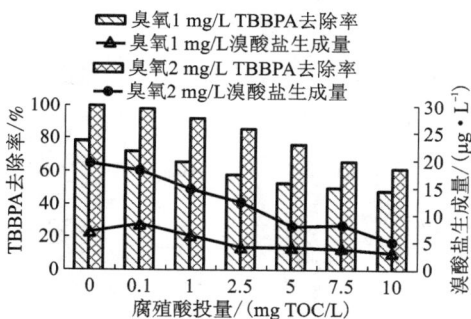

图 6.2 – 40　不同有机物投量对 TBBPA 去除及溴酸盐生成影响

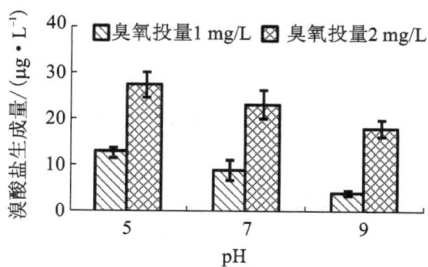

(a) pH 对 O_3/H_2O_2 溴酸盐生成影响

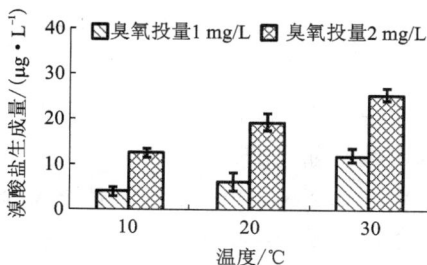

(b) 温度对 O_3/H_2O_2 溴酸盐生成影响

图 6.2 – 41　pH 和温度对 $O_3/KMnO_4$ 工艺溴酸盐生成影响

由图 6.2 - 40 可得，腐殖酸投加对 $O_3/KMnO_4$ 工艺去除四溴双酚 A 影响同样较大，在有机物投量最大的 10 mg TOC/L 时与臭氧单独投加相比，四溴双酚 A 的去除率为 48.4%，优于单独臭氧投加。$O_3/KMnO_4$ 工艺在不同有机物投量时对溴酸盐的生成均有良好的削减效果，而单独投加臭氧在共存有机物含量较高时溴酸盐生成量较少，含量低时生成量较大。

由图 6.2 - 41 得出，pH 升高会抑制 $KMnO_4/O_3$ 工艺降解四溴双酚 A 过程中溴酸盐的生成，温度升高则会促进过程中溴酸盐的生成。

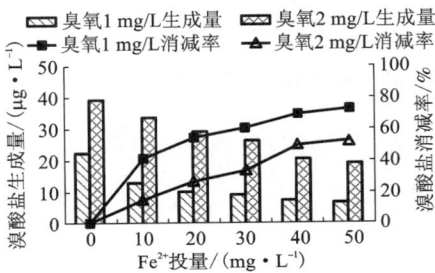

图 6.2 - 42　Fe^{2+} 投量对溴酸盐削减效果

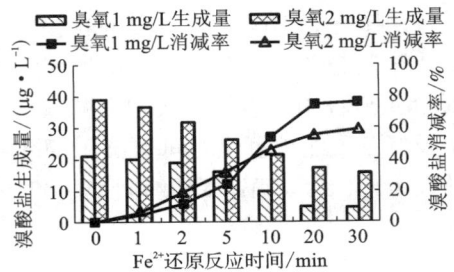

图 6.2 - 43　Fe^{2+} 反应时间对溴酸盐削减效果

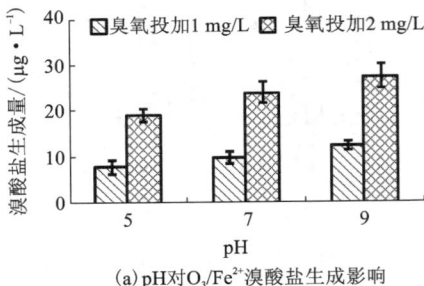

(a) pH 对 O_3/Fe^{2+} 溴酸盐生成影响

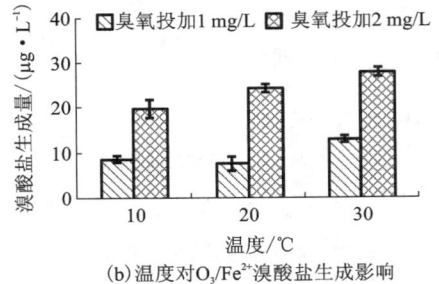

(b) 温度对 O_3/Fe^{2+} 溴酸盐生成影响

图 6.2 - 44　pH 和温度对 O_3/Fe^{2+} 工艺溴酸盐生成影响

由图 6.2 - 42 可得，随 Fe^{2+} 投量升高，其对臭氧降解四溴双酚 A 过程中溴酸盐的削减量随之增大。

由图 6.2 - 43 可得，Fe^{2+} 对溴酸盐的还原反应较慢，周期较长。

由图 6.2 - 44 得出，pH 升高会增加 O_3/Fe^{2+} 工艺降解四溴双酚 A 过程中溴酸盐的生成，温度升高会促进过程中溴酸盐的生成。

6.2.2.3　臭氧化组合工艺对急性生物毒性的控制

由图 6.2 - 45 可得，与臭氧单独氧化四溴双酚 A 毒性规律变化相同，$O_3/$

H_2O_2 工艺、O_3/$KMnO_4$ 工艺降解四
溴双酚 A 过程中发光细菌光减率也
呈现出先升高后降低的规律，但 O_3/
H_2O_2 组合工艺对四溴双酚 A 降解过
程中急性生物毒性控制效果较臭氧
单独投加差，O_3/$KMnO_4$ 工艺降解四
溴双酚 A 过程中对生物毒性控制效
果优于其他两种氧化方式与其作用
机理有关，与 O_3/H_2O_2 工艺中 H_2O_2

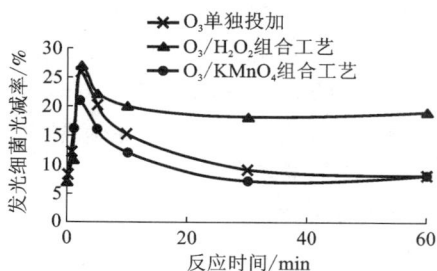

图 6.2 – 45　生物毒性变化规律

起·OH捕捉剂的作用不同，$KMnO_4$ 预氧化是通过改变生成途径的方式来实现对
溴酸盐的控制，其会促进·OH 的生成，而且其本身具有一定的氧化作用，会促进
各中间产物继续被氧化成低毒有机物或被矿化。

6.2.3　臭氧化组合工艺处理实际废水

6.2.3.1　处理效果综合对比

试验中实际废水为深圳市某电路电子废水处理站尾水，其水质指标见表6.2 – 4。

表 6.2 – 4　实际废水水质

指标	pH*	COD	BOD₅	NH_4^+ – N	NO_3^- – N	TBBPA
浓度/(mg·L⁻¹)	7.2~7.8	40.1~48.3	5.2~5.45	4.1~4.5	8.9~11.9	0~0.2

注:" * "表示 pH 量纲为1。

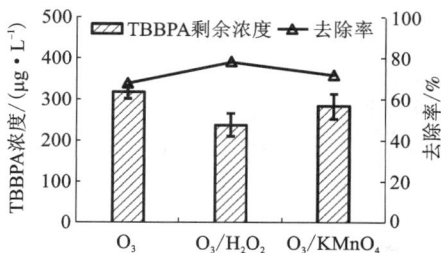

图 6.2 – 46　实际废水中四溴双酚 A 去除效果

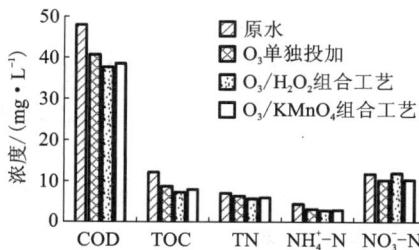

图 6.2 – 47　三种工艺对常规指标的去除效果

由图 6.2 – 46 可得，与配水试验中四溴双酚 A 可被完全去除相比，在实际废
水中三种工艺对四溴双酚 A 的去除作用有不同程度的削减。其中臭氧单独去除
四溴双酚 A 去除率为 67.8% ，O_3/H_2O_2 工艺为 77.7% ，O_3/$KMnO_4$ 工艺为
72.16% 。由此可见，在实际废水中 O_3/H_2O_2 工艺对四溴双酚 A 的去除效果最

好,比臭氧单独氧化去除率高9.9%。

由图6.2-47可得,三种臭氧工艺中,O_3/H_2O_2工艺对COD及TOC去除率最佳,分别为20.5%和42.6%;对氨氮的去除能力基本相同,在30%左右;对硝氮基本无去除效果;对总氮的去除率均在20%左右。

6.2.3.2 工艺参数调整

如图6.2-48所示,三种臭氧工艺中,$O_3/KMnO_4$工艺对COD去除效果最佳,由调整前的20.1%升至48.8%;对TOC的去除能力基本相同,在50%左右;臭氧单独氧化、O_3/H_2O_2工艺和$O_3/KMnO_4$工艺对氨氮去除率分别为48.8%、46.2%和44.8%,较调整前平均升高约15%;对硝氮基本无去除效果;对总氮的去除率分别为

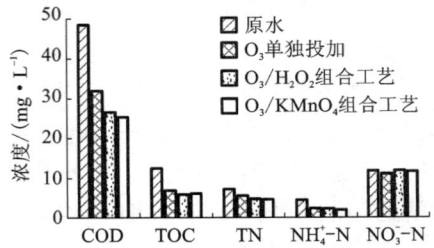

图6.2-48 工艺参数调整后常规指标的去除效果

24.2%、37.5%和35.7%,较调整前去除率平均升高约10%。由图6.2-49可得,三种臭氧工艺对实际废水的可生化性均有较好的改善作用,其中两种组合工艺对可生化性的提升效果相比臭氧单独投加效果更好。如图6.2-50所示,三种臭氧工艺对实际废水的毒性均有较好的控制效果,均可将发光细菌光减率由原40%降至20%左右,其中O_3/H_2O_2工艺和$O_3/KMnO_4$工艺两种组合工艺对毒性削减效果优于臭氧单独投加效果。

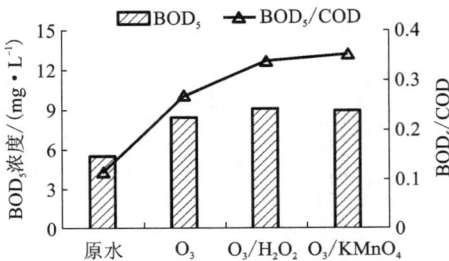

图6.2-49 三种工艺对实际废水可生化性影响

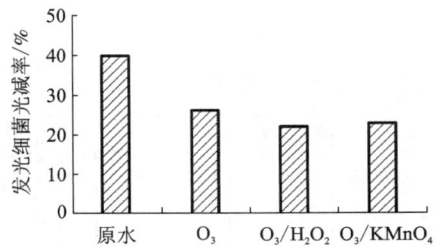

图6.2-50 三种臭氧工艺对实际废水生物毒性削减影响

6.3 关键技术优势总结

本课题针对先进制造业富磷(次/亚磷酸盐)废水处理问题,开发了"两段式高级氧化次/亚磷酸盐去除技术",首先在第一工艺段投加O_3和H_2O_2,利用H_2O_2

引发臭氧产生·OH，对次/亚磷酸盐实现高效氧化，待其氧化一定程度后再投加亚铁，其作为催化剂促进 O_3 和 H_2O_2 产生·OH，并与氧化生成的正磷酸盐结合形成磷酸铁沉淀，达到除磷的目的。

"两段式高级氧化次/亚磷酸盐去除技术"与传统 Fenton 技术(也称为芬顿工艺)对比，具有以下优势：

(1)pH 适应能力强

适合和后续石灰除磷工艺相组合，如图 6.3 – 1 所示。

对于传统的 Fenton 工艺，次磷酸盐氧化率随 pH 的升高呈逐渐下降趋势，当 pH 为 3 时，次磷酸盐氧化率为 66.7%，而当 pH 升为 13 时，次磷酸盐氧化率降至 9.9%。而 O_3 组合工艺中，次磷酸盐氧化率随 pH 的变化呈先上升后下降的趋势，在 pH 为 7 ~ 9 的条件下，均具有较好的去除效果。综合比较起来，在 pH 为 5 ~ 9 时，$O_3/H_2O_2 + Fe^{2+}$ 工艺具有最好的去除效果。

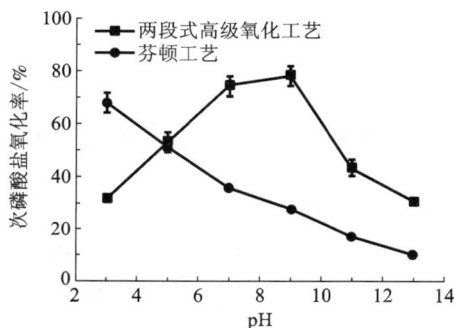

图 6.3 – 1　pH 对芬顿工艺
与两段式高级氧化技术影响对比

(2)产泥量低

污泥处理处置费用低，如图 6.3 – 2 所示。$O_3/H_2O_2 + Fe^{2+}$ 工艺的产泥量仅为 Fenton 工艺的 48%，可以大大减少污泥处理所需的费用。

(3)反应速度快

经过 60 min 的处理，$O_3/H_2O_2 + Fe^{2+}$ 工艺中次磷酸盐充分氧化成正磷酸盐，并与水中氧化产生的三价铁结合形成磷酸铁沉淀，出水总磷浓度为 0.28 mg/L，而采用 Fenton

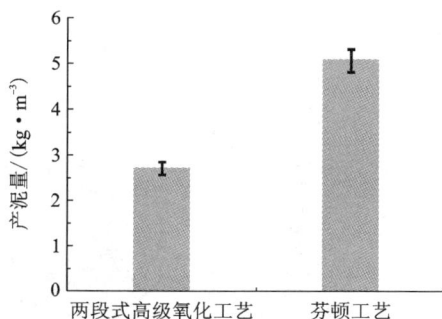

图 6.3 – 2　芬顿工艺与两段式
高级氧化技术产泥量对比

工艺经过 60 min 处理后，仍有 0.86 mg/L 的次磷酸盐、1.24 mg/L 的亚磷酸盐和 0.21 mg/L 的正磷酸盐残留，出水总磷浓度达到 2.31 mg/L，Fenton 工艺需经过 100 min 处理后，出水总磷浓度才能低于 0.5 mg/L。如图 6.3 – 3 所示。

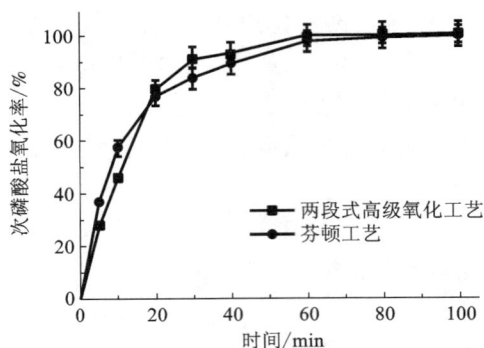

图 6.3 – 3　芬顿工艺与两段式高级氧化技术对次磷酸盐氧化速率对比

（4）出水稳定达标

在连续运行过程中，$O_3/H_2O_2 + Fe^{2+}$ 工艺处理出水中总磷均能够满足达标排放要求，出水总磷平均浓度为 0.20 mg/L，而经过 Fenton 工艺处理后，出水总磷有时仍不能达标排放，出水总磷平均浓度为 0.33 mg/L。同时缩短处理时间，其处理时间仅为 Fenton 工艺的 1/2 ~ 2/3，这可以减小反应器的体积，如图 6.3 – 4 所示。

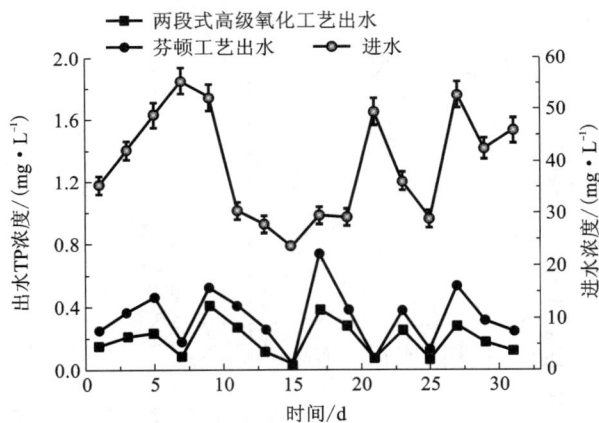

图 6.3 – 4　芬顿工艺与两段式高级氧化技术连续运行出水总磷对比

（5）更加经济

针对先进制造业尾水中特征有机污染物脱除问题，研发了"膜浓液特征有机物高级氧化处理技术"，利用膜技术可直接脱除尾水中特征有机污染物，也可将浓缩后的浓水引入"O_3/H_2O_2 工艺"，提高高级氧化除污效率，深度处理后的出水可回用于生产线中,从而提高废水回用率。与单独 O_3 工艺相比,该联用技术中具有特征有机物去除效果好、高级氧化处理效率高、对环境条件适应性强等优点。反渗透工艺对双酚 A 的去除率高于 90%,原水中双酚 A 可浓缩 3 倍左右;通过浓缩,高级氧化去除效率提高 50% 以上;且 $O_3 + H_2O_2$ 组合工艺较单独 O_3 工艺具有更好的 pH 适应能力;$O_3 + H_2O_2$ 组合工艺比单独 O_3 工艺去除 COD 效果更强,出水 B/C(BOD₅/COD)更高。其技术经济对比见表 6.3 - 1。具体处理效果如图 6.3 - 5 ~ 图 6.3 - 8 所示。

表 6.3 - 1　技术经济对比

指标	芬顿技术	两段式高级氧化联用技术	新工艺特点
氧化段反应时间/h	3 ~ 5	1 ~ 3	反应时间减少 50%
产泥量/(kg·m⁻³)	4.0 ~ 6.0	2.0 ~ 4.0	污泥产量减少 40%
出水总磷浓度/(mg·L⁻¹)	0.34(18.7% 的超标风险)	0.2(稳定达标)	稳定达标
成本/(元·t⁻¹)	19 ~ 38	12 ~ 23	处理费用降低 45%

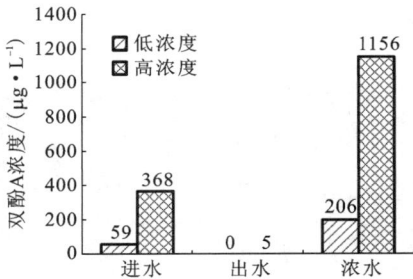

图 6.3 - 5　膜截留效果

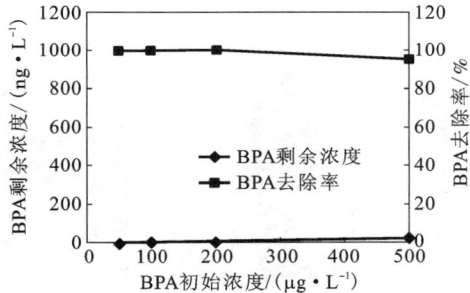

图 6.3 - 6　BPA 初始浓度对氧化效果的影响

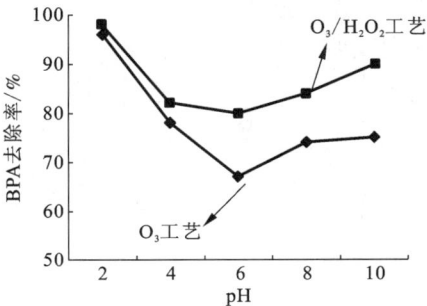

图 6.3 - 7　原水 pH 对 BPA 去除效果的影响

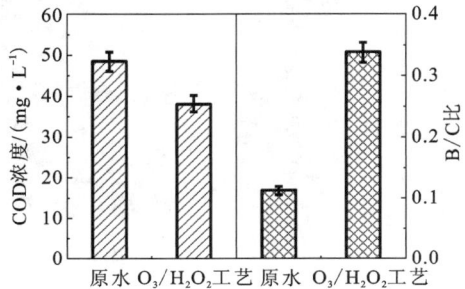

图 6.3 - 8　出水 COD 及 B/C 比

6.4 先进制造业排水脱毒减害技术工程案例

6.4.1 现有示范工程概况

深圳市金源康实业有限公司(以下简称金源康公司)位于深圳市坪山新区坪山街道沙坣同富裕工业区(坪山河流域内),公司凭着科学的管理和先进的检测设备体系,经过多年的努力和创新得到了持续稳步的发展和壮大。公司目前占地面积40000平方米,拥有25000多平方米的现代化厂房、全自动垂直升降式先进制造业生产线设备(5条自动线、3条真空离子电镀线、1条锡钴线)和其他完善配套设施,其主要业务范围为:新材料研发、塑胶产品成型、表面处理、汽车和手机零配件加工等。目前,公司拥有800多人的强大队伍,其中高级技术工程师30多名,品质人员100多名。拥有BSI颁发的ISO9001:2008版质量证书、ISO14001:2004版环境管理体系证书、ISO/TS16949汽车配件管理质量证书以及UL认证。客户包括比亚迪、富士康、康佳、华为、APPLE、SONY、OPPO、LG、SAMSUNG、MOTO、联想、群光、卡西欧、中兴、大众等企业。示范工程卫星图如图6.4-1所示。

图6.4-1 示范工程卫星图

公司在生产过程中每天最大产生约600 t工业废水,废水主要来源于除油、粗化Ⅰ、粗化Ⅱ、敏化、解胶、化学镍Ⅰ、化学镍Ⅱ、焦铜、酸铜、半光镍、光镍、镍封、珍珠镍、预镀镍、光镍、环保铬、光铬、盐酸型白 Cd^{3+}、盐酸型黑 Cd^{3+} 等生产工序，分为有机废水、含镍废水、含铬废水、综合废水四大类。目前，污水处理站根据厂区内废水不同工艺分流收集进行综合处理，废水中主要含有氮、磷（次、亚磷酸盐）、重金属（Cu^{2+}、Ni^{2+}、Cr^{6+}、Zn^{2+}）和有机物等污染物。目前该公司已有一套污水处理系统，处理系统处理废水达到国家《电镀污染物排放标准》（GB 21900—2008）之表 2 排放标准排放。

近年来，公司积极推行"绿色环保、节约资源"的环保理念，积极推行节约用水措施，考虑到环保要求的日益严格，虽然公司污水处理站排水各项指标均已达标，但现有工艺存在产泥量大、处理成本较高、回用率偏低等问题。因此，公司决定对现有废水处理设施进行升级改造，以降低废水的处理成本。

6.4.2　现有工艺存在问题

据污水处理站的工艺处理效果及示范工程总体目标可知，该污水处理站目前存在的主要问题为：

（1）现有工艺对有机废水（富磷废水）的处理时间较长，一般在 4 h 以上，工艺产泥量很大，且水质波动适应能力差，处理成本较高。

（2）现有工艺主要考虑常规污染物的降解，但考虑到行业特征和排水受纳水体的敏感，该企业的废水尾水特征有机污染物的排水特征风险亦应该适当加以控制，以防止受纳水体遭受特征有机污染物的危害。

（3）废水深度处理及回用水成本偏高，膜污染系统控制考虑较少。

（4）旧的 Fenton 系统卫生条件差，设备陈旧。

6.4.3　改造方案

6.4.3.1　工艺路线改造方案

针对金源康公司原有工艺存在的问题，提出如下改造方案：

（1）针对有机废水中的富磷废水问题（含大量次、亚磷酸盐），将原有两级 Fenton 工艺改为两段式高级氧化即"$O_3/H_2O_2 + Fe^{2+}$"工艺，提高污水处理能力。首先投加 O_3 和 H_2O_2，利用 H_2O_2 引发臭氧产生·OH，对次磷酸盐实现高效氧化；待其氧化充分后投加 $FeSO_4$，其作为催化剂促进 O_3 产生·OH，并与 H_2O_2 形成 Fenton，对次磷酸盐形成二次氧化，并与正磷酸盐结合形成磷酸铁沉淀，达到除磷的目的。与原工艺对比，改造后工艺具有反应速度快、pH 适应能力强、产泥量低、更加经济等优势。沉淀之后上清液流入综合废水提升池经综合废水处理系统处理之后达标排放。

（2）为提高产业用水回用率和安全性，增加膜处理设施和回用系统。将二沉池出水经膜工艺进行处理，浓液进入高级氧化段（O_3/H_2O_2）进行处理，出水可直接回用到生产中。

（3）为改善原有生化处理单元处理体积小、停留时间短、废水处理不稳定等问题，提高废水处理效率，将原有"厌氧池＋好氧池"段改造并新建"厌氧＋兼氧＋好氧生化池"。

图 6.4 - 2 所示为金源康示范工程改造工艺流程图。

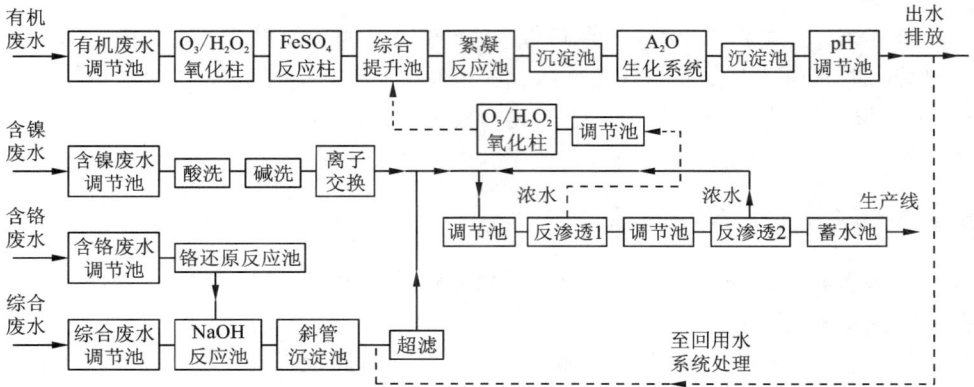

图 6.4 - 2　金源康示范工程改造工艺流程图

6.4.3.2　设计参数

（1）"两段式高级氧化次/亚磷酸盐去除技术"

采用"两段式高级氧化次/亚磷酸盐去除技术"进行先进制造业富磷废水的处理，该工艺包括两个工艺段，第一工艺段为 O_3/H_2O_2 氧化段，第二工艺段为 $FeSO_4$ 氧化段。具体技术参数如下：针对总磷含量为 20 ~ 80 mg/L 的富磷废水（次/亚磷酸盐占90%左右，调节 pH 至7左右），臭氧投加量为 80 ~ 400 mg/L，双氧水（30%）投加量为 0.68 ~ 1.35 mL/L，硫酸亚铁投加量为 100 ~ 250 mg/L（以 Fe^{2+} 计），各段停留时间均为 1.0 h。后续投加氢氧化钙调节出水 pH 至9左右。

（2）"膜浓液特征有机污染物高级氧化处理技术"

采用"膜浓液特征有机污染物高级氧化处理技术"处理先进行业排放尾水的特征有机污染物（以双酚 A 为例）。首先对含双酚 A 的污水用反渗透工艺处理，膜浓液进入调节池后，进入高级氧化段（O_3/H_2O_2）进一步处理。反渗透工艺段技术参数：反渗透膜运行方式为错流过滤，操作压力为 0.5 MPa 左右，膜通量控制在 30 L/（m² · h）左右，产水率为75%~80%；高级氧化工艺段技术参数：在双酚 A 浓度为 100 μg/L 左右的条件下（调节 pH = 7），臭氧投加量为 1 mg/L，过氧化氢投加量（30%含量）为 1 mL/L，水力停留时间为 10 min。

针对先进制造业富磷（次亚磷酸盐）废水处理问题，研发了"两段式高级氧化次/亚磷酸盐去除技术"，改造前是 Fenton 反应池（如图 6.4 - 3 所示），改造后是两段式反应柱(如图 6.4 – 4 所示)。

针对先进制造业尾水中特征有机污染物脱除问题,研发了"膜浓液特征有机污染物高级氧化处理技术",将二沉池出水经膜工艺进行处理,浓水进入高级氧化段(O_3/H_2O_2)进行处理,出水可直接回用到生产中。新增的反渗透处理系统如图 6.4 – 5 所示。

图 6.4 – 3   改造前的 Fenton 反应池

图 6.4 – 4   改造后的两式段   图 6.4 – 5   新增的反渗透处理系统(尾水处理示范工程)
高级氧化装置

6.4.4   示范工程实施效果

根据深圳市金源康实业有限公司提供的资料及要求,约有 600 $m^3 \cdot d^{-1}$ 生产废水,经处理后部分回用,回用水处理规模为 600 $m^3 \cdot d^{-1}$。自示范工程稳定运行以来,对示范工程处理水量及运行效果进行跟踪监测,相关数据如表 6.4 – 1 ~ 表 6.4 – 6 所示。

表 6.4-1　示范工程处理水量及回用率统计表

时间（年月）	处理水量/(t·月⁻¹)	回用水量/(t·月⁻¹)	排放水量/(t·月⁻¹)	回用率/%
2017.3	17658	13648	4010	77.3
2017.4	15458	12687	2771	82.1
2017.5	15902	13802	2100	86.8
2017.6	18422	15981	2441	86.8
2017.7	17504	16977	527	97.0
2017.8	18914	16141	2773	85.3
平均值	17310	14873	2437	85.9

表 6.4-2　总磷削减量表

时间（年月）	原水浓度/(mg·L⁻¹)	处理沉淀池出水/(mg·L⁻¹)	出水浓度/(mg·L⁻¹)	去除率/%
2017.3	98.8	0.49	0.13	99.9
2017.4	96.8	0.42	0.15	99.9
2017.5	94.1	0.39	0.14	99.9
2017.6	99.8	0.39	0.17	99.8
2017.7	43.8	0.17	0.16	99.6
2017.8	41.9	0.49	0.11	99.7
平均值	79.2	0.39	0.14	99.8

表 6.4-3　特征污染物双酚 A 削减量表

时间（年月）	原水浓度/(μg·L⁻¹)	沉淀池出水/(μg·L⁻¹)	反渗透1进水/(μg·L⁻¹)	反渗透2出水/(μg·L⁻¹)	出水浓度/(μg·L⁻¹)	去除率/%
2017.3	156	0.001	0.308	0.001	0.001	99.9
2017.4	144	0.001	0.349	0.001	0.001	99.9
2017.5	66	1.56	0.173	0.106	0.168	99.7
2017.6	135	0.001	0.283	0.001	0.001	99.9
2017.7	114	0.348	1.31	0.522	0.311	99.7
2017.8	158	0.275	1.78	0.529	0.233	99.9
平均值	128.8	0.36	0.70	0.19	0.1	99.8

表 6.4 - 4　急性生物毒性削减量表

时间（年月）	原水相对发光度/%	出水相对发光度/%	毒性风险降低率/%
2017.3	52	114	54.4
2017.4	82	120	31.7
2017.5	66	98	32.7
2017.6	47	120	60.8
2017.7	0	61	100.00
2017.8	7	47	85.1
平均值	42.3	93.3	60.8

表 6.4 - 5　化学需氧量削减量表

时间（年月）	原水浓度/（mg·L^{-1}）	出水浓度/（mg·L^{-1}）	去除率/%
2017.3	188	24	87.2
2017.4	178	26	85.4
2017.5	172	20	88.4
2017.6	186	28	85.0
2017.7	195	28	85.6
2017.8	208	24	88.5
平均值	187.8	25	86.7

表 6.4 - 6　示范工程运行监测数据

时间	采样点	氨氮浓度/（mg·L^{-1}）	总镍浓度/（mg·L^{-1}）	总铬浓度/（mg·L^{-1}）	总铜浓度/（mg·L^{-1}）
2017.3	进水	29.0	27.0	3.7	130.0
	总排放口	0.158	0.008	0.03	0.04
2017.4	进水	23.0	25.4	3.2	138.0
	总排放口	0.233	0.021	0.03	0.04
2017.5	进水	26.80	23.8	3.4	133.0
	总排放口	0.344	0.024	0.03	0.04

续表 6.4 −6

时间	采样点	氨氮浓度 /(mg·L⁻¹)	总镍浓度 /(mg·L⁻¹)	总铬浓度 /(mg·L⁻¹)	总铜浓度 /(mg·L⁻¹)
2017.6	进水	27.80	26.0	3.5	131.0
	总排放口	0.989	0.01	0.03	0.04
2017.7	进水	24.4	24.2	4.0	129.0
	总排放口	0.344	0.007	0.03	0.04
2017.8	进水	27.90	25.0	3.3	139.0
	总排放口	2.43	0.134	0.03	0.06

由此可知，本示范工程各指标均达到考核标准。本示范工程（深圳市金源康实业有限公司废水处理站）日处理水量约为 600 m³·d⁻¹，达到"处理水量不少于 500 m³·d⁻¹"的要求；月平均值处理量为 17310 m³，月平均回用水量为 14873 m³，回用率平均值为 85.9%，达到"示范项目的行业工业用水重复率不低于 75%"的要求。示范工程特征有机污染物双酚 A 平均去除率为 99.9%，符合"示范项目排水中特征污染物削减率不低于 70%"的要求；示范项目中总磷出水浓度小于 0.5 mg/L，处理废水达到国家《电镀污染物排放标准》（GB 21900—2008）之表 2 排放标准排放。示范项目排水的风险（以微生物毒性表征）降低值为 60.8%，符合"示范项目排水的风险（以微生物毒性表征）降低 50% 以上"的要求。其他指标如化学需氧量、氨氮、总镍、总铬及总铜，均已达到相关国家标准。因此，本示范工程整体运行良好，出水水质稳定，运行效果良好。

第 7 章

工业排水区尾水深度生态净化技术集成技术研究与工程案例

淡水河流域的工业企业以金属表面处理及热处理加工、印刷电路板制造、包装装潢及其他印刷、涂料制造、金属结构制造等行业为主，行业聚集特点突出，工业园区市政污水处理厂工业废水比例较高（可达 15%），从而导致工业排水区水环境容量超载，流域内水环境毒害风险加剧。根据调研结果，污水厂尾水排水特征有机物包括壬基酚、三氯生、双酚 A 等，另有部分污水厂也检出重金属。区域内污水厂排水难以稳定达到一级 A 标准，主要超标因子为氮、磷，同时存在铜、汞、NP（壬基酚）、BPA（双酚 A）含量偏高的风险问题。目前最大的技术需求是如何将尾水水质提升到地表水环境质量标准的 IV 类标准，实现敏感水域差一级或同级排放，有效控制排水风险，提升水环境容量。因此，课题结合工业排水区域的水质特点，有针对性地研发尾水深度处理技术，以多功能人工湿地为核心研究，重点在功能材料、工艺组合、参数优化、生态修复等方面，为全面提升工业排水区尾水水质、加快淡水水质达标提供科技支撑。

7.1　人工湿地系统对重金属的去除

7.1.1　研究方法

人工湿地可以通过基质、植物、微生物对水中的重金属进行去除。人工湿地常见工艺有垂直潜流、水平潜流、表面流等形式。大多数研究表明：植物体的吸收和根部吸附作用对重金属的去除贡献不大。因此，本研究通过在人工湿地表面添加重金属吸附剂强化人工湿地对重金属的去除。本研究中在湿地中添加了牡蛎壳、沸石、生物炭这 3 种高效重金属吸附剂，并考察不同构造、不同搭配组合的人工湿地对重金属的去除效果。

中试研究以四种复合人工湿地系统为研究对象，其中组合 1 为垂直流 + 水平潜流复合人工湿地系统，组合 2 为水平潜流 + 表面流复合人工湿地系统，组合 3 为垂直流 + 水平潜流 + 表面流复合人工湿地系统，组合 4 为水平流 + 表面流复合人工湿地系统（表7.1-1），研究了不同工艺、不同高效重金属吸附剂条件下人工湿地系统对水中 Cu、Pb、Zn 等 3 种重金属的去除效果（表7.1-2）。

表 7.1-1　不同类型湿地组合工艺

组合	组合工艺	吸附剂
1	垂直流	生物炭 + 牡蛎壳粉
	水平潜流	牡蛎壳粉 + 沸石
2	水平潜流	生物炭 + 沸石
	表面流	牡蛎壳粉 + 生物炭
3	垂直流	沸石 + 生物炭
	水平潜流	生物炭 + 牡蛎壳粉
	表面流	沸石 + 牡蛎壳粉
4	水平流	生物炭 + 牡蛎壳粉
	表面流	生物炭 + 沸石

表 7.1-2　进水中重金属含量

重金属	Cu	Zn	Pb
含量/($\mu g \cdot L^{-1}$)	13.05 ~ 16.80	14.40 ~ 15.70	22.80 ~ 28.55

人工湿地运行方式为连续进水。湿地中包括水平潜流、垂直流、表面流三种工艺。将三种工艺进行不同组合形成二级或者三级湿地。系统由提升泵将水提升至配水井，由配水井再向各组合配水，经过各组合工艺处理后的污水汇集到集水池再排入河流。人工湿地上面种植美人蕉、芦苇等植物。人工湿地工艺流程如图 7.1-1 所示。

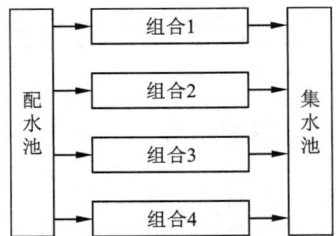

图 7.1-1　人工湿地工艺流程图

7.1.2 不同组合人工湿地对水中重金属 Cu 的去除效果

如图 7.1 – 2 所示,组合 1 ~ 组合 4 复合型人工湿地对水中 Cu 均有一定的去除效果,去除率为 44.56% ~ 60.48%,各组合对 Cu 的去除效果依次为组合 3 > 组合 1 > 组合 2 > 组合 4。组合 1 和组合 3 第一级垂直潜流人工湿地单元对 Cu 的去除效果均大于组合 2 和组合 4 第一级水平潜流人工湿地单元,垂直流人工湿地对 Cu 的去除效果优于水平流人工湿地。组合 1 和组合 3 第二级水平潜流人工湿地单

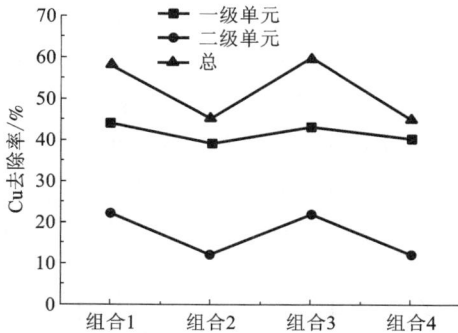

图 7.1 – 2 不同组合人工湿地对水中重金属 Cu 的去除

元对 Cu 的去除效果均大于组合 2 和组合 4 第二级表面流人工湿地单元,水平潜流人工湿地对 Cu 的去除效果优于表面流人工湿地。如图 7.1 – 3 所示,同一种工艺中,"沸石和生物炭"的组合比"牡蛎壳粉和生物炭"组合对 Cu 的去除效果好。

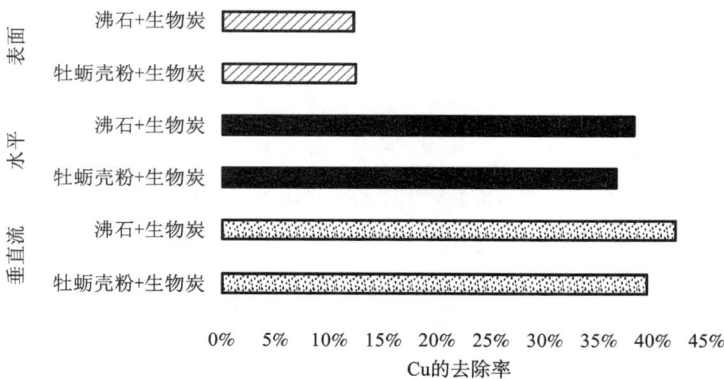

图 7.1 – 3 不同吸附剂组合对水中重金属 Cu 的去除

7.1.3 不同组合人工湿地对水中重金属 Pb 的去除效果

由图 7.1 – 4 可知,4 种复合型人工湿地对水中 Pb 均有较好的去除效果,去除率为 57.79% ~ 73.20%。组合 1、2、4 对 Pb 的去除率相近,而组合 3 垂直潜流 + 水平潜流 + 表面流三级复合型人工湿地对 Pb 的去除效果最好,且明显高于其他

复合型人工湿地，第三级表面流人工湿地处理单元对 Pb 的去除有较好的贡献，多级复合型人工湿地对 Pb 的去除效果好于较低级数的人工湿地。组合 1 和组合 3 第一级垂直潜流人工湿地单元对 Pb 的去除效果均大于组合 2 和组合 4 第一级水平潜流人工湿地单元，垂直流人工湿地对 Pb 的去除效果优于水平流人工湿地。如图 7.1－5 所示，同一种工艺中，"沸石和生物炭"的组合比"牡蛎壳粉和生物炭"组合对 Pb 的去除效果好。

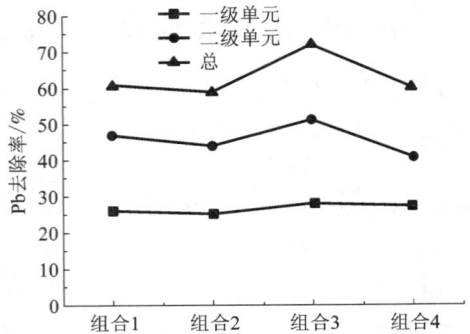

图 7.1－4　不同组合人工湿地
对水中重金属 Pb 的去除

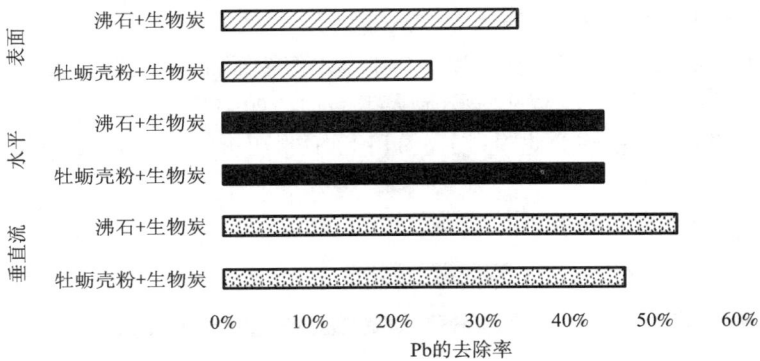

图 7.1－5　不同吸附剂组合对水中重金属 Pb 的去除

7.1.4　不同组合人工湿地对水中重金属 Zn 的去除效果

由图 7.1－6 可知，4 种复合型人工湿地对水中 Zn 均有较好的去除效果，去除率为 42.90%～57.99%，各组合对 Zn 的去除效果依次为组合 3＞组合 1＞组合 2＞组合 4。组合 1 和组合 3 第一级垂直潜流人工湿地单元对 Zn 的去除效果均大于组合 2 和组合 4 第一级水平潜流人工湿地单元，垂直流人工湿地对 Zn 的去除效果优于水平流人工湿地；组合 1 和组合 3 第二级水平潜流人工湿地单元对 Zn 的去除效果均大于组合 2 和组合 4 第二级表面流人工湿地单元，水平潜流人工湿地对 Zn 的去除效果优于表面流人工湿地。如图 7.1－7 所示，不同组合的吸附剂对 Zn 的吸附没有明显的差异。

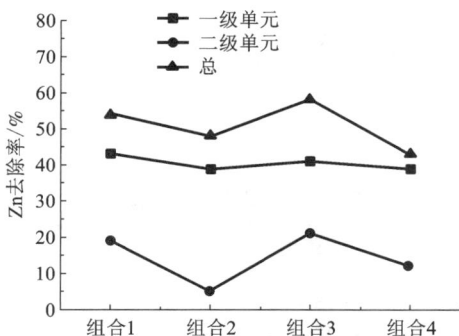

图 7.1－6　不同组合人工湿地对水中重金属 Zn 的去除

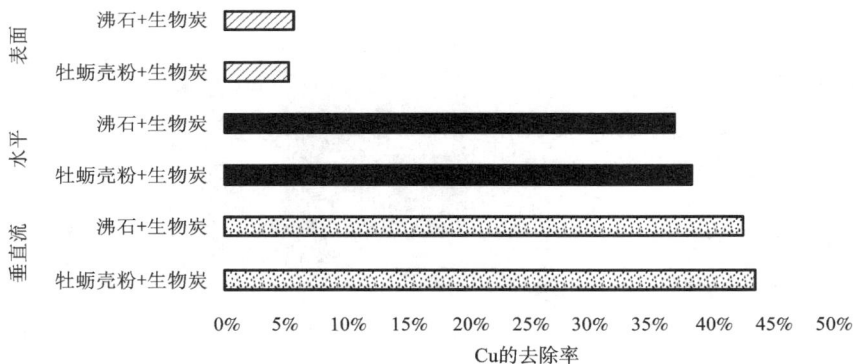

图 7.1－7　不同吸附剂组合对水中重金属 Zn 的去除

7.2　高效预处理－人工湿地系统构建及优化运行研究

针对工业排水区尾水处理出水高要求的特点，在现有人工湿地技术的基础上增设预处理单元，构建出高效曝气生物滤池－人工湿地尾水深度处理工艺，以强化系统对有机物、N、P 及特征污染物的去除效果，从而保障工业排水区尾水的达标处理。

7.2.1　试验地点

中试试验地点位于坪山新区污水资源化示范工程项目现场，该项目地处坪山河流域，主要处理中芯国际集成电路制造(深圳)有限公司集成电路项目－超大规模集成电路芯片生产线生产废水及生活污水。

7.2.2 试验水质

试验用水取自坪山新区污水资源化示范工程生化处理系统出水，试验阶段其水质稳定在《城镇污水处理厂污染物排放标准》（GB 18918—2002）一级 A 标准，具体水质参数见表 7.2 - 1。

表 7.2 - 1 试验用水水质参数

指标	COD	BOD	SS	$NH_3 - N$	TP
浓度/(mg · L^{-1})	35.1 ~ 52.2	6.3 ~ 9.7	7.6 ~ 11.7	2.1 ~ 4.4	0.3 ~ 1.1

7.2.3 试验装置

曝气生物滤池 + 人工湿地中试装置如图 7.2 - 1 所示，其中曝气生物滤池采用上向流（气水同向流）式，共分为 2 格，交替运行，人工湿地为垂直流人工湿地。试验原水经潜污泵提升至中间水箱，由加压泵提升到曝气生物滤池。在曝气生物滤池中，由于滤料颗粒的截流作用和生物膜

图 7.2 - 1 曝气生物滤池 + 人工湿地中试装置

的吸附降解作用，污水得到快速净化。曝气生物滤池的出水流到反冲洗水箱中，一部分作为曝气生物滤池的反冲洗用水，另一部分自流至人工湿地且经深度处理后排放至管网。试验中连续曝气，不仅为微生物提供足够的溶解氧，而且还把底部截留的悬浮物(SS)带入滤池中上部，增加了滤池的纳污能力，延长了曝气生物滤池的工作周期。试验过程中的原水进水流量和反冲洗用水流量通过液体流量计来控制，工艺曝气量和反冲洗曝气量由气体流量计来控制，曝气生物滤池反应器上设置取样口，以便试验过程中取样化验检测。主要试验设备如下：

（1）曝气生物滤池，钢结构材质，长 1.5 m，宽 1.5 m，高 4 m，2 座，设计处理能力 30 m^3/d。承托层采用粒径为 8 ~ 16 mm 的砾石，承托层上填装滤池填料。

（2）人工湿地植物池：混凝土结构，长 5 m，宽 2 m，高 1.6 m，2 座，设计处理能力 30 m^3/d。填料层有效深度 1.2 m。

（3）中间水箱：PE 材质，容积 1 m^3。

（4）潜污泵：0.25 kW，2 台，一用一备。

（5）提升泵：自吸泵，0.37 kW，2 台，一用一备。

（6）反冲洗泵：自吸泵，0.37 kW，2 台，一用一备。

（7）回转风机：0.5 kW，2 台，一用一备。

7.2.4　高效曝气生物滤池（BAF）－人工湿地尾水深度处理中试研究

（1）工艺参数优化研究

①滤速对 BAF 运行效果的影响

本试验阶段研究滤速对各项指标去除率的影响。该滤池采用气水比为 6∶1，水温 15 ℃左右，上升流速分别为 0.4 m/h、0.6 m/h、0.8 m/h，在此情况下测定反应器进、出水处的 COD、BOD、氨氮，以考察反应器稳态运行时滤速对反应器去除各类污染物效能的影响。

（a）滤速对 COD/BOD 的去除效果影响

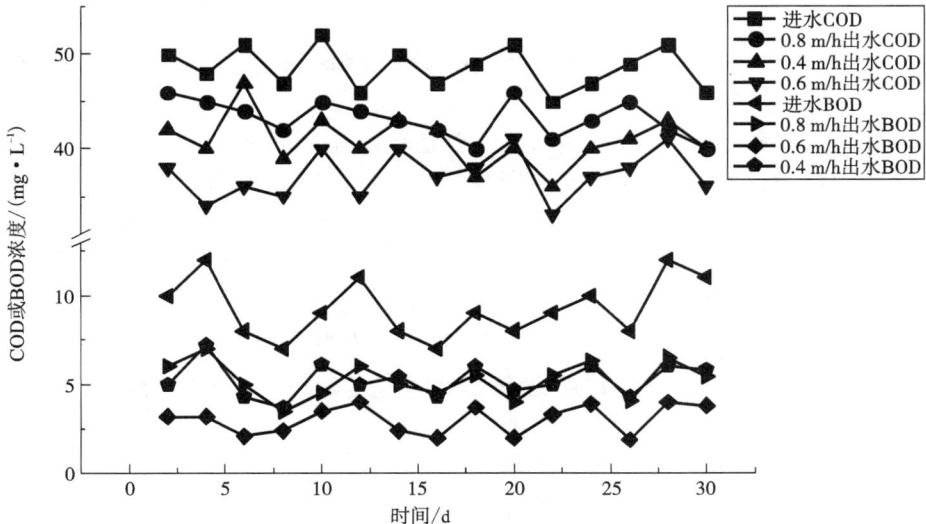

图 7.2 - 2　滤速对 COD 或 BOD 的去除效果

从图 7.2 - 2 中可以看出，当滤速为 0.6 m/h 时，出水 COD 浓度为 37.3 mg/L，明显低于其他两种滤速的出水浓度，因为有机物的去除主要是由于生物的吸附与降解过程，因此随着滤速的增加，污水在反应器中的停留时间缩短，因而减少了基质和生物膜中微生物的有效接触时间；同时滤速的增加，加大了对陶粒表面的冲刷能力，导致生物膜的脱落量增大，也不利于微生物的增殖，无法保证较厚的生物膜。而 BOD 的出水浓度受滤速的影响效果大致与 COD 相同。

（b）滤速对氨氮的去除效果影响

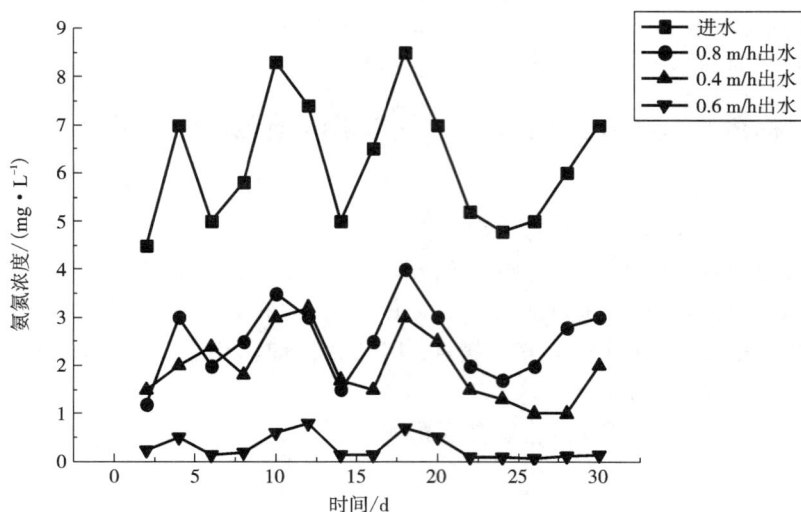

图 7.2 – 3　　滤速对氨氮的去除效果

由图 7.2 – 3 可知，氨氮的出水浓度受滤速影响不大，呈现先上升后下降的趋势，但总的来说并没有受到较大的影响，由于硝化菌氧饱和常数一般为 1.2 ~ 1.5 mg/L，在较低 DO 环境中硝化菌受到严重抑制，DO 浓度的增加有利于硝化菌活性的提高，由于滤速提高同时供氧量也随之提高，故而硝化菌的活性会提高。在两种作用相互影响下，在 0.4 m/h 和 0.8 m/h 的滤速下，氨氮去除效果并没有受到影响。当滤速为 0.6 m/h 时，氨氮的平均出水浓度明显低于其他两种滤速。

综合考虑滤速对 COD、BOD 氨氮出水浓度的影响，当滤速为 0.6 m/h 时，BAF 对污水处理效果最佳。

②气水比对 BAF 运行效果的影响

图 7.2 – 4、图 7.2 – 5 所示，COD、BOD 和氨氮的出水浓度随着气水比增加呈先下降后上升的趋势。加大气水比，反应器内溶解氧的浓度增加，硝化反应速率加快，硝化菌繁殖加快，因而能去除污水中更多氨氮，但是在气水比 5∶1 和 6∶1 处，氨氮出水浓度基本没有改变，这说明在溶解氧充足的情况下，过量的氧对硝化反应的影响不大。

过高或过低的气水比都不利于反应器对污染物的去除。气水比太低，水中溶解氧不足，微生物丧失活性，增殖也受到限制，生物膜内部出现大量厌氧区，甚至出现生物膜脱落情况，从而使水中微生物数量不足，难以达到理想去除效果；随着气水比的加大，反应器中的溶解氧量升高，传质条件改善，提高微生物活性的同时促进了生物膜的生长；但当气水比超过一定限度时，其气泡对滤料表面产生很大的摩擦作用，会对填料表面的生物膜造成很大的冲击力，生物膜容易被吹脱落，系统内的生物量降低，导致 COD、BOD、氨氮去除率下降。通过上述对各项指标的摸索得到结论——最佳气水比为 5:1。

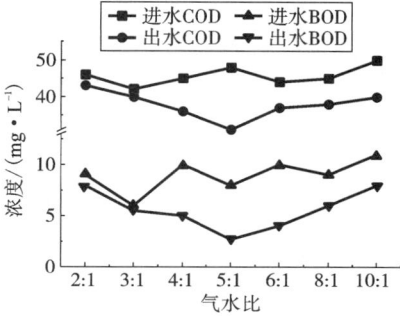

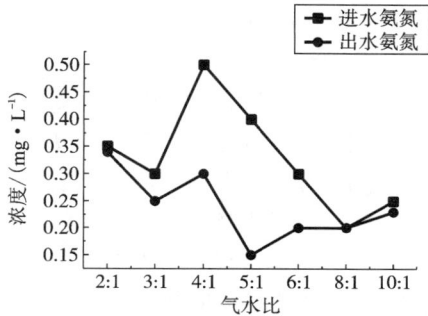

图 7.2 - 4　气水比与进出水 COD、BOD 的关系　　图 7.2 - 5　气水比与进出水氨氮关系

③反应器中水质沿高度变化对 BAF 运行效果的影响

（a）反应器中水质沿高度对出水 BOD/COD 的影响

BOD 的去除主要依靠曝气生物滤池的生物降解作用，COD 的去除包括曝气生物滤池的截留以及生物降解以及生物膜的吸附联合作用。本节选择 BOD 和 COD 的去除率来考察水质沿高度对出水 BOD、COD 浓度的影响。

图 7.2 - 6 反映了反应器中 BOD、COD 的去除率随滤料高度的变化情况。由图 7.2 - 6 可以看出，COD 及 BOD 自下向上去除率与高度成正相关性。

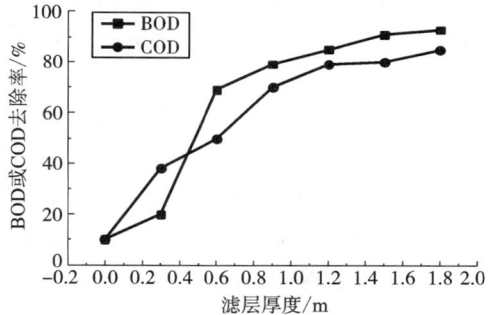

图 7.2 - 6　滤层厚度
（高度）与出水 BOD、COD 的关系

BOD 在 0.6 m 内去除效果最佳，在 0.6 ~ 1.8 m 处虽然也呈现一定的去除效果但是去除率低于 0.6 m 前，因为反应器中的微生物沿滤层高度呈一定的浓度梯度分布，由于进水口附近有机物浓度大，溶氧量大，降解 BOD 的好氧异养菌主要聚集在滤层底部生长，故而大部分有机物在反应器较低的部位得到了降解。随着有机物浓度的减少，反应器上部好氧异养菌的生长受到了限制，因此反应器上部 BOD 的去除率曲线趋于平缓。而 COD 主要也集中在 1.2 m 以下去除，前 0.3 m 处 COD 去除率达到 36.51%，这主要依靠对 SS 的截留作用，还有生物膜对有机物的吸附，所以 COD 值迅速降低；在 0.3 ~ 1.80 m 范围内，COD 和 BOD 去除呈相同趋势，此时 COD 主要是可溶性有机物，主要通过生物降解作用去除。

（b）氨氮沿高度变化规律

在好氧反应器中，异养菌增长速率较大，在与自养型硝化菌的竞争过程中占有一定的优势，硝化菌只能在异养菌受到抑制的上部滤层生长，故而硝化反应主要在碳化反应进行到一定程度后进行。

结合图7.2-6和图7.2-7可以看出，COD 在 0~0.9 m 滤层中去除率高达69%，而此高度内氨氮的去除效果是有限的，仅为30%。污染物沿高度去除的规律不同，SS、COD 主要在反应器底部被去除，反应器高 1.2 m 处就基本达到最佳去除效果了，氨氮主要在中上部去除，总氮主要在上部去除，而总磷在各处均

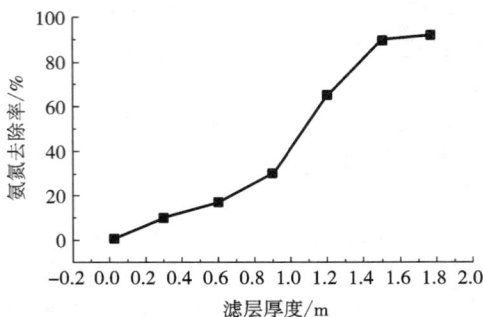

图 7.2-7　滤层厚度与出水氨氮的关系

有去除。通过实验证明，滤池的有效高度为 1.8~2.0 m，在该高度范围内各类污染物得到有效去除，若再增加反应器高度，其对污染物的去除不仅有限，反而还会提高成本。故确定曝气生物滤池滤料有效高度为 2.0 m。

④运行周期的确定

滤池的运行周期并不是个固定量，它主要受内因和外因两种因素的影响：一方面是滤料性质，由于滤料本身性质的不同，故而空隙率不同，能够容纳的污染物质相差较多，空隙率小的容易被堵塞，反冲洗频繁；另一方面是进水悬浮物浓度和生物膜厚度的影响。进水悬浮物浓度高，绝大部分的悬浮物被滤料截留，离进水口较近的滤料很快被阻塞，水头损失迅速增大。生物膜厚度又受进水有机物浓度的影响，进水有机物浓度高，有机负荷高，反应器内部微生物代谢功能活跃，生物膜厚度增殖快，滤料空隙容易被堵塞，滤层过滤阻力随之增大。故而反冲洗周期应该针对滤池本身及进水水质而确定。反冲洗的强度大，时间长，对滤池冲洗干净，反冲洗周期就长，反之反冲洗周期就短。但是，如果冲洗过度，会使滤池中的生物量过低，滤池恢复处理能力的时间延长（图7.2-8）。

由图7.2-8可以看出，随着运行时间的延长，水头损失不断增加，出水 COD 浓度也随之增高。在运行 3 日之内进出口间的水头损失没有明显上升，在 1.20 m 左右，同时 COD 浓度值在 28.0 mg/L 到 31.5 mg/L 之间波动，这个波动是由进水水质不稳造成的。而在运行时间达到 5 日时，出水水头损失达到了 1.30 m，同时出水 COD 浓度上升到 34.5 mg/L，说明系统内已经积累了不少悬浮物，对有机物的截留吸附能力趋近于饱和，已经影响到了出水水质。运行时间再度加长，在 7 日时，水头损失达到 1.8 m，出水 COD 浓度为 49.5 mg/L，已经不能满足出水要

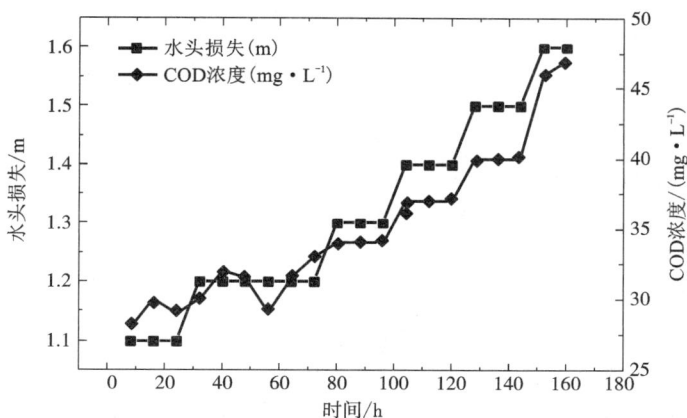

图 7.2 – 8　水头损失，出水 COD 与运行时间的关系

求，这主要是由于生物膜积累过量，已经堵塞了陶粒空隙，在反应器内形成短流；并且由于生物膜厚度的增加，使部分生物膜内部形成较厚的厌氧层，由于反硝化的进行，使生物膜容易脱落被水流带出反应器，也影响水质。通过该反应器的运行摸索，当出水水头损失在 2.0 m 时，出水 COD 浓度无法满足出水要求，此时运行时间为 7 日；也就是说最少 7 日必须进行一次反冲洗。

⑤反冲洗时间的确定

除了反冲洗强度，反冲洗时间的长短也影响着反冲洗效果，反冲洗时间过长容易造成生物膜的严重脱落，会使反应器内微生物数量低于基础值，影响滤池的运行效果；时间过短，滤层中截流的杂质不能被带出系统，会被截留在滤层上层，使反冲洗不彻底，运行周期缩短。同时反冲洗时间的长短也影响着滤池运行规律及运行成本，反冲时间过长，鼓风机及水泵消耗都会随之提高。

气反冲洗对反冲洗强度影响较大，而水冲洗的时间长短影响反冲洗水池的大小，故而重点对单独气冲洗和单独水冲洗时间进行摸索。本试验固定气反冲洗强度为 10 L/(m² · s)，水反冲洗强度为 4 L/(m² · s)，气水联合反冲时间为 3 min，控制气单独反冲洗时间为 2 min、3 min、4 min，监测整个反冲洗过程的反冲洗水中的 SS 浓度。

由图 7.2 – 9 可以看出，不同的气单独反冲洗时间，对出水的 SS 有较大的影响，2 min 时为 1100 mg/L，3 min 时为 1200 mg/L，4 min 时为 1500 mg/L，通过以往试验分析，当出水 SS 浓度达到 1400 mg/L 以上时，生物膜脱落较为严重，运行周期中的出水效果会受到影响，故而确定气单独反冲洗时间为 3 min，这样既可以使反冲洗彻底，又不至于使生物膜大量脱落。研究气冲洗时间为 3 min 的曲线可以看出，当反冲洗进行到 15 min 即水单独反洗时间为 9 min 时，反应器出水中

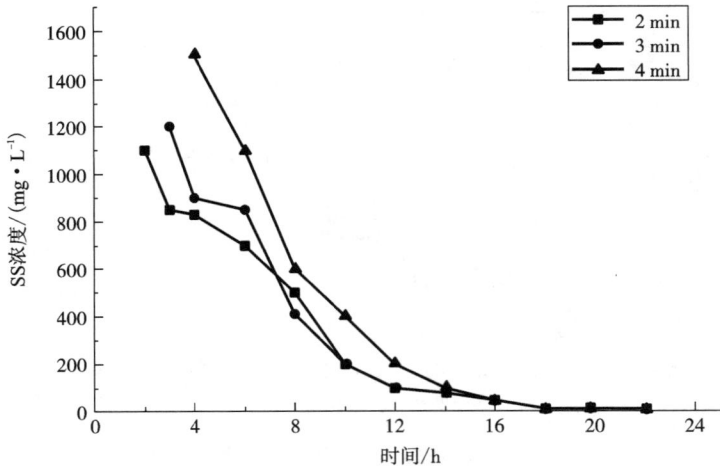

图 7.2－9　出水 SS 与反冲洗时间的关系

SS 的浓度已经趋于稳定了，这说明此时 BAF 内的滤料已经冲洗干净，故确定 BAF 的反冲洗时间为气单独冲洗 3 min，气水联合冲洗 3 min，水单独冲洗 9 min。

（2）高效曝气生物滤池－人工湿地工艺运行效果研究

中试试验处理的尾水水质保持在污水处理厂一级 A 排放标准左右，进水 COD 的浓度范围为 45.1～60.2 mg/L、进水氨氮浓度范围为 2.1～4.4 mg/L，曝气生物滤池＋人工湿地工艺对 COD 和氨氮的平均去除率分别达到 40％和 65％，经曝气生物滤池＋人工湿地工艺处理后，出水 COD、氨氮基本稳定在地表Ⅳ类水质标准（图 7.2－10 和图 7.2－11）。

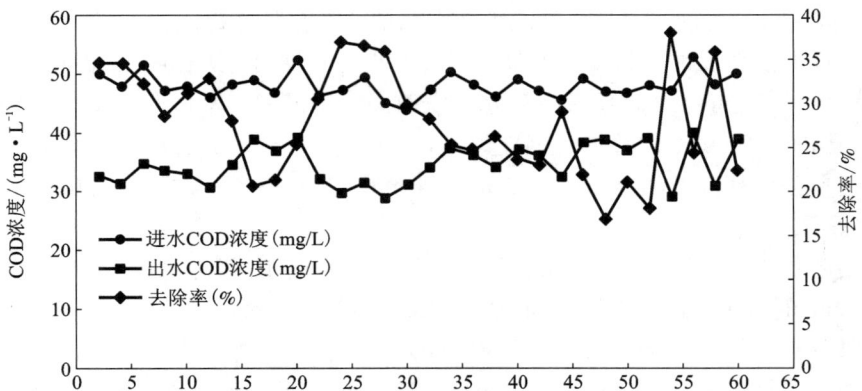

图 7.2－10　对 COD 的处理效果

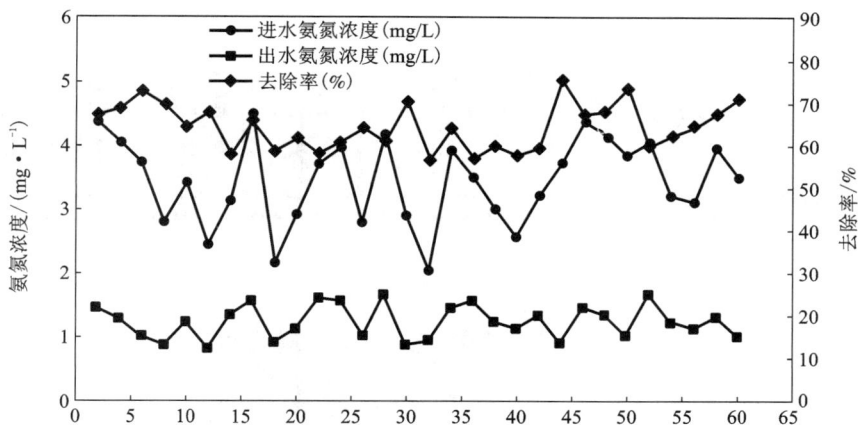

图 7.2 - 11　对氨氮处理效果

7.3　垂直流人工湿地 + 生态净化带(自然湿地)联合处理技术研究

工业排水区尾水除存在碳氮比低的营养失衡问题,还存在生物毒性的风险,因此常规生态治理措施面临较大的挑战。本研究将针对工业排水区尾水氮磷及毒害性污染物难去除问题,结合自行研发的生态浮床专利技术的原理和工艺,研发出垂直流人工湿地 + 生态净化带(自然湿地)联合处理技术,强化系统对有毒有害及特征污染物去除效果,提高出水标准。

7.3.1　试验装置

人工湿地植物池:混凝土结构,长 5 m,宽 2 m,高 1.6 m,两座,并联运行。设计处理规模为 10 m³/d。填料层有效深度 1.2 m,装填高度和粒径从下往上依次为:20 ~ 30 mm 粒径碎石填料 0.4 m,5 ~ 10 mm 粒径碎石填料 0.5 m,1 ~ 5 mm 粒径砂石填料 0.3 m。填料层以上分别种植美人蕉、香根草、风车草等水生植物,种植密度 16 株/m²。湿地表层和底层均设置布水管,通过阀门切换,可实现潜流和垂直流 2 种运行模式。人工湿地的剖面图见图 7.3 - 1。

生态净化带:生态净化带能对人工湿地处理后的出水进行深度处理。水面面积 30 m²,有效水深约 1.0 m。净化带底部 5 ~ 10 mm 直接用砂石铺底,以上覆土层 0.2 m,覆土层之上分区域种植多种沉水植物和挺水植物。生态净化带前设置配水槽,污水经由坡度为 1% 的流水堰后均匀分布进入生态净化带中。底部设置有穿孔管,污水经处理后由穿孔管收集后排出。生态净化带施工期实景如

图 7.3 - 2 所示。

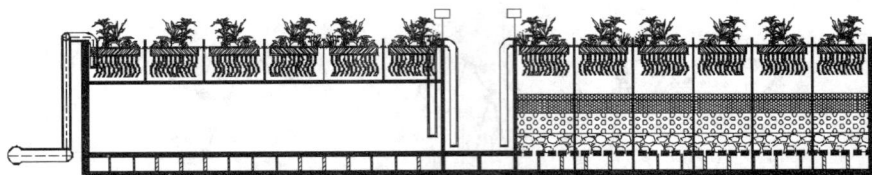

图 7.3 - 1   人工湿地中试装置剖面图

图 7.3 - 2   生态净化带施工期实景图

生态净化带水面以上设置生态浮床(图 7.3 - 3),以强化其处理效果。生态浮床由具有种植孔的浮床主板通过连接机构相互拼接而成,浮床主板是由防腐彩钢板层和聚苯乙烯挤塑层通过热挤压粘合而成,浮床主板两端对应设置有一对连接机构,所述连接机构包括上夹板、下夹板和可拆卸的 U 形连接环,上夹板和下夹板通过紧固螺栓固定于浮床主板上,可拆卸的 U 形连接环与下夹板上的穿孔连接,浮床主板通过可拆卸的 U 形连接环相互拼接成生态浮床。所述的可拆卸的 U 形连接环之间可设置一连接环,所述夹板为 T 形夹板,T 形夹板的三个端头都设置有穿孔,穿孔连接有可拆卸的 U 形连接环。

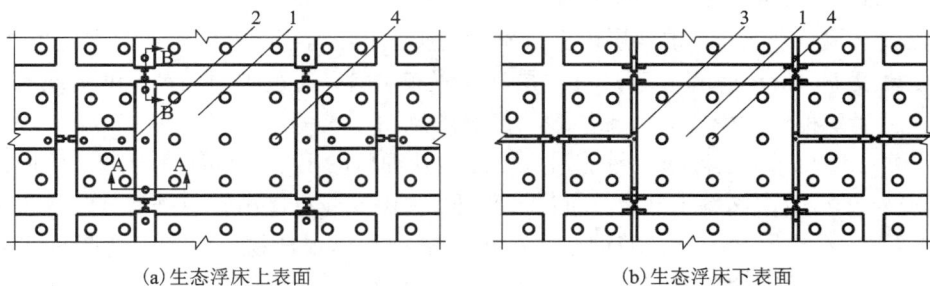

(a)生态浮床上表面   (b)生态浮床下表面

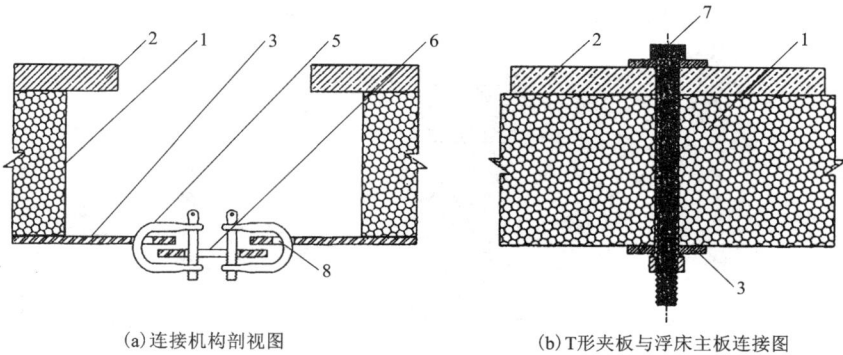

(a)连接机构剖视图　　　　　　　　　　(b)T形夹板与浮床主板连接图

图 7.3 – 3　生态浮床连接设计图

1—浮床主板；2—上 T 形夹板；3—下 T 形夹板；4—种植孔；
5—可拆卸的 U 形连接环；6—连接环；7—紧固螺栓；8—穿孔

7.3.2　结果分析

（1）不同类型人工湿地效果

试验通过阀门切换，实现潜流和垂直流 2 种运行模式，检验水力停留时间为 1 d 时，垂直流人工湿地和潜流人工湿地对 COD、氮、磷去除的影响。试验结果表明（图 7.3 – 4 ～图 7.3 – 7），垂直流和潜流两种人工湿地对 COD 的平均去除率分别为 41.06% 和 33.31%；对 $NH_3 - N$ 的平均去除率分别为 38.76% 和 31.11%；对 TN 的平均去除率分别为 17.55% 和 15.74%；对 TP 的平均去除率分别为 24.6% 和 20.08%。总体来看，垂直流人工湿地对 COD、氨氮、总氮和总磷的去除效果好，垂直流和潜流人工湿地之间的差异相对较小。从出水水质稳定性来看，垂直流人工湿地的氨氮、总氮、总磷的出水浓度比潜流稳定。结合去除效果

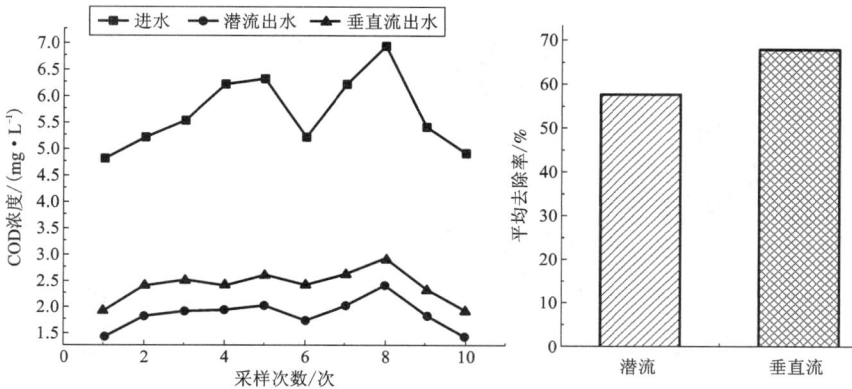

图 7.3 – 4　不同类型人工湿地 COD 去除效果

和出水水质稳定性，垂直流人工湿地比潜流人工湿地的处理效果更好。

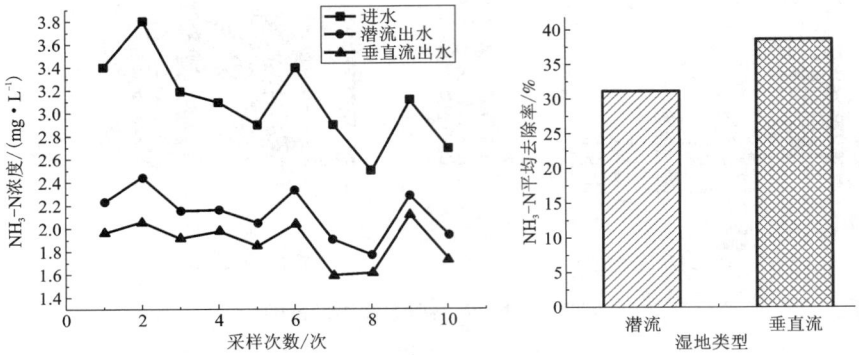

图 7.3 - 5　不同类型人工湿地 NH₃ - N 去除效果

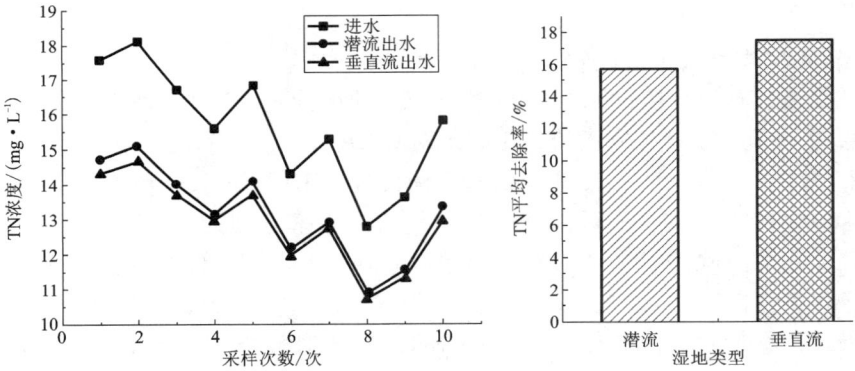

图 7.3 - 6　不同类型人工湿地 TN 去除效果

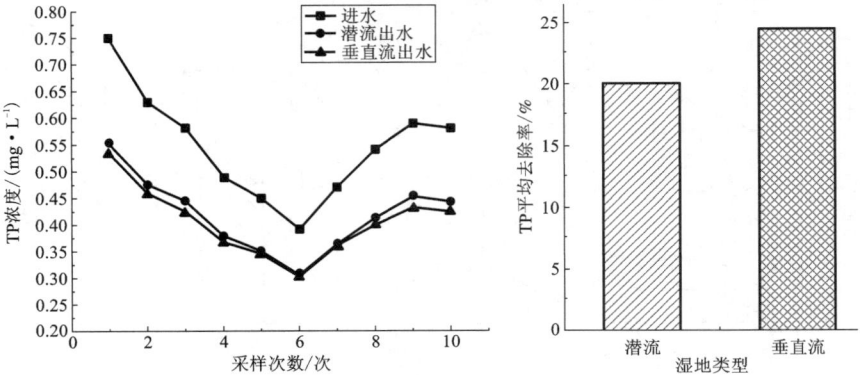

图 7.3 - 7　不同类型人工湿地 TP 去除效果

（2）不同植物去除效果

试验选择的植物为芦苇、美人蕉和风车草，取自深圳某人工湿地系统，采取直接移栽的方式，密植，以便使装置能够在短时间内成熟，获得较好的处理效果。试验结果显示，栽有植物的垂直流人工湿地对污水中 COD、氨氮、总氮的处理效果优于无植物的对照系统，不同植物湿地对污水的去除率是有差异的。但栽有植物的人工湿地对污水中总磷的处理效果与无植物的对照系统无显著差别。三种植物人工湿地中以风车草的去除效果最为显著，这与三种植物的生长状态有密切的关系，三种植物中以风车草生长最为旺盛而且覆盖度大，芦苇与美人蕉生长状况及覆盖度基本一致。植物生长的优劣与其对污染物的去除呈正相关关系。另外由于植物的密集度不一样，风车草湿地中对污水的截流作用也要大于芦苇和美人蕉湿地。风车草对 COD、NH_3-N、TN、TP 的去除率最高分别达到 65.2%、44.9%、17.9% 和 45.2%（图 7.3 - 8 ~ 图 7.3 - 11）。

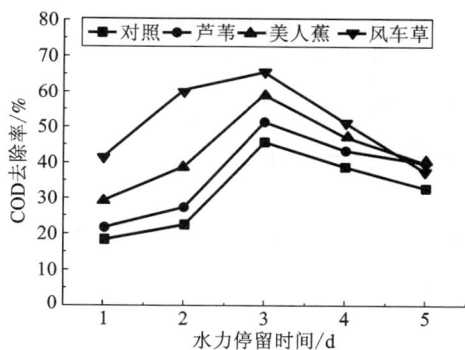

图 7.3 - 8　不同植物对 COD 去除率

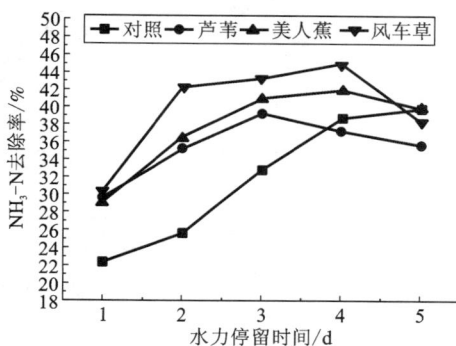

图 7.3 - 9　不同植物对 NH_3-N 去除率

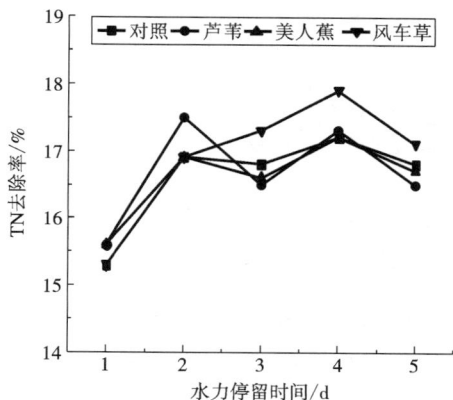

图 7.3 - 10　不同植物对 TN 去除率

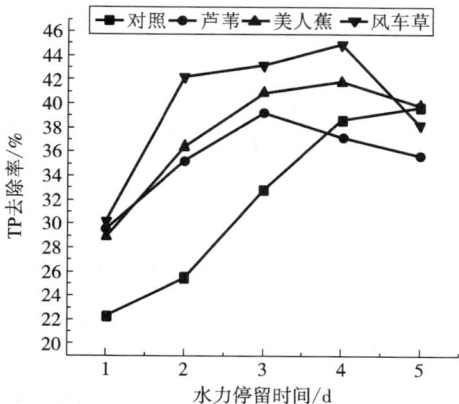

图 7.3 - 11　不同植物对 TP 去除率

（3）添加复合微生物菌剂对人工湿地处理效果的影响

本课题研究了 3 种不同的复合微生物制剂（市场销售的微生物制剂产品）对高氮低碳地表水的降解效果。水体 COD 变化范围为 40 ～ 60 mg/L，氨氮浓度变化范围为 7 ～ 13 mg/L，试验持续时间为 26 d。进水流量：1 L/h，每天进水 10 h。所使用菌剂均为液体，菌液经过稀释处理后保证细菌总数为 108 个/mL，并按照 1.5 × 10^{-3} mL/L 水体的投加量添加，在试验开始的第 3 天、6 天、9 天、12 天和 19 天加菌剂。

实验结果表明，复合微生物菌种的添加对氨氮和 COD 的去除有一定作用，其中 2# 菌去除效果最好，氨氮和 COD 去除率均达到 45% 左右（图 7.3 - 12 和图 7.3 - 13）。

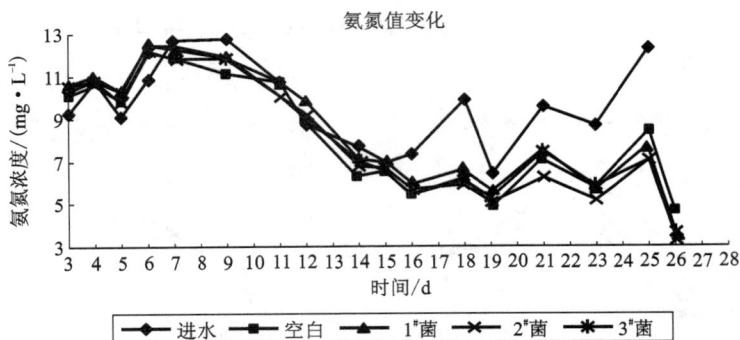

图 7.3 - 12　菌剂添加后氨氮变化规律

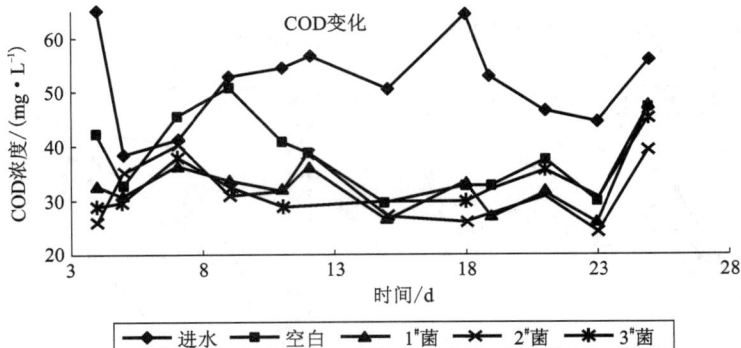

图 7.3 - 13　菌剂添加后 COD 变化规律

（4）人工湿地复合微生物菌剂强化净化研究

为研究复合微生物菌剂对人工湿地净化作用的影响，在垂直流人工湿地中试系统设置围隔试验，一个空白对照组和一个加菌剂试验组。投加菌剂的周期为

2 个月一次,投加剂量为 40 mg MLSS/L 水体。运用复合微生物菌剂投加装置往人工湿地投加菌剂。

①添加复合微生物制剂后出水 COD 的变化(图 7.3 - 14)

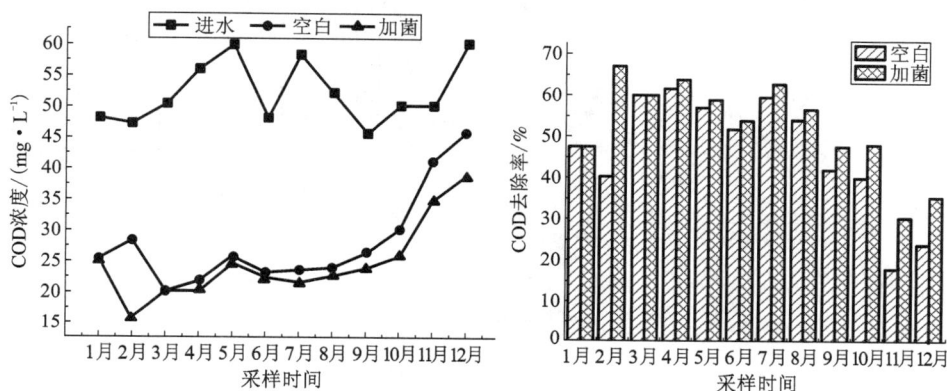

图 7.3 - 14　围隔进出水 COD 年际变化及去除率图

如图 7.3 - 14 所示,进水 COD 浓度为 40 ~ 60 mg/L,出水 COD 浓度为 15 ~ 45 mg/L,春季 COD 的去除率较好,去除率平均值为 63%;秋冬季节 COD 去除率较低。加菌和空白组的年平均去除率分别为 47.1% 与 40.4%。

②添加复合微生物制剂后出水 NH_3-N 的变化(图 7.3 - 15)

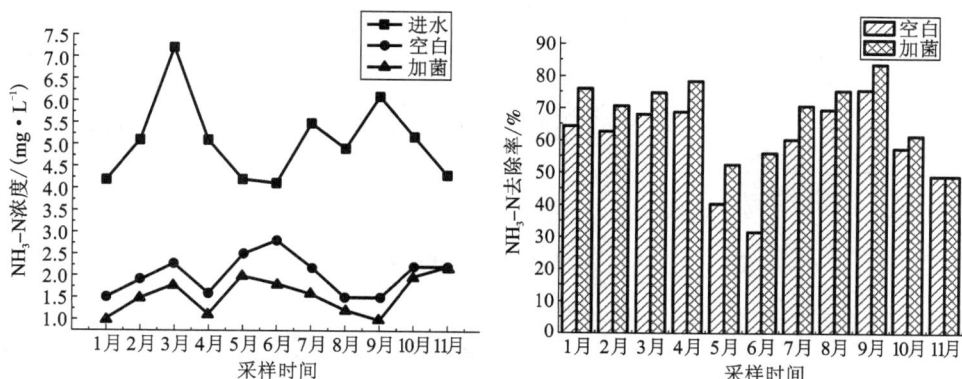

图 7.3 - 15　围隔进出水 NH_3-N 年际变化及去除率

如图 7.3 - 15 所示,进水氨氮浓度为 4 ~ 7.3 mg/L。11 个月中,加菌剂组的去除率基本都高于空白组,加菌组全年平均去除率为 68%,而空白组为 58%。

③添加复合微生物制剂后出水 TN 的变化(图 7.3 – 16)

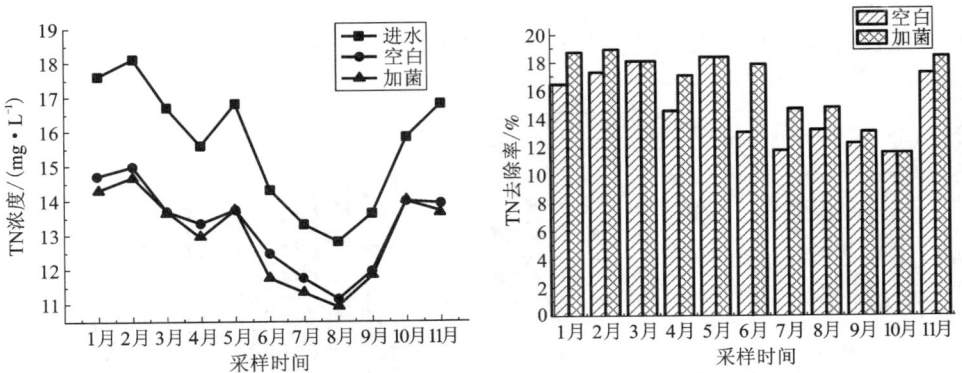

图 7.3 – 16　围隔进出水 TN 年际变化及去除率

如图 7.3 – 16 所示,进水总氮浓度在 4 mg/L 到 12 mg/L 之间波动,呈现冬春季高、夏秋季低的特点。加菌剂组与空白组全年的平均去除率分别为 18% 与 16.3%。加菌系统对系统的 TN 去除有一定的效果。

④添加复合微生物制剂后出水 TP 的变化(图 7.3 – 17)

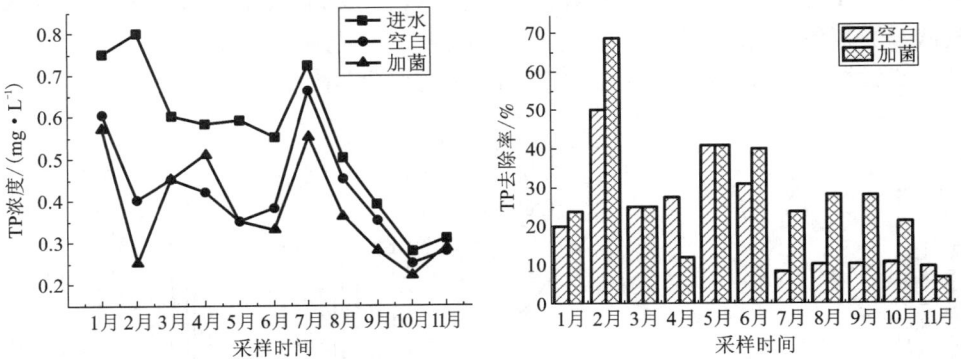

图 7.3 – 17　围隔进出水 TP 年际变化及去除率图

如图 7.3 – 17 所示,总磷的年平均去除率为:加菌组 29%,空白组 22%。春夏季去除率差别比较明显,到秋季以后出水的去除率呈下降的趋势,和底泥吸附以及植物的死亡放磷有关。

7.3.3　强化型生态净化带试验研究

本实验在坪山试验基地构建生态净化带,强化型生态净化带是将生态浮床置于传统的自然湿地系统中,将两种污水处理方法的优势互相结合,充分利用自然湿地系统中的水面,提高其氮磷处理率,利用湿地本身以及水生生物的自净能力改善水质,并能因地制宜地引入景观设计的内容,强化水处理效果。

(1)水力负荷对生态净化带去除效果影响的研究

图 7.3-18 表示水力负荷为 0.1 $m^3/(m^2 \cdot d)$、0.15 $m^3/(m^2 \cdot d)$、0.25 $m^3/(m^2 \cdot d)$、0.4 $m^3/(m^2 \cdot d)$时,生态净化带对尾水中 COD、TN、TP、NH_3-N 的平均净化效果。水力负荷为 0.1 $m^3/(m^2 \cdot d)$时,COD、TN、TP、NH_3-N 的平均去除率分别为 61.19%、36.01%、66.12%、40.71%;水力负荷为 0.25 $m^3/(m^2 \cdot d)$时,对COD、TN、TP、NH_3-N 的平均去除率分别为 52.16%、34.06%、69.24%、38.26%,由图 7.3-19 可以看出,不同水力负荷对污染物的去除效果影响显著,生态净化带对尾水 COD、TN、NH_3-N 的去除率都随水力负荷的增加呈现减小的趋势。因此,为垂直流人工湿地+生态净化带中试系统选择合适的水力负荷对系统的高效运行非常重要,水力负荷为 0.25 $m^3/(m^2 \cdot d)$时,生态净化带对 TP 的去除率最高。

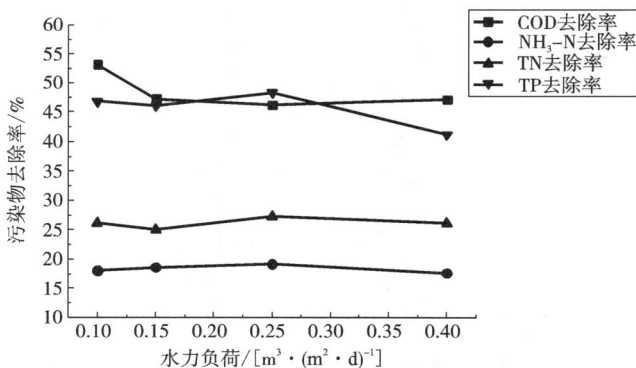

图 7.3-18　不同水力负荷对生态净化带去除效果的影响

(2)浮床强化实验

在生态净化带设置围隔试验,将生态净化带分隔为两个面积均为 15 m^2 的净化带,在 A1 池中放置生态浮床,A2 保持原样,在水力负荷保持在 0.25 $m^3/(m^2 \cdot d)$情况下,研究生态浮床对生态净化带净化水质的影响。

由图 7.3-19~图 7.3-22 可以看出,空白组与加生态浮床组均对 COD、NH_3-N、TN、TP 有一定的效果,且趋势基本保持一致,自然湿地加生态浮床的处理效果优于传统自然湿地,对 TP 的效果最好,这主要是因为强化工艺中密集植物塘中填料以及填料上生物膜对污染物的净化作用。

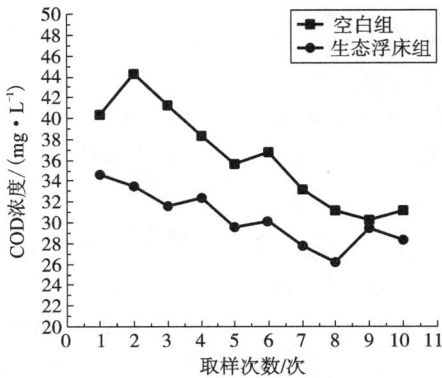

图 7.3 – 19　浮床强化 COD 处理效果

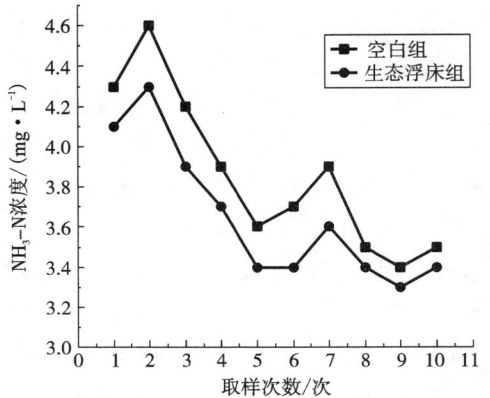

图 7.3 – 20　浮床强化 NH_3 – N 处理效果

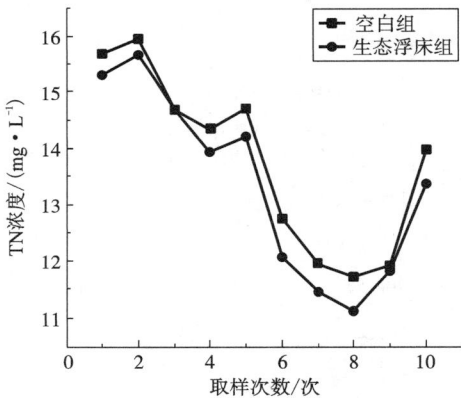

图 7.3 – 21　浮床强化 TN 处理效果

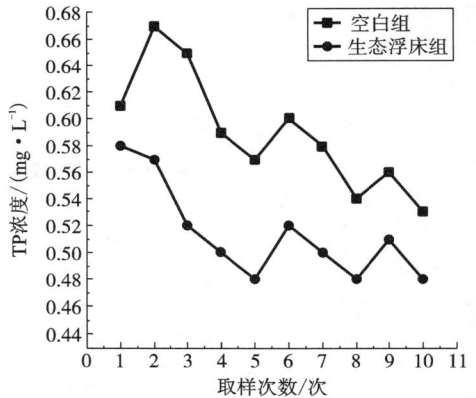

图 7.3 – 22　浮床强化 TP 处理效果

7.3.4　垂直流人工湿地 + 生态净化带（自然湿地）运行效果试验研究

　　基于人工湿地和生态净化带两种技术自身的局限性和前期的研究基础，垂直流人工湿地与生态净化带均对水质具有较好的净化效果，但进水水质经常处于波动状态，单项技术并不能保证出水达到标准。本研究通过构建复合垂直流人工湿地和带生态浮床的生态净化带相结合的中试系统来探讨其对工业尾水的净化效果，以期为进一步开展人工湿地和生态净化带技术相组合的研究及污水的生态修复提供科学的理论依据和技术支撑。

（1）试验条件

进水：坪山新区污水资源化工程处理后的尾水，基本稳定在《城镇污水处理厂污染物排放标准》（GB 18918—2002）一级 A 标准。

垂直流人工湿地 + 生态净化带水力停留时间：1d

试验持续时间：2 个月取样时间，每天同一时间取样分析

（2）污染物去除效果分析（图 7.3 - 23）

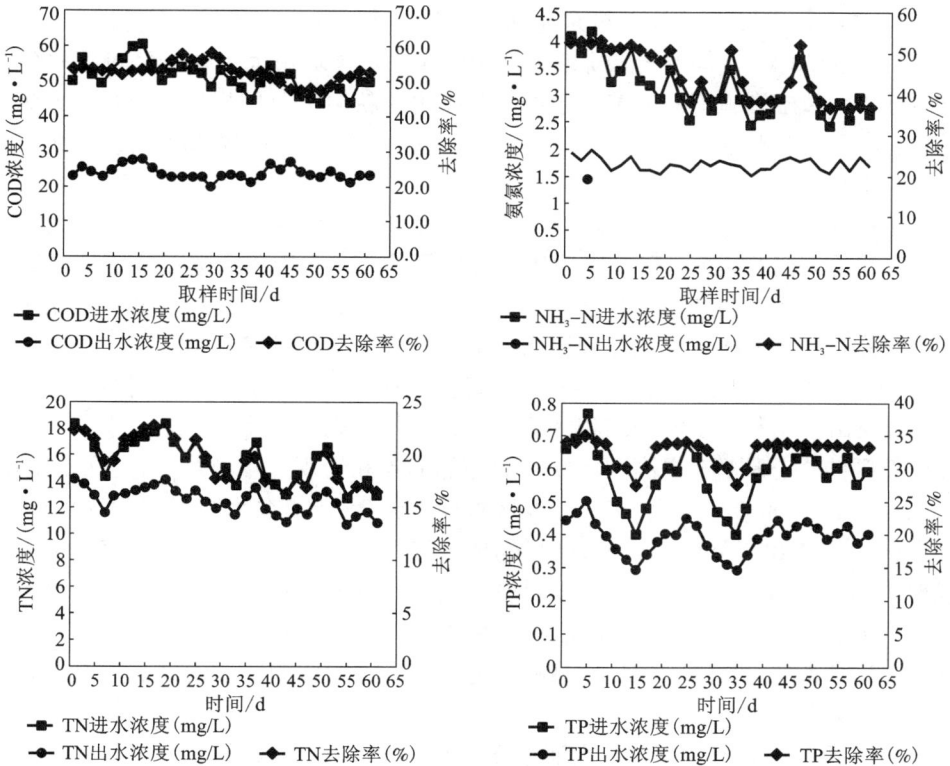

图 7.3 - 23 垂直流人工湿地 - 生态净化带系统处理效果

由图 7.3 - 23 可知，经垂直流人工湿地 - 生态净化带系统处理后，各指标均有较高去除率，COD、NH_3 - N、TN 和 TP 平均去除率分别达到 53%、44%、19% 和 32% 左右，出水水质稳定，除 TN 之外其他指标达到《地表水环境质量标准》（GB 3838—2002）Ⅳ 类标准，充分证明该系统适用于尾水的深度处理。

7.4 坪山河流域尾水深度处理聚龙山湿地生态园工程案例

7.4.1 项目背景

坪山新区内的大工业区是深圳市人民政府设立的,以高新技术产业和先进技术为主导,配套兴办第三产业的功能性工业园,是深圳市高新技术产业带的重要组成部分。该工业区于1994年开始筹建,1997年正式动工建设。大工业区规划面积约174.4 km²,位于深圳市东北部,覆盖龙岗区坪山与坑梓两个街道办,中心区规划面积38 km²,其中出口加工区面积3 km²。深圳市大工业区经过十多年的开发建设,基础设施不断完善,已初具现代化的新型工业城规模,产业集聚效应明显,世界著名跨国公司纷至沓来,日立、三星、住龙等世界500强企业相继落户大工业区。

根据深圳市"十一五"规划,大工业区发展的五大战略目标是:建设成为和谐发展、效益突出的园区;建设成循环经济发展的综合试验区;建设成深圳高端电子信息业、生物医药产业和装备制造业产业集聚基地;建设成具有世界一流水平的深圳东部新城;成为促进深圳迈向后工业化社会重要支撑的功能区。

为了给坪山新区的居民提供较好的休闲游憩场所;为了与项目周边的中心公园、聚龙山公园和燕子岭公园相呼应,形成绿色景观生态廊道,进一步完善整个坪山新区的生态环境,提高坪山新区的外部形象和景观质量;为了吸引更多的产业入驻园区,2008年,深圳市大工业区管理委员会(已更名为"深圳市坪山新区管理委员会")提出了坪山新区聚龙山湿地生态园工程项目(原名:深圳市大工业区湿地公园)。坪山新区聚龙山生态园项目的建设是贯彻《深圳生态文明建设行动纲领》的具体表现,有利于湿地资源和生物多样性的保护以及湿地综合利用和片区水环境的改善,有助于实现区域社会经济与生态环境的协调发展。故该项目的建设是必要的。

该工程不仅能有效改善坪山河水质,同时也为大工业区的居民提供了良好的休闲游憩场所,提高了大工业区的外部形象和景观质量。目前聚龙山生态园是一座集生态保护、科普教育、自然野趣和休闲游览于一体的大型湿地公园,已成为坪山区的绿色核心名片。

7.4.2 工程简介

建设单位:原深圳市坪山新区管理委员会

设计单位:深圳市环境科学研究院

建设性质:新建

项目地址:深圳市坪山区(坪山河流域),分属坪山街道办的金沙片区、聚龙山片区和竹坑片区(项目现场平面布置如图 7.4 – 1 所示)。

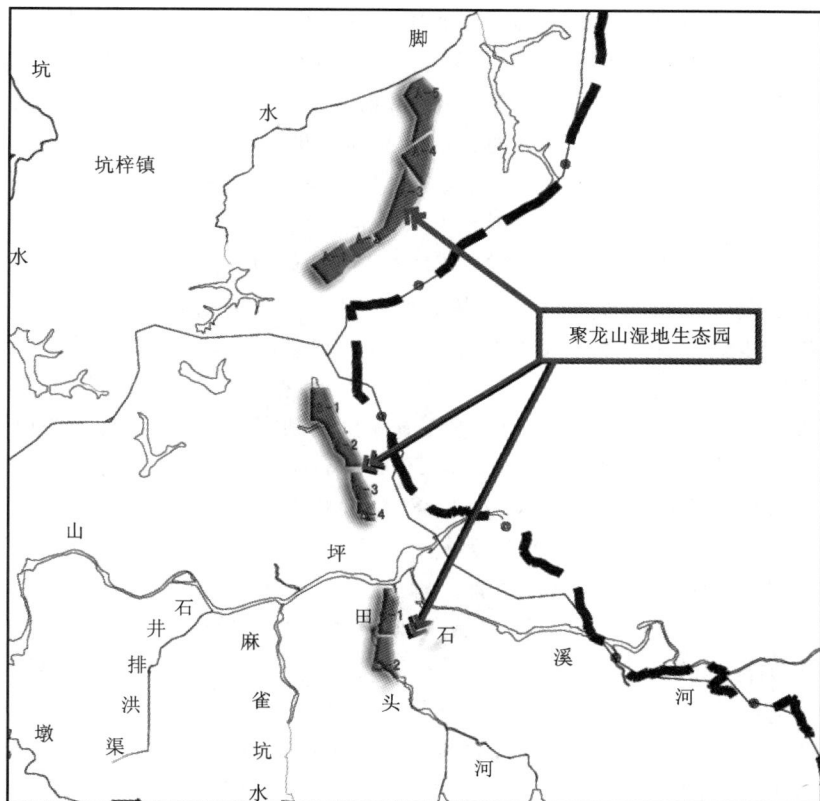

图 7.4 – 1　示范工程选址及平面示意图

处理对象：上洋污水处理厂尾水，水质标准执行《城镇污水处理厂污染物排放标准》(GB 18918—2002)中的一级 A 标准。

处理规模：尾水深度处理 7 万 m^3/d，垂直流人工湿地面积 14 万 m^2，生态净化带约 3 km，湿地公园总占地面积 64.1 万 m^2。

核心工艺：基于地表水Ⅳ类的垂直流人工湿地 + 生态净化带工业区尾水深度处理集成技术。

出水标准：COD_{Cr}、BOD_5、$NH_3 – N$ 达到《地表水环境质量标准》(GB 3838—2002)Ⅳ类；TP 在未达到设计进水要求时，平均去除率达 50%；重金属(Cu、Hg)达到《地表水环境质量标准》(GB 3838—2002)Ⅲ类标准。

建设周期：2011 年 12 月—2015 年 8 月

经费来源：原深圳市坪山新区发展和财政局

7.4.3 工程建设意义

根据《深圳市水环境功能区划》(深府[1996]352号),坪山河为农灌用水区,近期(2000年)划定为坪山河农灌用水区,执行《地面水环境质量标准》(GB 3838—2002)V类标准及《农田灌溉水质标准》(GB 5084—2005);远期(2010年)将坪山河的农灌用水功能区调整为饮用水源准保护区,饮用水源一级、二级和准级保护区分别执行 GB 3838—2002 Ⅱ类、Ⅲ类和Ⅲ~Ⅳ类标准。

由于流域社会经济的快速发展和人口的急剧增加,坪山河水质逐年下降,干支流水系的多项水质指标常年均劣于 GB 3838—2002 中 V 类标准,对坪山新区及坪山河下游城市惠州的城市居住环境、投资环境、社会可持续发展造成不利影响。为进一步加强跨行政区域河流交接断面水质保护管理,省政府制定了《广东省跨行政区域河流交接断面水质保护管理条例》(省人大常委会,2006年9月1日起施行),为配合该条例的实施,省环境保护局制定了《广东省跨地级以上市河流交接断面水质达标管理方案》(粤环[2008]26号)。该方案明确规定了到2010年使坪山河交接断面水质力争达到 GB 3838—2002 V 类标准,氨氮小于 4.8 mg/L;到2015年达到 GB 3838—2002 Ⅳ类标准,氨氮达 V 类;到2018年氨氮达 GB 3838—2002 Ⅳ类标准,其余指标达Ⅲ类标准;到2020年全部达到 GB 3838—2002 Ⅲ类标准。根据龙岗河、坪山河流域干支流水系的水质目前仍劣于 GB 3838—2002 中 V 类标准的具体情况,粤环函[2009]170号文关于调整淡水河污染整治远期目标的通知,将淡水河污染整治远期目标调整为"到2020年深惠交界断面和龙岗河、坪山河水质重金属指标达到Ⅲ类,其他指标优于Ⅳ类"。

为改善坪山河水质,自2001年以来,深圳市政府在坪山河流域实施了大量污染控制工程,包括上洋污水处理厂一期工程、沿河截污工程以及上洋污水处理厂二期工程等,这些工程实施后也产生了一定的总量控制效果。根据《坪山河水质目标可达性分析及达标方案研究(2007—2020)》,这些工程的实施使现状污染负荷量削减了18%~30.6%,水环境容量的比值下降了22%~27%,90%保证率年总量径污比从1.83上升到2.80。但由于污染负荷量基数太大,削减后仍为容量的8.24~27.7倍,而且近年来,流域人口和污水量不断增加,所以现有的规划方案部分实施后对河流水质改善效果甚微,表现在近年来河流水质状况没有明显变化,仍处于严重污染状态,均劣于 V 类。因此,必须对现有规划方案进行补充和完善,尽可能提高污水处理率(或收集率)和处理深度,并辅以排海或引水补流等综合工程措施,才能使河流水质达到 V 类水目标。

坪山新区聚龙山湿地生态园工程的主体即为污水资源化利用,其目的在于将上洋污水处理厂部分尾水深度处理后再主要用作坪山河水质改善用水,少量作为项目区域景观补水、绿地浇灌和道路冲洗等杂用水,以及周边区域中水回用水。

本项目实施后能够进一步削减坪山河污染负荷，改善坪山河水质，加快全流域水质达标进程。本项目的建设在以水质达标为目的的污水处理厂尾水的深度处理方面具有典型的示范意义。

7.4.4　工艺简介

本示范工程人工湿地尾水深度处理系统分为 A 区、B 区和 C 区 3 个区域。工艺流程如下：上洋污水处理厂部分尾水（7 万 m³/d）由分流井先自流至 C 区提升泵站，其中 2.5 万 m³/d 尾水进入 C 区湿地系统处理，其余尾水通过二级提升泵站分别进入 A 区（0.5 万 m³/d）和 B 区（4 万 m³/d）湿地系统处理。A 区主体工艺为"垂直流人工湿地 + 表流湿地 + 自然塘湿地 + 生态净化带"，污水首先通过垂直流湿地在填料、植物和微生物的共同作用下去除大部分的有机物、氮、磷及重金属等，再利用表流和自然塘相结合的多类型湿地进一步削减污染物负荷，最终在排入坪山河干流前的景观水体驳岸设置生态净化带作为水质保障的三级辅助区域，起到辅助净化及保证水质的作用，确保尾水无风险达标排放至坪山河干流。B 区和 C 区主体工艺为"垂直流人工湿地 + 生态净化带"，系统出水大部分排入坪山河用于改善坪山河水质，少部分作为项目区域景观补水、绿化等杂用水及中水回用水源。其工艺流程图如图 7.4 - 2 所示。

7.4.5　工艺特点

本项目采用高效垂直流人工湿地对上洋污水处理厂部分尾水进行深度处理，其出水作为坪山河水质改善补水、项目区域景观补水、绿地浇灌及道路冲洗等杂用水，以及项目周边区域中水回用水。为改善坪山河水质，加快坪山河交接断面水质达标进程，保证项目区域相关回用水水质，本项目污水深度处理系统出水重金属指标达到 GB 3838—2002 中Ⅲ类标准，其他主要水质指标优于Ⅳ类。

（1）以污水深度处理及资源化利用为基础。将上洋污水处理厂部分尾水提升后，采用高效垂直流人工湿地进行深度处理，进一步削减坪山河污染负荷，加快坪山河交接断面水质达标进程；系统出水达到景观补水、中水回用水水质标准，作为坪山河水质改善补水、项目区域景观补水、绿地浇灌及道路冲洗等杂用水，以及项目周边区域中水回用水。

（2）以生态环境保护和生态修复为目标。在本底生物调查的基础上，对项目区域内生态环境保持得较好、远离城市建设的地段，其建设重点在于利用现有的自然生态景观，同时以不破坏现有资源为基础适当增加景观元素，营造高品质原生态景观；对局部受城市建设影响比较严重、生态遭受破坏的区域，以垂直流人工湿地系统出水作为补水，采用多种生态修复手段对其进行生态修复，尽可能恢复原有生态系统的结构和功能。

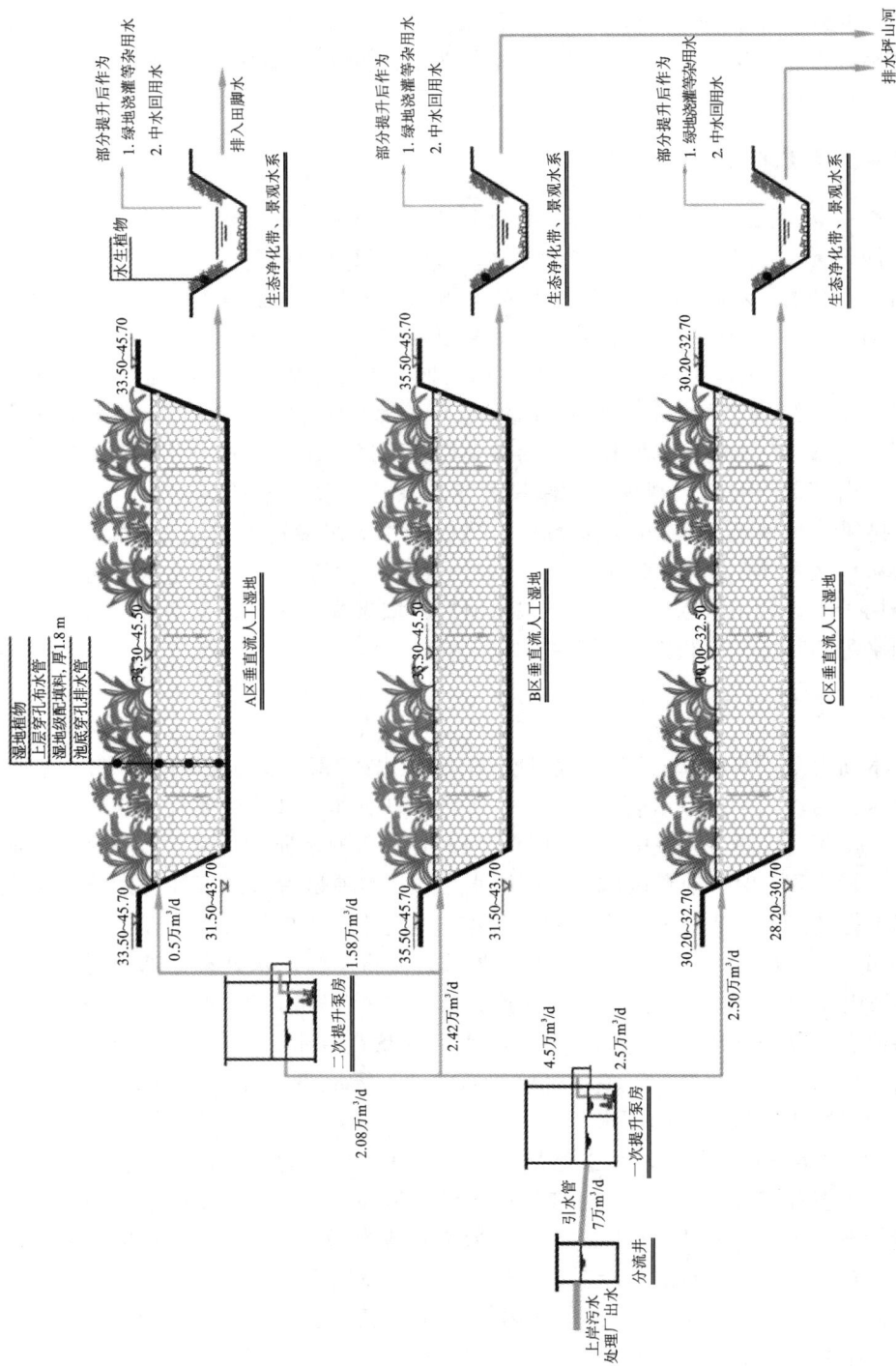

图7.4-2 工艺流程图

（3）以湿地教育展示为亮点。在交通便利、自然湿地保存较好的区域建立湿地科普教育基地，供学生及访客在此获取湿地相关科普知识，重点在于展示不同类型的湿地生态系统、生物多样性和湿地自然景观，开展湿地科普宣传和教育活动。

（4）以湿地生态景观休闲游憩为特色。强化湿地公园的功能，提供亲水活动的场地供游人娱乐和游赏，同时设置亭廊、茶室等游憩建筑和服务设施。将湿地敏感度相对较低的区域划为游览活动区，开展以湿地为主题的休闲、游览活动。

7.4.6　设计参数

（1）工程规模：污水深度处理规模为 7 万 m^3/d。

（2）设计进出水水质：系统进水为上洋污水处理厂尾水，尾水水质为《城镇污水处理厂污染物排放标准》（GB 18918—2002）一级 A 标准，系统出水 COD_{Cr}、BOD_5、$NH_3 - N$、TP、SS、DO 达到《地表水环境质量标准》（GB 3838—2002）Ⅳ 类标准，重金属（Cu、Hg）指标达到《地表水环境质量标准》（GB 3838—2002）Ⅲ 类标准。当系统进水水质指标差于《城镇污水处理厂污染物排放标准》（GB 18918—2002）一级 A 标准值时，系统出水执行去除率标准：COD 去除率达到 40%，BOD_5 去除率达到 40%，$NH_3 - N$ 去除率达到 70%，TP 去除率达到 50%（表 7.4 - 1）。

表 7.4 - 1　设计进出水水质指标表　　　　　　　　　　单位：mg/L

指标	SS	COD_{Cr}	BOD_5	$NH_3 - N$	TP	DO
进水水质	10	50	10	5	0.5	—
出水水质	10	<30	<6	<1.5	<0.3	5
总去除效率/%	—	>40	>40	>70	>40	—
GB 3838—2002Ⅳ类标准	—	30	6	1.5	0.3	5

（3）总占地面积：64.1 万 m^2，其中垂直流人工湿地公园占地约 28.3 万 m^2，自然湿地公园占地约 35.8 万 m^2。

（4）垂直流人工湿地设计参数。垂直流人工湿地系统是本项目深度处理系统的核心部分，其实质上是人为设计的、工程化的湿地系统，利用系统内物理的、化学的和生物的协同作用对污染物进行净化。人工湿地的净化效果与基质、水生植物和微生物等有着密切的联系。本项目垂直流人工湿地系统的主要工艺参数如下：

①垂直流湿地系统占地面积：140000 m^2，结合现状地形和景观布置要求，整个湿地分成 7 大部分。

②布水负荷：

$$q = Q/S = 70000/140000 = 0.50 [m^3/(m^2 \cdot d)]$$

式中：Q 为设计日处理水量，S 为湿地系统占地面积。

③停留时间为 1.6d。

④BOD_5 面积负荷率为 19.9 g BOD_5/（m² 湿地面积·d），BOD_5 容积负荷率为 27.6 g BOD_5/（m³ 滤料·d）。

⑤湿地填料：填料层厚度 1.8 m，功能性填料牡蛎壳 + 生物炭（8~16 mm），沿布水管管沟敷设 50 cm。

⑥湿地植物：设计种植植物与景区环境相协调，种植既有去污能力又有景观效果的多种湿地植物，如芦苇、风车草、芦荻、再力花、香根草、纸莎草、美人蕉等。种植方式为分区种植，具体分区和造型应根据周围景观情况进行布置，以保证与整体景观协调一致。

⑦湿地配水与运行：为了保证湿地系统布水均匀，将湿地系统分成 7 个部分共 30 个布水单元，系统正常运行情况下采用 PLC 自动控制方式布水，在安装调试和维修时，采用手动控制方式布水，从而可实现远程及现场两种控制方式布水。

（5）生态净化带设计参数

生态净化带水力负荷为 0.25 m³/（m²·d），沿岸浮床植物优先配置美人蕉、风车草、再力花。人工湿地系统出水排入景观水体，在景观水体驳岸设置生态净化带作为垂直流人工湿地污水深度净化的辅助区域，对人工湿地系统出水的污染物进行进一步净化处理并起到水质保证作用。具体措施为：模拟自然湿地，在水体驳岸种植合适的水生植物，建立完善稳定的植物群落，在净化污染物、保证水质的同时，还可以吸引鸟类、昆虫等动物，加强人与自然接触的机会，起到游憩、景观、旅游、丰富生物多样性等作用。

7.4.7 建设过程

示范工程建设进展时间表如表 7.4 - 2 所示。相关现场照片如图 7.4 - 3 和图 7.4 - 4 所示。

表 7.4 - 2 示范工程建设进展时间表

时间节点	示范工程建设进展
2010 年 3 月	编制项目可行性研究报告，初步提出建设聚龙山湿地生态园的构想，论证以人工湿地生态净化为核心的尾水深度处理思路。
2010 年 6 月	可行性研究报告获发改委批复，确定项目污水深度处理规模 7 万 m³/d，工艺为"反硝化 + 高效垂直流人工湿地 + 生态净化带"。
2010 年 8 月	签订勘察设计合同，开展前期地勘工作。
2011 年 5 月	开始工程初步设计。

续表 7.4 - 2

时间节点	示范工程建设进展
2011 年 11 月	在设计阶段将尾水深度处理工艺调整为"高效垂直流人工湿地 + 生态净化带"的多类型湿地组合工艺,并对主要工艺参数进行优化。
2011 年 12 月	开始土建施工。
2013 年 4 月	根据课题研究结果,提出更换填料的设计变更,并通过专家论证。
2013 年 9 月	工程一标段建设完成,开展工艺调试。
2015 年 4 月	工程一标段竣工验收。

图 7.4 - 3　示范工程现场施工照片

图 7.4 - 4　示范工程建成后现场照片

7.4.8 工程实施效果评估

坪山河流域尾水深度处理聚龙山湿地生态园示范工程设计处理规模为 7 万 m³/d，处理对象为上洋污水处理厂尾水（平均工业废水混入比 14.85%）。2016 年 9 月—2018 年 1 月，课题组委托第三方检测单位开展了连续 15 个月的工程运行效果跟踪监测，监测结果如图 7.4 - 5 所示。

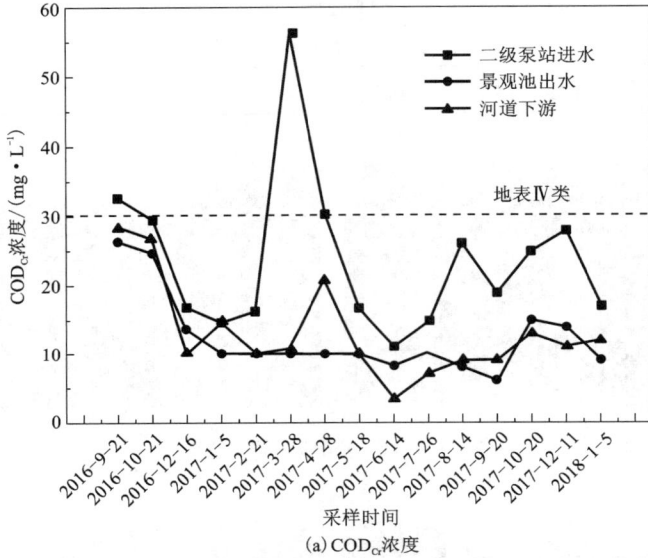

(a) COD_{Cr} 浓度

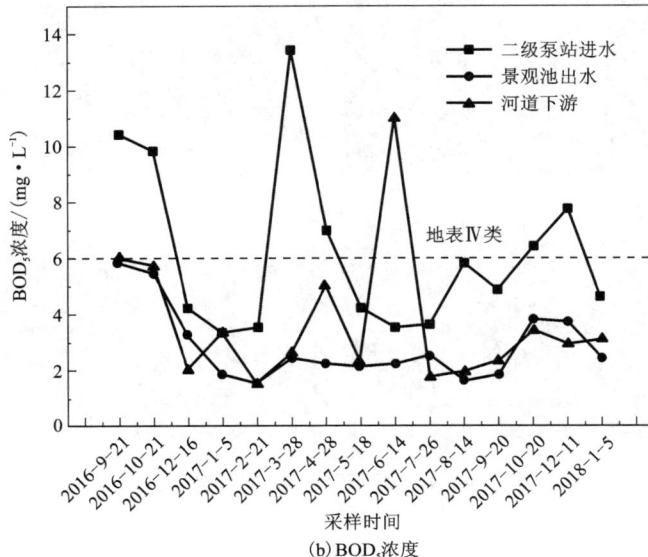

(b) BOD_5 浓度

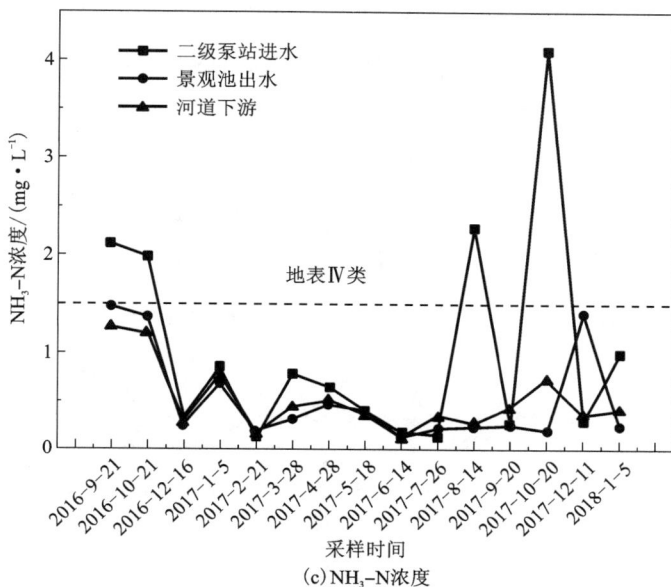

(c) NH$_3$-N浓度

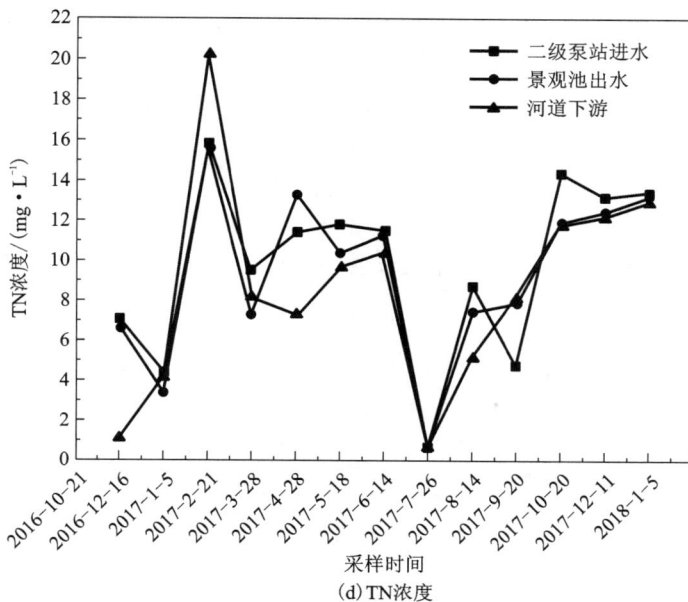

(d) TN浓度

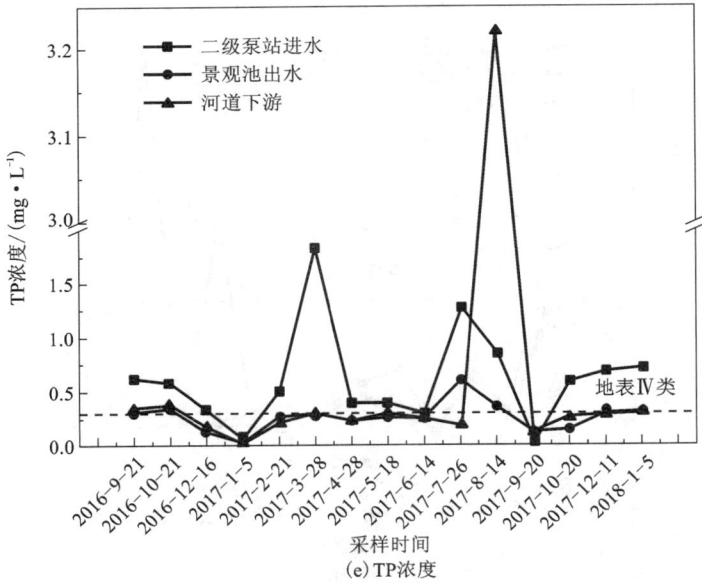

(e) TP浓度

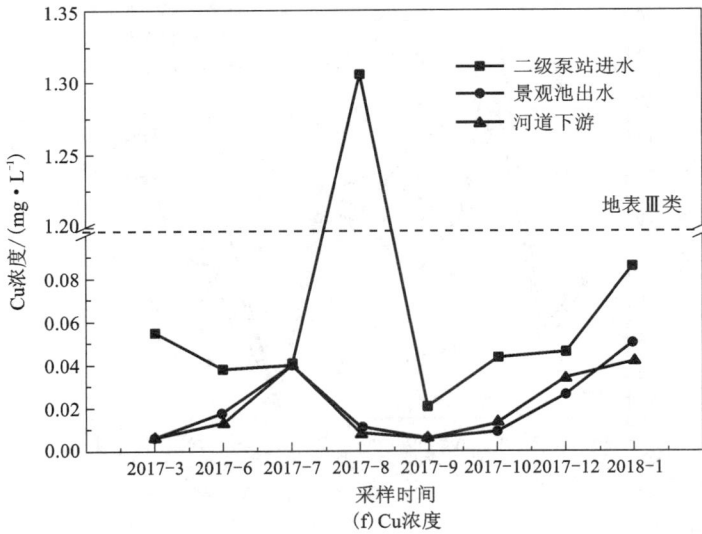

(f) Cu浓度

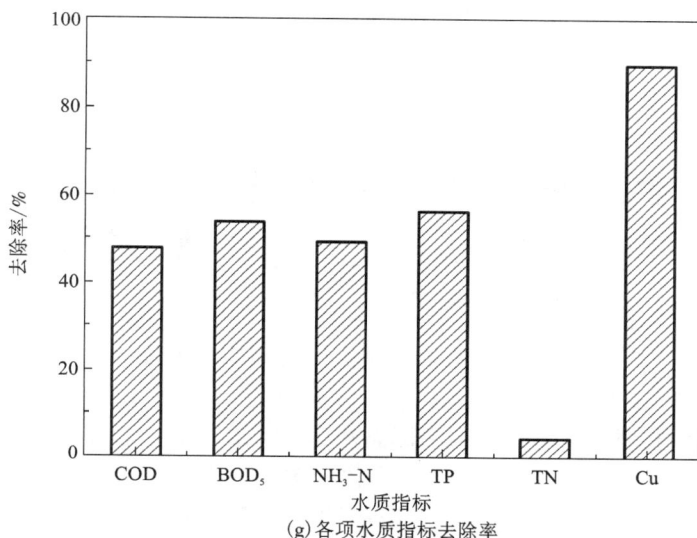

（g）各项水质指标去除率

图 7.4 - 5　示范工程进出水水质数据

从监测结果可知，2016 年 9 月—2018 年 1 月期间上洋污水处理厂尾水（示范工程泵站进水）主要污染物浓度范围为：COD_{cr} 在 7.2 ~ 9.0 mg/L，BOD_5 在 1.6 ~ 5.4 mg/L，$NH_3 - N$ 在 0.171 ~ 1.110 mg/L，TN 在 0.82 ~ 2.32 mg/L，TP 在 0.06 ~ 0.37 mg/L。其中 COD_{Cr}、BOD_5、$NH_3 - N$ 基本可达到城镇污水处理厂污染物排放标准（GB 18918—2002）一级 A 标准，而 TP 除 2017 年 1 月外均未达到一级 A 标准。经示范工程深度净化处理后，出水 COD_{Cr}、BOD_5、$NH_3 - N$ 能够稳定达到地表水环境质量标准（GB 3838—2002）Ⅳ类标准。TP 指标在未达到设计进水参数的条件下，平均去除率达到 56.33%。同时课题组开展了对特征污染物重金属 Cu 的监测，系统进水 Cu 离子浓度为 0.021 ~ 1.635 mg/L，出水指标达到《地表水环境质量标准》（GB 3838—2002）Ⅲ类标准。示范工程效益见表 7.4 - 3。

表 7.4 - 3　示范工程效益

COD 年削减量 /t	氨氮年削减量 /t	总氮年削减量 /t	总磷年削减量 /t	重金属及有毒有害物质年削减量/t
640	137	67	54	9.2

第 8 章
工业区河道雨洪调蓄利用与水质保障技术研究与工程案例

淡水河是典型的高污染负荷雨源型河道，河道径流量较小，污径比大，非雨季由于没有新鲜水源补充，河道水质恶化严重。由于流域工业发展比较迅速，雨季时流域初期雨水中的常规污染物和毒害性污染物含量较高，而且工业区内初期雨水和散排污水没有进行有效处置，各类排水对饮用水源型河流带来较高的风险，沿河工业区面源加剧了对河流的污染。"十一五"期间，淡水河流域的相关工业点源和市政污水处理率不断提高，水专项的研究和工程示范也促进了该区域的水污染治理，但河道水质依然与水环境功能要求相差较远，河道生态功能也不完整，急需加大水污染治理力度和水资源利用。另外，流域内存在许多不用于饮用水水源贮存但可以用于优质水贮存和净化的小山塘和沼泽滩涂地，这为流域的工业区雨洪调蓄净化、生态流量补给调控、工业区入河面源消减处理和河道水质保障技术研究提供了良好条件和基础。针对上述问题，深圳市出台了《深圳市再生水布局规划》《深圳市雨洪利用系统布局规划》等规划，提出了发展工业废水处理、市政污水回用相关规划，提出制定不同的雨洪利用策略，从而实现水资源的循环再生和可持续利用，进而改善城市生态环境。为进一步削减河道的污染物，保持河道生态流量，流域急需开展工业区雨洪调蓄净化与河道水质保障技术研究和工程示范以支撑该区域的水污染控制工作。

8.1 工业区初雨强化处理与雨水调蓄及组合湿地塘净化技术研究

在我国，许多小流域属于雨源型河道，河流径流量小，污染负荷高，非雨季季节由于没有新鲜水源补充，河道水质严重恶化。对于处在工业区周边的雨源型河道，雨季时沿河工业区的面源污染更是加剧了河流的污染。因此，对工业区初期雨水的截留处置显得尤为重要。目前国内外关于初期雨水处理技术主要集中于城市雨水，其对于工业区初期雨水污染处理时去污效率低。针对工业区高污染负荷雨源型河道面源污染严重、缺乏新鲜水源补充的问题，研发高效处理、管理便捷的雨洪净化技术对解决工业区初期雨水污染问题和雨源型河道非雨季季节补水困难具有重要的意义。

8.1.1　初雨强化处理与雨水调蓄及组合湿地塘净化技术研究方案

（1）实验目的

针对工业区雨水面源污染严重（占常规污染物负荷 20%~45%）、雨源型河道径流量小、污染负荷严重、非雨季季节缺乏新鲜水源补充、区域经济持续高速发展的特点，结合流域内存在许多不用于饮用水源贮存但可以用于优质水贮存和净化的小山塘和沼泽滩涂地的特点，集成组合工艺（雨水高效原位截分反应器 + 植物强化稳定塘 + 调蓄贮水塘 + 强化人工湿地），研究工业区初雨强化处理与雨水调蓄及组合湿地塘净化技术。

（2）试验装置

工业区初雨强化处理与雨水调蓄及组合湿地塘净化技术中试装置设计规模为 20 m^3/h，由初雨模拟系统、高效原位截分反应器、植物强化稳定塘、调蓄贮水池、强化人工湿地五部分组成。工艺流程如图 8.1 - 1 所示，中试装置图如图 8.1 - 2 所示。具体包括以下几部分：

①初雨水质模拟装置（图 8.1 - 3）：5.0 m^3 调质水塔 2 个，模拟 30 min 降雨历时；碳源加药装置、磷源加药装置、氮源加药装置、固体悬浮物加药装置。其中碳源采用淀粉、磷源采用磷酸二氢钾、氮源采用氯化铵、SS 采用泥土。

②雨水高效原位截分反应器（图 8.1 - 4）：尺寸 4.0 m×1.5 m×5.0 m，其中絮凝反应池停留时间 15 min 左右，沉淀池表面负荷 8.0~15.0 m^3/(h·m^2)。

③植物强化稳定塘（图 8.1 - 5 和图 8.1 - 6）：尺寸（15.5 m×3.8 m，20.0 m× 6.3 m）×2.50 m，有效容积 185 m^3，浮床种植狐尾藻，降雨时，稳定塘水力停留时间 4.6~18.5 h，表面负荷 0.15~0.30 m^3/(h·m^2)，有效水深 2.0 m。

④调蓄贮水塘（图 8.1 - 5）：尺寸（15.5 m×3.8 m，20.0 m×6.3 m）×2.0 m，有效容积 185 m^3，降雨时，稳定塘水力停留时间 4.6~18.5 h，有效水深 2.0 m。鼓风机定时曝气，池内气水比为 4:1~6:1。

⑤强化人工湿地：尺寸 24.0 m×10.0 m×1.20 m，强化人工湿地水力停留时表面负荷 0.8~1.2 m^3/(m^2·d)，水力停留时间 20~30 h，采取循环流处理方式，塘系统的循环比为 1:24~1:15，湿地自下而上铺设有碎石垫层、细砂垫层、粉煤灰陶粒，采用穿孔管布水和集水，垂直流结构形式。

（3）研究内容

研究降雨期不同污染负荷、水力负荷对中试装置各工艺处理效果的影响，确定组合工艺的长期稳定运行参数。

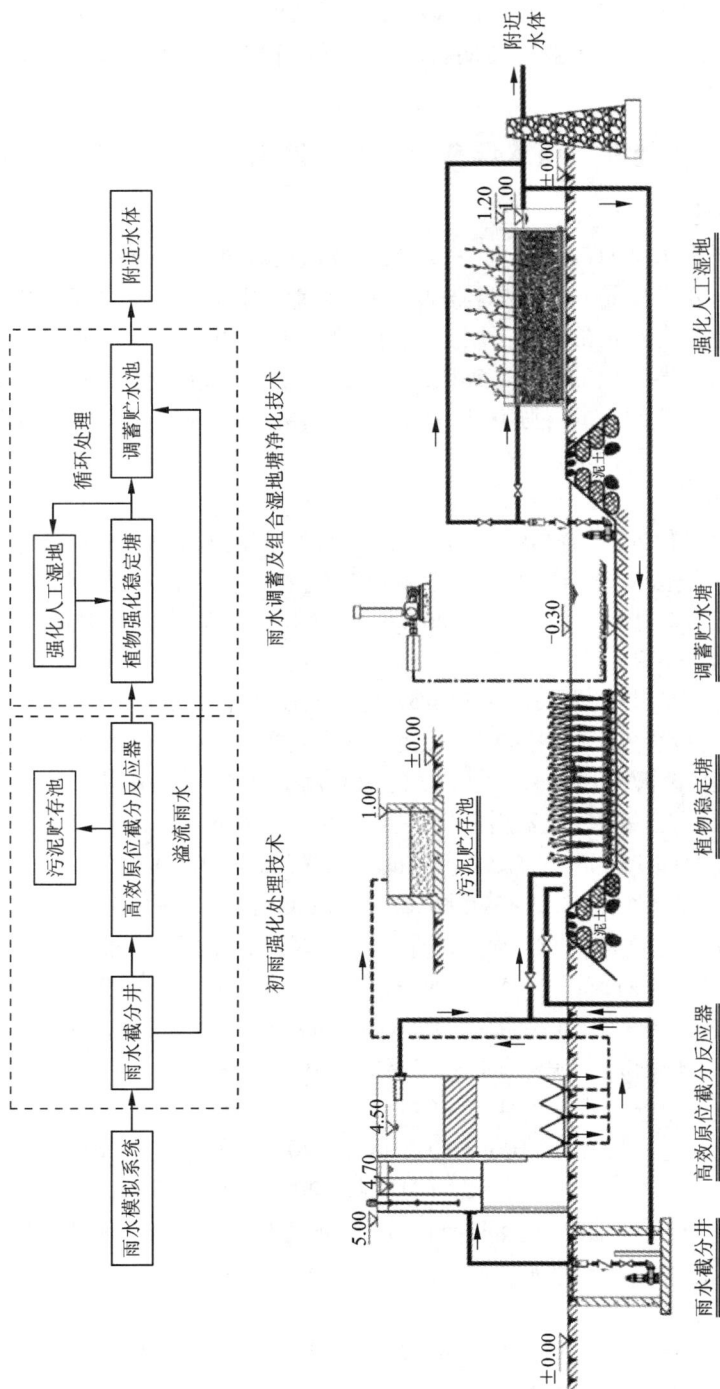

图8.1-1 工艺流程图

图 8.1 - 2　工业区初雨强化处理与雨水调蓄及组合湿地塘净化中试装置

图 8.1 - 3　初雨水质模拟装置

图 8.1 - 4　高效原位截分反应器

图 8.1 - 5　植物强化稳定塘及调蓄贮水塘

图 8.1 - 6　植物强化稳定塘

8.1.2 工业区初雨强化处理技术中试研究

8.1.2.1 降雨时期不同污染负荷下中试装置对污染物的去除研究

工业区雨洪强化净化中试装置在低浓度进水(COD 浓度 300 mg/L, $NH_4^+ - N$ 浓度 5 mg/L, TP 浓度 2.0 mg/L, TN 浓度 10 mg/L, SS 浓度 100 mg/L)情况下启动, 启动时间 1 个月, 待系统出水稳定后, 开始中试实验。试验分为三个不同污染负荷, 用以考察中试系统对常规及毒害性污染物的处理效果。在 PAC 投药量为 80 mg/L 情况下, 中试系统对污染物的去除特性如图 8.1 - 7 ~ 图 8.1 - 11 所示。

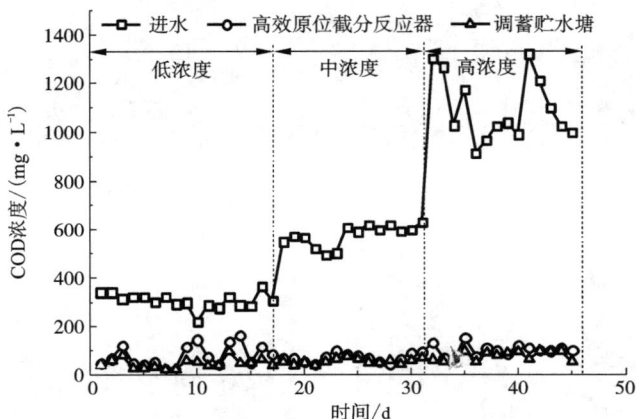

图 8.1 - 7 工业区初雨强化处理中试装置对 COD 的去除效果

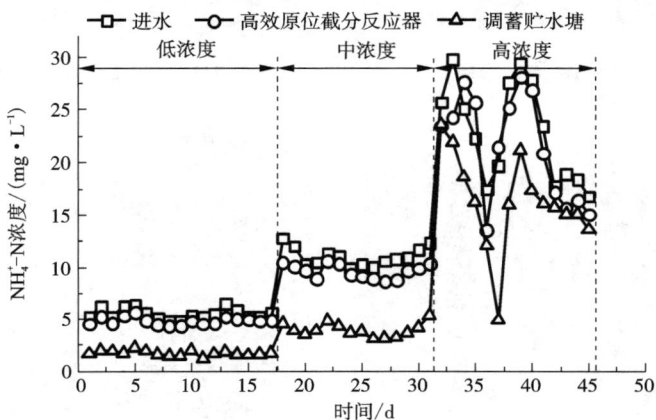

图 8.1 - 8 工业区初雨强化处理中试装置对 $NH_4^+ - N$ 的去除效果

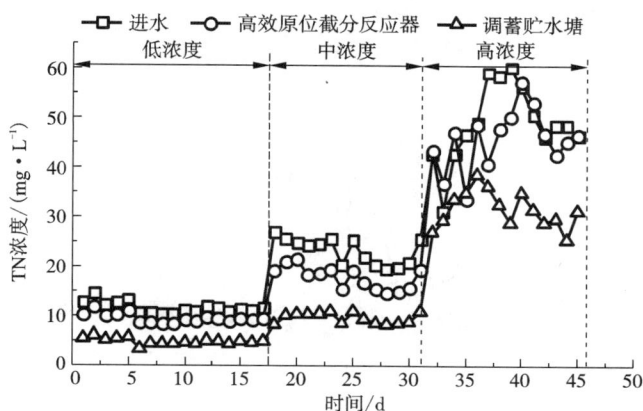

图 8.1-9　工业区初雨强化净化中试装置对 TN 的去除效果

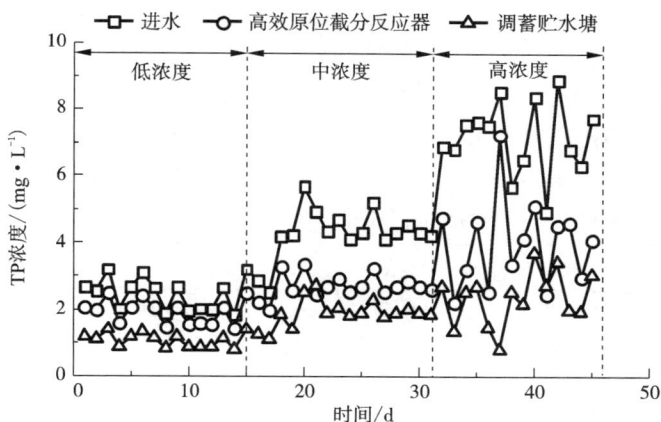

图 8.1-10　工业区初雨强化净化中试装置对 TP 的去除效果

综上，中试系统在低浓度阶段对 COD、NH_4^+-N、TN、TP、SS 的去除率分别为 84.90%、68.82%、59.12%、56.00%、89.74%。在中浓度阶段对 COD、NH_4^+-N、TN、TP、SS 的去除率分别为 90.59%、64.16%、58.71%、55.75%、91.05%。在高浓度阶段对 COD、NH_4^+-N、TN、TP、SS 的去除率分别为 92.96%、29.05%、35.68%、67.18%、93.31%。污染负荷与 COD、TP、SS 的去除率呈正相关关系，污染负荷越高，COD、P 和 SS 的去除率越高。而 N 的去除率则与污染负荷呈负相关关系，污染负荷越高，N 的去除率越低。

初期雨水的主要污染物为 COD 和 SS。根据初期雨水特性的有关分析，不同土地利用类型、不同雨型条件下 SS 和 COD 的相关性存在一定差异，但均呈现一定的线性

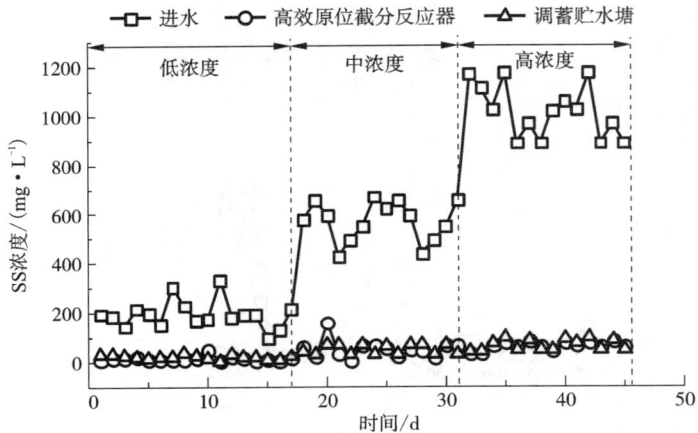

图 8.1-11 工业区初雨强化净化中试装置对 SS 的去除效果

相关性，主要是因为非溶解态的 COD 吸附于 SS 颗粒表面。由于初期雨水具有良好的沉降性能，初期雨水经高效絮凝沉淀反应装置处理后，大部分的 SS 颗粒被截留，同时去除大部分 COD。部分吸附于 SS 颗粒上的 N、P 也被去除。而对于初期雨水中的溶解态 COD、N、P，则通过植物强化稳定塘中的植物吸收作用实现部分削减。不同污染负荷下中试系统对初期雨水的去除效果见表 8.1-1 和图 8.1-12。

表 8.1-1 不同污染负荷下中试系统对初期雨水的去除效果

指标		低浓度	中浓度	高浓度
COD 浓度 /(mg·L⁻¹)	进水	305.11	575.48	1096
	出水	46.08	54.16	77.12
	去除率	84.90%	90.59%	92.96%
NH₄⁺-N 浓度 /(mg·L⁻¹)	进水	5.58	11.02	22.86
	出水	1.74	3.95	16.22
	去除率	68.82%	64.16%	29.05%
TN 浓度 /(mg·L⁻¹)	进水	11.62	23.3	49.19
	出水	4.75	9.62	31.64
	去除率	59.12%	58.71%	35.68%
TP 浓度 /(mg·L⁻¹)	进水	2.5	4.52	7.16
	出水	1.10	2.00	2.35
	去除率	56.08%	55.75%	67.18%

续表 8.1 - 1

指标		低浓度	中浓度	高浓度
SS 浓度 /(mg·L⁻¹)	进水	195	570	1017
	出水	20	51	68
	去除率	89.74%	91.05%	93.31%

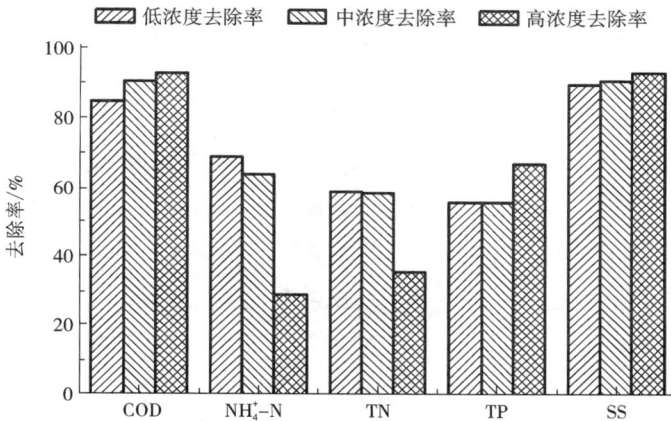

图 8.1 - 12　不同污染负荷下中试系统对污染物的去除效果

8.1.2.2　降雨时期不同水力负荷下中试装置对污染物的去除研究

在中浓度(COD 浓度 600 mg/L，$NH_4^+ - N$ 浓度 10 mg/L，TP 浓度 4.0 mg/L，TN 浓度 20 mg/L，SS 浓度 600 mg/L)初雨的进水条件下，调节进水的流量，考察工业区初雨强化净化中试装置在 10 m³/h、20 m³/h、40 m³/h 的水力负荷情况下，中试系统对污染物的去除特性(图 8.1 - 13 ~ 图 8.1 - 17)。

当水力负荷为 10 m³/h 时，中试系统对 COD、$NH_4^+ - N$、TN、TP、SS 的去除率分别为 94.23%、72.05%、65.07%、64.58%、91.41%。在水力负荷为 20 m³/h 时，对 COD、$NH_4^+ - N$、TN、TP、SS 的去除率分别为 90.94%、65.36%、57.37%、56.00%、90.80%。在水力负荷为 40 m³/h 时，中试系统对 COD、$NH_4^+ - N$、TN、TP、SS 的去除率分别为 86.82%、47.67%、49.19%、50.59%、84.85%。水力负荷与污染物的去除率呈负相关关系。水力负荷越高，污染物的去除率越低。其中 N、P 的去除率因水力负荷的提高而下降的幅度比 COD、SS 要高(表 8.1 - 2 和图 8.1 - 18)。

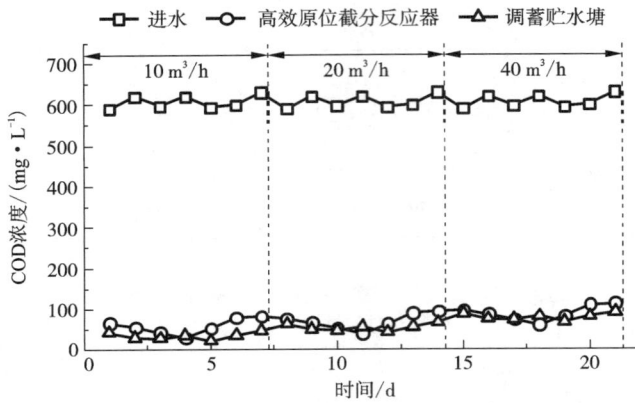

图 8.1-13　中试装置在不同水力负荷下对 COD 的去除效果

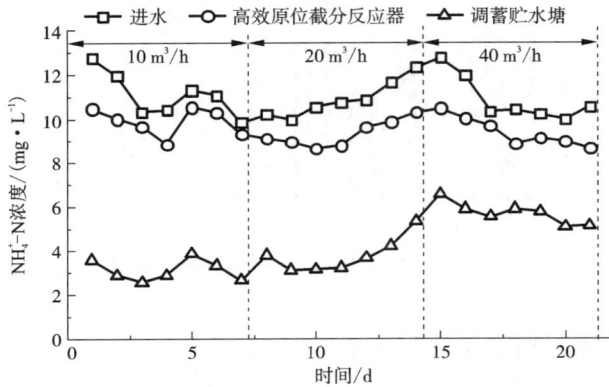

图 8.1-14　中试装置不同水力负荷对 NH₄⁺-N 的去除效果

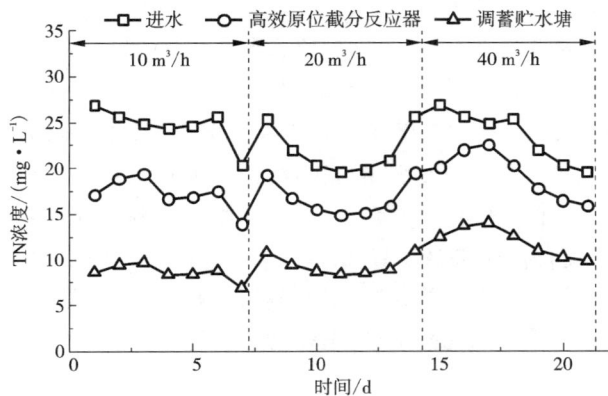

图 8.1-15　中试装置不同水力负荷对 TN 的去除效果

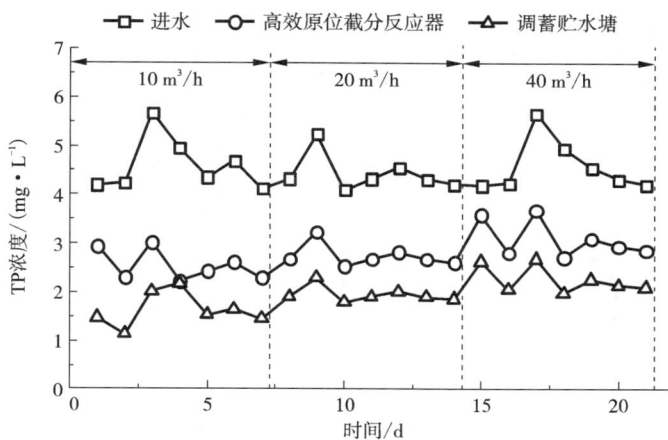

图 8.1 - 16　中试装置不同水力负荷对 TP 的去除效果

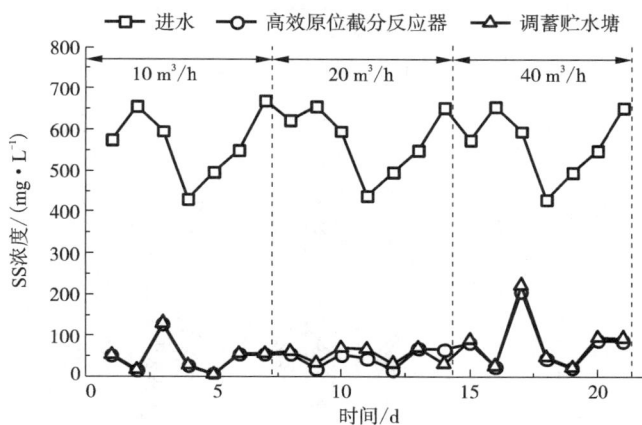

图 8.1 - 17　中试装置不同水力负荷对 SS 的去除效果

表 8.1 - 2　降雨时期不同水力负荷下中试系统对初期雨水的去除效果

指标		$10\ m^3/h$	$20\ m^3/h$	$40\ m^3/h$
COD 浓度 /($mg \cdot L^{-1}$)	进水	607.12	611.41	618.55
	出水	35.02	55.02	80.02
	去除率	94.23%	91.00%	87.06%
$NH_4^+ - N$ 浓度 /($mg \cdot L^{-1}$)	进水	11.12	10.92	10.91
	出水	3.11	3.78	5.71
	去除率	72.05%	65.36%	47.67%

续表 8.1-2

指标		10 m³/h	20 m³/h	40 m³/h
TN 浓度 /(mg·L⁻¹)	进水	24.64	21.96	23.54
	出水	8.61	9.36	11.96
	去除率	65.07%	57.37%	49.19%
TP 浓度 /(mg·L⁻¹)	进水	4.60	4.44	4.59
	出水	1.63	1.95	2.27
	去除率	64.58%	56.00%	50.59%
SS 浓度 /(mg·L⁻¹)	进水	567	573	565
	出水	49	53	86
	去除率	91.41%	90.80%	84.85%

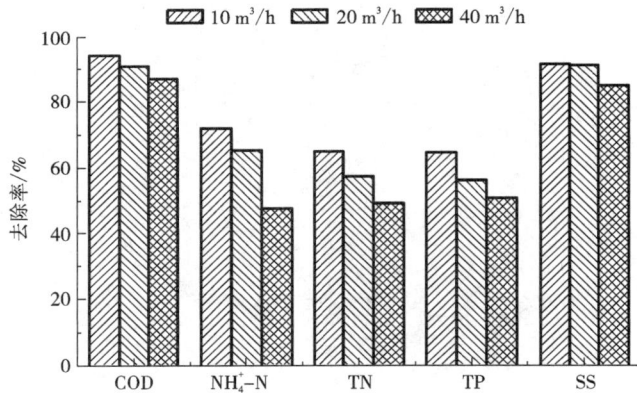

图 8.1-18 中试装置不同水力负荷去除效果比较

8.1.3 工业区雨水调蓄及组合湿地塘净化技术中试研究

经工业区初雨强化处理系统处理后,虽然对 COD、SS 有超过 85% 的去除率,N、P 有接近 50% 以上的去除率,但处理后的出水 COD、NH_4^+ – N、TN、TP、SS 仍有 54.16 mg/L、3.95 mg/L、9.62 mg/L、2.00 mg/L、51 mg/L(中浓度初雨出水)。由于贮水塘尾水相对静止,故在有光照的情况下易爆发水华。为保持贮水塘水质,采用"强化人工湿地 – 植物强化稳定塘"组合工艺,对贮水塘存水进行处理。强化人工湿地采用垂直流结构形式,以碎石、细砂和粉煤灰陶粒作为载体,种植美人蕉、风车草等植物。通过调蓄贮水塘复氧、植物稳定塘、强化人工湿地的循环处理后可以起到水质保持的作用。

根据工业区河道生态补水的水质要求，试验中模拟非降雨时期通过植物强化稳定塘、调蓄贮水塘和强化人工湿地等方式对贮存水进行持续净化与水质保障处理。实验过程为：非降雨期间，对贮水池中的曝气系统进行阶段性曝气，通过水提升泵将贮水池中的雨水排至强化人工湿地，经人工湿地的深度净化后的贮存水通过人工湿地出水管回流至植物稳定塘，形成回路。之后再进一步净化水质，考察不同工况下中试系统对贮存水的处理效果。

8.1.3.1　非降雨时期不同污染负荷下中试系统对污染物的去除研究

对比三种不同污染负荷尾水，在循环流量为 20 m^3/h、循环次数为 1 次/d、循环时间为 2 h/次的条件下雨水调蓄及组合湿地塘净化技术中试装置对尾水的处理效果如图 8.1 – 19 ~ 图 8.1 – 23 所示。

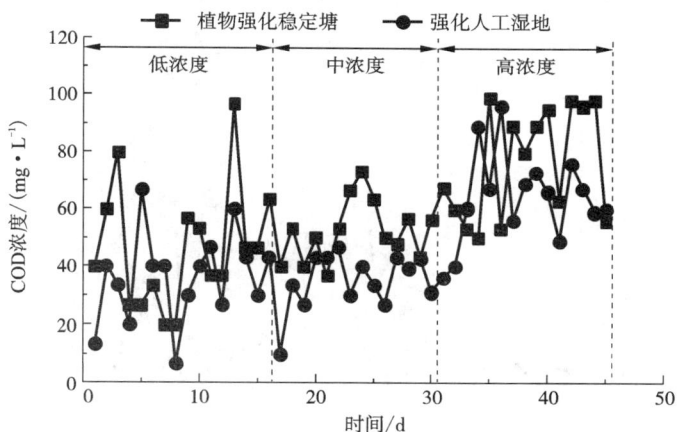

图 8.1 – 19　中试装置在不同污染负荷下对 COD 的去除效果

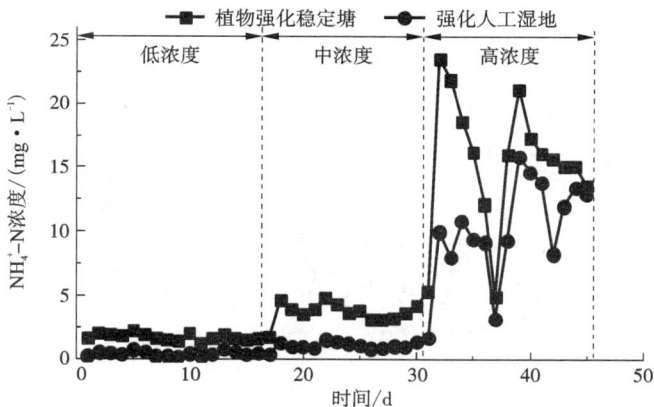

图 8.1 – 20　中试装置在不同污染负荷下对 $NH_4^+ - N$ 的去除效果

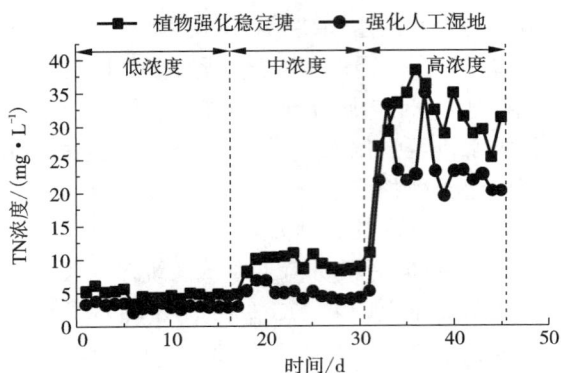

图 8.1 - 21　中试装置在不同污染负荷下对 TN 的去除效果

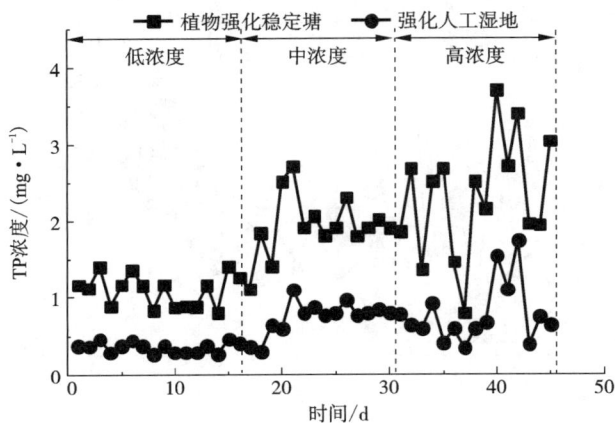

图 8.1 - 22　中试装置在不同污染负荷下对 TP 的去除效果

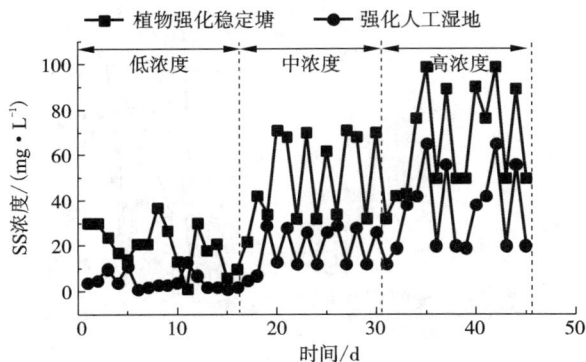

图 8.1 - 23　中试装置在不同污染负荷下对 SS 的去除效果

如表 8.1 - 3 和图 8.1 - 24 所示，雨水调蓄及组合湿地塘净化系统在低浓度阶段对 COD、NH_4^+ - N、TN、TP、SS 的去除率分别为 24.69%、77.42%、36.58%、67.20%、76.90%。在中浓度阶段对 COD、NH_4^+ - N、TN、TP、SS 的去除率分别为 31.99%、71.49%、48.04%、61.29%、62.12%。在高浓度阶段对 COD、NH_4^+ - N、TN、TP、SS 的去除率分别为 14.13%、33.64%、24.72%、66.81%、45.44%。

调蓄水水质保持技术系统在中、低浓度对 N、P 和 SS 有较好的处理效果。强化人工湿地的沸石、粉煤灰陶粒、风车草、美人蕉、再力花和植物强化稳定塘的狐尾藻和水芹菜都对 N、P 有一定的吸收效果，同时强化人工湿地的填料对剩余的 SS 具有一定的拦截作用。中试系统在高浓度阶段，由于系统负荷过高，植物稳定塘和强化人工湿地的处理能力不能满足要求，因此去除率呈较大幅度下降趋势。

表 8.1 - 3　不同污染负荷下中试系统对初期雨的去除效果

指标		低浓度	中浓度	高浓度
COD 浓度 /(mg·L^{-1})	进水	46.08	54.16	77.12
	出水	34.71	36.83	66.23
	去除率	24.69%	31.99%	14.13%
NH_4^+ - N 浓度 /(mg·L^{-1})	进水	1.74	3.95	16.22
	出水	0.39	1.13	10.76
	去除率	77.42%	71.49%	33.64%
TN 浓度 /(mg·L^{-1})	进水	4.75	9.62	31.64
	出水	3.01	5.00	23.82
	去除率	36.58%	48.04%	24.72%
TP 浓度 /(mg·L^{-1})	进水	1.10	2.00	2.35
	出水	0.36	0.77	0.78
	去除率	67.20%	61.29%	66.81%
SS 浓度 /(mg·L^{-1})	进水	20	51	68
	出水	5	19	37
	去除率	76.90%	62.12%	45.44%

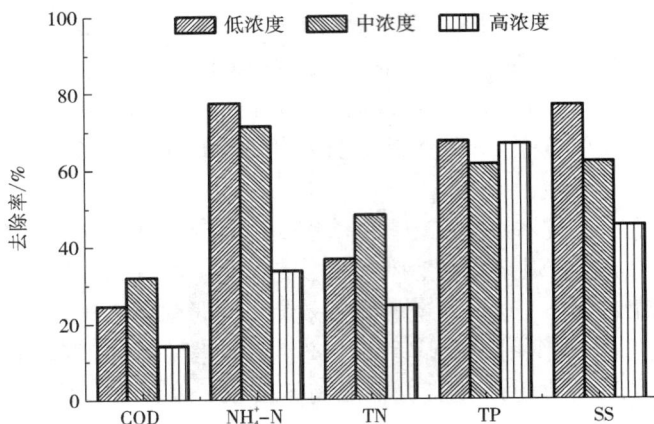

图8.1-24 不同污染负荷对雨水调蓄及组合湿地塘净化技术中试装置的影响

8.1.3.2 非降雨时期不同循环时间对中试系统污染物的去除研究

在循环流量为 10 m³/h，强化人工湿地表面负荷为 1.0 m³/(m²·d) 的情况下，通过对比三种循环工况每天循环运行时间0.5 h、1.0 h、2.0 h 对尾水水质保持的状况，由图8.1-25~图8.1-29 可知，调蓄水水质保持技术系统对污染物的去除率随循环次数的增加而增加。

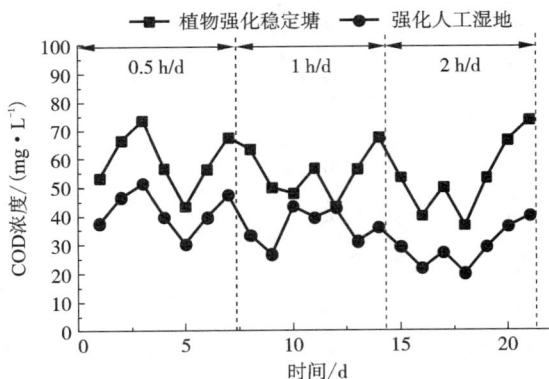

图8.1-25 不同循环时间对中试装置COD去除效果的影响

如图8.1-30和表8.1-4所示，循环时长对COD和SS去除率影响相对较大，对氮磷去除的影响较小。在2 h/d 的情况下，中试系统对COD、SS的去除率分别为45.50%、63.61%。在0.5 h/d 的情况下，其对COD、SS的去除率仅为

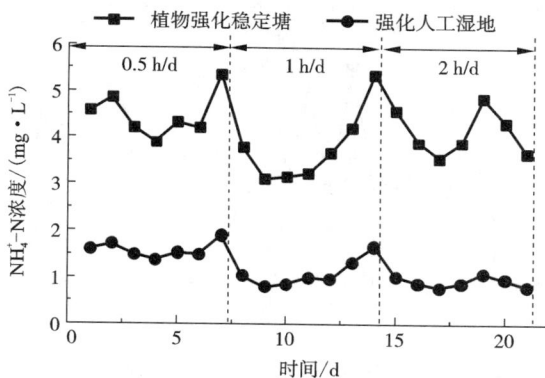

图 8.1 - 26　不同循环时间对中试装置 $NH_4^+ - N$ 去除效果的影响

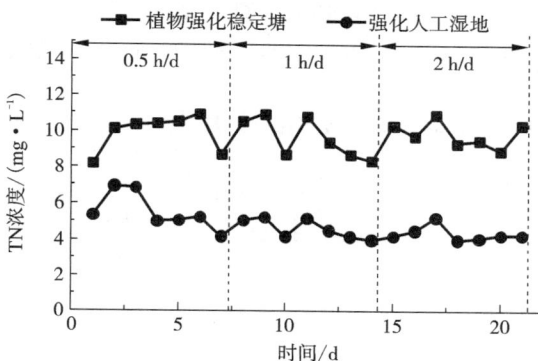

图 8.1 - 27　不同循环时间对中试装置 TN 去除效果的影响

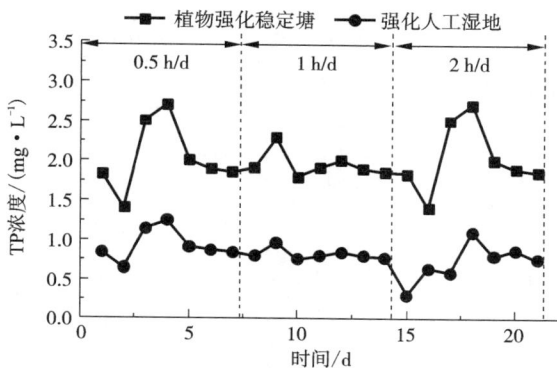

图 8.1 - 28　不同循环时间对中试装置 TP 去除效果的影响

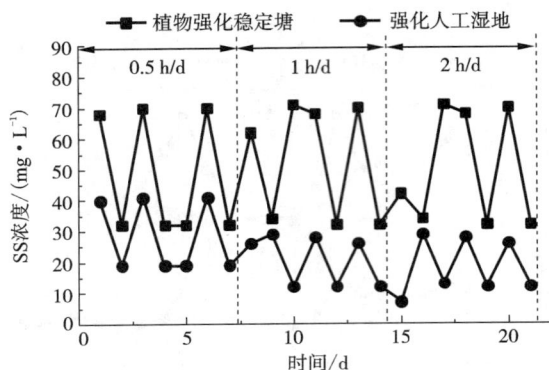

图 8.1-29 不同循环时间对中试装置 SS 去除效果的影响

29.90%、40.97%,下降约 20%。循环时间为 2 h/d 时,NH₄⁺-N、TN、TP 的去除率分别为 77.74%、55.74%、64.45%,而在循环时间为 0.5 h/d 时,NH_4^+-N、TN、TP 的去除率分别为 64.49%、44.28%、53.99%,只下降 12% 左右。

表 8.1-4 不同循环次数下中试装置对初期雨水的去除效果

指标		0.5 h/d	1 h/d	2 h/d
COD 浓度 /(mg·L⁻¹)	进水	59.55	55.02	53.30
	出水	41.74	36.05	29.05
	去除率	29.90%	34.48%	45.50%
NH₄⁺-N 浓度 /(mg·L⁻¹)	进水	4.49	3.78	4.11
	出水	1.58	1.09	0.91
	去除率	64.79%	71.22%	77.74%
TN 浓度 /(mg·L⁻¹)	进水	9.88	9.62	9.86
	出水	5.50	4.62	4.36
	去除率	44.28%	52.00%	55.74%
TP 浓度 /(mg·L⁻¹)	进水	2.03	1.95	2.04
	出水	0.72	0.82	0.94
	去除率	53.99%	58.00%	64.45%
SS 浓度 /(mg·L⁻¹)	进水	48	53	50
	出水	28	21	18
	去除率	40.97%	60.70%	63.61%

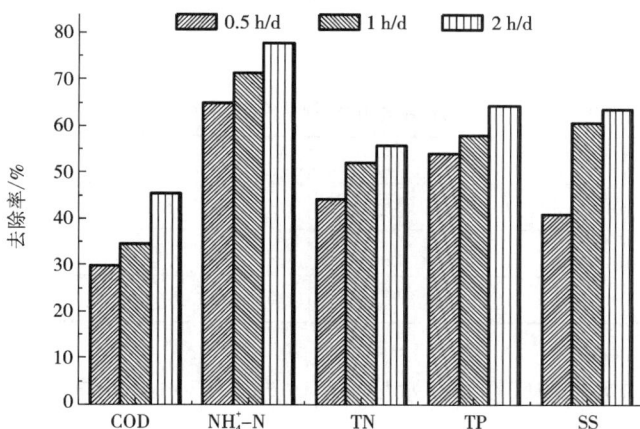

图 8.1 - 30　不同循环时间对雨水调蓄及组合湿地塘净化技术中试装置的影响

8.1.4　补给水水质风险评估研究

综合借鉴"十一五"东江项目课题 8 研究成果，并考虑区域自行监测数据、省市监控断面的数据以及淡水河流域生态评估，可以获得区域的主要水质风险因子（表 8.1 - 5）及其对应的预测无效应浓度（表 8.1 - 6）。

表 8.1 - 5　水质风险因子（源清单）

序号	项目	水质风险（源清单）	对应区域/主导产业
1	常规指标	氨氮	畜禽养殖、面源污染
2		总磷	先进制造业、面源污染
3	多溴联苯醚	BDE - 28 BDE - 47	通信及电子设备制造
4	环境激素类	壬基酚（NP）	塑料制品、新能源汽车、电子电镀、大宗排水
5		双酚 A（BPA）	塑料制品、新能源汽车、先进制造业、大宗排水
6		三氯生	生物医药、生活排水
7		邻苯二甲酸二辛酯（DEHP）	生物医药、生活排水

其中，淡水河流域化学品的预测无效应浓度（PNEC）及实测数据如表 8.1 - 6 所示。

表 8.1 - 6　淡水河流域化学品的预测无效应浓度（PNEC）及实测数据

中文名	类别	PNEC/(μg·L^{-1})	实测值/(μg·L^{-1})
三氯生	药物与个人护理品	0.058	0.027 ~ 0.35
壬基酚	环境激素	1.12	20 ~ 300
双酚 A	环境激素	1.5	0.2 ~ 26.0

根据深圳市大工业区初期雨水特性的监测分析可知，大工业区初期雨水中除包含常规污染物外，还包含某些毒害性有机物。课题组对初雨中的壬基酚、双酚 A 进行检测分析，由表 8.1 - 7 可知，初期雨水中壬基酚风险商值均低于 1，处于低生态风险状态；双酚 A 均值略高于 1，有一定的生态风险。降雨时，坪山河上洋断面的壬基酚、双酚 A 的风险商值均低于 1，坪山河处于低生态风险状态。

表 8.1 - 7　坪山区初期雨水风险评估

采样点	壬基酚/(μg·L^{-1})	双酚 A/(μg·L^{-1})	壬基酚 RQ 值	双酚 A RQ 值
坪山文化广场 - 国惠康	0.568	1.89	0.51	1.26
比亚迪路	0.657	1.86	0.59	1.24
兰竹路 - 创景路	0.367	4.89	0.33	3.26
金牛路 - 荔景南路	0.618	1.49	0.55	0.99
田头老围村	0.545	2.02	0.49	1.35
坪山河（降雨时上洋段）	0.640	0.165	0.57	0.11

水生态风险评价结果：初期雨水中的双酚 A 对河流生态安全还是有一定风险的，经过课题研发的采用"雨水高效原位截分反应器 + 植物强化稳定塘 + 调蓄贮水塘 + 强化人工湿地"组合工艺的中试系统处理后，出水的壬基酚的去除率可达 73.83%，对双酚 A 也有 45.64% 的去除效果。经中试处理后，初期雨水的壬基酚和双酚 A 风险商值均低于 1，生态风险状态低，可作为坪山河生态补水（表 8.1 - 8）。

表 8.1-8　中试系统对毒害性有机物的去除效果

	取样点	2015 年 11 月	2015 年 12 月	2016 年 1 月	2016 年 2 月	2016 年 3 月	2016 年 4 月
壬基酚	进水/($\mu g \cdot L^{-1}$)	1.67	1.95	1.73	1.38	1.33	1.23
	调蓄贮水池/($\mu g \cdot L^{-1}$)	1.12	1.32	0.98	0.84	0.75	0.7
	强化人工湿地/($\mu g \cdot L^{-1}$)	0.95	1.13	0.89	0.75	0.69	0.66
	RQ 值	0.85	1.01	0.79	0.67	0.62	0.59
	调蓄贮水池去除率	32.93%	32.31%	43.35%	39.13%	43.61%	43.09%
	强化人工湿地去除率	15.18%	14.39%	9.18%	10.71%	8.00%	5.71%
	总去除率	43.11%	42.05%	48.55%	45.65%	48.12%	46.34%
	取样点	2015 年 11 月	2015 年 12 月	2016 年 1 月	2016 年 2 月	2016 年 3 月	2016 年 4 月
双酚A	进水/($\mu g \cdot L^{-1}$)	1.90	1.95	2.05	1.78	1.78	1.73
	调蓄贮水池/($\mu g \cdot L^{-1}$)	1.02	0.95	0.85	0.45	0.40	0.65
	强化人工湿地/($\mu g \cdot L^{-1}$)	0.56	0.55	0.53	0.40	0.40	0.50
	RQ 值	0.38	0.37	0.35	0.27	0.27	0.33
	调蓄贮水池去除率	46.32%	51.28%	58.54%	74.72%	77.53%	62.54%
	强化人工湿地去除率	44.80%	42.11%	38.24%	11.11%	0.00%	23.61%
	总去除率	70.37%	71.79%	74.39%	77.53%	77.53%	71.39%

8.1.5　小结

（1）降雨时期，雨洪强化处理中试系统对 COD、NH_4^+-N、TN、TP、SS 的去除率分别为 84.90% ~ 92.96%、29.05% ~ 68.88%、35.68% ~ 59.12%、55.75% ~ 67.18%、89.67% ~ 93.31%，除总磷外，出水指标可达到《城镇污水处理厂污染物排放标准》（GB 18918—2002）一级 B 标准。

（2）非降雨时期，调蓄水水质保持技术中试系统对 COD、NH_4^+-N、TN、TP、SS 的去除率分别为 14.13% ~ 31.99%、33.64% ~ 77.42%、24.72% ~ 48.04%、61.29% ~ 67.20%、45.44% ~ 76.90%，出水指标达到《城镇污水处理厂污染物排放标准》（GB 18918—2002）一级 A 标准。

（3）降雨时期，雨洪强化净化中试系统对初期雨水污染物 COD、P、SS 的去除率与初期雨水的污染负荷呈正相关关系，污染负荷越高，COD、P 和 SS 的去除率越高。而 N 的去除率则与污染负荷呈负相关关系，污染负荷越高，N 的去除率越低。水力负荷与污染物的去除率呈负相关关系，水力负荷越高，污染物的去除率越低；其中，N、P 的去除率因水力负荷的提高而下降的幅度比 COD、SS 要大。

（4）非降雨时期，调蓄水水质保持技术中试系统在中、低浓度条件下对 N、P 和 SS 有较好的处理效果。在高浓度阶段，由于系统负荷过高，植物稳定塘和强化人工湿地的处理能力不能满足要求，去除率呈较大幅度下降。此外，调蓄水水质保持技术中试系统对污染物的去除率随循环次数的增加而增加。

（5）经中试系统处理后，初期雨水的壬基酚和双酚 A 的去除率分别可达 45.64% 和 73.83%，风险商值基本都低于 1，生态风险状态低，可作为坪山河生态补水。

8.2　工业区河道生态流量调控与补给技术研究

根据深圳市龙岗区污水处理厂尾水深度净化回用规划和淡水河流域河道生态建设规划的要求，结合雨源型河流的生态流量要求和流域内的小山塘、水库和湿地公园的建设，以调蓄雨水或污水处理厂深度处理后尾水为研究对象，重点建立工业区河道生态流量的计算模型，研究工业区河道生态流量调控与补给技术等方面的内容。

8.2.1　工业区河道生态流量计算与模型建立研究

根据淡水河流域河道的水利实际情况和流域内调蓄设施的容积及数量等数据，综合分析比较筛选国内外生态流量计算方法与模型，以淡水河为研究对象，选取适合的计算方法，分析与计算该河段的最小生态流量，并根据河段形态、补充水量的总贮水量和调蓄设施的分布及数量等条件，建立符合当地实际情况的生态流量计算与调控补给模型。

8.2.1.1　生态流量计算分析

据分析知，淡水河、龙岗河、坪山河水系河道的生态环境与承担的社会经济功能为：①供水功能，维持河道沿岸工业用水和农业供水；②纳污功能，容纳河道沿岸生活污水与工业污水的排放；③自净功能，维持良好的水质；④维持河道水体交换功能，实现河流水域的连通；⑤生物栖息地和生道廊道功能。根据上述功能，龙岗河、坪山河系的综合整治应尽量使河道各控制断面满足最小生态流量的要求。

（1）资料系列的选择

生态流量分析采用 1956—1966 年、1986—2015 年的系列水文资料，分别进行计算。

（2）控制断面的选择

控制断面的选择结合水文站网情况进行，淡水河、龙岗河、坪山河水系有较为系统的水文观测资料的水文站。采用控制断面作为淡水河、龙岗河、坪山河水系生态流量的控制断面。

（3）方法比较与计算结果

本研究比较分析多种方法的计算结果，以合理确定淡水河、龙岗河、坪山河水系的生态基流。Tennant 法通常作为河流规划目标管理、战略性管理方法，应用广泛。90%保证率最枯月平均流量法、流量历时曲线法适用于所有河流，但需要长系列水文资料，1986—2015 年资料系列采用上述两种方法进行计算。10 年最枯月平均流量法主要用于资料系列长度较短的情况，1956—1966 年和 2004—2015 年资料系列采用该方法进行计算。最枯月平均流量的多年平均值法适用于上述 3 个资料系列的计算。生物需求法需要断面的"流速 - 流量"关系，湿周法需要断面的"湿周 - 流量"关系，因多数断面涉及疏挖，断面形态与现有情况相比将发生较大改变，因此上述各种关系目前难以确定，还缺乏采用上述方法的条件。

8.2.1.2　工业区河道生态流量模型建立

图 8.2 - 1 所示为河湖生态环境需水计算体系图。

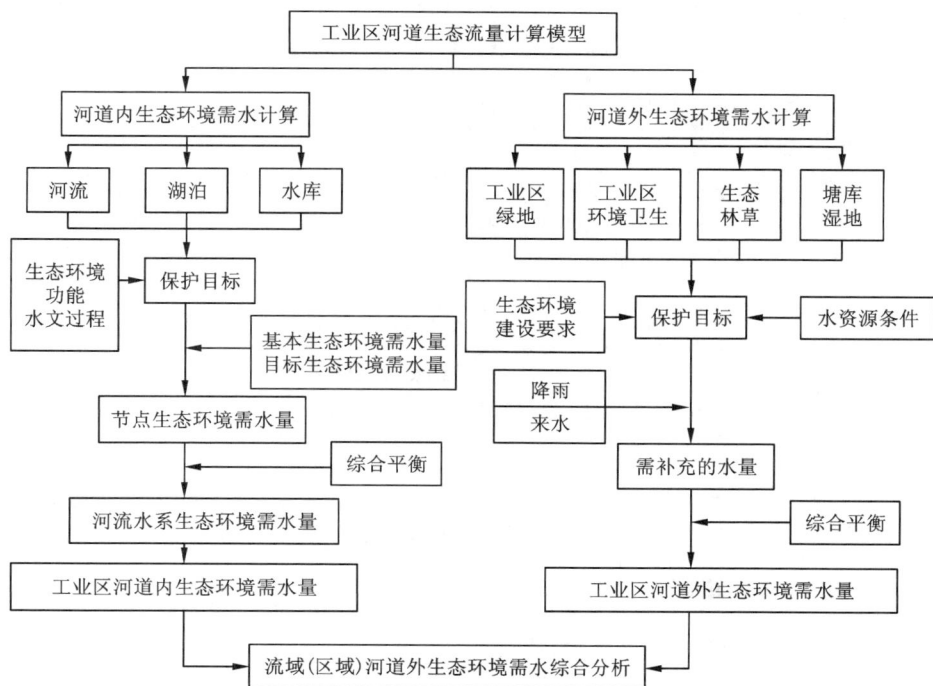

图 8.2 - 1　河湖生态环境需水计算体系图

8.2.1.3 工业区河道生态流量计算结果

综上，以 1956—1966 年和 2004—2015 年水文资料计算生态基流时，采用 Tennant 法、10 年最枯月平均流量法、最枯月平均流量的多年平均值法；以 1986—2015 年水文资料计算生态基流时，采用 Tennant 法、90% 保证率最枯月平均流量和最枯月平均流量的多年平均值法。

结合淡水河、龙岗河、坪山河水系恢复水环境容量，改善水环境质量的目标，生态流量需考虑维持基本自净能力需水量，可将纳污能力设计水量作为维持河道自净功能的最小水量。依据《水域纳污能力计算规程》（GB 25173—2010），纳污能力设计水量亦以各年不为零的最小月平均流量作为样本，采用 10 年最枯月平均流量法或 90% 保证率最枯月平均流量进行分析计算。

各方法的计算结果见表 8.2 – 1。

表 8.2 – 1　生态基流计算成果表

序号	方法	方法说明	资料系列	生态基流/（$m^3 \cdot s^{-1}$）		
				淡水河	龙岗河	坪山河
1	Tennant 法	多年平均流量的 10% 作为生态基流的最小控制值	1956—2015 年	5.32	0.943	0.472
2	90% 保证率最枯月平均流量法	以节点长系列天然月平均流量为基础，用每年的最枯月排频，选择 90% 频率下的最枯月平均流量作为节点基本生态环境需水量的最小值	1986—2015 年	7.58	1.11	0.56
3	流量历时曲线法	利用历史流量资料构建各月流量历时曲线，以 90% 保证率对应流量作为基本生态环境需水量的最小值	1986—2015 年	11.43	1.63	0.82
4	10 年最枯月平均流量法	采用 10 年最枯月平均流量，即 10 年中的最小值，作为基本生态环境需水的最小值	1956—2015 年	—	—	—
5	最枯月平均流量的多年平均值法	以河流最小月平均实测流量的多年平均值作为河流的基本生态环境需水量	1956—2015 年	—	—	—

综合考虑淡水河、龙岗河、坪山河水系的环境保护和社会经济状况,推荐采用 1986—2015 年资料系列流量历时曲线法的计算结果,即淡水河、龙岗河、坪山河生态基流分别为 11.5 m³/s、1.7 m³/s、0.85 m³/s。

8.2.2　工业区河道生态流量调控与补给技术研究

近年来,随着人口快速增长和经济社会的高速发展,东江流域用水迅速增加,水资源供需矛盾进一步加剧,水环境和河流生态受到严重威胁。资料显示,龙岗河、坪山河流域有机物以及营养物污染都有逐年加重趋势,水环境污染严重,河流生态环境不断恶化。随着工业生产的迅速发展,人口数量持续增长,城市规模不断扩大,区域内水资源的供需矛盾也日趋严重,故开展水环境综合治理迫在眉睫。为解决当前工业区河流的水污染现状,以及生态用水、生产需水、生活需水之间的矛盾,从恢复生态环境的角度出发,在保证河流生态用水的前提下,目前主要是从两方面着手寻找方法:一方面是大力兴修水力工程,充分利用水资源,加强水污染治理;另一方面可以考虑采用整体的方法,通过对现有水利工程的统一调度、协调管理,以达到水资源的高效利用。

本节主要从整体方法着手,统一调配区域各类水库水资源和已知有限水源总量的限制下,在满足龙岗河、坪山河、淡水流域生态用水的前提下,合理地对区域各项水利工程加以运用和调节以求得到合理的水资源分配方法,实现水资源的优化配置,从而使河流的基本生态环境功能得到维护,水资源在各项用水部门之间得到高效的利用,为当下河流的治理提供借鉴,促进河流生态环境的改善和健康发展。根据淡水河流域河道生态建设规划的要求,结合小山塘、水库、湿地公园等调蓄贮水地的建设和水量调控,并以上述分析研究计算出来的最小生态需水量和不同水质水量的补充水为依据,通过中试试验和模拟计算,研究工业区雨源型河道生态流量调控与补给技术,并结合湿地公园或生态廊道的景观水运行和水量调控情况,建立工业河道生态流量调控最佳模式。最后,结合尾水深度净化或雨洪强化净化示范工程建设,对上述技术研究进行技术示范。

8.2.2.1　调控原则、范围和总体要求

(1)调控模式的原则。小流域水资源分配遵循公平公正、兼顾现状与发展、可持续利用和节约保护、优先保证生活和生态基本用水、水量水质双控等原则。

(2)调控模式的范围。小流域水资源分配范围为淡水河流域。

(3)调控模式的总体要求。以小流域径流量为分配对象,按照防洪、供水、发电的顺序优化水库群调度,安排正常来水年(90% 保证率)和特枯来水年(95% 保证率)情况下各有关地级以上市取水量分配指标;以落实水资源分配方案、协调河道内外用水、保障供水安全为目标,明确重要控制断面最小下泄流量指标;以水功能区水质达标为目的,提出各控制断面水质管理控制指标。

8.2.2.2 具体调控模式与水量补给方案

重要区域生态流量调控模式与补给方案如下：

（1）"河道蓝线区域面源截污净化"生态流量调控与补给模式。

在蓝线区域内实施水质净化生态修复工程，对入河面源初期雨水和支流汇水中污染物进行去除、吸收、富集、转化、分解，使低污染水体成为生态补水。

（2）"流域山塘初期雨水截污调蓄"生态流量调控与补给模式。

龙岗河、坪山河流域内未经利用的约 500 万 m^3 的山塘，用于河道生态流量的补充和区域初期雨水的收集处理，降雨结束后塘内收集的初期雨水由截污箱涵或提升泵站进入初期雨水处理厂处理，处理后作为生态补水进入河道。

（3）龙岗河流域"污水处理厂尾水 - 人工湿地"及"生态调控备用水库"生态流量调控模式与补给方案。

控制单元根据汇入支流水系特点，进一步划分为 9 个片区（表 8.2 - 2）。其中葫芦围以上段控制单元划分为梧桐山河片区和大康河片区，葫芦围至低山村控制单位划分为南约河片区、龙西河片区、爱联河片区，低山村至吓陂段控制单元划分为丁山河片区、黄沙河片区，吓陂至西湖村段控制单元划分为田坑水片区、田脚水片区。

表 8.2 - 2　龙岗河流域控制单元水陆响应关系表

序号	控制单元名称	分片区	面积/km²	水域范围	陆域范围	控制断面名称
1	葫芦围以上段	梧桐山河片区	38.99	四联河、龙岗河上游段(梧桐山河)、蚌湖水、西湖水、盐田坳支流、牛始窝水	横岗街道	葫芦围断面
		大康河片区	26.23	大康河		
2	葫芦围至低山村段	南约河片区	60.96	南约河、同乐河等	龙城街道、龙岗街道	低山村断面
		龙西河片区	52.93	龙西河		
		爱联河片区	24.57	爱联河		
3	低山村至吓陂段	丁山河片区	32.84	丁山河	坪地街道	吓陂断面
		黄沙河片区	26.21	黄沙河		
4	吓陂至西湖村段	田坑水片区	25.25	花鼓坪水、田坑水、马蹄沥上游段	坑梓街道、惠州市惠阳区	西湖村断面
		田脚水片区	14.13	田脚水、张河沥上游段		
		惠州片区	—	干流惠州部分、马蹄沥、张河沥下游段		

①水量和水质分析

依据龙岗河流域干流和各级支流水质和水量调查，龙岗河西湖村断面流量为 115.2 万 m³/d，化学需氧量、氨氮和总磷浓度分别为 17.4 mg/L、5.36 mg/L 和 0.583 mg/L，其中氨氮超标 1.68 倍，总磷超标 0.46 倍(表 8.2 - 3)。

表 8.2 - 3　控制单元点位流量和主要污染物浓度

控制单元	控制点位	流量/(万 m³·d⁻¹)	化学需氧量/(mg·L⁻¹)	氨氮/(mg·L⁻¹)	总磷/(mg·L⁻¹)
葫芦围以上段	葫芦围	21.95	14.7	1.3	0.32
葫芦围至低山村段	低山村	22.14	17.1	1.2	0.364
低山村至吓陂段	吓陂	97.3	17.1	3.5	0.397
吓陂至西湖村段	西湖村	115.2	17.4	5.36	0.583

②排水去向分析

结合龙岗河沿河箱涵建设情况，各支流去向主要途径有：进入横岗污水厂一期和二期、横岭污水厂一期和二期、龙田污水厂、沙田污水厂等设施处理后排入龙岗河或直接汇入干流(表 8.2 - 4 和图 8.2 - 2)。

表 8.2 - 4　龙岗河一级支流排水去向分析

支流去向	一级支流名称	流量/(万 t·d⁻¹)
横岗一期、二期 横岭一期、二期	梧桐山河	27.48
	大康河	8.29
	爱联河	2.50
	龙西河	3.63
	南约河	4.67
	黄沙河	4.15
	丁山河	13.31
沙田污水厂	田脚水	1.8
龙田污水厂	田坑水	3.6
汇入干流	花鼓坪水	0.62

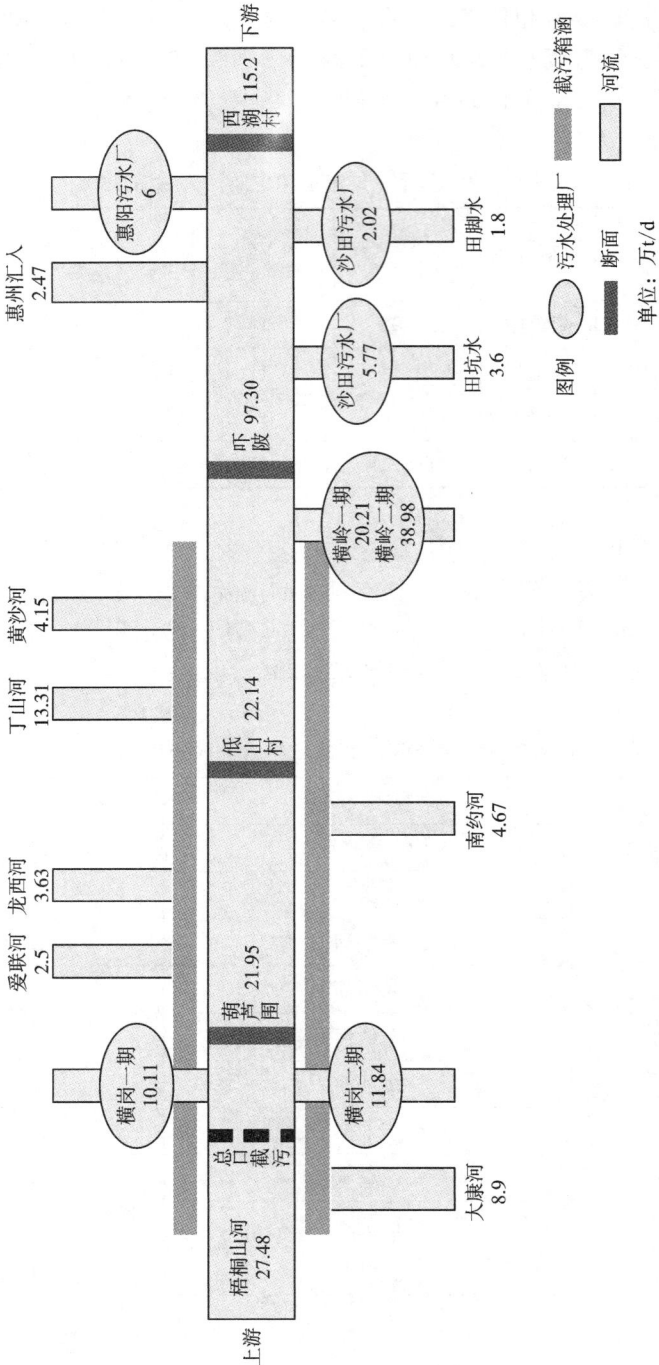

图8.2-2　龙岗河排水去向分析概化图

综合以上分析，提出以下调控与补给方案：

①上洋污水处理厂 7 万 t·d^{-1} 尾水分别为龙岗河（0.5 万 t·d^{-1}）、坪山河（6.5 万 t·d^{-1}）提供生态补水；

②横岗污水处理厂尾水回补龙岗河支流大康河河道，补水量 3 万 m^3/d；

③西坑社区污水处理站出水回补龙岗河梧桐山河上游，补水量 1~2 万 t·d^{-1}；

④清林径水库补水龙西河，补水量 0.36 万 m^3/d；

⑤横岭污水处理厂尾水补水工程延伸补水管至清林径水库溢洪道下游，补水 0.3 万 m^3/d，延伸补水管至回龙河上游，补水量 1 万 m^3/d。

⑥宝龙污水处理厂尾水回补同乐河，补水量约 6 万 t/d；

⑦完成沿河截污工程，剥离上游大面积山体清洁基流及雨水，清污分流后，通过龙田污水处理厂尾水回补田坑水河道，补水量 2 万 m^3/d。

⑧完成沿河截污工程，剥离上游大面积山体清洁基流及雨水，清污分流后，通过松子坑水库和三角楼水库生态补水。

⑨沙田污水处理厂尾水回补田脚水河道，补水量 1 万 m^3/d；

⑩中远期推进丁山河中下游 2 座生态景观湿地建设，共占地 4.8 公顷；埋设回用水管道，将横岭污水处理厂尾水回补至丁山河中下游景观湿地深度处理后对河道补水，改善河道水生态系统，满足观赏性景观水体要求。

如表 8.2−5 所示，龙岗河流域内已建成的小（2）型以上水库工程 37 座，其中中型水库 2 座，小（1）型水库 11 座，小（2）型水库 24 座，总库容 1.05 亿 m^3，总汇水面积 68.65 km^2。

表 8.2−5　流域已建水库工程基本情况统计表

序号	水库名称	工程规模	建成时间	集雨面积/km^2	洪水标准（重现期）(年)		特征库容/万 m^3	
					设计	校核	总库容	正常库容
1	铜锣径	小(1)	1990.12	5.8	50	500	730	576
2	老虎坜	小(2)	1962.3	0.2	30	200	17	15
3	塘坑背	小(1)	1964	1.06	50	500	109	91.4
4	牛始窝	小(2)	1988	0.42	20	200	59.6	54
5	黄竹坑	小(2)	1958.12	0.53	20	200	43.7	30
6	南风坳	小(2)	1958.3	0.9	30	200	50	45
7	小坳	小(2)	1969	1.06	30	200	88.8	74.3
8	上西风坳	小(2)	1964.11	0.46	30	200	30	25
9	下西风坳	小(2)	1973.12	0.16	30	200	30	25

续表8.2-5

序号	水库名称	工程规模	建成时间	集雨面积 /km²	洪水标准（重现期）（年）		特征库容 /万 m³	
					设计	校核	总库容	正常库容
10	石龙肚	小(2)	1977	0.3	30	200	30	25
11	神仙岭	小(2)	1955	0.75	30	200	69.6	—
12	清林径	中型	1963.3	23	100	1000	2751	1803
13	伯坳	小(2)	1990.11	1.63	20	200	24.3	10.3
14	黄龙湖	小(1)	1998.12	5.2	50	1000	995	708
15	沙背坜	小(1)	1966	1.24	30	500	108	88
16	炳坑	小(1)	1964	2.42	30	500	256	209.2
17	石寮	小(2)	1972	0.95	20	200	14.2	8.8
18	太源	小(2)	1957	0.42	20	200	28.3	21.2
19	三棵松	小(1)	1963	1.21	50	500	119	90
20	上禾塘	小(2)	1954.12	0.41	20	200	27.8	23
21	茅湖	小(2)	1980	0.89	20	200	60	49
22	黄竹坑	小(1)	1991.12	3.38	30	500	315	223
23	白石塘	小(1)	1964.1	1.59	30	500	123	97
24	新生	小(2)	1952	0.5	20	200	18.5	14.6
25	长坑	小(1)	1968	1.15	30	500	155	127.97
26	企炉坑	小(2)	1955.12	0.5	30	200	30	28
27	三坑	小(2)	1957.1	0.4	30	200	20	16
28	石豹	小(2)	1957	0.5	30	200	33	29
29	松子坑	中型	1995	3.5	50	1000	2869	2659
30	石桥坜	小(1)	1962	1.48	50	500	160	—
31	老鸦山	小(2)	1994.9	0.34	50	200	36.3	26.1
32	龙口	小(1)	1995	1.93	50	1000	994	924.3
33	鸡笼山	小(2)	1954	0.8	20	200	30	18
34	上輋	小(2)	2	0.65	30	200	68	46
35	花鼓坪	小(2)	1963.12	0.82	20	200	28.1	11.9
36	田祖上	小(2)	1951	0.52	20	200	11	6.5
37	和尚径	小(2)	1967	1.58	30	200	12	10
合计				68.65			10544.2	8208.6

如表 8.2 - 6 所示，龙岗河流域内主要饮用水水库共 9 座，其中中型水库 2 座，分别是清林径水库和松子坑水库，小 1 型水库 7 座，分别为黄竹坑水库、白石镇水库、长坑水库、炳坑水库、龙口水库、塘坑背水库和正坑水库。2015 年龙岗河流域主要水库的蓄水变化情况如表 8.2 - 6 所示。

表 8.2 - 6　龙岗河流域水库蓄水动态和供水情况表　　　单位：万 m³

水库类型	水库名称	所在地区	所在街道	2014 年末蓄水量	2015 年末蓄水量	蓄水量变化	2015 年供水量
中型水库	清林径水库	龙岗区	龙城	117.22	327.45	210.23	1088.65
	松子坑水库	坪山新区	坑梓	866.22	1215.29	349.07	7551.48
小 1 型水库	黄竹坑水库	龙岗区	坪地	57	100	43	167.44
	白石镇水库	龙岗区	坪地	30	46.1	16.1	41.29
	长坑水库	龙岗区	坪地	39	53.1	14.1	54.58
	炳坑水库	龙岗区	龙岗	54	95.7	41.7	256.25
	龙口水库	龙岗区	龙城	406	371.56	- 34.44	7605.56
	塘坑背水库	龙岗区	横岗	38	71.62	33.62	121.42
	正坑水库	龙岗区	横岗	192	300	108	107
小计				1799.44	2580.82	781.38	16993.67

注：以上水库，可作为"生态调控备用水库"。

（4）坪山河流域"污水处理厂尾水 - 人工湿地"及"生态调控备用水库"生态流量调控模式与补给方案

综合考虑地形地貌、土地利用、污水处理设施分布、管网建设现状等因素，将坪山河流域由下游至上游划分为石溪河流域、田头河流域、墩子河流域、坪山河干流汇水区、赤坳水流域、汤坑水流域、碧岭水流域、三洲田水流域 8 个控制单元。控制单元划分结果及水陆响应关系见表 8.2 - 7。其中石溪河流域对应水域为石溪河，主要包括田心社区；田头河流域对应水域为田头河、麻雀坑水、石井排洪渠，主要包括田头、石井社区；墩子河流域对应水域为墩子河、新村排洪渠，主要包括沙壆等社区；坪山河干流汇水区对应水域为新和水、飞西水等，主要有竹坑、南布、六和、六联、和平、老坑等社区；赤坳河流域对应水域为赤坳水、红花岭水等，主要包括江岭、坪山、金龟、马峦等社区；汤坑水流域对应水域为汤坑水，主要包括汤坑、沙湖社区；碧岭水流域对应水域为碧岭水，主要为碧岭社区；三洲田水流域对应水域为三洲田河，主要包括碧岭社区。

表 8.2 - 7 坪山河流域控制单元水陆响应关系表

序号	控制单元 （子流域）名称	面积 /km²	水域范围 （一级支流）	陆域范围（社区）
1	石溪河流域	6.11	石溪河	田心
2	田头河流域	13.05	田头河、麻雀坑水、 石井排洪渠	田头、石井
3	墩子河流域	7.48	墩子河、新村排洪渠	沙墈
4	坪山河干流汇水区	22.66	新和水、飞西水	竹坑、南布、六和、 六联、和平、老坑
5	赤坳河流域	37.42	赤坳水、红花岭水	江岭、坪山、金龟、马峦
6	汤坑水流域	20.52	汤坑水	汤坑、沙湖
7	碧岭水流域	10.51	碧岭水	碧岭、汤坑
8	三洲田水流域	12.52	三洲田河	碧岭、盐田

对坪山河流域污染负荷相关数据进行分析整理，按照控制单元所属陆域范围核算污染负荷，用于模型构建和对策分析，结果如表 8.2 - 8 所示。

表 8.2 - 8 坪山河流域控制单元污染负荷响应关系表

控制单元	陆域范围（社区）	氨氮排放量/(t·a⁻¹)	总磷排放量/(t·a⁻¹)
石溪河流域	田心	48.12	6.94
田头河流域	田头、石井	192.50	31.08
墩子河流域	沙墈	94.58	15.06
坪山河干流 汇水区	竹坑、南布、六和、 六联、和平、老坑	810.05	114.92
赤坳河流域	江岭、坪山、金龟、马峦	322.50	36.14
汤坑水流域	汤坑、沙湖	269.53	37.02
碧岭水流域	碧岭、汤坑	107.34	16.98
三洲田水流域	碧岭、盐田	209.43	25.16
合计		2054.05	283.30

对于三洲田水，根据坪山河流域现状情况计算三洲田水生态需水及计划补水量，结果如表 8.2 - 9 所示。

表 8.2 - 9　三洲田水生态需水及计划补水量

生态补水 时间节点	最小生态需水量 /万 m^3	适宜生态需水量 /万 m^3	需补水量 /万 m^3
1 月	2.4	7.1	0.62
2 月	4.2	12.5	1.10
3 月	5.9	17.6	1.54
4 月	12.2	49	4.30
5 月	20.5	82.2	7.21
6 月	30.2	120.7	10.59
7 月	26.6	106.3	9.33
8 月	27.9	111.5	9.78
9 月	19	75.8	6.65
10 月	7.7	30.6	2.69
11 月	3.4	10.2	0.90
12 月	2.9	8.8	0.77

根据上述分析,三洲田水全年需补充水量为 55.48 万 t/a,建议调用部分三洲田水库水,并在三洲田水河口处修建水质净化站,将处理后支流水回补河道。

对于墩子河,根据坪山河流域现状情况计算墩子河生态需水及计划补水量,结果如表 8.2 - 10 所示。

表 8.2 - 10　墩子河生态需水及计划补水量

生态补水 时间节点	最小生态需水量 /万 t	适宜生态需水量 /万 t	需补水量 /万 t
1 月	1.1	3.4	0.5
2 月	2	5.9	0.9
3 月	2.8	8.4	1.2
4 月	5.8	23.2	3.4
5 月	9.7	38.9	5.7
6 月	14.3	57.1	8.4
7 月	12.6	50.3	7.4
8 月	13.2	52.8	7.7
9 月	9	35.9	5.3
10 月	3.6	14.5	2.1
11 月	1.6	4.9	0.7
12 月	1.4	4.2	0.6

根据上述分析，墩子河全年需补充水量为43.9万 t/a，建议周边在石坳水库、杨木坑水库[均为小（2）型水库，功能定位为以防洪为主兼顾景观休闲或生态补水]实施雨洪分流利用工程，对墩子河进行补水，提升该支流生态功能。

坪山河流域主要供水水库有7座，其中型水库1座，小（1）型水库6座。2015年各水库的蓄水变化及供水情况如表8.2 – 11所示。

表8.2 – 11 坪山河流域主要供水水库蓄水动态表 单位：万 t

序号	水库名称	水库类型	库容	上年末蓄水量	当年末蓄水量	蓄水量变化	2015年供水量
1	赤坳水库	中型	1811	384.00	495	111	850.12
2	三洲田水库	小（1）型	803	217.00	491	274	369.84
3	红花岭上库	小（1）型	303.5	120.70	203.3	– 13.7	141.01
4	红花岭下库	小（1）型	207	5.99	101	95.01	243.34
5	上洞坳水库	小（1）型	140	44.39	22.89	– 21.5	60.08
6	大山陂水库	小（1）型	378	186.00	121.2	– 64.8	188.04
7	矿山水库	小（1）型	6	45.36	81.75	36.39	44.87

注：以上水库，可作为"生态调控备用水库"。

8.2.2.3 工业区生态流量调度系统

（一）系统原理

三河流域生态流量调度系统技术路线如图8.2 – 3所示，首先对河流沿岸的基础地理数据、社会经济数据、水文水资源数据和诸如水污染数据、居民用水数据、工业用水数据等组成的主题数据进行收集、整理分析。然后根据上述数据，计算河流沿岸各河段额定时间段的生态流量、用水数据和来水数据，得出河道沿岸可供调度的水容量。最后，考虑供水地到缺水河段中间的水量流失比例，合理设计水量的优化分配模型。

生态流量调度模型如图8.2 – 4所示，首先根据收集的资料计算出当前河段的生态流量，当河流生态流量异常时，得出为保证河道生态流量需控制的流量。然后，寻找可供调水的水源地，分析从水源地调水到异常河段中间的水分流失等因素，计算水分流失比例即衰减因子。最后据此综合考虑，制定调度方案。

现举例说明调度方案的计算流程。A为生态流量异常河段，B、C为水源地，其计算过程如表8.2 – 12所示。

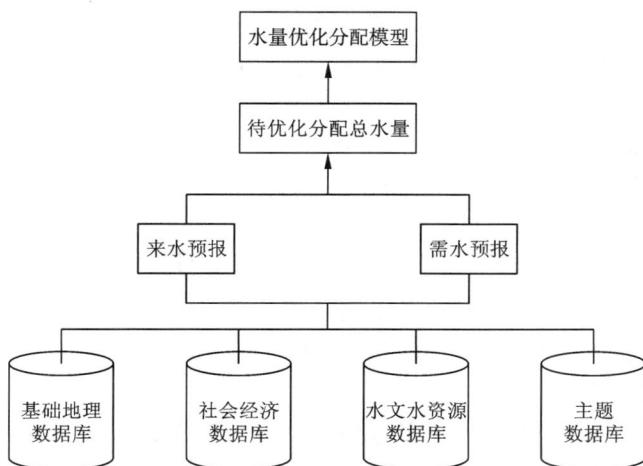

图 8.2-3　系统设计

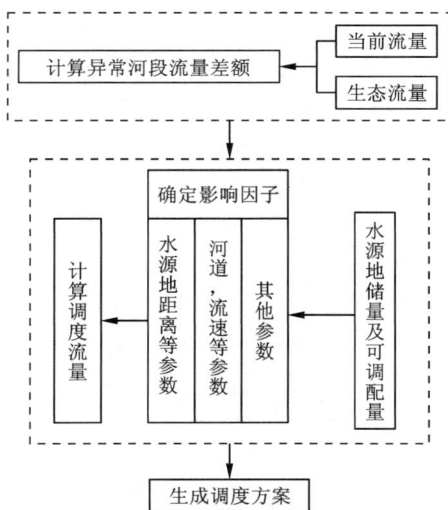

图 8.2-4　生态流量调度模型

表 8.2-12　调度方案计算表

异常河段	生态流量 /(m³·s⁻¹)	当前流量 /(m³·s⁻¹)	流量差额 /(m³·s⁻¹)	水源地	供水量 /(m³·s⁻¹)	衰减因子	调度方案 /(m³·s⁻¹)
A	100	79	21	B	60	0.7	30
				C	50	0.8	26.25

最终得到可行的调度方法为水源地 B 地开闸放水，流量为 30 m³/s，或者水源地 C 地开闸放水，流量为 26.25 m³/s，或者综合考虑 B、C 两地的实际情况，共同调水。

（二）系统设计目标

生态流量调度系统的设计目标为：以地理信息系统技术为支撑，组建一个由基础地理底图数据、高清卫星影像数据、水文水资源数据和河道专题数据组成的空间数据库，将其发布成为一个为保持河道生态流量、进行生态流量的调度、促进河流生态恢复提供数据服务的专用地图服务系统。利用 GPS、RS 和 GIS 技术，充分展现河道沿岸的地形地貌与水源地的具体位置。

（三）系统开发环境

生态流量调度系统的开发语言为 C#，页面脚本为 Java Script 和 Html，GIS 平台选用 ESRI 公司的 Arc GIS 平台，后台数据库采用 Microsoft 公司提供的关系型数据库 SQL Server。

（四）系统体系结构设计

生态流量调度系统体系结构采用多层模式，以 Arc GIS Server 作为地图服务器，用于空间数据的管理和地图服务的发布，SQL Server 作为数据仓库，用于存储和管理相关的业务数据，以通用浏览器作为客户端访问系统服务的载体。当用户打开浏览器登录系统时，能同时对空间数据库和关系数据库进行访问，执行相关操作，系统体系结构如图 8.2－5 所示。

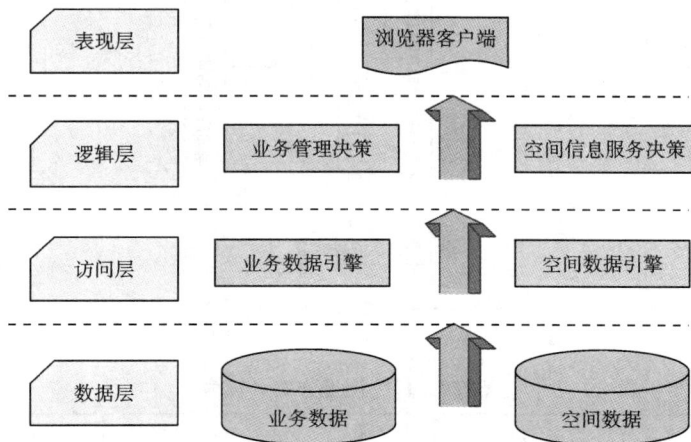

图 8.2－5　系统体系结构

（五）系统界面设计

系统界面设计应符合友好美观和可拓展性强的原则，制定的系统主界面设计如图 8.2 - 6 所示。

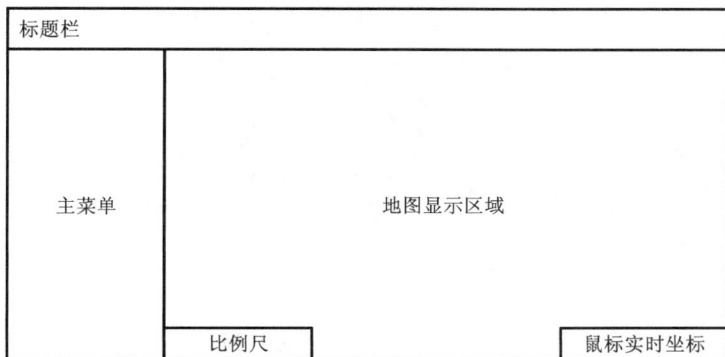

图 8.2 - 6　系统主界面设计

（六）系统功能设计

（1）地图浏览

地图数据浏览：包括图形的放大、缩小、移动、标绘、全屏显示、坐标定位等。

（2）数据查询

①定位查询：定位显示单个要素的功能。

②属性查询：查询单个对象要素的属性信息功能，鼠标选择单个要素，即可显示该对象所有属性。

③简单查询：根据关键字、水源地名称、行政区名称等筛选查询。

（3）河道流量查询

①河段生态流量查询：对流域内各河段的生态流量进行查询。

②河段用水查询：对流域内各河段的用水量进行查询。

③河段来水预测：对流域内各河段的来水量进行查询。

（4）生态流量调度方案

①查询：现有调度方案的查询；

②制作：辅助制作新的调度方案。

（七）系统实现

（1）系统主界面分析

用户打开浏览器，登录系统，进入的主界面如图 8.2 - 7 所示。

图 8.2 - 7　系统运行主界面

主菜单：业务操作菜单；

地图显示区：用于地图的显示，将鼠标定位到地图区域，可以实现定位、查询、放大、缩小、漫游等操作；

快速导航查询菜单：为折叠式菜单，用于特定地理对象的快速查询，导航定位；

地图切换菜单：影像地图与导航地图之间的转换；

比例尺：实时动态显示当前地图的比例尺；

鸟览图：实时动态显示地图窗口所显示内容在整个地图区域的具体位置。

（2）快速查询

快速查询菜单主要由特定地理对象快速检索定位、水源地和行政区域的快速导航定位三部分菜单组成，显示效果如图 8.2 - 8 所示。用鼠标定位到查询菜单可以实现地名快速检索、定位。用鼠标定位到水源地和行政区选择查询的对象，单击鼠标右键，弹出绑定查询菜单，实现指定地理对象的详查。

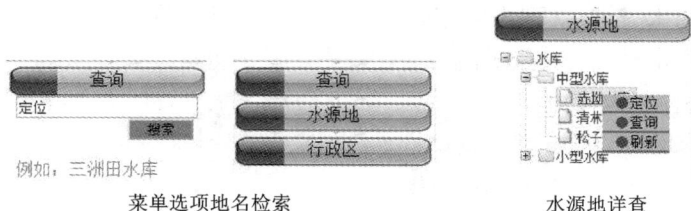

菜单选项地名检索　　　　　　　　　水源地详查

图 8.2 - 8　快速查询导航菜单

（3）数据查询

①定位查询：定位显示单个要素的功能。

②属性查询：查询单个对象要素的属性信息功能，鼠标选择单个要素，即可显示该对象所有属性。

③简单查询：根据关键字、水源地名称、行政区名称等筛选查询。

（4）河道流量查询

河道流量查询，主要包括对河流特定河段的生态流量、社会经济耗水量和水源地天气降水等新增流量进行查询，查询的结果以表格的形式进行显示。生态用水查询效果如图8.2-9所示。

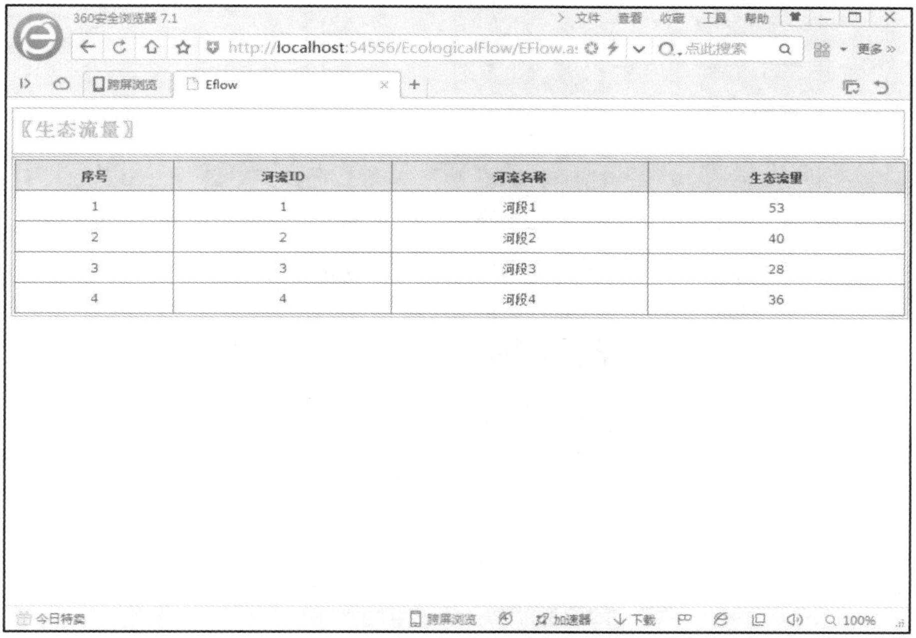

图 8.2-9　生态流量查询

（5）调度方案查询

能够对已经成功制作的调度方案进行查询，包括它对应的生态流量异常河段的详情，查询效果如图8.2-10所示。

点击每条信息对应的问题编号，可以实现生态流量异常信息详查，查询效果如图8.2-11所示。

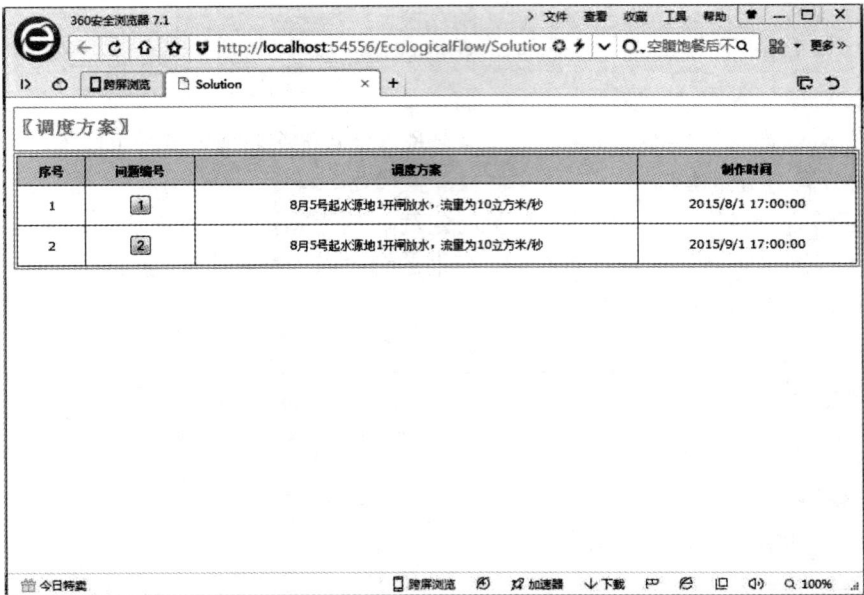

图 8.2 – 10　调度方案查询

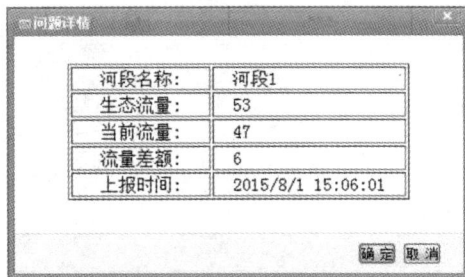

图 8.2 – 11　问题详情

（6）调度方案制作

当河段生态流量异常时，系统会进行提示，查询结果展示效果如图 8.2 – 12 所示。

单击每条消息后面的编制方案按钮，页面跳转至调度方案制作界面，显示效果如图 8.2 – 13 所示。

首先，制作调度方案。在制作调度方案时，系统会根据生态流量异常河段的信息，自动提供可供调水的水源地信息，包括当前储量和可供调配的量，显示界面如图 8.2 – 14 所示。

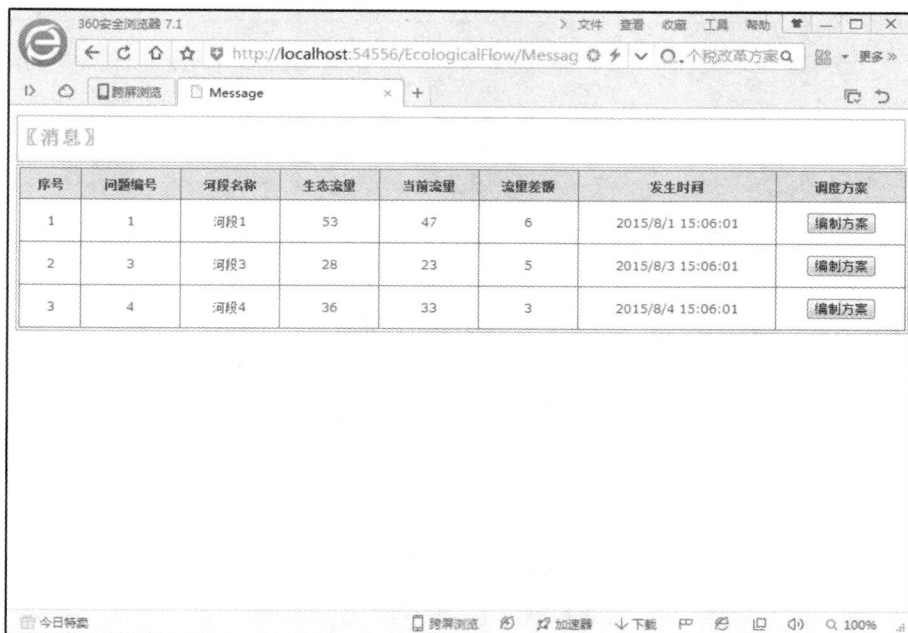

图 8.2 - 12　生态流量异常信息

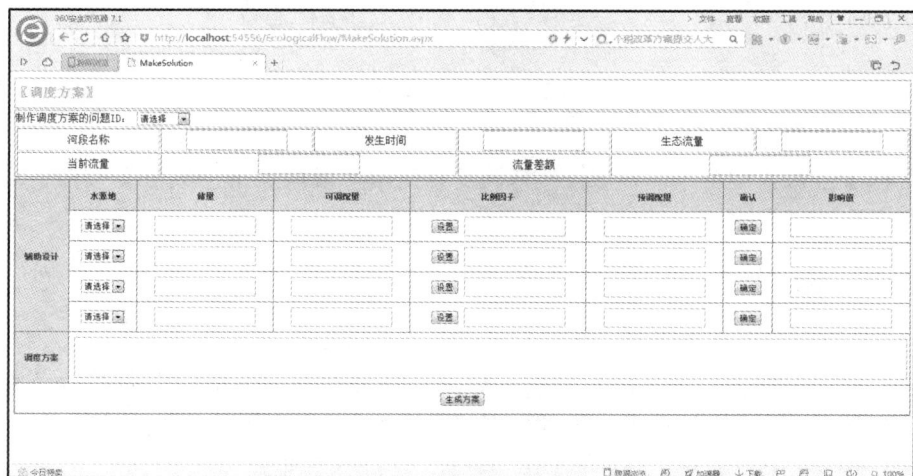

图 8.2 - 13　方案制作

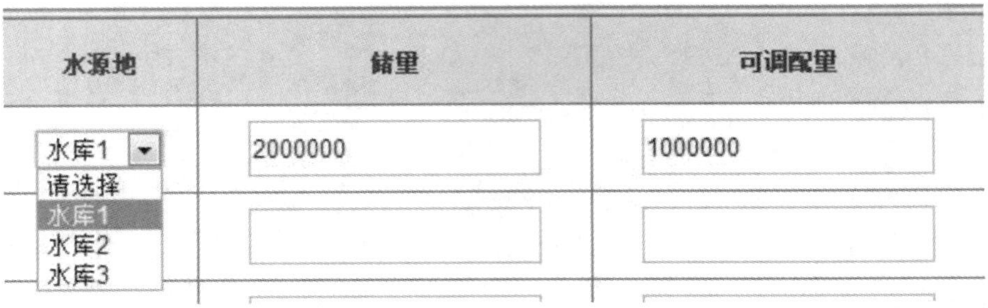

水源地	储量	可调配量
水库1 ▼ 请选择 水库1 水库2 水库3	2000000	1000000

图 8.2 – 14　供水水源地设置

然后对衰减因子进行设置，根据水源地到生态流量异常河段之间的距离、河道形状和其他因素等指标进行定权以计算综合影响因子。单击设置按钮，跳转的设置界面如图 8.2 – 15 所示。

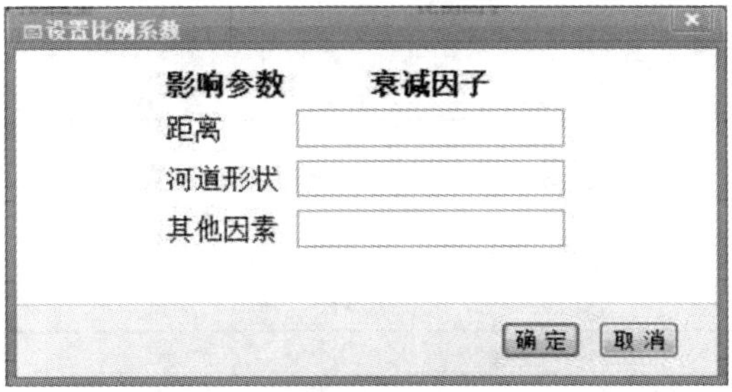

影响参数	衰减因子
距离	
河道形状	
其他因素	

确定　取消

图 8.2 – 15　设置影响因子

接着进入预调配量的设置，计算调度补给量。最后点击生成方案按钮，整个调度方案的制作完成。

8.2.3　小结

(1)提出了一套适用于工业区河道生态流量的计算方法

根据"三河"流域河道的水利实际情况和流域内调蓄设施的容积及数量等数据，综合分析比较和筛选了国内外生态流量计算方法与模型，以"三河"为研究对象，以 1956—1966 年和 2004—2015 年水文资料计算生态基流时，采用 Tennant 法、10 年最枯月平均流量法、最枯月平均流量的多年平均值法；以 1986—2015 年水文资料计算生态基流时，采用 Tennant 法、90% 保证率最枯月平均流量和最枯月平均流量的多年平均值法。综合考虑淡水河、龙岗河、坪山河水系的社会经济和环境现状，推荐采用 1986—2015 年资料系列流量历时曲线法计算结果，并在此基础上结合工业区生态环境建设规划作适当调整，建议淡水河、龙岗河、坪山河生态基流分别为 11.5 m^3/s、1.7 m^3/s、0.85 m^3/s。

（2）提出了一套适用于工业区河道生态流量补给的模式

提出了正常来水年和特枯来水年淡水河流域各区域联合调度机制与水量调控模式、重要控制断面最小下泄流量和水质控制目标、"河道蓝线区域面源截污净化"生态流量调控与补给模式、"流域山塘初期雨水截污调蓄"域生态流量调控与补给模式、龙岗河流域"污水处理厂尾水 – 人工湿地"及"生态调控备用水库"生态流量调控模式与补给方案、坪山河流域"污水处理厂尾水 – 人工湿地"及"生态调控备用水库"生态流量调控模式与补给方案。在蓝线区域内实施水质净化生态修复工程，对入河面源初期雨水和支流汇水中污染物进行去除、吸收、富集、转化、分解，使低污染水体成为生态补水。龙岗河、坪山河流域内未经利用的约 100 万 m^3 的山塘，用于河道生态流量的补充和区域初期雨水的收集处理。上洋污水处理厂 7 万 t/d 尾水分别为龙岗河（0.5 万 t/d）、坪山河（6.5 万 t/d）提供生态补水；另外，提出了横岗污水处理厂、西坑社区污水处理站、清林径水库、横岭厂尾水、宝龙污水处理厂、龙田污水处理厂、沙田污水处理厂、横岭污水处理厂尾水、石坳水库、杨木坑水库、三洲田水库、三洲田水处理站的尾水回补河道，以及在流域划定"生态调控备用水库"的改善河道水生态环境的系统方案。

（3）编制了一套工业区生态流量计算与调控补给辅助决策的软件

根据河段形态、补充水量的总贮水量和调蓄设施的分布及数量等条件，建立了符合当地实际情况的生态流量计算与调控补给模型。以利用 GPS、RS 和 GIS 技术为支撑，组建了一个由基础地理底图数据、高清卫星影像数据、水文水资源数据和河道专题数据组成的空间数据库，并编制了河道生态流量发布系统。该系统的开发语言为 C#，页面脚本为 Java Script 和 Html，GIS 平台选用 ESRI 公司的 Arc GIS 平台，后台数据库采用 Microsoft 公司提供的关系型数据库 SQL Server。

8.3　工业区河道沿河分散式面源污染削减与持续净化技术

8.3.1　滤式反应坝中试试验方案

（1）中试装置

滤式反应坝中试装置设计尺寸为：长 600 cm × 宽 72 cmm × 高 150 cm，填料总层厚 100 cm，由进水槽、反应区及出水槽三部分构成（图 8.3 – 1）。

如图 8.3 – 2 所示，六个不同反应坝填料选用粒径均为 5 ~ 10 mm 的沸石、石灰石、海绵铁和火山岩，反应墙内不同填料填充情况见表 8.3 – 1，填充后填料的

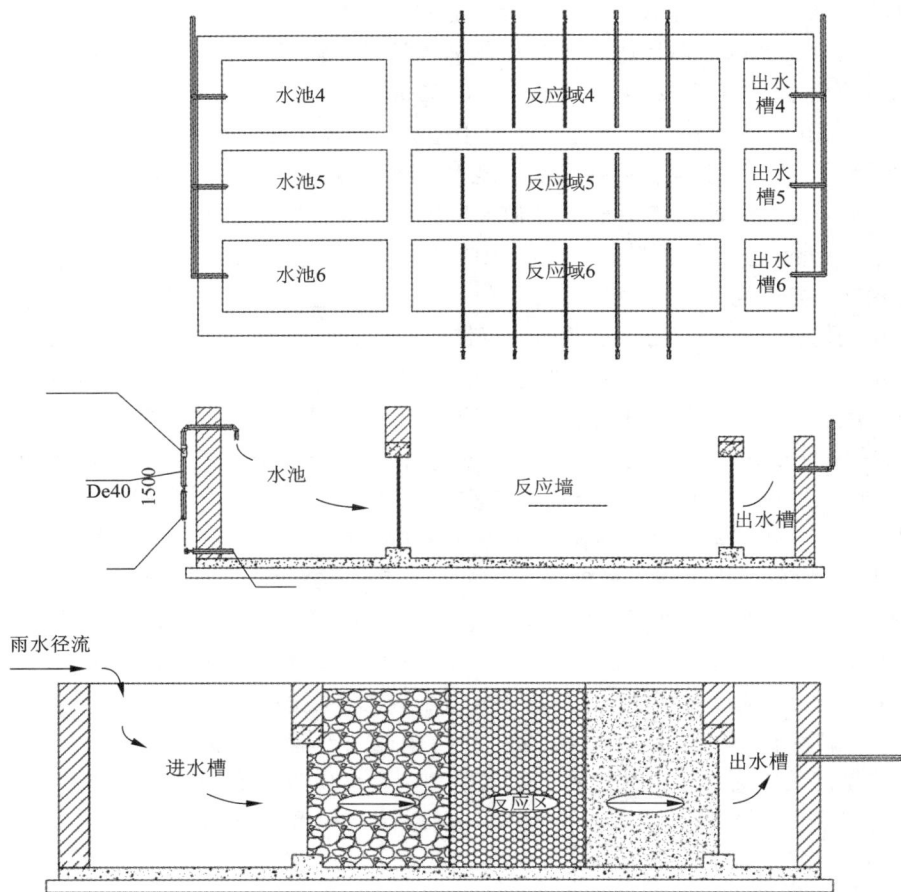

图 8.3-1　滤式反应坝平面及剖面图

图 8.3-2　滤式反应坝中试装置

空隙率为 0.40 ~ 0.45。系统采用每天运行 3 h,落干 21 h 的间歇式运行方式。

表 8.3 - 1　滤式反应坝填料配置

①反应坝		②反应坝		③反应坝		④反应坝		⑤反应坝		⑥反应坝	
1/4	碎石	1/2	碎石混合海绵铁	1/4	沸石	1/2	沸石	1/3	沸石	1/2	沸石碎石海绵铁混合
1/4	海绵铁			1/4	海绵铁		海绵铁	1/3	碎石		
								1/3	海绵铁		
1/2	火山岩混合碎石	1/2	火山岩混合碎石	1/2	火山岩混合碎石	1/2	火山岩混合碎石	1/2	火山岩混合碎石	1/2	火山岩混合碎石

注:①②③④⑤⑥为反应坝编号。

(2)研究内容

①研究不同运行参数(污染负荷、流量等)对处理效果的影响;

设计的中试装置污染负荷参数分为三个梯度,低浓度(COD 浓度 300 mg/L,NH_4^+ - N 浓度 5 mg/L,TP 浓度 1.5 mg/L,TN 浓度 10 mg/L,SS 浓度 300 mg/L)、中浓度(COD 浓度 600 mg/L,NH_4^+ - N 浓度 10 mg/L,TP 浓度 2.0 mg/L,TN 浓度 15 mg/L,SS 浓度 600 mg/L)、高浓度(COD 浓度 900 mg/L,NH_4^+ - N 浓度 15 mg/L,TP 浓度 2.5 mg/L,TN 浓度 20 mg/L,SS 浓度 900 mg/L);水力负荷为 2 m³/h、4 m³/h,综合考察滤式反应坝中试装置的处理效果。

②研究不同填料组合的去除效果,筛选最佳填料组合。

8.3.2　结果与分析

8.3.2.1　进水流量为 2 m³/h 情况下不同污染负荷下滤坝的去除效果

(1)滤坝对 COD 的去除效果

滤式反应坝中试装置在低浓度进水(COD 浓度 300 mg/L,NH_3 - N 浓度 5 mg/L,TP 浓度 1.5 mg/L,TN 浓度 10 mg/L,SS 浓度 300 mg/L)情况下启动,启动时间为 2 个星期,待系统出水稳定后,开始中试实验。试验分为三个不同污染负荷,用以考察中试系统对常规及毒害性污染物的处理效果。在进水流量为 2 m³/h 情况下,中试系统对污染物的去除特性如图 8.3 - 3 所示。

由图 8.3 - 3 可知,当进水 COD 浓度为 300 mg/L,各反应墙出水的 COD 浓度维持在 45 ~ 66 mg/L 时,对 COD 的去除率均高达 80% 以上,分别为 86.67%、81.97%、83.40%、82.77%、85.60%、82.67%;而上升至中浓度(600 mg/L)时,各反应墙出水 COD 浓度为 100 ~ 160 mg/L,去除率高于 75%,分别为 86.03%、

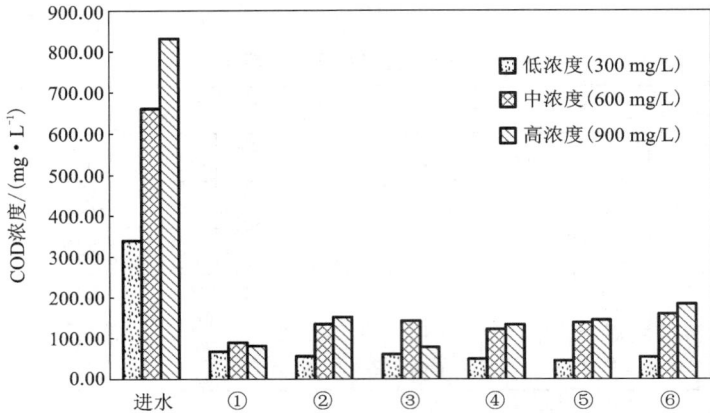

图 8.3 – 3　滤式反应坝中试装置对 COD 的去除效果

78.95%、78.57%、80.83%、78.85%、75.57%；当进水 COD 调配至高浓度
(900 mg/L)时，各反应墙出水浓度均高于 151 mg/L，去除率分别为 90.69%、
81.75%、90.44%、83.60%、82.37%、78.30%。滤式反应坝对配制的污水中
COD 有较高的去除率，主要原因是用淀粉作为碳源的同时，淀粉溶于水中会变为
小颗粒状，而各反应墙内的填料能有效拦截大部分悬浮状态的淀粉小颗粒，最后
经过反应墙的出水 COD 的浓度较低。在三个不同污染负荷的条件下，1# 反应坝
相对其他反应坝而言，去除率较高，究其原因是因为 1# 反应坝中碎石、海绵铁和
火山岩混合碎石形成了较好的级差，污水的悬浮物难以通过反应坝，并且海绵铁
对 COD 有一定的去除作用，所以 1# 反应坝的效果较好。

　　(2)滤坝对氨氮的去除效果

　　由图 8.3 – 4 可知，在不投加氯化铵的情况下，进水氨氮的浓度约为
6.51 mg/L，经过各反应墙处理后的出水浓度为 3.87 ~ 4.56 mg/L，去除率分别为
36.74%、29.91%、31.98%、38.79%、34.97%、40.48%；调配至中浓度(约
10 mg/L)时，各反应墙处理后的出水氨氮浓度为 7.04 ~ 7.90 mg/L，去除率分别
为 20.69%、22.17%、29.33%、29.21%、24.35%、25.85%；当进水氨氮浓度上
升至 15 mg/L 时，各反应墙的出水氨氮浓度为 12.02 ~ 13.59 mg/L，六个反应墙
的去除率依次为 15.67%、14.62%、23.57%、22.89%、13.54% 和 21.79%，去
除效果并不理想。1#、2# 对氨氮的去除率较差，主要是其余四个反应坝添加了沸
石，沸石具有良好的离子交换性和独特的多孔结构，能有效去除水中的氨氮。在
三个不同污染负荷的条件下，滤式反应坝对氨氮的去除率随着污染负荷的升高而
降低。

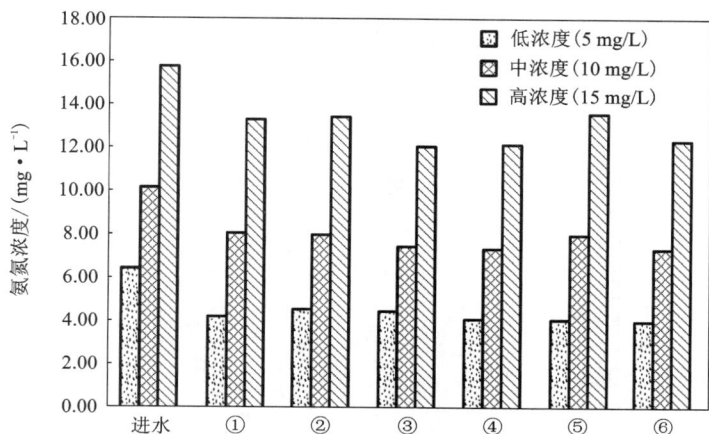

图 8.3 - 4　滤式反应坝中试装置对氨氮的去除效果

（3）滤坝对总氮的去除效果

由 8.3 - 5 可知，进水的 TN 浓度维持为 10.12 ~ 13.40 mg/L 时，各反应坝出水 TN 浓度维持在 8.33 ~ 8.97 mg/L，去除率分别为 21.28%、26.33%、25.60%、22.96%、25.12%、26.93%；进水 TN 浓度上升至 15.15 ~ 17.65 mg/L 时，各反应坝出水 TN 浓度维持在 10.77 ~ 12.10 mg/L，去除率分别为 22.61%、18.26%、21.59%、31.10%、29.21%、25.96%；当进水 TN 浓度调配至约 21.94 mg/L，各反应坝出水 TN 浓度维持在 17.87 ~ 19.46 mg/L，对 TN 的去除率分别为 15.52%、

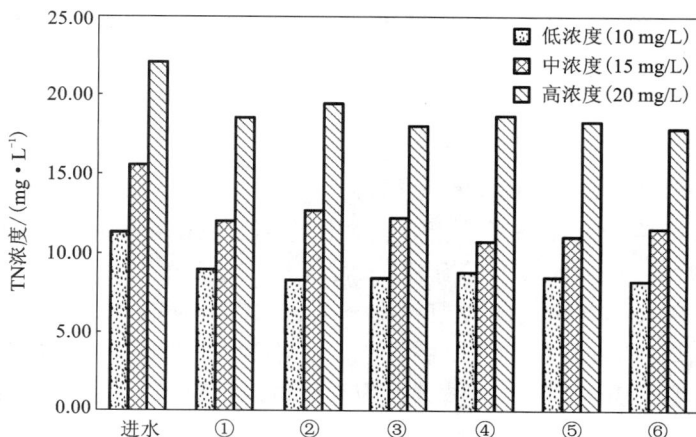

图 8.3 - 5　滤式反应坝中试装置对 TN 的去除效果

11.33%、17.74%、14.61%、16.82%和18.54%。由数据得知，TN去除率随着污染负荷的提升而降低，$1^{\#}$、$2^{\#}$的去除效果较差，跟氨氮去除率呈正相关关系。

（4）滤坝对 TP 的去除效果

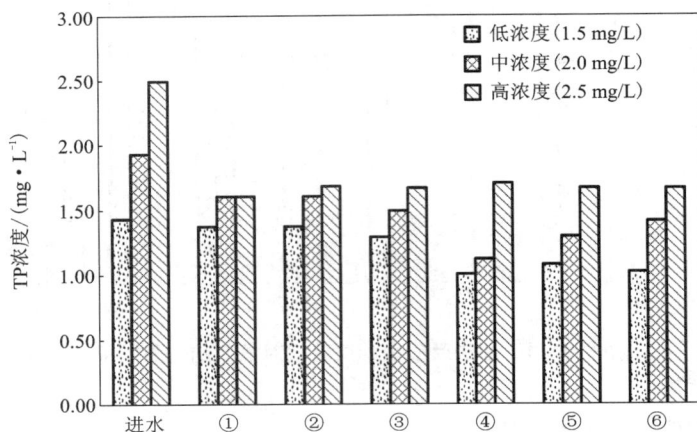

图8.3－6　滤式反应坝中试装置对 TP 的去除效果

由图8.3－6可知，当进水 TP 浓度低于1.5 mg/L 时，各反应坝出水 TP 浓度维持在1.01～1.38 mg/L，前三个反应坝对 TP 的去除率仅为4%、6%和11%，后三个反应坝对 TP 的去除率分别为30%、25%和28%；进水 TP 浓度调配为1.77～2.15 mg/L 时，各反应坝出水浓度维持在1.12～1.62 mg/L，去除率分别为16.25%、16.53%、22.31%、42.12%、33.22%、26.40%；而进水 TP 浓度上升至约2.5 mg/L 时，各反应坝出水 TP 浓度维持在1.59～1.70 mg/L，去除率分别为36.10%、32.48%、33.18%、31.82%、33.18%、33.18%。

（5）滤坝对 SS 的去除效果

由图8.3－7可知，进水的 SS 浓度维持在276～374 mg/L 时，各反应坝出水浓度维持在38～51 mg/L，去除率分别为84.49%、88.35%、87.51%、87.79%、84.83%、84.83%；进水 SS 浓度上升至578～704 mg/L 时，各反应坝出水浓度维持在58～79 mg/L，去除率分别为88.83%、88.06%、90.76%、90.14%、88.47%、90.93%；当进水 SS 浓度调配至906～1092 mg/L 时，各反应坝出水 SS 浓度维持在52～72 mg/L，对 SS 的去除率分别为94.45%、92.44%、93.22%、94.38%、92.11%和92.36%。滤式反应坝中试装置对 SS 的去除效果比较明显，去除效果随着 SS 浓度上升而提高。

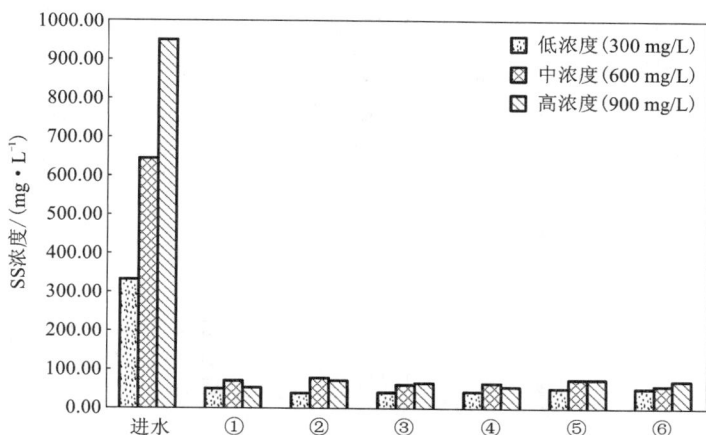

图 8.3 – 7　滤式反应坝中试装置对 SS 的去除效果

8.3.2.2　进水流量为 4 m³/h 情况下不同污染负荷下滤坝的去除效果

针对第一阶段以进水流量为 2 m³/h 的工况运行下，COD 和 SS 的去除率较好，为进一步研究高进水负荷下 COD 和 SS 的去除效果，课题组研究了进水负荷 4 m³/h 下 COD 和 SS 的去除效果。

（1）滤坝对 COD 的去除效果

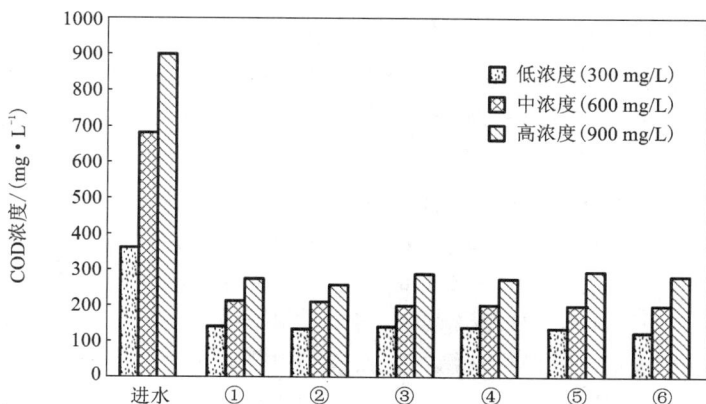

图 8.3 – 8　4 m³/h 进水负荷下滤式反应坝中试装置对 COD 的去除效果

由图 8.3 – 8 可知，以 4 m³/h 的进水负荷运行下，进水 COD 的平均浓度为 364.04 mg/L，各反应墙处理后的出水 COD 浓度维持在 126.38 ~ 146.10 mg/L，各反应坝去除率分别为 61.90%、63.18%、59.87%、61.94%、63.04%、65.29%；提高进水 COD 的浓度至 620.01 ~ 742.03 mg/L，各反应坝的出水 COD 浓度维持在 215.42 ~ 239.58 mg/L，去除率分别为 61.19%、66.62%、67.16%、66.01%、65.49%、63.47%；当进水 COD 浓度配制至约 897.56 mg/L 时，各反应坝的出水维持在 259.50 ~ 295.36 mg/L，去除率分别为 65.59%、71.09%、67.73%、69.65%、67.09%、68.20%。

（2）滤坝对 SS 的去除效果

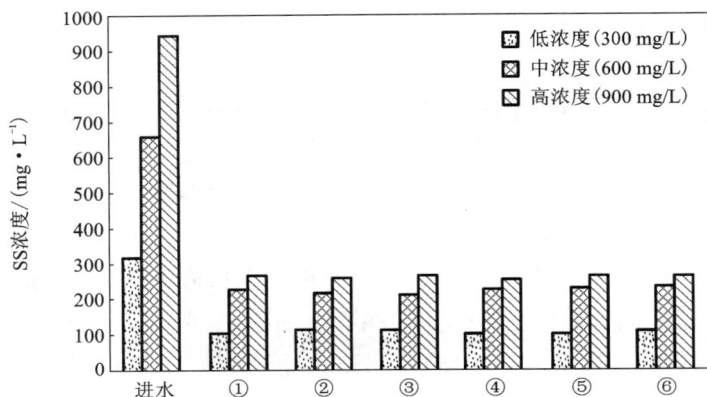

图 8.3 - 9　4 m³/h 进水负荷下滤式反应坝中试装置对 SS 的去除效果

图 8.3 - 9 所示为滤式反应坝在 4 m³/h 进水负荷的条件下，不同污染负荷下各反应坝对 SS 的去除效果。在进水 SS 浓度为 294 ~ 358 mg/L 时，各反应坝出水浓度维持在 110 ~ 124 mg/L，对 SS 去除率分别为 65.07%、63.47%、61.81%、65.07%、64.82% 和 66.05%；在进水的 SS 浓度提升到 633 ~ 733 mg/L 时，各反应墙的出水浓度维持在 198 ~ 211 mg/L，去除率分别为 69.08%、68.89%、70.54%、70.51%、70.85%、70.07%；而在进水 SS 浓度为 856 ~ 1086 mg/L 情况下，各反应坝出水维持在 261 ~ 271 mg/L，对 SS 的去除率分别为 71.55%、72.11%、71.16%、72.26%、71.36%、71.73%。不同进水负荷条件下，对比 2 m³/h 和 4 m³/h 的进水负荷，前者污染物的去除效果更优，水力停留时间长短直接影响到处理的效果，其中以低污染负荷情况下较为明显。结合上面两种不同进水负荷情况下的数据，可以看出，COD 和 SS 的去除率均随着污染负荷提高而提高。主要原因是淀粉作为碳源遇水后会使 SS 增加，填料有效拦截大部分的悬浮物，COD 越高即配水时使用的淀粉越多，同时 SS 与 COD 呈现正相关的关系。

8.3.2.3　不同填料组合滤坝对污染物的去除效果

（1）不同填料组合滤坝对 COD 的去除效果

不同填料组合滤坝对 COD 的去除效果如图 8.3 – 10 所示。结果表明，① ~ ⑥号滤坝的平均去除率分别为 80.7%、82.0%、83.4%、82.8%、85.6%、82.7%。从数值上看，各滤坝的去除效果均较好。各个滤坝处理后出水的 COD 浓度随进水浓度的增大而增大，但变化幅度不大，说明各滤坝系统均有一定的抗负荷冲击能力。

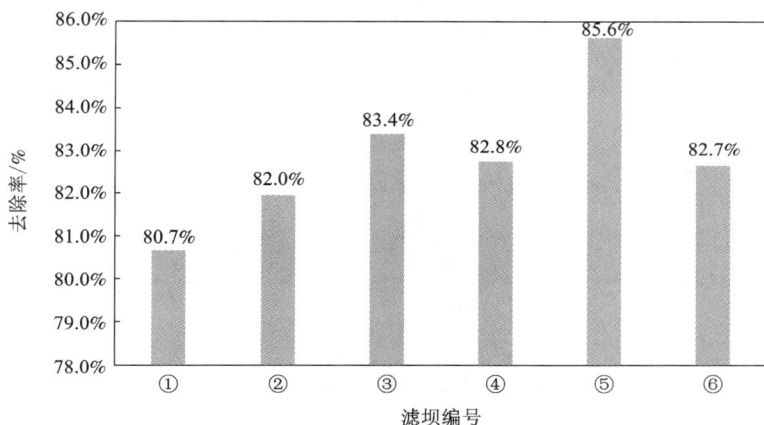

图 8.3 – 10　不同填料组合滤坝对 COD 的去除效果

各反应器介质中都含有一定量的海绵铁，它主要通过海绵铁腐蚀电池原理对污染物进行还原反应。另外，经过海绵铁的反应以后，污染物的毒性减少，促进反应器中微生物的生长，有机污染物可以在反应器的其他部位发生生物降解等作用，进一步降低出水的 COD 浓度。另外，海绵铁本身也具有一定的吸附作用，可以降低部分 COD 浓度。海绵铁腐蚀电池除了提供电子外，所形成的氧化铁水合物具有较强的吸附 – 絮凝活性，能吸附大量有机分子，降低出水的污染物含量。另外，这些反应导致 pH 升高，从而有利于生成 $Fe(OH)_3$ 沉淀，这对降低铁的次生污染有益。但是，由于吸附和沉淀作用，有可能在零价铁表面生成一层反应保护膜，从而阻止海绵铁的进一步反应，海绵铁不能被充分利用。同时，表面生成的 $Fe(OH)_3$ 沉淀，会影响滤坝的渗透性，成为实际应用中的一个限制因素。还有就是反应材料中的沸石是一族架状构造含水铝硅酸盐，具有内表面积大、多孔穴的特点，以及很强的吸附能力和离子交换能力，能吸附一些有机物，降低出水的有机物含量。其中海绵铁的作用是主要的，这也正是① ~ ⑥号滤坝系统对 COD_{Cr} 都有一定去除率但差异不显著的原因。

（2）不同填料组合滤坝对氨氮的去除效果

不同填料组合滤坝对氨氮的去除效果如图 8.3 - 11 所示，结果表明，①～⑥号滤坝系统对 $NH_4^+ - N$ 的去除率均较稳定，平均去除率分别为 32.4%、29.9%、37.5%、38.8%、35.0%、40.5%。其中③、④、⑥号滤坝系统的去除效果好于其他各系统。

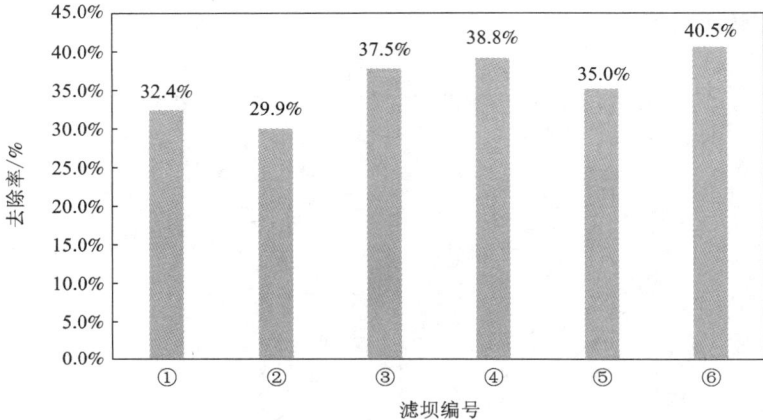

图 8.3 - 11　不同填料组合滤坝对氨氮的去除效果

在运行初期各滤坝系统对氨氮的去除率均较低，甚至是负值。这一方面是由于系统运行不稳定，另一方面是由于各反应器介质中都含有一定量的海绵铁，海绵铁腐蚀电池原理与 NO_3^- 进行还原反应。反应式如下：

$$NO_3^- + H^+ + Fe \longrightarrow NH_4^+ + H_2O + Fe^{2+} \qquad (8-1)$$

生成了部分 NH_4^+，而增加了污水中 $NH_4^+ - N$ 含量，这对各系统的去除率有很大影响，特别是反应材料配比中海绵铁含量比例大的①、②号滤坝系统，海绵铁在它们的反应材料配比中的比例都是 25%，去除率都较低，分别是 32.4%、29.9%，但同样海绵铁含量是 25% 的③号滤坝系统，由于反应材料中含有 25% 的沸石，因此很好地缓解了这种情况，其平均去除率为 37.5%。随着系统运行的逐渐稳定，沸石等反应材料对氨氮大量吸附及微生物的硝化作用，使各个滤坝系统的去除率都逐步上升。

（3）不同填料组合滤坝对 TN 的去除效果

不同填料组合滤坝对 TN 的去除效果如图 8.3 - 12 所示。结果表明，①～⑥号滤坝系统对 TN 的去除率均较稳定，平均去除率分别为 21.3%、26.3%、25.6%、23.0%、25.1%、26.9%。②、⑥号滤坝系统的去除效果好于其他各系统。

滤坝系统对 TN 的去除是物理、化学及生物等多方面综合作用的结果。当污水流经滤坝系统时，其中的大分子有机氮被反应材料物理截留，降低了出水污染物含量。沸石对氨氮以及重金属具有很强的吸附与离子交换功能，能吸附大量的氨根离子。系统中微生物的硝化－反硝化作用也是 TN 去除的重要原因。

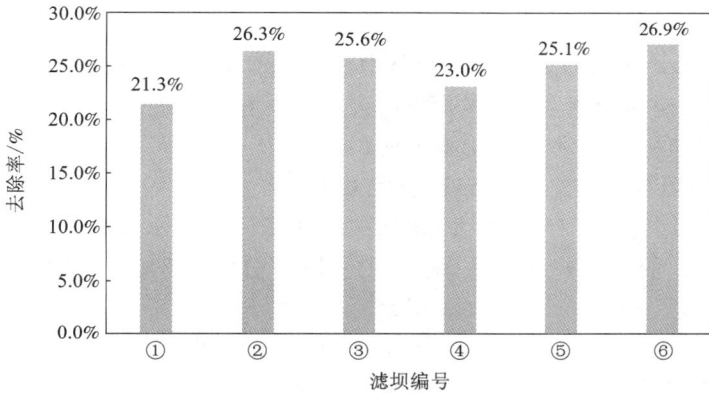

图 8.3 – 12　不同填料组合滤坝对 TN 的去除效果

（4）不同填料组合滤坝对 TP 的去除效果

不同填料组合滤坝对 TP 的去除效果如图 8.3 – 13 所示，结果表明，①~⑥号滤坝系统对 TP 的平均去除率分别为 4.4%、5.9%、10.7%、29.7%、25.0%、28.3%。其中④、⑤、⑥号滤坝系统的去除效果好于其他各系统。

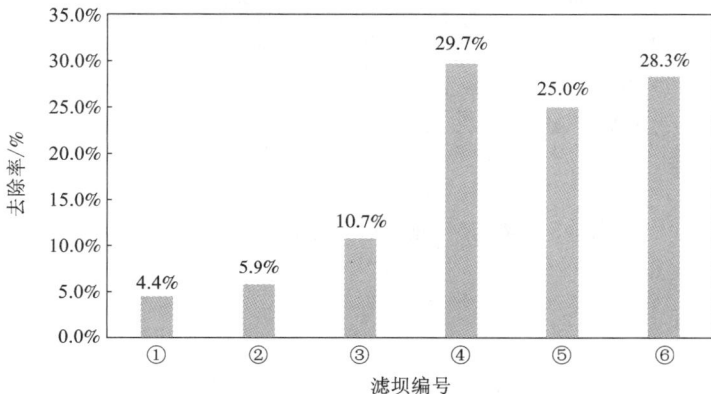

图 8.3 – 13　不同填料组合滤坝对 TP 的去除效果

滤坝系统对 TP 的处理主要是化学吸附及微生物的作用。各反应器介质中都含有一定量的海绵铁，Fe^0 在水中可缓慢生成 $Fe(II)$ 和 $Fe(III)$，与磷酸根反应后将生成磷酸铁或羟基磷酸铁沉淀,从而达到除磷的目的。海绵铁腐蚀电池除了提供电子外,所形成的氧化铁水合物具有较强的吸附-絮凝活性,能吸附污水中大量游离态的 P。另外,试验用水中可能含有一定浓度的 Mg^{2+},这样可以和 PO_4^{2-}、NH_4^+ 共同生成磷酸铵镁沉淀而去除一定量的 PO_4^{2-},同时还有 NH_4^+(这也是去除氨氮的机理)。反应式如下:

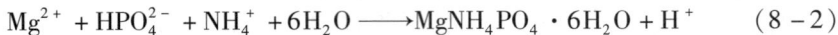

$$Mg^{2+} + HPO_4^{2-} + NH_4^+ + 6H_2O \longrightarrow MgNH_4PO_4 \cdot 6H_2O + H^+ \qquad (8-2)$$

但如果反应器中产生较多的沉淀,会造成反应器的堵塞,在现场应用时要慎重考虑,必要情况下采取措施防止沉淀。

(5)不同填料组合滤坝对 SS 的去除效果

不同填料组合滤坝对 SS 的去除效果如图 8.3-14 所示。结果表明,①~⑥号滤坝系统对 SS 都有较好的去除率,平均去除率分别为 84.5%、88.4%、87.5%、87.8%、84.8%、84.8%。各个滤坝处理后出水的 SS 浓度随进水浓度的增大变化不大,说明各滤坝系统均有一定的抗负荷冲击能力,说明各滤坝系统对 SS 的去除能力还有一定的提升空间。滤坝系统对 SS 的去除机理主要是物理截留作用。

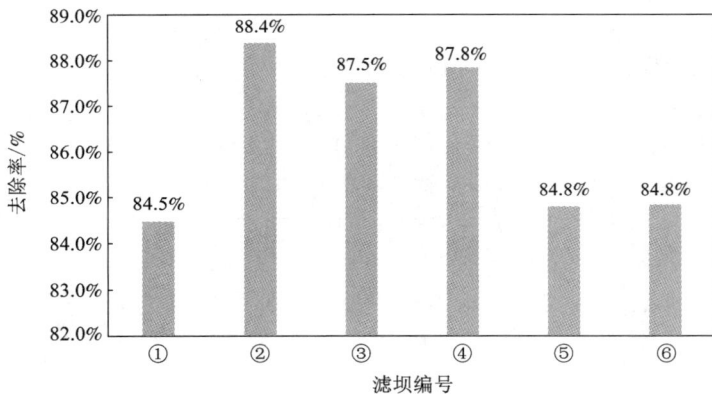

图 8.3-14 不同填料组合滤坝对 SS 的去除效果

8.3.3 小结

(1)污染负荷对滤坝系统的污染物去除效果有较大影响,污染物去除率随水力负荷增大而呈减小的趋势。COD、SS、TP 的去除率随着污染负荷升高而上升,氨氮和总氮的去除率随着污染负荷升高而降低。

(2)综合以上的分析,可知,在进水负荷为 2 m³/h,即水力负荷为 1.16 m³/(m³·h) 的试验条件下,试验研究的 6 个不同反应材料配比的滤坝系统对 COD、NH_4^+-N、TN、TP 和 SS 都有一定的去除效果,其中⑥号滤坝系统对各污染物质都有较好的去除效果，⑥号系统对各污染物的平均去除率分别为 COD 82.7%、NH$_4^+$ – N 40.5%、TN 26.9%、TP 28.3%、SS 84.8%。

8.4　工业区河道雨洪调蓄利用与水质保障技术工程案例

8.4.1　项目概况

本工程依托聚龙山湿地生态园 A 区建设，工程建设规模为 5000 t/d。项目占地 12042 m²，约 18 亩。工程用于处理锦绣东路以南，卢田路以北，临松路以东，金联路以西的生物医药工业园区域的初期雨水。

示范工程建设单位：原深圳市坪山新区管委会

工程地理位置如图 8.4 – 1 所示，平面布置如图 8.4 – 2 所示，现场照片如图 8.4 – 3 ~ 图 8.4 – 6 所示。

图 8.4 – 1　示范工程选址区域图

图 8.4 - 2　示范工程平面图

图 8.4 - 3　示范工程鸟瞰图

图 8.4 - 4　雨水高效原位截分反应器

图 8.4 - 5　植物稳定塘和调蓄贮水塘

图 8.4 - 6　强化人工湿地

8.4.2　工程技术经济指标

本工程技术经济指标如下：

（1）技术指标

工程实施后，示范工程出水中常规污染物去除率可达 40% ~ 50%，有毒有害物去除率为 30% ~ 50%。2015 年实现示范区河流（段）目标污染物负荷入河总量消减 50%。

（2）经济指标

工业区初雨强化处理与雨水调蓄及组合湿地塘净化技术示范工程吨水投资不高于 600 元；吨水运行费用不高于 0.30 元。

（3）工艺设计进出水水质

工艺由高效原位截分反应器、植物强化稳定塘、调蓄贮水塘和垂直流人工湿地系统四部分组成，采用"雨水高效原位截分反应器 + 植物强化稳定塘 + 调蓄贮水塘 + 强化人工湿地"组合工艺。

降雨时期，初期雨水经截流井截流后进入雨洪强化净化系统。初期雨水进入高效絮凝沉淀反应装置进行絮凝沉淀处理，以去除初雨中的固体悬浮物，使出水进入植物强化稳定塘。植物强化稳定塘种植有挺水植物，通过植物吸收作用去除部分氮、磷，出水进入调蓄贮水塘，满溢后排入附近水体。

非降雨时期，调蓄贮水塘中雨水在强化人工湿地和植物强化稳定塘中进行循环处理和复氧，以维持水质。当附近河道缺乏新鲜水源补充时，用以补充生态基流（表 8.4 - 1）。

表 8.4 - 1　各处理单元设计污染物去除率

工艺	指标	COD_{Cr}	SS	$NH_4^+ - N$	TP
高效原位截分反应器	进水水质/$(mg \cdot L^{-1})$	200 ~ 300	200 ~ 300	15	3.0
	出水水质/$(mg \cdot L^{-1})$	80	50	10	2.0
	去除率/%	73.3	83.3	33.3	33.3
植物强化稳定塘	出水水质/$(mg \cdot L^{-1})$	60	40	8	1.5
	去除率/%	25.0	20.0	20.0	25.0
垂直流人工湿地	出水水质/$(mg \cdot L^{-1})$	40	10	5	1
	去除率/%	33.3	75.0	37.5	33.3
系统最终出水水质/$(mg \cdot L^{-1})$		40	10	5	1
总去除率/%		86.7	96.7	66.7	66.7

8.4.3 工艺流程图

示范工程工艺流程图如图 8.4 - 7 所示。

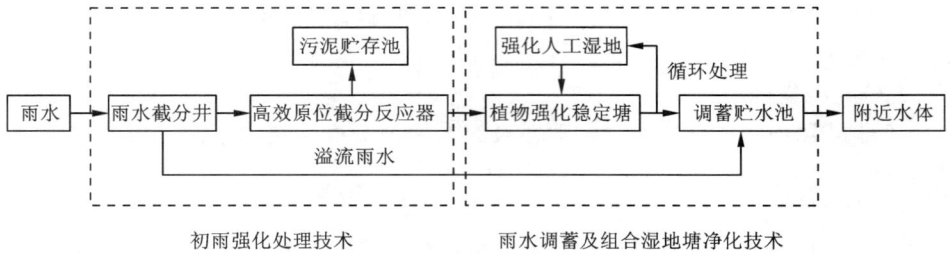

图 8.4 - 7　示范工程工艺流程图

8.4.4 设计参数

(1)雨水高效原位截分反应器

工艺参数:

设计流量:208 m^3/h,5000 m^3/d;表面负荷:10 $m^3/(m^2 \cdot h)$;

单座混合池尺寸:$B \times L \times H = 3.00\ m \times 7.00\ m \times 5.00\ m$

配套设备:

①污泥回流泵 2 台,1 用 1 备,扬程 8 m,流量 50 m^3/h,功率为 3.70 kW;

②加药罐 2 个,2000 L;

③加药泵 2 台,1 用 1 备;

④搅拌器 2 台,高、低速各 2 台,功率为 1.10 kW;

⑤提升泵 2 台,流量 208 m^3/h,扬程 10 m,功率为 11.0 kW;

(2)植物强化稳定塘(合建)

工艺参数:

面积:8281 m^2;有效深度:1.20 m;

塘内种植去污能力强的挺水植物和沉水植物等;

(3)调蓄贮水塘(合建)

工艺参数:

面积:8281 m^2;有效深度:1.20 m;

塘内种植去污能力强的挺水植物和沉水植物等;

（4）垂直流人工湿地

工艺参数：

面积：3761 m^2；循环流量：125 m^3/h；水力负荷：0.80 $m^3/(h \cdot m^2)$；有效深度：1.20 m；湿地各种植去污能力强的挺水植物；

循环泵 2 台，1 用 1 备，扬程 12 m，流量 100 m^3/h，功率为 7.50 kW。

8.4.5　经济成本核算

本工程依托聚龙山湿地生态园，总投资为 28162.94 万元，其中工程费用为 22785.30 万元，工程其他费用为 2817.37 万元，预备费为 2560.27 万元，其中属于聚龙山工业区雨洪调蓄利用与河道水质保障技术示范工程的工程费用为 292.25 万元，吨水建设投资成本为 585 万元，具体详见《深圳市坪山新区聚龙山湿地生态园工程可行性研究报告》。

8.4.6　工程运行效果分析

自示范工程稳定运行以来，课题组共自行开展了 7 次工程运行效果跟踪监测，监测结果如表 8.4 - 2 和表 8.4 - 3 所示。

从监测结果可知，雨水经高效原位截分反应器和植物强化稳定塘处理后，出水水质已达到《城镇污水处理厂污染物排放标准（GB 18918—2002）》一级 B 标准，对 SS、COD、氨氮、总磷等常规污染物的去除率分别为 85%、95%、47%、83%，对壬基酚和双酚 A 等毒害性有机物的去除率分别为 45% 和 67%。

非降雨时期，组合塘湿地塘对 SS、COD、氨氮、总磷等常规污染物的去除率分别为 93%、97%、61%、88%，对壬基酚和双酚 A 等毒害性有机物的去除率分别为 57% 和 75%。

除氨氮去除率在 40% ~ 50% 以外，其余指标去除率均在 80% 以上；通过连续 7 次对特征毒害污染物去除率监测结果表明，本示范工程对壬基酚、双酚 A 等特征污染物有较好的去除效果，去除率均在 50% 以上。因此，本示范工程整体运行良好，出水水质稳定，对选取的特征毒害污染物有较好的去除效果（表 8.4 - 4）。

表8.4-2 示范工程运行监测数据

指标	处理单元	10月	11月	12月	2月	3月	4月	5月
SS	进水管前/(mg·L⁻¹)	311	436	256	234	216	336	218
	调蓄贮水塘出水/(mg·L⁻¹)	44	56	36	43	45	36	36
	人工湿地出水处/(mg·L⁻¹)	16	33	12	21	18	28	15
	调蓄贮水塘出水去除率	86%	87%	86%	82%	79%	89%	83%
	人工湿地出水处去除率	95%	92%	95%	91%	92%	92%	93%
COD	进水管前/(mg·L⁻¹)	432	602	426	516	486	505	493
	调蓄贮水塘出水/(mg·L⁻¹)	19.6	26.5	18.6	22.8	26.5	21.5	33.2
	人工湿地出水处/(mg·L⁻¹)	15.3	20.3	13.2	14.7	16.3	15.5	24.5
	调蓄贮水塘出水去除率	95%	96%	96%	96%	95%	96%	93%
	人工湿地出水处去除率	96%	97%	97%	97%	97%	97%	95%
氨氮	进水管前/(mg·L⁻¹)	13.2	16.5	12.6	15.9	15.8	14.5	16.7
	调蓄贮水塘出水/(mg·L⁻¹)	7.46	8.64	7.26	8.36	8.46	8.13	7.89
	人工湿地出水处/(mg·L⁻¹)	5.67	6.69	5.33	6.64	5.89	6.06	5.26
	调蓄贮水塘出水去除率	43%	48%	42%	47%	46%	44%	53%
	人工湿地出水处去除率	57%	59%	58%	58%	63%	58%	69%
总氮	进水管前/(mg·L⁻¹)	16.2	22.6	15.6	20.9	18.2	19.6	20.3
	调蓄贮水塘出水/(mg·L⁻¹)	9.34	11.2	9.64	11.3	11.3	10.7	12.4
	人工湿地出水处/(mg·L⁻¹)	7.55	10.3	7.58	8.96	8.45	9.24	9.03
	调蓄贮水塘出水去除率	42%	50%	38%	46%	38%	45%	39%
	人工湿地出水处去除率	53%	54%	51%	57%	54%	53%	56%

续表 8.4 - 2

指标	处理单元	10 月	11 月	12 月	2 月	3 月	4 月	5 月
总磷	进水管前/（mg·L⁻¹）	2.81	3.48	2.84	3.39	2.89	3.14	3.26
	调蓄贮水塘出水/（mg·L⁻¹）	0.43	0.56	0.41	0.52	0.55	0.49	0.65
	人工湿地出水/（mg·L⁻¹）	0.33	0.42	0.30	0.32	0.42	0.35	0.46
	调蓄贮水塘出水处去除率	85%	84%	86%	85%	81%	84%	80%
	人工湿地出水处去除率	88%	88%	89%	91%	85%	89%	86%
壬基酚	进水管前/（μg·L⁻¹）	4.25	3.45	3.38	2.58	2.45	2.38	2.35
	调蓄贮水塘出水/（μg·L⁻¹）	2.67	1.95	1.73	1.38	1.33	1.23	1.23
	人工湿地出水处/（μg·L⁻¹）	1.71	1.30	1.10	1.30	1.20	1.15	1.10
	调蓄贮水塘出水去除率	37%	43%	49%	47%	46%	48%	48%
	人工湿地出水处去除率	60%	62%	67%	50%	51%	52%	53%
双酚 A	进水管前/（μg·L⁻¹）	2.20	2.20	2.25	1.78	1.78	1.73	1.75
	调蓄贮水塘出水处/（μg·L⁻¹）	1.120	0.913	0.900	0.450	0.400	0.375	0.375
	人工湿地出水处/（μg·L⁻¹）	0.563	0.550	0.525	0.500	0.450	0.450	0.425
	调蓄贮水塘出水处去除率	49%	59%	60%	75%	78%	78%	79%
	人工湿地出水处去除率	74%	75%	77%	72%	75%	74%	76%

表 8.4 - 3　示范工程运行监测数据汇总表（7 个月平均值）

	SS/（mg·L⁻¹）	COD/（mg·L⁻¹）	氨氮/（mg·L⁻¹）	总磷/（mg·L⁻¹）	总氮/（mg·L⁻¹）	壬基酚/（μg·L⁻¹）	双酚 A/（μg·L⁻¹）
进水管前	287	494	15.0	3.1	19.1	2.98	1.95
调蓄贮水塘出水	42	24	8.0	0.5	10.8	1.65	0.65
人工湿地出水处	20	17	5.9	0.4	8.7	1.27	0.49
调蓄贮水塘去除率	85%	95%	47%	83%	43%	45%	67%
人工湿地去除率	93%	97%	61%	88%	54%	57%	75%

＊2016 年 10 月—2017 年 5 月平均值计算

表 8.4 - 4　示范工程效益目录

COD 年削减量/t	氨氮年削减量/t	总氮年削减量/t	总磷年削减量/t
80.56	1.54	1.76	0.46

第 9 章
河湾型湿地河水净化成套技术研究与工程案例

9.1 河水净化技术比选

丁山河支流作为工业区下游区域排水的最终受体，也是入江风险控制的最后一环，水体呈现高氨氮、低 C/N 比的特点。同时由于受旱雨季、流域生活污水及面源污染的影响，丁山河水质水量波动较大，因此治理污染河流是一项复杂的系统工程。如何改善河道水质现状，恢复河道的自然属性是河道水质净化所必须面对的问题。一般而言，根据实施场所的不同，河道水质净化处理工程可以划分为河道原位处理工程和河水旁路净化处理工程两大类。河道原位处理工程是在河道上进行修复处理。工程主要依赖于自然环境的自我降解能力及合适的降解条件，或添加氧、营养物、电子受体等物质刺激原位微生物的生长、创造适宜的污染物降解条件，强化污染物的降解。河水旁路净化处理工程是将被污染的介质（水体或沉积物）搬动或输送到他处进行修复处理。

（1）原位和旁路处理方案的比选

原位和旁路处理方案的比较如下：

河道原位处理系统总体上因处理负荷较小，需要占用较大的河道面积，对河道的运输和泄洪能力有影响，在河道中的处理过程也易受河流水文影响，除固定化的植物和细菌外，其他方式去除污染物的主体物质容易被水体带走，造成处理效果的不稳定。

旁路水质净化过程则可以采用常规的水质净化工艺处理河道水体，有针对性地为处理目标选择效果好的成熟处理方式。该过程受河道水文影响小，处理负荷大而稳定。

丁山河、黄沙河、屯梓河均属于泄洪河道，河道原位处理工艺占用河道面积较大不利于行洪,所以难以实施原位处理技术。针对河道实际情况,采用河水旁路净化处理工艺既不妨碍行洪,又能稳定达到处理效果,为最佳选择。

(2)旁路处理工艺方案的比选

根据出水 COD、总磷等需达地表 V 类水的水质目标要求,须采用"二级处理 + 深度处理"的工艺。

根据流域水环境特点及惠阳区新圩镇实际情况,河水旁路处理工程二级工艺必须满足以下几个要求:

①来水水质和水量波动较大,耐冲击负荷能力较强;

②出水效果较好,建设成本较低;

③污泥量相对较少,降低后续处理成本。

在常规市政二级处理工艺中,主要有活性污泥法与生物膜法两大类。活性污泥法虽然在出水 SS 方面更具优势,但是其最大的缺点为抗冲击负荷能力差,不适合于本工程。而作为较为成熟的膜法——生物接触氧化法具有耐冲击负荷较强,适合水质和水量波动较大的,污泥量也相对较少的特点,其出水 SS 较高的缺点可以在深度处理中得到减弱;同时考虑系统脱氮除磷的需求,需要将接触氧化法设计为 A/O 的形式;为了降低建设及运行成本,具有免池底安装、可直接浮在水面、更高的氧转移效率等特征的悬挂链曝气系统最优。因此,二级处理工艺采用"高效悬挂链生物曝气接触氧化"。

人工湿地作为生态处理技术可以用于城市污水处理厂尾水深度处理工艺。人工湿地深度处理环节主要针对 N、P 等营养元素的去除。人工湿地对氮磷的去除是通过植物的吸收,微生物的积累和填料床的物理化学作用等几方面的共同协调来完成的。考虑到工业区下游河道水质水量波动大,水体呈现高氨氮、低 C/N 比等特征,课题选择"高效悬挂链曝气生物接触氧化 – 潜流人工湿地"技术为河湾型水质净化系统开展适用研究。

9.2　高效削减关键技术参数研究

课题通过对悬挂链曝气式生物接触氧化工艺运行参数的优化研究,筛选出适用于工业区下游河道河水高效削减净化的工艺参数。

(1)水力停留时间(HRT)对比实验研究

水力停留时间是该工艺的重要参数之一。本试验在不同水力停留时间条件下,考察水力停留时间对水质净化效果的影响,为该工艺的优化提供参考。

①HRT 对 $NH_4^+ - N$ 去除效果的影响

不同 HRT 时 $NH_4^+ - N$ 的去除效果如图 9.2 – 1 所示。

图 9.2 – 1 表明,系统 HRT 分别为 10 h、8 h、6 h 和 4 h 时,进水 $NH_4^+ - N$ 的

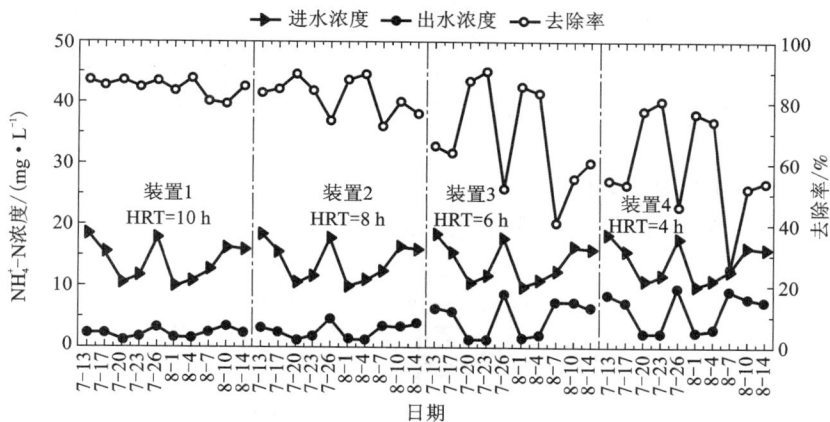

图 9.2－1　HRT 对 NH₄⁺－N 去除效果的影响

平均浓度为 13.88 mg・L⁻¹，出水 $NH_4^+－N$ 的平均浓度分别为 2.19 mg・L⁻¹、2.60 mg・L⁻¹、4.73 mg・L⁻¹ 和 5.94 mg・L⁻¹，对 $NH_4^+－N$ 的平均去除率分别达到 84.39%、81.94%、68.25% 和 59.27%。可见，系统 HRT 越长，出水 $NH_4^+－N$ 的浓度越低，对 $NH_4^+－N$ 的去除效果越好，这说明系统 HRT 对 $NH_4^+－N$ 的去除效果有很大的影响。

②HRT 对 COD 去除效果的影响

不同 HRT 时 COD 的去除效果如图 9.2－2 所示。

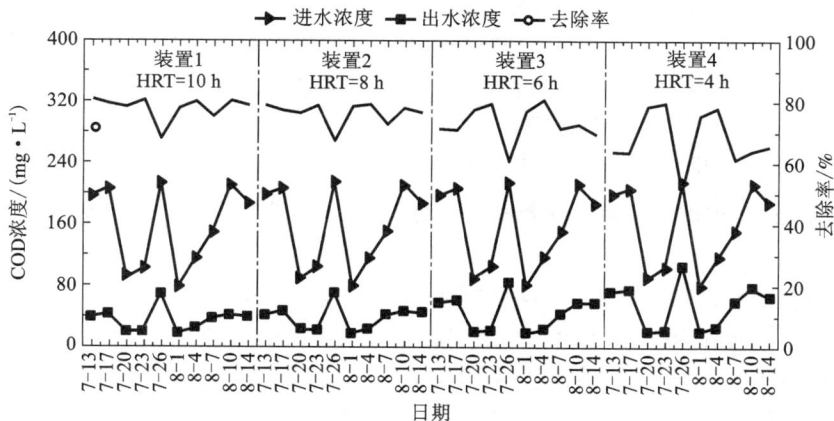

图 9.2－2　HRT 对 COD 去除效果的影响

由此可知，系统 HRT 分别为 10 h、8 h、6 h 和 4 h 时，进水 COD 平均浓度为 154.72 mg·L^{-1}，出水 COD 的平均浓度分别为 34.95 mg·L^{-1}、37.80 mg·L^{-1}、42.27 mg·L^{-1} 和 50.33 mg·L^{-1}，对 COD 的平均去除率分别达到 77.69%、75.99%、73.78% 和 69.38%。可见，系统 HRT 越长，出水 COD 的浓度越低，对 COD 的去除效果越好。

③HRT 对 TP 去除效果的影响

不同 HRT 时 TP 的去除效果如图 9.2-3 所示。

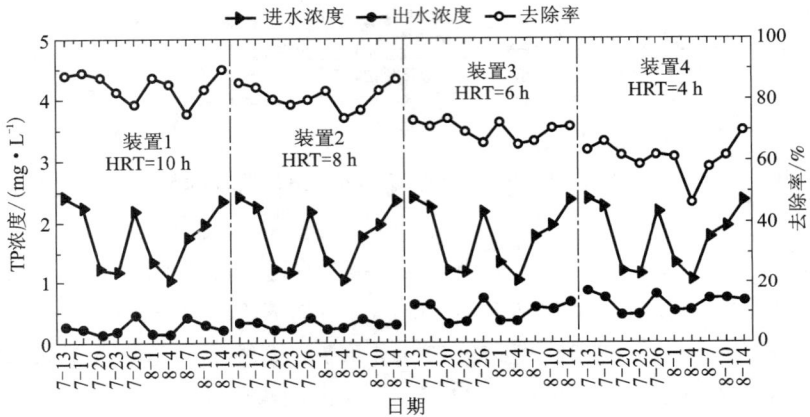

图 9.2-3　HRT 对 TP 去除效果的影响

由此表明，系统 HRT 分别为 10 h、8 h、6 h 和 4 h 时，进水 TP 的平均浓度分别为 1.78 mg·L^{-1}，出水 TP 的平均浓度分别为 0.27 mg·L^{-1}、0.32 mg·L^{-1}、0.53 mg·L^{-1} 和 0.67 mg·L^{-1}，对 TP 的平均去除率分别达到 84.99%、81.47%、70.34% 和 61.25%。可见，系统 HRT 越长，出水 TP 的浓度越低，对 TP 的去除效果越好。

(2)填料填充率对比实验研究

①填料填充率对 NH$_4^+$-N 去除效果的影响

系统在不同填料填充率的条件下，对 NH$_4^+$-N 去除效果的影响如图 9.2-4 所示。

图 9.2-4 表明，系统填料填充率分别为 20%、40%、60% 和 80% 时，进水 NH$_4^+$-N 平均浓度为 15.62 mg·L^{-1}，出水 NH$_4^+$-N 的平均浓度分别为 14.81 mg·L^{-1}、12.71 mg·L^{-1}、6.07 mg·L^{-1} 和 3.38 mg·L^{-1}，对 NH$_4^+$-N 的平均去除率分别达到 4.6%、18.4%、60.8% 和 78.4%。系统填料填充率分别为 40% 和 60% 时，对 NH$_4^+$-N 的去除效果差别很大，这可能是由于在好氧区内生物膜量和结构组成随填充率的不同变化较大。好氧区内硝化菌和异养菌之间存在空

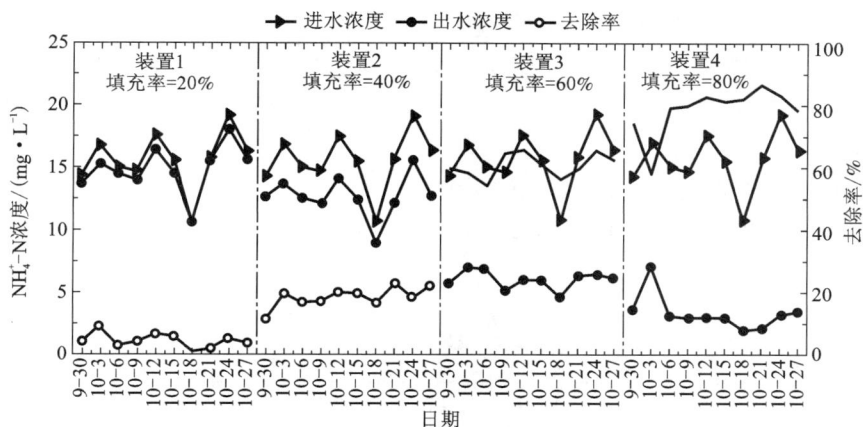

图 9.2 – 4　填料填充率对 $NH_4^+ - N$ 去除效果的影响

间上的竞争；当系统填料填充率大于 60% 时，好氧区内硝化菌成为优势菌种，且系统中生物量大、活性高，$NH_4^+ - N$ 的去除效果较好；填充率小于 40% 时，由于异养菌抑制硝化菌的繁殖，并成为优势菌种，系统中硝化菌的量少且活性低，故 $NH_4^+ - N$ 的去除效果较差。

②填料填充率对 COD 去除效果的影响

图 9.2 – 5 反映了在不同填料填充率的条件下，装置对 COD 去除效果的影响。

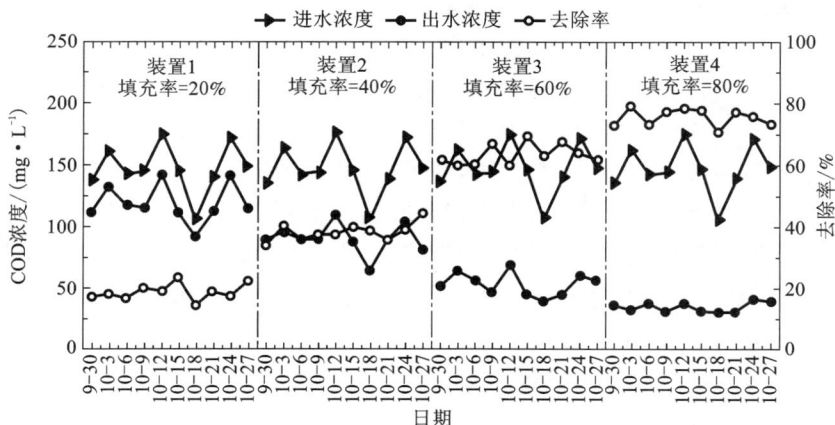

图 9.2 – 5　填料填充率对 COD 去除效果的影响

从图 9.2-5 可知，COD 的去除效果受填料填充率的影响较大。系统填充率分别为 20%、40%、60% 和 80% 时，进水 COD 的平均浓度为 148.07 mg·L^{-1}，出水 COD 的平均浓度分别为 119.73 mg·L^{-1}、90.80 mg·L^{-1}、53.80 mg·L^{-1} 和 35.27 mg·L^{-1}，对 COD 的平均去除率分别达到 19.0%、38.6%、63.8% 和 75.9%。

③填料填充率对 TP 去除效果的影响

系统不同填料填充率的条件下，进出水 TP 的浓度及去除效果如图 9.2-6 所示。

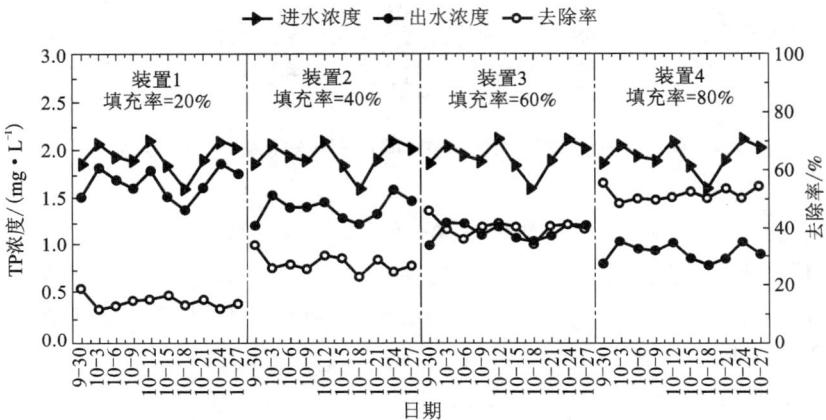

图 9.2-6　填料填充率对 TP 去除效果的影响

从图 9.2-6 可知，系统填料填充率分别为 20%、40%、60% 和 80% 时，进水 TP 的平均浓度为 1.94 mg·L^{-1}，出水 TP 的平均浓度分别为 1.66 mg·L^{-1}、1.40 mg·L^{-1}、1.16 mg·L^{-1} 和 0.94 mg·L^{-1}，对 TP 的平均去除率分别达到 14.2%、27.4%、40.0% 和 51.7%。系统填料填充率越大，对 TP 的去除效果越好。系统中 TP 的去除主要是由于微生物的自身同化作用，以及生物膜的吸附和过量摄取磷，生物膜由于老化和水力扰动脱落而不断更新，沉积到沉淀区而排出系统，故系统对 TP 的去除量有限，对 TP 的去除率不高，在进水 TP 浓度较低的条件下，填充率越大，系统内生物量越多和活性越高，生物膜脱落更新较快，对 TP 的去除率越高。

9.3　河湾水质净化与水生态修复工程案例

9.3.1　工程概况

　　河湾水质净化与水生态修复示范工程位于淡水河惠阳区段。依据河道自然属性将工程分为三部分，即丁山河河道水质净化与水生态修复示范工程、屯梓河水环境整治示范工程和黄沙河水环境整治示范工程。

　　丁山河河道水质净化与水生态修复示范工程包括丁山河水环境整治示范工程和丁山河下游水生态修复段两部分。其中，丁山河水环境整治示范工程位于惠阳区新圩镇丁山河（N：22°48′3.47″，E：114°16′9.37″），建设面积为 29763 m²，采用"高效悬挂链曝气生物接触氧化－潜流人工湿地"作为主体工艺，设计处理规模为 4.0 万 m³·d⁻¹。丁山河下游水生态修复段起点位于禾苗田（N：22°47′18.03″，E：114°16′54.33″），终点是盐龙大道（N：22°46′43.79″，E：114°17′13.66″），总长约 1.2 km。该项目是在上游实施河道水体净化工程基础之上，在下游河段通过软化硬质驳岸，以进一步改善水质并恢复生态景观。

　　屯梓河水环境整治示范工程位于惠阳区新圩镇屯梓河（N：22°48′45.14″，E：114°18′22.50″），建设面积为 18396 m²，采用"高效悬挂链曝气生物接触氧化－潜流人工湿地"作为主体工艺，设计处理规模为 2.0 万 m³·d⁻¹。

　　黄沙河水环境整治示范工程位于惠阳区新圩镇黄沙河（N：22°49′19.33″，E：114°19′25.65″），建设面积为 17438 m²，采用"A²O 生化池－潜流人工湿地"作为主体工艺，设计处理规模为 1.0 万 m³·d⁻¹。

9.3.2　技术经济指标

　　在淡水河（惠阳区段）建成河湾（岸）水质净化与水生态修复示范工程，并稳定运行 6 个月以上，其中河道水质净化工程总规模达到 7.0 万 m³·d⁻¹，工程投资不高于 800 元/m³ 废水，运行费用不高于 0.25 元/m³ 废水。在现状水质为劣Ⅴ类（黑臭）的情况下，实现示范工程出水 COD、TP 等主要指标达到地表Ⅴ类水标准，NH₃－N 浓度达到 4.5 mg/L 以下，典型 POPs、EDCs 和重金属等特征污染物削减 70% 以上；水生态修复段总长 1200 m。

9.3.3　工程建设过程

　　惠阳区新圩镇丁山河、黄沙河及屯梓河水环境整治工程由惠州市惠阳区新圩镇人民政府负责建设。受惠州市惠阳区新圩镇人民政府委托，环境保护部华南环境科学研究所于 2012 年 3 月完成建设项目的可研及设计；惠州海联实业公司进行 BT 投资建设，于 2012 年 12 月底完工；2013 年由深圳市澳洁源环保科技有限公司进行调试，承担运行维护管理工作至今（图 9.3 - 1）。

惠阳区新圩镇丁山河、黄沙河及屯梓河三项水环境整治工程，合计设计处理能力为 7 万 m³/d，估算工程建安费用约 5360.28 万元，吨水投资为 766 元，估算吨水运行管理成本为 0.226 元。

示范工程建设中

示范工程建成后

图 9.3 - 1　示范工程建设过程

9.3.4　工程实施效果

河湾水质净化与水生态修复示范工程经 1 年以上的稳定运行，课题组委托广州海沁天诚技术检测服务有限公司作为第三方监测机构于 2017 年 1 月至 2017 年 6 月对示范工程进行了连续 6 个月的监测，结果如表 9.3 - 1、表 9.3 - 2、表 9.3 - 3 所示。

（1）示范工程常规污染物去除效果分析

①COD 去除效果分析

丁山河、黄沙河、屯梓河河湾水质净化示范工程 COD 去除效果见图 9.3 - 2。

表 9.3-1　丁山河河湾水质净化示范工程运行监测数据

样品名称	时间	pH	悬浮物 /(mg·L^{-1})	溶解氧 /(mg·L^{-1})	化学需氧量 /(mg·L^{-1})	五日生化需氧量 /(mg·L^{-1})	氨氮 /(mg·L^{-1})	总磷 /(mg·L^{-1})	总氮 /(mg·L^{-1})	锰 /(mg·L^{-1})	壬基酚 /(ng·L^{-1})	三氯生 /(ng·L^{-1})	双酚 A /(ng·L^{-1})	汞 /(mg·L^{-1})
丁山河进水	2017.01	6.53	33	4.03	38	14	10.46	6.31	23.8	0.14	1.21×10^{3}	ND	4.16×10^{4}	0.00024
丁山河出水		6.65	14	4.01	35	9	4.41	0.36	19.3	0.04	221	ND	3.25×10^{3}	0.00007
丁山河进水	2017.02	7.34	36	1.17	113	25	17.20	7.00	37.2	0.61	1.96×10^{3}	ND	1.01×10^{6}	0.00031
丁山河出水		7.04	14	5.47	33	8	3.81	0.38	23.5	0.15	552	ND	3.68×10^{3}	0.00009
丁山河进水	2017.03	7.39	41	0.79	100	33	12.99	5.60	31.4	0.65	1.60×10^{3}	ND	6.09×10^{5}	0.00033
丁山河出水		7.01	18	4.99	30	8	4.11	0.32	30.4	0.14	365	ND	3.73×10^{3}	0.00007
丁山河进水	2017.04	6.74	15	0.57	128	48	16.90	5.30	42.4	0.94	1.87×10^{4}	333	1.18×10^{6}	0.00034
丁山河出水		6.47	8	3.84	34	9	4.23	0.31	31.5	0.17	2.63×10^{3}	92.0	2.25×10^{5}	0.00008
丁山河进水	2017.05	6.89	25	1.62	136	49	18.45	6.42	45.3	0.81	2.05×10^{4}	457	3.15×10^{5}	0.00023
丁山河出水		6.77	7	3.31	38	9	4.47	0.37	38.6	0.02	1.28×10^{3}	133	5.27×10^{4}	0.00005
丁山河进水	2017.06	7.14	5	1.56	103	39	16.76	6.66	65.2	0.72	7.05×10^{3}	450	9.74×10^{5}	0.00036
丁山河出水		7.32	ND	3.46	35	9	4.08	0.34	44.1	0.14	1.08×10^{3}	113	3.71×10^{4}	0.00006

注：BDE-28、BDE-47 未检出，ND 表示未检出。

表 9.3 – 2　黄沙河河湾水质净化示范工程运行监测数据

样品名称	时间	悬浮物 /(mg·L⁻¹)	化学需氧量 /(mg·L⁻¹)	五日生化需氧量 /(mg·L⁻¹)	氨氮 /(mg·L⁻¹)	总磷 /(mg·L⁻¹)	总氮 /(mg·L⁻¹)	锰 /(mg·L⁻¹)	壬基酚 /(ng·L⁻¹)	三氯生 /(ng·L⁻¹)	双酚 A /(ng·L⁻¹)	汞 /(mg·L⁻¹)
黄沙河进水	2017. 01	60	147	52	8.63	2.96	24.1	0.13	1.53×10^3	ND	2.68×10^4	0.00035
黄沙河出水		33	33	8	3.56	0.31	16.6	0.03	352	ND	1.65×10^3	0.00008
黄沙河进水	2017. 02	24	69	33	7.74	1.30	35.6	0.60	1.46×10^3	ND	1.41×10^4	0.00046
黄沙河出水		8	40	7	3.30	0.35	25.7	0.17	323	ND	2.40×10^3	0.00011
黄沙河进水	2017. 03	21	59	25	12.77	1.24	31.5	0.22	1.74×10^3	ND	2.58×10^4	0.00053
黄沙河出水		9	20	6	4.28	0.35	21.8	0.06	352	ND	1.58×10^3	0.00010
黄沙河进水	2017. 04	21	241	86	8.56	3.95	42.2	0.93	1.09×10^4	510	2.85×10^4	0.00064
黄沙河出水		12	39	9	3.28	0.35	22.3	0.25	2.12×10^3	14.4	459	0.00014
黄沙河进水	2017. 05	11	271	122	14.69	6.62	43.1	0.88	5.70×10^3	471	3.48×10^4	0.00033
黄沙河出水		ND	31	8	3.51	0.34	32.8	0.02	1.21×10^3	118	7.12×10^3	0.00006
黄沙河进水	2017. 06	7	226	154	11.33	4.80	14.3	0.74	5.65×10^3	435	1.47×10^5	0.00037
黄沙河出水		ND	21	5	0.36	0.29	8.68	0.10	1.31×10^3	90	361	0.00008

注：BDE – 28，BDE – 47 未检出，ND 表示未检出。

表 9.3-3　屯梓河河湾水质净化示范工程运行监测数据

样品名称	时间	悬浮物 /(mg·L⁻¹)	化学需氧量 /(mg·L⁻¹)	五日生化需氧量 /(mg·L⁻¹)	氨氮 /(mg·L⁻¹)	总磷 /(mg·L⁻¹)	总氮 /(mg·L⁻¹)	锰 /(mg·L⁻¹)	壬基酚 /(ng·L⁻¹)	三氯生 /(ng·L⁻¹)	双酚 A /(ng·L⁻¹)	汞 /(mg·L⁻¹)
屯梓河进水	2017.01	5	17	6	1.93	0.38	4.47	0.12	1.46×10^{3}	ND	5.62×10^{4}	0.00015
屯梓河出水		ND	13	4	0.21	0.31	3.66	0.01L	261	ND	6.10×10^{3}	0.00004
屯梓河进水	2017.02	49	156	18	6.72	1.98	18.2	0.17	1.00×10^{3}	ND	2.65×10^{5}	0.00028
屯梓河出水		39	30	5	3.48	0.37	5.86	0.05	245	ND	2.45×10^{3}	0.00008
屯梓河进水	2017.03	53	153	27	5.42	1.92	17.2	0.74	881	ND	2.03×10^{5}	0.00041
屯梓河出水		33	31	7	3.40	0.4	8.07	0.12	240	ND	2.85×10^{3}	0.00007
屯梓河进水	2017.04	9	96	34	7.70	1.94	14.2	0.89	3.18×10^{3}	715	7.72×10^{5}	0.00057
屯梓河出水		5	38	7	3.13	0.26	10.4	0.14	370	12.3	3.02×10^{3}	0.00012
屯梓河进水	2017.05	18	216	78	9.19	2.74	22.4	1.10	2.81×10^{4}	882	6.96×10^{4}	0.00053
屯梓河出水		ND	24	7	3.68	0.29	15.3	0.02	3.79×10^{3}	218	2.43×10^{3}	0.00007
屯梓河进水	2017.06	5	53	19	7.89	1.12	19.6	0.98	5.92×10^{3}	5.82×10^{3}	5.96×10^{3}	0.00046
屯梓河出水		ND	23	6	3.94	0.35	9.81	0.18	1.06×10^{3}	318	1.43×10^{3}	0.00009

注：BDE-28，BDE-47 未检出，ND 表示未检出。

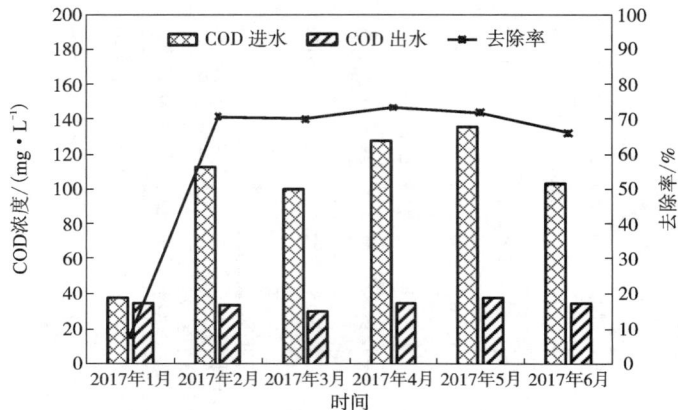

(a) 丁山河-COD

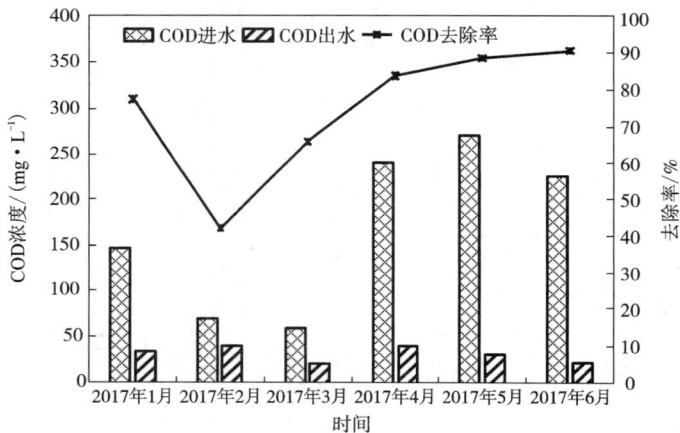

(b) 黄沙河-COD

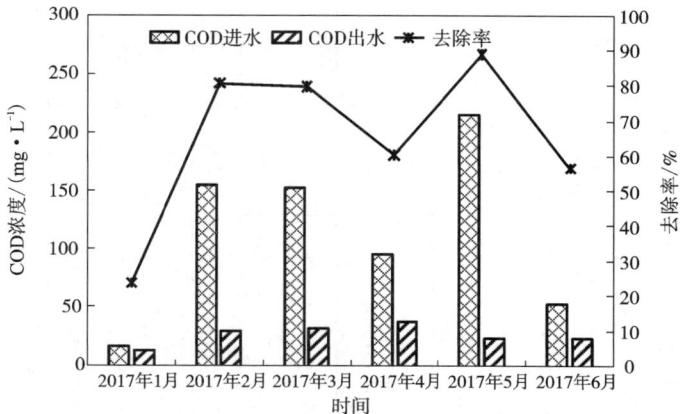

(c) 屯梓河-COD

图 9.3 - 2 示范工程 COD 去除效果

由图 9.3 – 2 可知，在来水 COD 浓度波动较大的情况下，各示范工程出水 COD 浓度均小于 40 mg/L，达到考核目标。各示范工程对 COD 有较好的去除率，丁山河 COD 平均去除率为 60%；黄沙河 COD 平均去除率为 75%；屯梓河 COD 平均去除率为 64%，可见三个示范工程总体平均去除率差异不大。

②氨氮去除效果分析

丁山河、黄沙河、屯梓河河湾水质净化示范工程氨氮去除效果见图 9.3 – 3。

由图 9.3 – 3 可知，在来水氨氮浓度高(进水氨氮浓度 1.9 ~ 18.4 mg/L)、波动较大的情况下，各示范工程出水氨氮浓度均小于 4.5 mg/L，达到考核目标。各示范工程对氨氮有较好的去除率，丁山河氨氮平均去除率为 72%；黄沙河氨氮平均去除率为 70%；屯梓河氨氮平均去除率为 57%。可见，除屯梓河氨氮去除率略低外，丁山河、黄沙河示范工程平均去除率均达到 70% 以上。

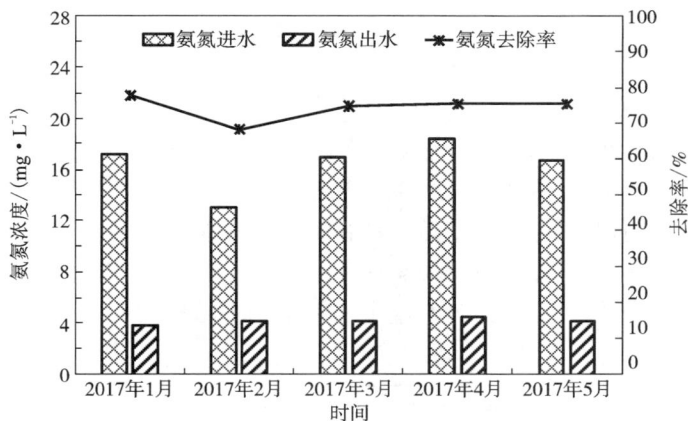

(a)丁山河-氨氮

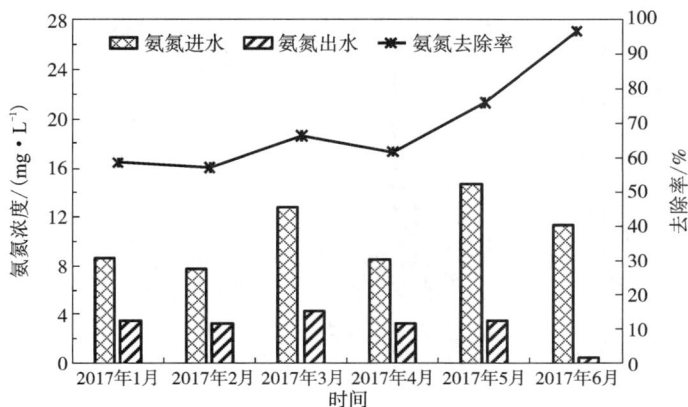

(b)黄沙河-氨氮

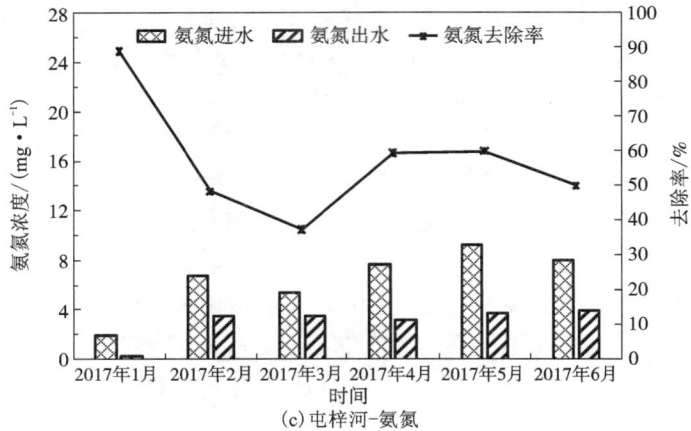

(c)屯梓河-氨氮

图 9.3 – 3　示范工程氨氮去除效果

③总磷去除效果分析

丁山河、黄沙河、屯梓河河湾水质净化示范工程总磷去除效果见图9.3 – 4。

由图9.3 – 4可知，在来水总磷浓度高时采用化学辅助方法除磷，各示范工程出水总磷浓度均小于0.4 mg/L，达到考核目标。在化学除磷方法的辅助下，各示范工程对总磷有较好的去除率，总体平均去除率为83%，其中丁山河平均去除率为94%，黄沙河平均去除率为86%，屯梓河平均去除率为71%。

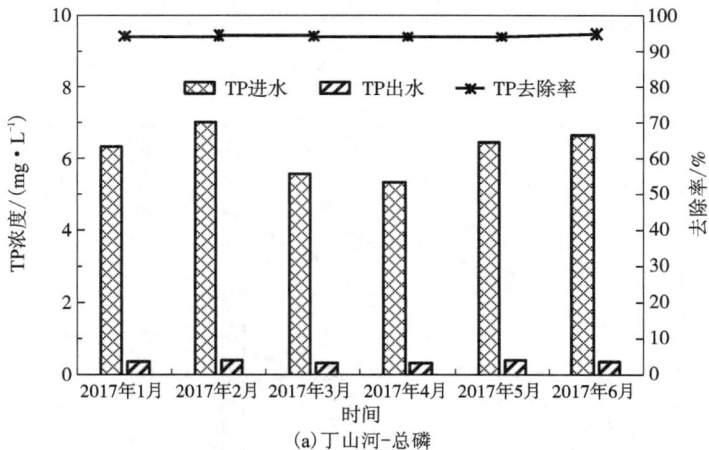

(a)丁山河-总磷

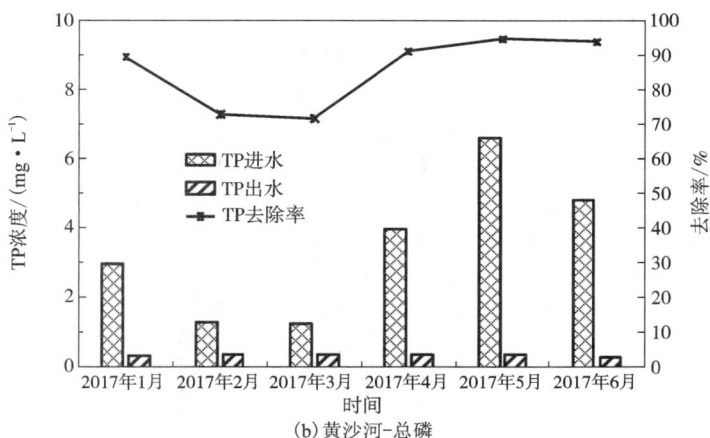

(b) 黄沙河-总磷

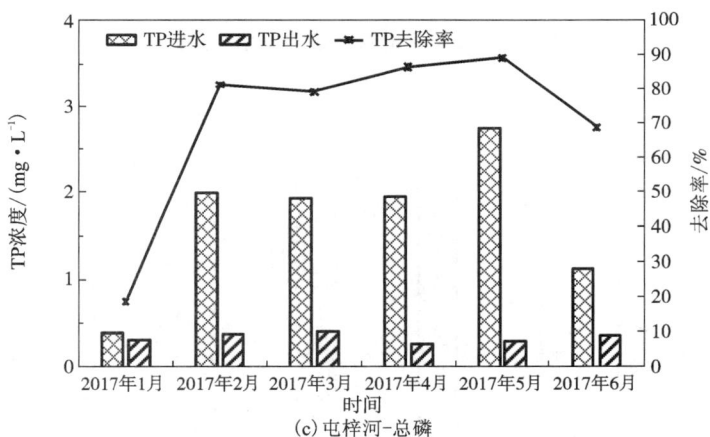

(c) 屯梓河-总磷

图 9.3 - 4　示范工程总磷去除效果

（2）示范工程痕量污染物去除效果分析

三河流域典型 POPs、EDCs 和重金属等特征污染物主要为壬基酚、双酚 A、三氯生及锰、汞等。示范工程对上述特征污染物的去除效果见图 9.3 - 5 ~ 图 9.3 - 7。

由图 9.3 - 5 可知，丁山河河湾水质净化示范工程对特征污染物壬基酚、双酚 A、三氯生及锰、汞均有较好的去除效果，去除率均达到 70% 以上，满足考核标准。其中，双酚 A 去除率最高，在 81% 和 99% 之间，平均去除率为 92%；其次为壬基酚，去除率在 72% 和 94% 之间，平均去除率为 83%；锰去除率在 75% 和 97% 之间，平均去除率为 81%；汞去除率在 71% 和 83% 之间，平均去除率为 76%；三氯生去除率在 71% 和 75% 之间，平均去除率为 73%。

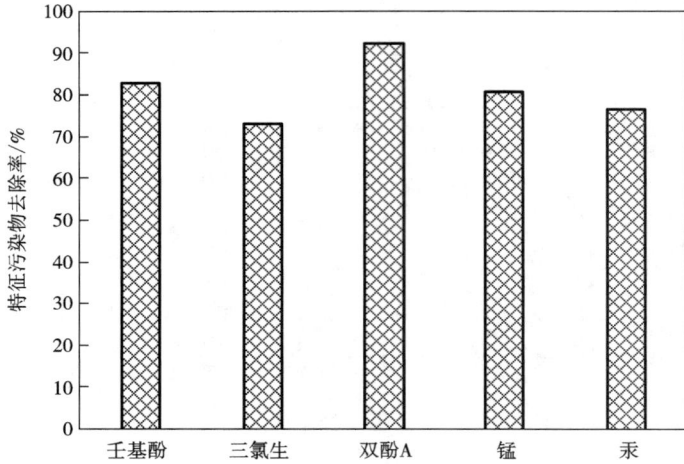

图9.3-5 丁山河对特征污染物去除效果

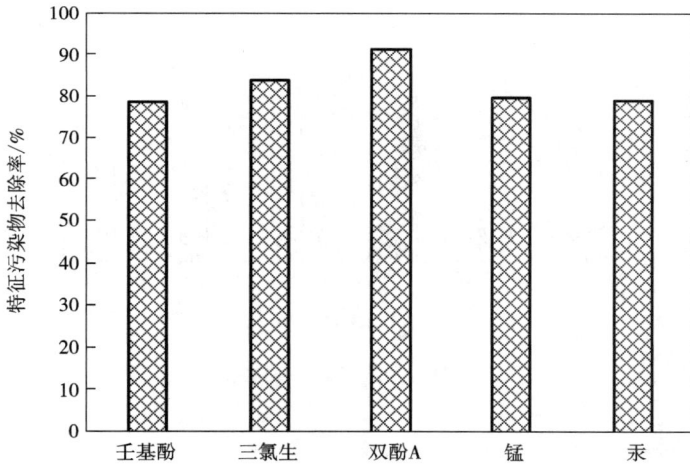

图9.3-6 黄沙河对特征污染物去除效果

　　图9.3-6表明,黄沙河河湾水质净化示范工程对特征污染物壬基酚、双酚A、三氯生及锰、汞均有较好的去除效果,去除率均在70%以上,达到考核目标。其中,双酚A去除率最高,在80%和99%之间,平均去除率为91%;其次为三氯生,去除率在75%和97%之间,平均去除率为84%;锰去除率在72%和97%之间,平均去除率为80%;汞去除率在76%和82%之间,平均去除率为79%;壬基酚去除率在77%和81%之间,平均去除率为78%。

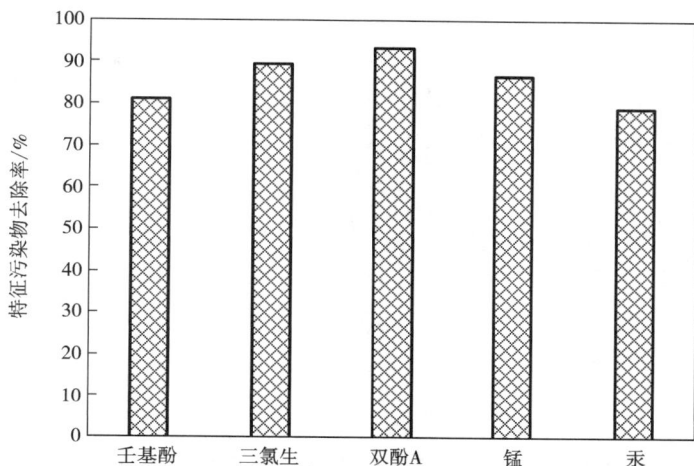

图 9.3 - 7　屯梓河对特征污染物去除效果

图 9.3 - 7 表明，屯梓河河湾水质净化示范工程对特征污染物壬基酚、双酚A、三氯生及锰、汞均有较好的去除效果，去除率均在 70% 以上，达到考核目标。其中，双酚 A 去除率最高，在 76% 和 99% 之间，平均去除率达 93%；其次为三氯生，去除率在 75% 和 95% 之间，平均去除率为 89%；锰去除率在 70% 和 98% 之间，平均去除率为 86%；壬基酚去除率在 73% 和 88% 之间，平均去除率为 81%；汞去除率在 71% 和 87% 之间，平均去除率为 79%。

综上，示范工程出水常规指标 COD、总磷等浓度已达到地表 V 类水标准，氨氮浓度低于 4.5 mg/L；示范工程对特征毒害污染物壬基酚、双酚 A、三氯生、锰、汞等有较好的去除效果，去除率均在 70% 以上。因此，本示范工程整体运行良好，出水水质稳定，对流域特征毒害污染物有较好的去除效果。

第 10 章
结语

10.1　水源型河流工业区排水风险控制技术体系

本书以水源型河流工业区排水风险控制为焦点，针对流域内典型行业分散源排放风险、集中污水处理厂尾水微污染风险、跨界河流污染转输风险、初期雨水面源风险 4 大排水风险，率先在国内开展基于风险控制的水环境保护工程技术方面的探索，集成创新了"水源型河流工业区排水风险控制技术体系"，支撑流域工业区排水支流水质持续改善，确保水源型河流水质安全。相关成果亦可为全国类似河流水环境风险控制提供有力的支持或参考。主要成果如下：

（1）研发基于水质/水生态风险商值法的工业区排水风险评估技术，构建特征污染物风险控制和减排模式，提出流域水环境综合整治系统达标方案，为逐步实现流域水环境管理"从总量控制到风险控制"提供技术支撑。

基于流域社会经济产业结构特征与产排污特征，研究建立风险商值法水环境风险定量评估系统，根据案例的具体情况，确定主要风险因子为氨氮、总氮、总磷、壬基酚、双酚 A；通过溯源分析，提出水质风险污染源清单；制定了工业区排水毒害性污染物减排方案及风险控制策略，并进一步提出了跨界流域水环境管理和整治对策，开发了可快捷实现流域风险源查询、识别、评估以及水质模拟的水环境风险管理决策支持系统；形成示范区流域水污染系统控制及风险防范的总体策略。成果直接应用于地方政府发布实施的《深圳市水体达标方案（龙岗河和坪山河）》、《惠州淡水河流域水环境综合整治达标方案》以及《深圳市跨界小流域污染调查与整治对策研究》等方案策略中，为流域环境风险防控和跨界水环境综合整治与管理提供技术支撑。

（2）成功开发以"两段式高级氧化""蒙脱土负载零价铁"为核心的脱毒减害

成套技术，解决了区域典型行业废水稳定达标困难、排水毒性风险大等难题，支撑"高强度控污"系统策略的实施，确保了区域支柱产业的绿色可持续发展。

针对表面处理行业产生的高浓度、多形态含磷废水难于稳定达标，排水存在毒性风险等问题，研发了"两段式高级氧化（$O_3/H_2O_2 + Fe^{2+}$）次/亚磷酸盐去除技术"及"膜浓液特征有机物高级氧化处理技术"。该技术是一种新型高级氧化工艺，具有有机污染物（含特征污染物）降解去除率高、pH 调整幅度小、反应速度快、产泥量低等优点，既解决了传统芬顿法存在的总磷稳定达标难、产泥量大、占地面积较大、处理成本高等问题，也可协同处理膜分离浓缩液、有效控制膜污染，提高了废水回用率，深度处理后的出水可无风险地回用于主生产工艺。目前该技术已成功应用于深圳市金源康实业有限公司废水处理升级改造工程（600 t/d），采用新工艺后，排水中各项常规污染物可稳定达标（总磷浓度小于 0.5 mg·L^{-1}），双酚 A 去除率达到 90% 以上，综合处理成本降低 20% 左右，企业废水回用率从 60% 提升至 75%~80%，企业排水生物毒性也由原来的高毒降为微毒等级。

针对电子行业排水稳定达标困难、特征污染物去除率低等问题，研发了"蒙脱土负载零价铁/微生物联合还原 - 氧化 - 絮凝沉淀"组合工艺，该工艺利用蒙脱土负载零价铁材料增强了微生物活性，强化了对壬基酚、多溴联苯醚等难降解特征有机物的去除，提高了固液分离效果，确保生化系统稳定运行并有效降低排水生物毒性。目前该技术已成功应用于深圳市统信电路电子有限公司废水处理升级改造工程（500 $m^3 \cdot d^{-1}$）。采用新技术后，生化系统反应效果更佳，降解谱更广，去除率明显提高。COD_{Cr} 和重金属等常规污染物去除率可达 90% 以上，壬基酚、多溴联苯醚等特征有机物去除率均可达到 75% 以上，排水生物毒性由原来的高毒降为微毒等级。

这两项技术成果得到了深圳市工业表面处理行业协会和深圳市线路板行业协会的高度肯定和推广应用。

（3）集成创新基于地表水 IV 类标准的工业区集中式污水处理厂尾水生态净化成套技术，为逐步改善水质、恢复其地表水环境功能、满足区域高功能水质要求提供核心技术支撑。

受区域产业特征、水环境容量影响，尽管工业区集中式污水厂尾水已达到一级 A 标准，但其营养型污染物（氮、磷）、特征有机物、重金属（铜、汞）等指标对敏感水域而言依然存在一定的水生态风险。为此，基于生态治污的理念，集成研发了"垂直流人工湿地 - 生态净化带"尾水深度处理技术，创新性应用多种介质、多种流态、多种植物的人工湿地成套技术，实现不同用地条件下持续净化水质、风险防范和生态改善的多功能目标。该技术通过优化人工湿地结构、筛选净化功能填料（牡蛎壳 + 生物炭）及本土植物（美人蕉、风车草、再力花等），结合生态净化带"跌水复氧、生态护岸、植物净化"的功能，强化了对常规指标、重金属以及壬基酚和双酚 A 等特征污染物的去除效果和排水风险控制，有机地结合了湿地生态修复、人文景观构建理念，突显南方生态工业园区特色。该技术成功应用于深圳坪山区聚龙山湿地生态园尾水深度处理工程，工程规模 7 万 t/d，占地面积 64 万 m²，其中净化功能人工湿地面积 14 万 m²，湿地公园面积 50 万 m²。多年的运行数据表明，采用该成套技术，投资成本及运行成本与传统技术相当，但处理效果和景观效果明显优于传统技术。出水 COD$_{Cr}$ 等常规污染物指标能够稳定达到地表水 IV 类标准，重金属出水指标达到 III 类标准，壬基酚和双酚 A 均未检出，实现示范区出水水质达到地表水 IV 类标准且无毒性风险，并作为坪山河流域水质改善、景观补水和生态流量维持的补充水；示范工程每年可削减入河 COD 640 t、氨氮 137 t、总磷 54 t 以上，有效提升了坪山河的自然净化和生态修复能力，是一项集水质深度净化、湿地科普教育、休闲游览、海绵示范为一体的大型湿地公园，亦为居民提供良好的休闲游憩场所。

（4）研发了重污染河道旁路水质净化与生态修复成套技术，解决局部区域支流复合污染难题，为河道水环境质量改善和水环境生态功能恢复提供技术支撑。

针对部分区域产业无序发展、基础设施不完善、支流跨界复合污染严重等问题，根据研究示范区跨界河流限期整治的迫切需求，研发了"高效悬挂链曝气生物接触氧化 – 潜流人工湿地"技术。该技术应用了增强生物膜活性的高效节能曝气生化系统（核心专利技术），结合后续的高负荷潜流人工湿地，达到高效硝化除氨的目的，强化了对常规主要指标及壬基酚和双酚 A 等特征有机物的去除，确保达到治污工程阶段性目标，逐步改善污染河道水质，控制排水风险。该技术具有投资省、运行成本低、高效、节能节地等特点。根据方案比选及实际工程案例分析结果，采用该技术，其工程投资可降低 30% ~ 35%；运行综合处理成本降低 35% 左右。该技术成功应用于惠阳区丁山河等 3 条跨界重污染支流的水环境综合整治工程，项目总处理规模为 7 万 t/d。因地制宜采用河湾型旁路净化系统设计，合理利用河道周边地形条件。在进水水质为劣 V 类的情况下，处理后 COD$_{Cr}$、TP 等主要指标达到地表水 V 类标准，跨界断面控制性指标氨氮降至 4.5 mg/L 以下，壬基酚、双酚 A 等特征污染物削减 70% 以上；每年可削减入河 COD 511 t、氨氮 76 t、总磷 12 t 以上，区域水质得到进一步改善。为重污染河道（黑臭水体）水环境综合整治和水质改善提供工程技术支撑。

（5）研发了工业区雨水净化调蓄与河道水质保障技术，控制工业区初雨面源污染对河道水质的影响，为控制雨水面源污染和维持河道生态基流提供技术支撑。

针对工业区雨水面源污染负荷较高（占入河污染负荷的 25% ~ 40%），雨源型河道径流量小、非雨季缺乏新鲜补水等问题，开发了"工业区雨水净化调蓄与河道水质保障技术"。该技术以"高效原位截分反应器 – 植物稳定塘 – 强化人工湿地－调蓄库"组合工艺为核心,采用高效原位截(污)分(质)反应器去除面源初雨水中的大部分污染物,利用植物稳定塘和强化人工湿地进行复氧和循环持续净化处理,利用调蓄库的调节功能,实施水质水量联合控制排水。结合区域河库流量联合调控调度与补给方案实施生态基流补给,达到改善河道水质的目的。目前,该技术已应用于深圳坪山聚龙山湿地生态园(A 区)5000 m³·d⁻¹规模的工程示范,可去除初期雨水中 50% 以上的氮磷、90% 以上的 COD_Cr、SS,另外对壬基酚和双酚 A 等毒害性有机物的去除率高于 40%,有效控制了工业区初雨排水风险。该技术可结合城镇河道"蓝线规划"因地制宜利用城郊小山塘(库)、滩涂地等地理条件灵活应用,达到雨水调蓄净化的目的,为保障河道水质提供技术支撑。

10.2　成果应用

本书有关结论和成果可结合"水十条"、良好湖泊保护、饮用水源保护、黑臭水体整治等国家和地方的水环境保护重点工作的需求进行推广应用。主要表现在如下三个方面:

(1)支撑多项地方水污染控制总体方案设计,为环境管理提供有力技术支撑。源汇解析技术、水质目标管理技术和风险源评估技术等相关成果在地方政府咨询服务工作中发挥了关键作用;

(2)研发的工程减排新工艺、新技术可结合典型行业的提标技术改造广泛应用,推动行业废水处理技术升级;

(3)改善水质、构建绿色屏障控制排水风险,推动以人工湿地为核心的生态治污技术在不同条件下的大规模应用。

10.3　展望与建议

污染防治攻坚战在我国不同时期、不同区域有不同的重点任务。流域水污染系统控制是一个长期的、不断创新的课题,流域的产业布局必须符合区域水生态系统保护、风险防控的要求。对于水源型河流工业区排水的风险控制技术、监督管理技术还有很多问题亟待解决,且在工业区排水特征污染物风险定量评估和管控技术、工业区直接排放、间接排放双标准监管技术,即全因子稳定达标排放技术、毒性风险管控技术、基于特征污染物风险控制的工业区集中式污水处理设施升级改造技术等方面尤为紧迫。

参考文献

[1] 李涛，杨喆.美国流域水环境保护规划制度分析与启示[J].青海社会科学，2018，3：66－72.

[2] 李瑞娟，徐欣.美国流域管理对我国有哪些启示？[N].中国环境报，2016－02－03(003).

[3] 荆春燕，黄蕾，曲常胜.跨界流域环境管理与预警———欧洲经验与启示[J].环境监控与预警，2011，3(1)：8－11.

[4] 高鸣，陈怡，刘璐，等.国内外先进水环境管理模式及对江苏省的借鉴意义[J].山西建筑，2016，42(23)：195－196.

[5] 陈治国.日本环境管理战略转型的经验借鉴[J].环境保护，2013，41(15)：73－75.

[6] 范兆轶，刘莉.国外流域水环境综合治理经验及启示[J].环境与持续发展，2013，1：81－84.

[7] 曾维华，张庆丰，杨志峰.国内外水环境管理体制对比分析[J].重庆环境科学，2003，25(1)：2－4.

[8] 徐敏，张涛，王东，等.中国水污染防治40年回顾与展望[J].中国环境管理，2019，3：65－71.

[9] 甄茂成，高晓路.城市环境风险评估的国内外研究进展及展望[J].环境保护，2016，44(22)：64－68.

[10] 王俭，路冰，李璇，等.环境风险评价研究进展[J].环境保护与循环经济，2017，37(12)：33－38.

[11] 胡二邦.环境风险评价实用技术方法和案例(第二版)[M].北京：中国环境科学出版社，2009.

[12] 陆雍森.环境评价[M].上海：同济大学出版社，2009.

[13] 阳文锐，王如松，黄锦楼，等.生态风险评价及研究进展[J].应用生态学报，2007，18(8)：1869－1876.

[14] 邓飞，于云江，全占军.区域生态风险评价研究进展[J].环境科学与技术，2011，36(6G)：141－147.

[15] 许妍，高俊峰，赵家虎，等.流域生态风险评价研究进展[J].生态学报，2012，32(1)：284 - 292.

[16] 付在毅，许学工.区域生态风险评价[J].地球科学进展，2001，16(2)：267 - 271.

[17] 王雪梅，刘静玲，马牧源，等.流域水生态风险评价及管理对策[J].环境科学学报，2010，30(2)：237 - 245.

[18] 黄圣彪，王子健，乔敏.区域环境风险评价及其关键科学问题[J].环境科学学报，2007，27(5)：705 - 713.

[19] 陈春丽，吕永龙，王铁宇，等.区域生态风险评价的关键问题与展望[J].生态学报，2010，30(3)：808 - 816.

[20] 吴丹，闫艳芳，夏广锋，等.流域水环境风险评估与预警技术研究进展[J].辽宁大学学报自然科学版，2017，44(1)：81 - 86.

[21] 许振成，曾凡棠，谌建宇，等.东江流域水污染控制与水生态系统恢复技术与综合示范[J].环境工程技术学报，2017，7(4)：393 - 404.

[22] 王斌，邓述波，黄俊，等.我国新兴污染物环境风险评价与控制研究进展[J].环境化学，2013，32(7)：1129 - 1136.

[23] Zhao J L, Ying G G, Liu Y S, et al. Occurrence and a screening-level risk assessment of human pharmaceuticals in the Pearl River system. South China[J]. Environ Toxicol Chem, 2010, 29: 1377 - 1384.

[24] Zhao J L, Ying G G, Liu Y S, et al. Occurrence and risks of triclosan and triclocarban in the Pearl River system. South China: From source to the receiving environment[J]. J Hazard Mater, 2010, 179: 215 - 222.

[25] Wang L, Ying G G, Zhao J L, et al. Occurrence and risk assessment of acidic pharmaceuticals in the Yellow River. Hai River and Liao River of north China [J]. Sci Total Environ, 2010, 408: 3139 - 3147.

[26] 王铁宇，周云桥，李奇锋，等.我国化学品的风险评价及风险管理[J].环境科学，2016，37(2)：404 - 412.

[27] 毛矛.聚砜—活性炭杂化微球清除环境激素双酚 A 的研究[D].四川：四川大学，2005.

[28] Pullen S, Boecker R, Tiegs G. The flame retardants tetrabromobisphenol A and tetrabromobisphenol A bisallylether suppress the induction of interleukin - 2 receptor α chain (CD25) in murine splenocytes[J]. Toxicology, 2003, 184(1): 11 - 22.

[29] Lobos J H, Leib T K, Su T M. Biodegradation of bisphenol A and other bisphenols by a gram-negative aerobic bacterium [J]. Applied and Environmental Microbiology, 1992, 58(6): 1823 - 1831.

[30] Kang J H, Kondo F. Bisphenol A degradation by bacteria isolated from river water[J]. Arch Environ Contain Toxicol, 2002, 43: 265 - 269.

[31] Hayato Y, Kunihiko M, Takashi O, et al. Efficient microbial degradation of bisphenol a in the presence of activated carbon[J]. Journal of bioscience and bioengineering, 2008, 105(2):

157 – 160.

[32] Tomas C, Zdena K, Katerina S, et al. Biodegradation of endocrine-disrupting compounds and suppression of estrogenic activity by ligninolytic fungi[J]. Chemosphere, 2009, 75: 745 – 750.

[33] Chang B V, Yuan S Y, Ren Y L. Aerobic degradation of tetrabromobisphenol – A by microbes in river sediment[J]. Chemosphere, 2012, 87(5): 535 – 541.

[34] Liu J, Wang Y, Jiang B, et al. Degradation, metabolism, and bound-residue formation and release of tetrabromobisphenol A in soil during sequential anoxic-oxic Incubation [J]. Environmental Science & Technology, 2013, 47(15): 8348 – 8354.

[35] Ronen Z, Abeliovich A. Anaerobic-aerobic process for microbial degradation of tetrabromobisphenol A [J]. Applied & Environmental Microbiology, 2000, 66 (6): 2372 – 2377.

[36] 范真真, 王竞, 刘沙沙, 等. 假单胞菌好氧降解四溴双酚 A 的特性[J]. 环境工程学报, 2014, 8(6): 2597 – 2604.

[37] Peng X, Zhang Z, Luo W, et al. Biodegradation of tetrabromobisphenol A by a novel Comamonas sp. strain, JXS – 2 – 02, isolated from anaerobic sludge [J]. Bioresource Technology, 2013, 128(1): 173 – 179.

[38] Nishiki M, Tojima T, Nishi N, et al. Beta-cyclodextrin-linked chitosan beads: preparation and application to remobal of bisphenol A from water[J], Carbohydr Lell, 2000, 4: 61 – 67.

[39] Tsai W T, Lai C W, Su T Y. Adsorption of bisphenol – A from aqueous solution onto minerals and carbon adsorbents[J]. Hazardous Materials, 2006, B(134): 169 – 175.

[40] 赵明俊, 李咏梅, 周琪, 等. 双酚 A 在厌氧污泥上吸附行为的研究[J]. 环境科学, 2008, 29(6): 1681 – 1686.

[41] 康琴琴, 王东田, 李学艳, 等. 微波法制备活性炭及去除水中双酚 A 研究[J]. 苏州科技学院学报(工程技术版), 2011, 24(2): 1 – 4.

[42] Sun Z, Yu Y, Li M, et al. Sorption behavior of tetrabromobisphenol A in two soils with different characteristics[J]. Journal of Hazardous Materials, 2008, 160(2 – 3): 456 – 461.

[43] Hwang I K. Assessment of characteristic distribution of PCDD/Fs and BFRs in sludge generated at municipal and industrial wastewater treatment plants[J]. Chemosphere, 2012, 88(7): 888 – 894.

[44] Zhang Y, Tang Y, Li S, et al. Sorption and removal of tetrabromobisphenol A from solution by graphene oxide[J]. Chemical Engineering Journal, 2013, 222(8): 94 – 100.

[45] 李翔, 贾晓珊, 张再利. 四溴双酚 A 在蒙脱石中的吸附研究[C].//环境保护部斯德哥尔摩公约履约办公室, 清华大学持久性有机污染物研究中心, 中国化学会环境化学专业委员会, 中国环境科学学会 POPS 专业委员会, 持久性有机污染物论坛 2012 暨第七届持久性有机污染物全国学术研讨会论文集, 2012.

[46] Ling W, Xu J, Gao Y. Effects of dissolved organic matter from sewage sludge on the atrazinesorption by soils[J]. Sci. China Ser. C, 2005, 48(suppl.): 57 – 66.

［47］ Gao Y, Xiong W, Ling W, et al. Impact of exotic and inherent dissolved organic matter on sorption of phenanthrene by soils［J］. J. Hazard. Mater. , 2007, 140(1/2): 138 – 144.

［48］ 闫梦玥, 庞志华, 李小明, 等. 有机蒙脱石负载纳米铁去除溶液中四溴双酚 A 的研究［J］. 环境科学, 2013, 34(6): 2249 – 2255.

［49］ Satoshi K, Mohamand A R, Tohru S, et al. Optimization of solar photocatalytic degradation conditions of bisphenol A in water using titanium dioxide［J］. Journal of Photochemistry and Photobiology A: Chemistry, 2004, 163: 419 – 424.

［50］ Juergen P, Ulf T, Tadeusz G. Aromatic intermediate formation during oxidative degradation of Bisphenol A by homogeneous sub-stoichiometric Fenton reaction［J］. Chemosphere, 2010, 79: 975 – 986.

［51］ Johan E, Sara R, Nicholas G, et al. Photochemical transformations of tetrabromobisphenol A and related phenols in water［J］. Chemosphere, 2004, 54(1): 117 – 126.

［52］ 张洁, 侯梅峰, 王丽萍. 紫外降解四溴双酚 A 影响因素及动力学研究［J］. 桂林理工大学学报, 2011, 31(1): 128 – 131.

［53］ Xu J, Meng W, Zhang Y, et al. Photocatalytic degradation of tetrabromobisphenol a by mesoporous BiOBr: efficacy, products and pathway［J］. Applied Catalysis B: Environmental, 2011, 107(3 – 4): 355 – 362.

［54］ Guo Y, Chen L, Yang X, et al. Visible light-driven degradation of tetrabromobisphenol A over heterostructured Ag/Bi5Nb3O15 materials［J］. Rsc Advances, 2012, 2(11): 4656 – 4663.

［55］ Manilal V, Haridas A, Alexander R, et al. Photocatalytic treatment of toxic organics in wastewater: Toxicity of photodegradation products［J］. Water Research, 1992, 26(8): 1035 – 1038.

［56］ Zhong Y, Liang X, Zhong Y, et al. Heterogeneous UV/Fenton degradation of TBBPA catalyzed by titanomagnetite: Catalyst characterization, performance and degradation products［J］. Water Research, 2012, 46(46): 4633 – 4644.

［57］ Gunten U V. The basics of oxidants in water treatment. Part B: ozone reactions［J］. Water Science & Technology, 2007, 55(12): 25 – 29.

［58］ Gunten U V. Ozonation of drinking water: Part II. Disinfection and by product formation in presence of bromide, iodide and chlorine［J］. Water Research, 2003, (37): 1469 – 1487.

［59］ Liu X, Garoma T, Chen Z, et al. SMX degradation by ozonation and UV radiation: a kinetic study［J］. Chemosphere, 2012, (87): 1134 – 1140.

［60］ Umar F R M, Fan L H, Aziz H A. Application of ozone for the removal of bisphenol A from water and wastewater – A review［J］. Chemosphere, 2013, 90(8): 2197 – 2207.

［61］ Zimmermann S G, Annekatrin S, Manoj S, et al. Kinetic and mechanistic investigations of the oxidation of tramadol by ferrate and ozone［J］. Environmental Science & Technology, 2012, 46(2): 876 – 884.

［62］ Zhang J, He S L, Ren H X, et al. Removal of tetrabromobisphenol A from wastewater by ozonation[J]. Procedia Earth & Planetary Science, 2009, 1(1): 1263 – 1267.

[63] Zhang H Q, Yamada H, Tsuno H. Removal of endocrine-disrupting chemicals during ozonation of municipal sewage with brominated byproducts control [J]. Environmental Science & Technology, 2008, 42(9): 3375 – 3380.

[64] Kurokawa Y, Maekawa A. Carcinogenicity of potassium bromate administered orally to F334 rats [J]. Journal of the National Cancer Institute, 1983, 71(5): 965 – 972.

[65] 张丹丹, 于鑫, 何士龙. 臭氧氧化四溴双酚 A 过程中溴离子和溴酸盐生成的影响因素 [J]. 化工进展, 2012, 31(6): 1368 – 1372.

[66] 仇付国, 王晓昌. 常用城市污水再生处理工艺净化效果比较分析[J]. 环境污染与防治, 2005, 27(9): 670 – 673.

[67] 张子潇, 宋萍. 双膜法在北京经济技术开发区市政污水回用中的应用[J]. 北京水务, 2014, (01): 11 – 14.

[68] 郭晓, 丛广治, 张杰. 城市污水再生全流程概念与方案优选[J]. 中国给水排水, 2005, 21 (9): 65 – 70.

[69] 王俊安, 李冬, 张杰. 城市污水再生全流程优化理念与系统设计[J]. 现代化工, 2009, 29 (3): 60 – 64.

[70] 陈荣, 王晓昌, 金鹏康, 等. 缺水城市雨污水再生处理和不同途径用水的关键技术研究与工程示范[J]. 给水排水, 2013, 39(10): 13 – 18.

[71] 金鹏康, 杨毅, 王勇, 等. 深水曝气式 A2O 与 MBR 组合工艺用于污水厂升级改造[J]. 中国给水排水, 2011, 27(8): 76 – 79.

[72] 蔡文, 骆建明. 浸入式膜生物反应器中水回用工程应用[J]. 环境科学研究, 2010, 23 (12): 1553 – 1558.

[73] 杨岸明, 甘一萍, 常江, 等. 北京市北小河再生水厂 MBR 工艺介绍[J]. 膜科学与技术, 2011, 31(4): 95 – 99.

[74] 杨扬, 胡洪营, 陆韵, 等. 再生水补充饮用水的水质要求及处理工艺发展趋势[J]. 给水排水. 2012, (10): 119 – 122.

[75] GFA, AFS. The role of membrane technology in sustainable decentralized wastewater systems [J]. Water Science and Technology, 2005, (10): 317 – 325.

[76] Kramer F C, Shang R, Heijman S G J, et al. Direct water reclamation from sewage using ceramic tight ultra- and nanofiltration[J]. Separation and Purification Technology, 2015, 147: 329 – 336.

[77] 杨岸明, 常江, 甘一萍, 等. 臭氧氧化二级出水有机物可生化性研究[J]. 环境科学, 2010, 31(2): 363 – 367.

[78] 郑晓英, 王俭龙, 李鑫玮, 等. 臭氧氧化深度处理二级处理出水的研究[J]. 中国环境科学, 2014, 34(5): 1159 – 1165.

[79] 曹楠, 苗婷婷, 李魁晓, 等. 城市污水中的生物毒性及其臭氧削减效果研究[J]. 环境科学学报, 29(4): 747 – 753.

［80］王树涛，马军，田海，等.臭氧预氧化/曝气生物滤池污水深度处理特性研究［J］.现代化
工，2006，26（11）：32－36.

［81］李魁晓，白雪，李鑫玮，等.城市污水厂二级处理出水深度处理组合工艺研究［J］.环境工
程学报，2012，6（1）：63－67.

［82］王洪臣，甘一萍，王佳伟.高碑店污水处理厂改造及再生利用工程方案比选［J］.给水排
水，2008，34（6）：31－34.

［83］袁志容，王晓昌，马正国.臭氧－生物活性炭污水回用技术研究［J］.西南给排水，2005，
27（5）：1－4.

［84］李来胜，祝万鹏，张彭义，等.TiO₂光催化臭氧氧化－生物活性炭工艺处理城市污水［J］.
中国环境科学，2007，27（5）：627－632.

［85］刘冰，古励，余国忠，等.臭氧/活性炭协同作用去除二级出水中DON［J］.中国环境科学，
2014，34（7）：1740－1748.

［86］周遗品，雷泽湘，李迪武，等.河源城南污水处理厂尾水深度处理效果的研究［J］.环境工
程，2012，30（3）：28－30.

［87］薛祥山，张鸿涛，袁国清，等.太原市汾河公园再生水补水方案优化模拟［J］.环境工程学
报，2013，7（10）：4021－4026.

［88］李倩.生物活性炭法在城市污水深度处理中的应用研究［D］.济南：山东大学，2012.

［89］du Pisani P L. Direct reclamation of potable water at Windhoek's Goreangab reclamation plant
［J］.Desalination，2006，188（1－3）：79－88.

［90］杨立君.垂直流人工湿地用于城市污水处理厂尾水深度处理［J］.中国给水排水，2009，
（18）：41－43.

［91］焦阳，李军，朱向东，等.BAF深度处理二沉池出水的抗冲击能力研究［J］.中国给水排
水，2010，（03）：103－105.

［92］朱宁伟，李激，郑晓英，等.A₂O－MBR组合工艺处理城市污水的试验研究［J］.中国给水
排水，2010，（15）：1－4.

［93］蹇兴超，云桂春.人工地下水回灌的水质要求［C］.//建设部.2003年全国城市污水再生
利用经验交流和技术研讨会论文集，2012.

［94］郭瑾，王淑莹.国内外再生水补给水源的实际应用与进展［J］.中国给水排水，2007，23
（6）：10－14.

［95］刘祥举.纪庄子再生水厂工艺改造及运行效果［J］.中国给水排水，2012，28（14）：
71－74.

［96］胡洪营，吴乾元，黄晶晶，等.城市污水再生利用安全保障体系与技术需求分析［J］.水工
业市场，2010，8：8－12.

［97］魏东斌，胡洪营.污水再生回用的水质安全指标体系［J］.中国给水排水，2004，20（1）：
36－39.

［98］郝二成，周军，甘一萍，等.2008北京奥运公园再生水处理与环境安全研究［J］.水工业市
场，2008，4：11－13.

［99］王晓昌，张崇淼，马晓妍.城市污水再生利用和水环境质量保障［J］.中国科学基金，2014，5：323-329.

［100］仇付国，王晓昌.常规工艺再生水效果及其回用健康风险评价［J］.给水排水，2004，30(4)：11-15.

［101］赵欣，胡洪营，谢兴，等.基于健康风险评价的再生水生物学标准制定方法［J］.给水排水，2010，36(5)：43-48.

［102］张彤，胡洪营，吴乾元，等.操作条件对污水再生处理絮凝工艺中病原性原虫去除特性的影响［J］.环境科学，2007，28(8)：1752-1756.

［103］庞宇辰，席劲瑛，胡洪营，等.再生水紫外线-氯联合消毒工艺特性研究［J］.中国环境科学，2014，34(6)：1429-1434.

［104］孙艳，黄璜，胡洪营，等.污水处理厂出水中雌激素活性物质浓度与生态风险水平［J］.环境科学研究，2010，23(12)：1488-1493.

［105］吴乾元，邵一如，王超，等.再生水无计划间接补充饮用水的雌激素健康风险［J］.环境科学，2014，35(3)：1041-1050.

［106］郑晓英，王俭龙，李魁晓，等.再生水及景观回用水中邻苯二甲酸酯的调查［J］.环境与健康杂志，2013，30(12)：1109-1110.

［107］褚俊英，王灿，陈吉宁，等.城市节水和污水再生利用潜力的政策框架［J］.中国给水排水，2007，23(2)：65-70.

［108］丁跃元.德国的雨水利用技术［J］.北京水利，2002，(6)：38-40.

［109］Kim S W, Park J S, Kim D, et al. Run off characteristics of nonpoint pollutants caused by different land uses and a spatial overlay analysis with spatial distribution of industrial cluster: a case study of the Lake Sihwa watershed［J］. Environmental Earth Sciences, 2014, 71(1): 483-496.

［110］Chong N M, Chen Y C, Hsieh C N. Assessment of the quality ofstormwater from an industrial park in central Taiwan［J］. Environmental Monitoring and Assessment, 2012, 184(4): 1801-1811.

［111］Kaczalad F, Marques M, Vinrot E, et al. Stormwater run-off froman industrial log yard: characterization, contaminant correlationand first-flush phenomenon［J］. Environmental technology, 2012, 33(14): 1615-1628.

［112］田永静，李田，何绍明.苏州市枫桥工业园区非点源污染特性研究［J］.中国给水排水，2009，25(13)：89-91.

［113］Martinson D B, Thomas T. Quantifying The first-flush phenomenon［DB/OL］. http://www.eng. warwick. ac. uk/ircsa/12th. html. 2014-12-22.

［114］Chang C H, Wen C G, Lee C S. Use of intercepted run off depthfor stormwater runoff management in industrial parks in Taiwan［J］. Water Resources Management, 2008, 22(11): 1609-1623.

［115］陆荣海.工业企业初期雨水收集和处理探讨［J］.给水排水，2008，34(S0)：262-264.

［116］金亚飚.工业企业雨水收集装置的设计与应用［A］.全国给水排水技术信息网.2011 全国给水排水技术信息网年会暨技术交流会论文集［C］，2011：172 － 174.

［117］朱凤荣，孙成余.曲靖冶炼厂初期雨水资源循环利用实践［J］.云南冶金，2009，38（1）：63 － 64.

［118］汪齐，钟良生，何霞.码头机械保养场初期雨水的收集与处理［J］.工业用水与废水，2013，44（3）：49 － 50.

［119］王铁风，冯一军，吕静.含油（污）初期雨水的计算、收集和处理［J］.浙江建筑，2008，25（5）：65 － 67.

图书在版编目（CIP）数据

水源型河流工业区排水风险控制技术研究与工程示范 /
谌建宇，刘钢，黄荣新著. —长沙：中南大学出版社，
2020.7

ISBN 978 - 7 - 5487 - 3871 - 8

Ⅰ. ①水… Ⅱ. ①谌… ②刘… ③黄… Ⅲ. ①河流水
源－工业废水处理－风险管理－研究 Ⅳ. ①X703

中国版本图书馆 CIP 数据核字（2019）第 278807 号

水源型河流工业区排水风险控制技术研究与工程示范
SHUIYUANXING HELIU GONGYEQU PAISHUI FENGXIAN KONGZHI JISHU YANJIU YU GONGCHENG SHIFAN

谌建宇　刘　钢　黄荣新　著

□责任编辑	胡　炜	
□责任印制	易红卫	
□出版发行	中南大学出版社	
	社址：长沙市麓山南路	邮编：410083
	发行科电话：0731 - 88876770	传真：0731 - 88710482
□印　　装	长沙雅鑫印务有限公司	

□开　　本　710 mm×1000 mm 1/16　□印张 22　□字数 451 千字
□版　　次　2020 年 7 月第 1 版　□2020 年 7 月第 1 次印刷
□书　　号　ISBN 978 - 7 - 5487 - 3871 - 8
□定　　价　154.00 元